비모수통계학 with R

정성규 지음

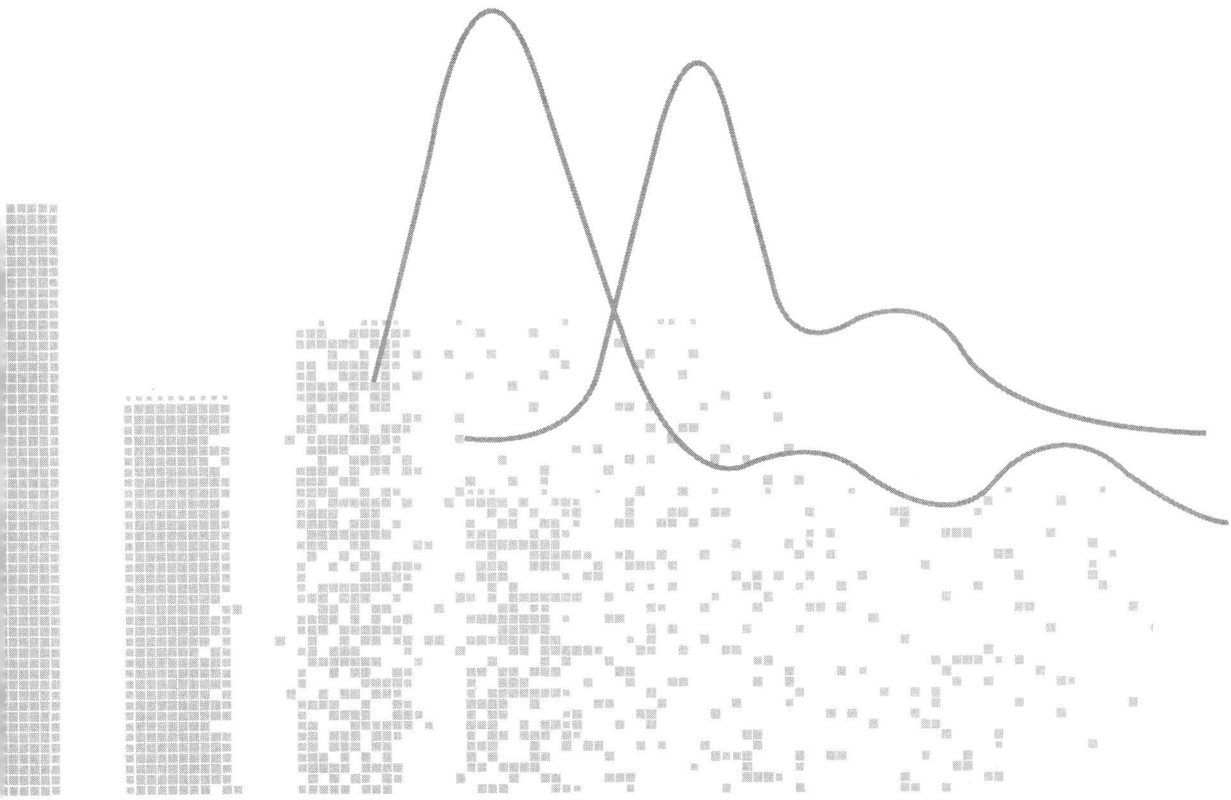

자유아카데미

머리말

비모수통계학에서는 모집단에 대한 정규분포 가정 등이 맞지 않을 때 또는 모집단을 몇 개의 모수로 표현하기 어려울 때의 통계적 추론을 다룬다. 이러한 상황을 염두에 두고 개발된 통계적 추론의 방법들을 비모수적 방법이라고 부른다.

전통적인 비모수통계학은 정규분포 모형 등의 모수모형을 데이터가 따르지 않는 상황에서의 통계적 추론 (추정과 가설검정)을 다루었으며, 이는 보통 부호, 순위, 점수 등으로 데이터를 변환하는 과정을 거쳐, 모집단의 분포와 무관한, 즉 "분포무관"한 방법의 개발로 귀결되었다. 이 책의 제I부에서는 바로 이 전통적인 비모수통계의 방법론을 다룬다. 전통적인, 순위에 기반한 방법들은 1930년대부터 60년대까지 주로 연구가 이루어졌지만, 지금도 그 방법들이 실제 데이터 분석에서의 중요한 도구 중 하나이므로 중요한 방법론이라고 볼 수 있다. 이 책이 다른 전통적인 비모수통계를 다룬 책들과 다른 점은, 전통적인 비모수통계에서의 추론을 모두 순열검정의 특수한 경우로 설명한다는 점이다. 피셔(R.A. Fisher)가 처음 도입한 순열검정은 데이터의 뒤섞기를 통해 가설검정에서의 정확한 영분포를 구하는 방법이다. 뒤섞기를 이용한 추론 또는 순열검정은 제I부에서 다루는 전통적인 데이터 분석의 상황뿐 아니라 회귀분석에서의 추론, 그리고 고차원 다변량 데이터를 이용한 가설검정 등에도 적용되는, 매우 범용적인 방법이다.

순위를 이용한 검정방법의 개발이 잦아들던 70-80년대에 에프론(B. Efron)이 "붓스트랩"을 이용한 통계적 추론 방법을 학계에 소개하였다. 붓스트랩 (bootstrap)은 장화 뒤의 작은 손잡이를 말하며, 붓스트랩을 이용한 추론이 마치 자신이 자신의 장화를 들어올려 하늘을 나는 것과 같다는 뜻으로 붙여진 이름이다. 이 책의 제II부에서는 붓스트랩을 이용한 추론을 주로 다룬다. 특히, 모집단이 정규분포를 따르지 않을 때에도 표준오차와 신뢰구간을 붓스트랩을 이용하여 추정하는 방법을 설명한다. 순열검정과 붓스트랩을 이용한 추론의 방법을 통틀어 재표집(resample)에 기반한 방법이라고 말한다. 일반적인 통계적 방법은 모집단으로부터 표집된 표본(sample)

을 이용하여, 모집단의 모수에 대한 추론을 한다. 재표집이란 주어진 표본으로부터 다시 표집을 시행함을 뜻한다. 재표집 방법을 이용한 추론은 일반적으로 반복적으로 그리고 랜덤하게 재표집을 시행하는 과정이 수반되므로, 컴퓨터를 이용한 반복이 빠르고 쉬어진 최근에 붓스트랩과 순열검정이 각광받고 있다. 제10장에서는 통계분석에서 가장 자주 쓰이는 선형회귀분석에서의 붓스트랩 추론과 순열검정의 방법을 자세하게 설명한다.

비모수통계학이 다시 통계학의 중심이 된 것은 80-90년대에 활발하게 연구가 이루어진 평활법과 비모수적 함수 추정이 비모수통계의 한 분야로 이해되면서부터이다. 함수 또는 곡선을 추정할 때에는 이 곡선의 형태가 매우 자유롭기 때문에, 몇 개의 모수로 모집단을 정하는 기존의 모수모형을 이용한 추정이 불가능하다. 따라서, 추정의 대상이 되는 관측값뿐 아니라 그 주변의 관측값도 이용하여 추정하는 평활법(smoothing)이 함수 또는 곡선의 추정에 쓰인다. 비모수적 함수 추정은 매우 넓은 주제이지만, 제11-12장에서 밀도함수 추정과 비모수적 회귀분석에서의 회귀곡선 추정에 대한 방법론만을 간략히 다루고, 특히 추정된 함수의 불확실성을 붓스트랩을 이용하여 계량화하는 방법을 소개한다.

비모수적 방법론과 같이 발전한 통계학의 소분야는 로버스트 통계학이다. 로버스트 또는 강건한 통계적 방법이란 데이터에 이상점이 있을 때에도 좋은 성능을 보이는 방법을 말한다. 이 책에서는 회귀분석에서의 로버스트 추정량만을 간략히 소개하고, 순열검정과 붓스트랩을 이용한 통계적 추론을 설명한다.

이 책에서 소개한 순열검정과 붓스트랩 방법은 책에 소개된 응용분야 (일표본, 이표본 위치에 대한 추론, 분산분석, 회귀분석, 비모수적 함수 추정 등) 뿐 아니라 다변량 분석에서의 추론 등 여러 통계 방법론에 적용될 수 있다. 이 책을 읽는 독자들이 재표집 방법의 범용성과 성능을 잘 이해한다면, 다양한 통계 추론에 적용할 수 있을 것이라고 믿는다.

이 책은 서울대학교의 비모수통계 및 실습 강의에 쓰인 강의노트를 정리하고 재구성하여 집필되었다. 일반통계학, 수리통계학, 회귀분석에 대한 기초가 있는 통계학 전공의 학사 고학년 또는 석사과정의 비모수통계분석 또는 재표집을 이용한 통계추론의 과목 교재로 쓰이기에 알맞게 되어 있으며, 독자가 비모수통계학의 원리를 이해하고, 컴퓨터를 이용하여 구현할 수 있도록 구성하였다. 통계학을 공부하는 학생뿐 아니라, 순열검정, 붓스트랩 등의 재표집 방법론에 관심있는 연구자에게도 좋은 입문서가 될 것으로 믿는다. 단순하게 비모수통계의 방법론을 맹목적으로 사용하고자 하는 독자는 이 책을 읽지 않을 것을 추천한다.

이 책의 주된 내용은 순열검정과 붓스트랩을 이용한 추론 등의 재표집 방법의 이해이다. 반복적인 재표집은 컴퓨터를 이용하지 않고서는 불가능하므로, 통계적 추론을 컴퓨터를 이용하여 실행하는 과정은 비모수통계를 이해하고 실제로 사용하기 위해 필수적이다. 이 책에서는 통계 및 데이터 처리 소프트웨어인 R을 이용한 비모수통계 추론의 과정을 모두 보여준다. 예시로 든 데이터와 R 코드는 저자의 GitHub 페이지 `https://github.com/sungkyujung/npbook`에서 찾아볼 수 있다. 이 책을 이용하여 비모수통계학, 순열 검정, 붓스트랩을 공부한다면 R 코드를 실행해 가면서 하기를 당부한다. 또한, 기본적인 R 사용법에 익숙한 독자를 가정하였으므로 R에 익숙하지 않은 독자는 기초적인 R 사용에 대한 지식을 먼저 익히고 이 책의 부록 A를 살펴볼 것을 권한다. 인터넷에 한글로 된 좋은 자료와 강의 동영상이 많이 있으니, 어렵지 않게 기초를 쌓을 수 있을 것이라고 믿는다. R 사용에 익숙한 독자도 부록 A를 먼저 읽는 것이 도움이 될 것이다.

책이 출간되도록 도와주신 많은 분들께 감사를 표한다. 부실한 강의노트로 강의를 들은 2021년 서울대학교 통계학과의 비모수통계 및 실습 수강생들과 도움을 준 서울대학교 통계학과 대학원의 박재성 군에게 고마움을 표한다. 책을 쓰는 동안 여러 도움을 주고 격려를 아끼지 않은 한국방송통신대학교 통계데이터과학과의 박서영 교수에게도 특별히 감사를 드린다.

2022년 1월

정성규 드림

차 례

제 1 장

비모수통계 소개

1.1 비모수통계란 무엇인가?

비모수통계, 또는 비모수적 통계 방법론이란 모집단에 대한 가정을 적게 한 상태에서, 통계적 추론 (추정과 가설검정)을 하는 이론과 방법론을 이야기한다. 비모수 통계가 필요한 상황, 그리고 이 책에서 다루는 방법론의 범위에 대해 대략적인 힌트를 주기 위해 다음의 세 질문을 먼저 보기로 하자.

1. 두 표본의 평균을 비교하는 가설검정을 하려고 한다. 두 표본이 정규분포를 따른다면 t-검정을 할 수 있지만, 정규분포 가정을 심하게 위배한다면 어떤 검정을 해야 할까?

2. 어떤 모집단의 변동계수 (Coefficient of variation; 표준편차를 평균으로 나눈 값)는 불평등의 지수로 자주 쓰인다. 임의로 선택된 $n = 100$ 명의 서울대학교 학생들의 장학금 수여금액 $x_1, \ldots, x_n$ 을 조사하여, 변동계수의 추정값 $s/\bar{x}_n$ 을 구하였다. 이 추정값이 얼마나 정확할까?

3. 2009년부터 미국의 부통령이었던 조 바이든의 두 번째 임기에서의 선호도에 대한 여론조사 결과가 그림 1.1에 나와 있다. 바이든의 선호율이 시간에 따라 어떻게 달라지는지 추정하고자 한다. 시간을 설명변수로 선호도를 응답변수로 선형회귀분석을 실시하면, 두 변수의 관계가 단순히 선형이 아님을 확인할 수 있다. 시간에 따른 선호율의 변화를 정확히 추정할 수 있을까?

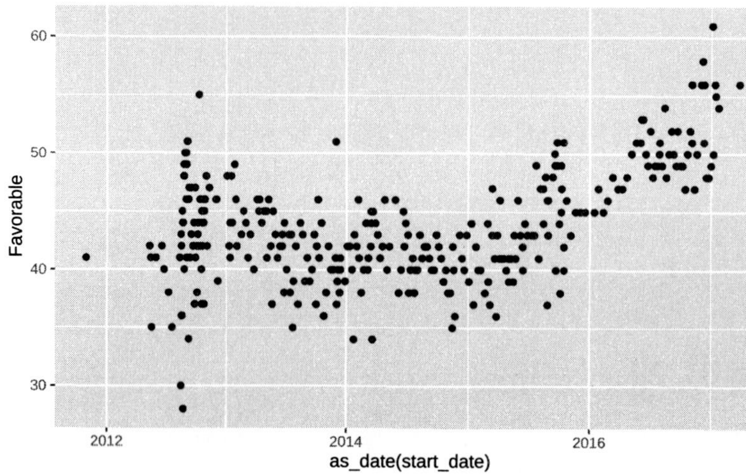

그림 1.1: 바이든 선호도의 여론조사 결과

첫 번째 질문은 정규분포 가정을 할 수 없을 때 어떤 통계적 방법을 이용해야 하는가에 대한 질문이다. 전통적인 비모수통계학 또는 분포무관 방법들이 이러한 형태의 질문에 대한 답을 준다. 이 책에서는 전통적인 순위와 부호를 이용한 검정 방법 뿐 아니라 순열검정으로 이 질문의 답을 구하는 법을 다룬다. 첫 번째 질문이 가설검정의 상황이었다면, 두 번째 질문은 추정량의 불확실성에 대한 질문이다. 이러한 질문의 답은 수리통계적인 계산으로 구하는 방법이 가장 선호되지만, 일반적으로 그러한 계산이 쉽지는 않다. 이 책에서는 붓스트랩 재표집 방법을 이용하여 수리통계적 계산을 컴퓨터를 이용한 계산으로 대체하여 추정량의 불확실성을 계량화하는 법을 살펴본다. 마지막 질문은 추정하고자 하는 대상 (여기서는 선호율의 변화)이 복잡할 수도 있는 곡선인 경우의 추정법에 대한 질문이다. 추정의 대상에 해당하는 관측값 뿐 아니라 그 주변의 관측값들도 이용하여 곡선을 추정하는 비모수적 함수 추정의 방법을 간단히 알아본다.

1.1.1 비모수적 모형

비모수통계는 모집단에 대한 가정을 적게 한 상태에서의 통계적 추론이다. 먼저 "모집단에 대한 가정"이 대체 무엇을 뜻하는지 알아보도록 하자.

보통 모집단에 대한 가정은 모수적 모형을 이용하게 된다. 예를 들면, 관측값 $X_1, \ldots, X_n$이 어떤 모집단에서 표집되었다면, 그 모집단이 정규분포를 따른다는 가정을 종종 한다. 이때 모집단의 분포를 나타내는 확률밀도함수 f가 다음의 정규분

포족

$$\mathcal{F}_G = \{\phi_{\mu,\sigma} : \mu \in (-\infty, \infty), \sigma > 0\},$$
$$\phi_{\mu,\sigma}(x) = \phi(x; \mu, \sigma) = \frac{1}{\sqrt{2\pi\sigma^2}} \exp\left(-\frac{(x-\mu)^2}{2\sigma^2}\right), \; -\infty < x < \infty, \qquad (1.1)$$

중의 하나임을 가정한다. 이를 정규분포 가정 또는 정규분포를 이용한 모수적 모형이라고 부를 수 있다. 모집단의 정규분포 가정을 하면, 모집단은 두 개의 모수 μ, σ에 의해 결정된다. 모수의 영어인 parameter는 수학적으로는 결정되지 않은 상수 (undetermined constant), 컴퓨터과학에서는 매개 변수 (어떤 시스템의 특정한 성질을 결정짓는 변수)의 뜻을 모두 가지고 있다. 어떤 면에서 보든, 단 두 개의 모수에 의해 모집단이 결정되므로 위의 모집단(족)을 우리는 모수적 모형이라고 부른다. 비모수통계에서는 이와 같은 모수적 모형 가정을 하지 않고, f가 어떤 모집단이든 간에 정확한 추론을 할 수 있는 방법을 제시한다.

비모수 통계에서 모수적 모형 대신 가정하는 모집단들의 범위의 예를 들어보자.

- 모집단족 또는 분포족 $\mathcal{F}_1 = \{f : \int x^2 f(x)dx < \infty\}$은 평균과 분산이 존재하는 모든 모집단 (또는 분포)의 집합이다.
- $\mathcal{F}_2 = \{f : f(\mu - x) = f(\mu + x), x \in (-\infty, \infty) \text{ for some } \mu \in (-\infty, \infty)\}$ 은 심지어 평균이 존재하지 않는 분포도 포함하지만 밀도함수가 어떤 μ에 대해 대칭인 분포만을 포함한다.

위의 두 예에서 쓰인 분포족은 그에 속한 모집단 (또는 분포)의 개수가 셀 수 없을 만큼 많다. 정규분포족 역시 그에 속한 분포의 개수는 무한히 많지만, 대응되는 모수 (μ, σ)의 공간은 2차원이다. 반면, 위의 두 분포족을 매개화 (parameterize) 하려면, 무한히 많은 매개변수들 (또는 모수들)이 필요하다.

위의 두 분포족은 매우 크다. $\mathcal{F}_G \subset \mathcal{F}_1$, 그리고 $\mathcal{F}_G \subset \mathcal{F}_2$. 대부분의 모수적 모형, 정규분포족, 감마분포족 등 대부분이 $\mathcal{F}_1$에 포함된다. 모집단의 가정이 강하다는 것은 모집단이 속한 분포족이 작다는 뜻이다. 모집단 f가 분포족 $\mathcal{F}_1$에 속함을 가정하는 것은 매우 약한 가정이라고 볼 수 있다.

1.1.2 비모수 통계와 모수

비모수통계에서도 "모수"의 개념이 쓰인다. 모수(parameter)는 분포족의 원소를 특정할 때 쓰이기도 하지만, 어떤 원소의 특성을 나타내기도 한다. 위의 예에서 첫 번째 분포족 $\mathcal{F}_1$에 속하는 모집단 f의 경우, 평균 $\mu_f := \int xf(x)dx$, 분산 $\sigma_f^2 = \int(x-\mu_f)^2 f(x)dx$이 정의되며, 이들 둘을 모두 모수라고 부른다. 다만, f의 평균과 분산을 안다고 f를 알 수는 없다. 첫 번째 또는 두 번째 분포족 ($\mathcal{F}_1$ 또는 $\mathcal{F}_2$)에 속하는 모집단 f는 중앙값 (median) 이 정의되므로 이를 모수라고 부를 수 있다. 비모수통계에서의 통계 추론은 매우 큰 분포족에서 정의된 모수의 추정과 그에 대한 가설검정이라고 이야기할 수 있다. 분포족의 가정을 극히 약화시킨 상황 (예를 들면, 정규분포 가정이 아니라, $\mathcal{F}_2$를 가정)에서의 모수 추정과 가설검정 방법을 때로는 분포무관 (distribution-free) 방법이라고 부르기도 한다.

비모수통계에서는 모수가 평균, 중앙값 등의 간단한 형태일 수도 있고, 모집단을 특정짓는 어떤 값일 수도 있다. 예를 들어, 정규분포족 가정 아래에서는 평균과 분산 두 모수의 값으로 분위수 (Quantile)의 값이 결정되지만, 분포의 형태가 정해지지 않은 $\mathcal{F}_1$ 가정 하에서는 평균과 분산 두 모수를 모두 알아도 분위수를 알 수가 없다. 이때 특정한 분위수, 또는 백분위수(percentile)도 추정해야 할 모수가 될 수 있다. 또한 밀도함수 $f(\cdot)$ 또는 누적분포함수 $F(x) = \int_{\infty}^{x} f(t)dt$ 도 추정하고자 하는 모수가 될 수도 있다. 모수의 종류에 따라 비모수통계학의 소주제를 다음과 같이 대략 나누어 볼 수 있다.

1. **위치와 산포 모수**: 평균, 중앙값 또는 분산 등의 간단한 형태의 모수를 추정하고 그에 대한 가설을 검정하는 방법이 과거 비모수통계의 주류를 이루었다. 이때 개발된 분포무관 방법의 대부분은 부호 (sign), 순위 (rank), 점수 (score) 등으로 자료변환을 하는 과정을 거치게 되며, 윌콕슨 부호순위검정, 크루스칼-왈리스 검정, 프리드만 검정 등의 방법들이 이 일부이다.

2. **모수로서의 밀도함수**: 밀도함수를 추정하는 비모수통계의 분야를 가르켜 "밀도함수 추정" 문제라고 부른다.

3. **복잡한 모형에서의 모수**: 위의 분포족 모형을 분산분석, 회귀분석, 다변량분석 등의 상황에 확장시켜 개발한 방법들이 비모수통계의 다양한 여러 소분야이다. 여기서는 간단하게 분포무관 선형회귀분석과 비모수 회귀분석의 예를 들겠다.

일반적인 단순회귀모형은 관측값 (Y_i, X_i)가 다음과 같은 선형회귀식을 만족함을 가정한다.

$$Y_i = \beta_0 + \beta_1 X_i + \epsilon_i, \quad \epsilon_i \sim_{i.i.d.} N(0, \sigma^2).$$

이때 X_i들이 고정되어 있다고 가정한다면, 관측값 $\{Y_1, \ldots, Y_n\}$는 각각 평균 $\beta_0 + \beta_1 X_i$, 분산 σ^2인 정규분포를 독립적으로 따르므로, 해당하는 분포족은 다음과 같다.

$$f(y_1, \ldots, y_n) \in \left\{ \prod_{i=1}^{n} \phi(y_i; \beta_0 + \beta_1 X_i, \sigma^2) : \beta_0, \beta_1 \in \mathbb{R}, \sigma^2 > 0 \right\}$$

이 분포족은 단 세 개의 모수 $(\beta_0, \beta_1, \sigma^2)$로 결정되므로 이는 모수모형이다. (여기서 $\phi(\cdot)$은 (1.1)에 정의된 정규분포의 밀도함수이다.) 이에 대비되는 **분포무관 선형회귀분석**의 모형은

$$Y_i = \beta_0 + \beta_1 X_i + \epsilon_i, \quad \epsilon_i \sim_{i.i.d.} f, \quad f \in \mathcal{F}_1$$

이다. 반대로, **비모수적 회귀분석**의 모형은 (예를 들면)

$$Y_i = m(X_i) + \epsilon_i, \quad \epsilon_i \sim_{i.i.d.} N(0, \sigma^2)$$

으로 표현할 수 있으며, 이때 회귀곡선 $m(\cdot)$은 매우 다양한 곡선 중의 하나이다. 예를 들어 매끄러운, 또는 도함수가 존재하는 함수들의 집합을 $\mathcal{H}$으로 두면, $m(\cdot) \in \mathcal{H}$를 가정하고 이 "함수공간" $\mathcal{H}$이 곧 모집단이다.

두 종류의 회귀분석 모형에서의 분포족 $\mathcal{F}_1$과 $\mathcal{H}$는 무한차원의 공간이므로 관측값 $Y_1, \ldots, Y_n$ 또는 그 분포 $f(y_1, \ldots, y_n)$가 속하는 분포족이 유한 개의 모수로 표현될 수 없는 매우 큰 모집단족이다. 분포무관 선형회귀분석에서는 모수 β_0, β_1의 추정과 β_1에 대한 가설검정이 주된 관심사이며, 단일 모집단 모형에서의 중앙값 추정과 비슷한 관점에서 접근할 수 있다. 비모수회귀분석에서는 함수값을 가지는 모수 $m(\cdot)$의 추정이 주된 관심사이다.

1.1.3 비모수통계의 세 가지 도구

지금까지 알아본 비모수통계의 방법론이 필요한 이유를 정리하면 다음과 같다.

- 비모수통계 방법론은 모집단에 대한 가정이 매우 약한 상황 (또는 해당되는 모형 공간이 매우 큰 상황) 에서 개발된 통계적 방법으로, 모집단에 대한 가정을

위배함으로써 발생하는 오류가 매우 적다.

- 비모수통계 방법론은 모수모형 하에서도 적용될 수 있으며, 수리통계적 계산을 컴퓨터에 의한 계산으로 쉽게 대체할 수 있다.
- 비모수모형 공간이 매우 크기 때문에, 복잡한 시스템을 추정하는데 탁월한 성능을 발휘한다.

이에 대응되는 비모수통계의 방법론 역시 다음과 같이 세 가지로 나누어 볼 수 있다.

1. 순열검정 (permutation test). 순열검정은 피셔(R.A. Fisher)에 의해 주장된 가설검정법으로 1990년대 컴퓨터를 이용한 계산과 반복이 쉬워지면서 널리 이용되는 방법이다. 순열검정법은 관측된 데이터에 기반하여 추론을 하는 피셔의 조건부 추론(conditional inference)의 아이디어를 충실히 따르고 있다. 여기서 "조건부"란 관측된 데이터를 주어진, 고정된 값으로 받아들임을 뜻한다.

2. 붓스트랩 (bootstrap). 에프론(Bradley Efron)이 제안한 붓스트랩은 모수적 모형을 이용하지 않고, 통계량의 표본분포를 주어진 표본으로부터 얻는 방법을 말한다. 붓스트랩 (bootstrap)은 장화 뒤의 작은 손잡이(strap)를 말하며, 붓스트랩으로 표본분포를 얻는 방법이 마치, 자신이 자신의 장화를 들어올려 하늘을 나는 것과 같다는 뜻으로 붙여진 이름이다. 순열검정과 마찬가지로 컴퓨터를 이용한 계산과 반복을 이용하며, 이 두 방법이 재표집(resampling)을 이용한 대표적인 통계적 방법이다.

3. 평활법 (smoothing). 밀도함수 $f(\cdot)$ 또는 회귀함수 $m(\cdot)$을 특정한 가정없이 추정하는 문제는 그 함수들이 속하는 공간이 무한차원인 매우 어려운 문제이다. 평활법이란, 어떤 주어진 x 점에서 $m(x)$ 또는 $f(x)$를 추정할 때, x 주변의 관측값들을 이용하는 방법으로 이해할 수 있다. 값 x를 증가시키면서 $m(x)$를 추정할 때, 이용하는 관측값들이 부드럽게 바뀌기 때문에 매끄러운 함수형태의 추정값 $m(\cdot)$을 얻을 수 있다.

흔히 부호와 순위로 대표되는 비모수통계 추론법은 그 연구가 1970년대 이전에 대부분 마무리되었고, 대부분 순열검정의 특별한 경우로 이해할 수 있다. 1980년대부터 연구되기 시작한 평활법을 이용한 비모수적 함수 추정 (밀도함수 추정, 비모수 회귀모형)이 대신 비모수통계학의 주류로 자리잡았다. 또한 순열검정과 붓스트랩

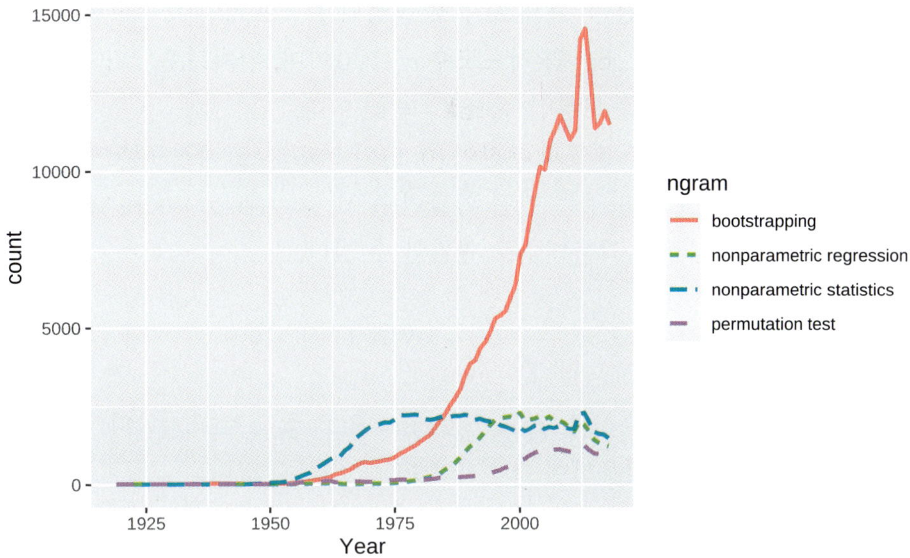

그림 1.2: 구글 ngram에서 추출한 비모수통계 관련 키워드. "비모수통계"의 전성기는 1970년대, "비모수적 회귀분석"의 전성기는 90-2000년대이다. 키워드 "붓스트랩"에는 다른 의미도 포함되어 있을 것으로 추정되지만, 80년대 이후 지속적으로 관심이 증가하고 있다.

방법은 모수모형 또는 비모수모형 아래에서 복잡한 모집단의 복잡한 통계량을 이용한 통계추론에서 매우 효율적임이 끊임없이 확인되고 있다. 그림 1.2는 2018년까지 출판된 영어권 책에 등장하는 "비모수통계", "순열검정", "비모수 회귀", "붓스트랩"의 빈도를 나타낸다.

1.2 모수모형과 통계적 추론

통계적 추론은 크게 추정과 가설검정으로 나눌 수 있다. 점추정, 구간추정, 추정량의 표준오차 등 추정의 주요 개념, 그리고 가설검정의 주요 개념을 설명하기 위해, 먼저 대표적인 모수모형에 대해 알아본다.

1.2.1 대표적인 모수모형

정규분포 정규분포는 가장 대표적인 연속형 확률분포이며, 모집단의 가정에 쓰이기도 하고, 통계적 추론에 쓰이기도 한다. 관측값 $X_1, \ldots, X_n$이 정규분포를 따르는 모집단에서 표집되었다면, 우리가 고려하는 모집단족이 곧 정규분포족 $\mathcal{F}_G$이다. 어떤 확률변수 X가 정규분포를 따른다면, $X \sim N(\mu, \sigma^2)$와 같이 표기한다. 확률밀도함수

(1.1)를 가지는 정규분포는 단 두 개의 모수로 결정되는 대표적인 모수모형이다. 이 모수들은 위치모수 $\mu \in (-\infty, \infty)$와 척도모수 $\sigma^2 > 0$이며, 위치모수 μ가 곧 모평균 $E(X) = \mu$, 척도모수 σ^2가 곧 모분산 $\text{Var}(X) = \sigma^2$이다.

정규분포족의 여러 분포 중 평균과 분산이 $(0, 1)$인 분포를 "표준정규분포" $N(0, 1)$이라고 부른다. 정규분포를 따르는 어떤 확률변수 $X \sim N(\mu, \sigma^2)$라도 "표준화"를 통해 표준정규분포를 따르는 확률변수로 변환할 수 있다.

$$Z = \frac{X - \mu}{\sigma} \sim N(0, 1).$$

표준정규분포의 누적분포함수를 $\Phi(z) = F_Z(z) = P(Z \leq z)$로 표기한다. 확률변수 X의 누적분포함수는 Φ를 이용하여 다음과 같이 표현할 수 있다:

$$F_X(x) = P(X \leq x) = P\{Z = (X - \mu)/\sigma \leq (x - \mu)/\sigma\} = \Phi\{(x - \mu)/\sigma\}.$$

그림 1.3에서 정규분포 $N(\mu, \sigma^2)$의 확률밀도함수와 누적분포함수를 확인하자. 어떤 확률분포의 누적분포함수가 F일 때, 이 확률분포의 주어진 확률 $p \in (0, 1)$에 대한 p-분위수(the pth quantile)는

$$Q_p = \min\{z : F(z) \geq p\},$$

즉 누적확률이 p보다 큰 점 중 가장 작은 점이다. p-분위수를 확률 p의 함수로 생각해 다음과 같이 분위수함수로 표현하기도 한다.

$$Q(p) = Q_p.$$

만약 누적분포함수 F의 역함수가 존재한다면, $Q_p = F^{-1}(p)$이므로, 정규분포의 분위수함수는 $\Phi^{-1} : (0, 1) \to (-\infty, \infty)$이다. 표준정규분포와 같이 통계적 추론에 자주 사용되는 분포에서는 분위수를 자주 이용하게 되므로, 간단히 "z-값(z-value)"을 정의해 사용하기도 한다. 주어진 "유의수준" $\alpha \in (0, 1)$에 대해 정의된 z-값은

$$z_\alpha = \Phi^{-1}(1 - \alpha)$$

으로, 예를 들어 $z_{0.05} = \Phi^{-1}(0.95) \approx 1.645$, $z_{0.025} = \Phi^{-1}(0.975) \approx 1.96$이다.

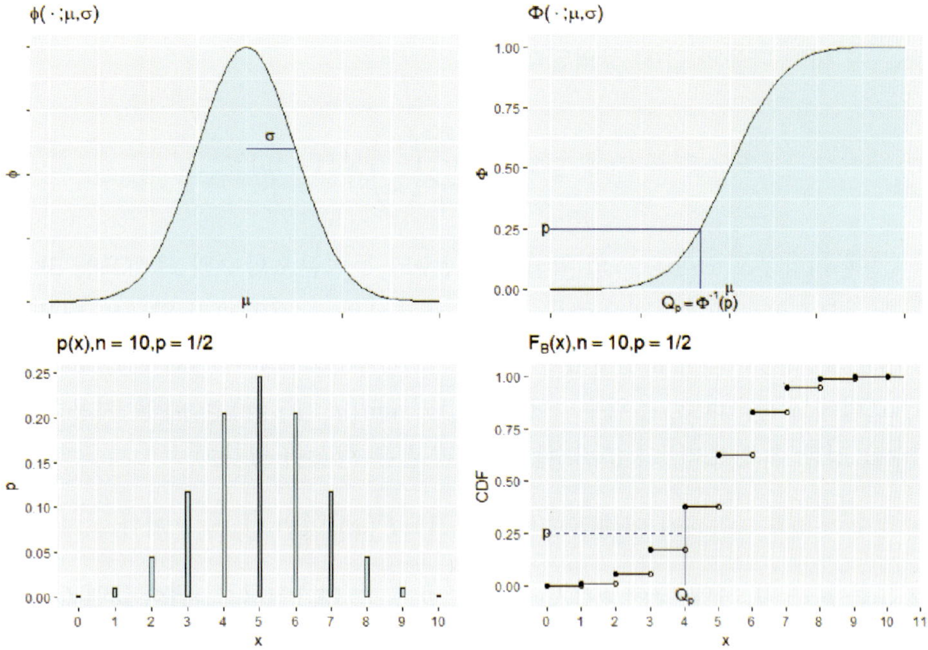

그림 1.3: (위) 정규분포의 밀도함수, 누적분포함수와 분위수. (아래) 이항분포의 질량함수, 누적분포함수와 분위수.

이항분포 이항분포는 가장 대표적인 이산형 확률분포이며, 특수한 경우에 모집단족을 특정하기 위해 쓰며, 간간히 통계적 추론에 이용되기도 한다. 이산형 확률변수 X가 이항분포를 따를 때 $X \sim B(n, p)$로 표기한다. 결과가 이항(binary)인, 즉 결과가 어떤 두 항목 중 하나가 되는 시행을 베르누이 시행이라고 한다. 결과는 (성공/실패), (양수/음수), (합격/불합격) 등 무엇이든 두 항목 중 하나이기만 하면 되며, 두 항목 중 하나를 "1", 다른 하나를 "0"으로 대체할 수 있다. 이 베르누이 시행의 결과가 임의로 (randomly) 주어지고, 각 시행은 모두 같은 성공확률 $p = P(\text{성공}) = P(\text{“1”}) \in (0, 1)$을 가지고 있다고 가정할 때, 베르누이 시행을 독립적으로 n번 반복하였을 때의 성공의 개수 (또는 "1"의 개수) X가 따르는 분포가 이항분포이다.

이항분포는 성공확률 $p \in (0, 1)$가 모수이다. 일반적으로 시행횟수 n은 미리 주어진 수로서 모수로 취급하지 않는다. 이산형 확률분포인 이항분포의 확률질량함수 (probability mass function) 는

$$f(x) = P(X = x) = \binom{n}{x} p^x (1-p)^{n-x}, \quad x = 0, 1, \cdots, n$$

로서 0부터 n까지의 정수에 대해서만 질량을 가진다. 누적분포함수는 모든 $x \in (\infty, \infty)$에 대해 다음과 같이 정의된다.

$$F_B(x) = P(X \leq x) = \sum_{k=0}^{\lfloor x \rfloor} \binom{n}{k} p^k (1-p)^{n-k}.$$

그림 1.3에 이항분포 $B(10, \frac{1}{2})$의 확률질량함수와 누적분포함수의 그래프를 표시하였다. 누적분포함수가 계단형으로서 $x \in (-\infty, \infty)$와 $p \in (0,1)$가 일대일 대응되지 않기 때문에, 이항분포의 분위수함수는 단순히 누적분포함수의 역함수로 정의될 수 없다. 그럼에도 불구하고, 분위수의 정의 $Q_p = \min\{x : F_B(x) \geq p\}$를 이용하여 p-분위수를 정할 수 있으며, 이 분위수는 다음과 같은 성질이 있다.

- 정수 $x = 0, \ldots, n$에 대해 $p \in (F(x-1), F(x)]$이면 $Q_p = x$이다.
- 모든 $p \in (0,1)$에 대해 $F(Q_p - 1) < p \leq F(Q_p)$이므로, 관측값이 Q_p보다 같거나 작을 확률이 p보다 같거나 크다. 이를 이용해 다음을 확인할 수 있다.

$$P(X \leq Q_p) \geq p, \quad P(X \geq Q_p) > 1 - p.$$

이항분포를 따르는 확률변수 $X \sim B(n,p)$의 평균과 분산은 다음과 같다.

$$E(X) = \sum_{x=0}^{n} x f(x) = np, \quad \text{Var}(X) = np(1-p).$$

1.2.2 모수의 추정과 통계적 가설검정

통계적 추론을 설명하기 위해 간단한 예를 든다.

예 1.1

임의로 선정된 8명의 50대 남성이 체중감량 프로그램에 참가하였다. 10주의 프로그램 후, 체중의 감소량은 3, 2, 0, 8, 12, 11, 5, -2 킬로그램이었다. (마지막 참가자는 체중이 늘었다.) 50대인 아버지가 이 프로그램에 참가하면 기대되는 체중감소량은 어느 정도일까? 그리고, 이 프로그램이 효과가 있을까?

예 1.1에서 첫 번째 질문은 모수의 추정, 두 번째 질문은 통계적 가설검정으로 대답할 수 있다.

모수의 추정 예 1.1에서의 모집단은 체중감소량들의 분포이며, "기대되는 체중감소량"은 일반적으로 그 모집단의 위치모수를 나타낸다. 평균, 중앙값, 최빈값 (mode) 등이 대표적인 위치모수이다. 관측값을 $X_1, \ldots, X_n$ 으로 두고, 모집단이 **정규분포를 따른다는 가정**, 즉, 모집단이 정규분포족 (1.1) 에 포함됨을 가정하면, 평균, 중앙값, 최빈값이 모두 μ와 같고 표본평균 $\bar{X}_n = \frac{1}{n}\sum_{i=1}^{n} X_i$ 이 가장 좋은 추정량임이 알려져 있다. 특히,

1. $\bar{X}_n$ 은 기댓값이 $E(\bar{X}_n) = \mu$, 즉 편향 (bias)이 없으며, 그 표준편차 또는 표준오차 (standard error)가 $\text{se} = (\text{Var}(\bar{X}_n))^{1/2} = \frac{\sigma}{\sqrt{n}}$로서 편향이 없는(unbiased) 추정량 중에 가장 작은 표준오차를 가진다.

2. $\bar{X}_n$ 의 표본분포는 정규분포 $N(\mu, \sigma^2/n)$를 정확히 따르며, 만약 σ^2을 안다면, 이로부터 정확한 신뢰구간을 구할 수 있다. 예를 들어, 모수 μ의 95% 신뢰구간은 $\mu \in \bar{X}_n \pm 1.96\sigma/\sqrt{n}$이며, 임의의 모수값 μ에 대해 z-통계량 $Z = \frac{\bar{X}_n - \mu}{\text{se}}$가 표준정규분포를 따름을 이용하여 이 신뢰구간의 신뢰수준이 정확히 95%임을 확인할 수 있다.

3. 만약 σ^2을 모른다면, 스튜던트화 (또는 표준화)를 이용하여 신뢰구간을 구할 수 있다. 표본분산 $s^2 = \sum_{i=1}^{n}(X_i - \bar{X}_n)^2/(n-1)$를 이용하여, 임의의 모수값 μ에 대해 t-통계량을 다음과 같이 정의하자:

$$T = \frac{\bar{X}_n - \mu}{\widehat{\text{se}}}, \quad \widehat{\text{se}} = \frac{s}{\sqrt{n}}.$$

   정규분포 가정 아래에서 통계량 T가 자유도 $n-1$의 t-분포 t_{n-1}을 따름을 이용하여, μ의 95% 신뢰구간은 $\mu \in \bar{X}_n \pm t_{0.025,n-1}s/\sqrt{n}$ 로 주어진다. 이때, $t_{\alpha,n-1}$은 t_{n-1} 분포의 $1-\alpha$ 분위수이다.

모수의 추정 문제에서는 추정량의 비편향성과 함께 작은 표준오차가 선호된다. 모수적 모형(예를 들면 위와 같이 정규분포 모형)을 이용하면, 편향이 없으면서 표준오차도 가장 작은 최적의 추정이 가능하다. (수리통계학의 주요 내용이 여러 모수적 가정 아래에서 최적의 추정량을 구하는 것이다.) 다만, 실제 모집단이 정규분포 가정에서 현저히 벗어나게 되면, 추정량의 정확도를 평가하는 척도인 표준오차가 표준오차의 추정량 $\widehat{\text{se}}$에 비해 매우 크거나 매우 작을 수가 있다. 또한 (정규분포 가정 아래에서는) "최적의 추정량"이었던 $\bar{X}_n$ 의 표준오차가 다른 추정량에 비해

매우 클 수도 있다. 앞으로 소개할 비모수적 방법은 매우 넓은 분포족에 속한 어떤 모집단에서도, 또는 매우 약한 모집단의 가정만으로도 일정 정도의 성능이 보장되는 방법이라고 할 수 있다.

통계적 가설검정 예 1.1의 두 번째 질문 "이 프로그램이 효과가 있을까?"는 통계적 가설검정으로 다룰 수 있다. 우리가 고려하는 통계적 가설검정은 모집단의 모수에 대한 두 가지 가설 (귀무가설 H_0 과 대립가설 H_1) 중 하나를 데이터로부터 선택하는 과정이다. 위의 질문 "이 프로그램이 효과가 있을까?"는, 위치모수 μ에 대해서 귀무가설 $H_0 : \mu = 0$ (효과가 없다)와 그에 대립되는 대립가설 $H_1 : \mu > 0$ (효과가 있다) 중 하나를 선택하는 문제로 대신할 수 있다. 귀무가설과 대립가설을 적절한 모수에 대해 설정하는 것이 가설검정의 첫 단계이다.

관측된 데이터는 두 개의 가설 중 어느 가설을 더 지지할까? 이 대답을 단순하고 수치적으로 하기 위해 검정통계량 (test statistic)을 이용한다. 검정통계량은 통상적으로 귀무가설과 대립가설에서 서로 다른 값을 나타내는 통계량을 쓴다. 예를 들어, 위에서 소개한 t-통계량 $T = \bar{X}_n/\hat{\text{se}}$은 대립가설이 사실일 때는 큰 값을 가지는 경향이 있으나, 귀무가설이 사실일 때는 대략 0 주변의 값을 가지는 경향이 있다. (귀무가설이 사실일 때, T는 t_{n-1} 분포를 따른다.)

그럼 얼마나 큰 T의 값에 대해 대립가설을 채택해야 할까? 가설검정의 결정 규칙은 대부분 다음과 같은 단순한 형태를 띤다.

- 만약 $T > c$이면 귀무가설 기각 (대립가설 채택).
- 만약 $T < c$이면 귀무가설 기각 실패 (귀무가설이 거짓이라고 볼 증거 불충분).

값 c에 의해 결정되는 기각역 (rejection region)은 제1종의 오류 (귀무가설이 사실일 때, 귀무가설 기각) 발생 확률을 미리 정한 유의수준 α (통상적으로 0.05)보다 작게 통제할 수 있게 정한다. 이때 제1종의 오류 발생 확률이 주어진 유의수준 α에 가까울수록 검정의 검정력(power, 대립가설이 사실일 때, 대립가설을 채택할 확률)이 높아지므로, 가능하다면 제1종의 오류 확률이 정확히 α가 되도록 기각역 c를 정한다.

잘 알려진 t-검정의 기각역은 기각값(critical value) $c = t_{\alpha,n-1}$에 의해 주어진다. 즉, $T > t_{\alpha,n-1}$일 때 대립가설을 기각한다. 그렇다면, 왜 t-검정을 쓰는가? 정규분포 가정 아래에서, 위치모수에 대한 검정 중 제1종의 오류 확률을 주어진 유의수준 α에서 통제하는 검정 중 가장 검정력이 높은 검정 방법이 바로 t-검정이기 때문이다. 다만, 정규분포 가정이 어긋나게 되면, 즉 실제 모집단이 정규분포와 매우 다르다면,

t-검정이 주어진 유의수준에서 제1종의 오류 확률을 통제함을 보증할 수 없다 (즉, 검정의 오류 빈도를 통제할 수 없어, 믿을만한 검정방법이 아니다.) 비모수적 방법, 특히 순열검정 방법은 모집단에 대한 매우 약한 가정만으로 주어진 유의수준에서 제1종의 오류 확률을 정확히 통제할 수 있는 검정방법이다.

- 위에서는 간단한 단측검정을 예로 들었지만, 대립가설의 방향에 따라 검정을 다음과 같이 분류하기도 한다. 대립가설이 어떤 주어진 값 μ_0에 대해 $H_0 : \mu = \mu_0$로 주어져, 검정통계량이 $T = (\bar{X}_n - \mu_0)/\hat{\text{se}}$ 임을 가정하자.
  - 좌측검정 (lower-tailed test): $H_1 : \mu < \mu_0$, 기각역 $= \{T : T < -t_{\alpha,n-1}\}$.
  - 우측검정 (upper-tailed test): $H_1 : \mu > \mu_0$, 기각역 $= \{T : T > t_{\alpha,n-1}\}$.
  - 양측검정 (two-sided test): $H_1 : \mu \neq \mu_0$, 기각역 $= \{T : |T| > t_{\alpha/2,n-1}\}$.
- 주어진 데이터 또는 검정통계량이 귀무가설과 얼마나 부합하지 않는지를 보기 위해 p-값 (p-value)을 이용한다. p-값은 귀무가설이 사실일 때, 관측된 검정통계량 T_{obs}보다 더욱 극단적인 검정통계량 $T \sim t_{n-1}$을 관측할 확률이다. 즉, p-값이 작을수록 귀무가설이 사실이라고 보기 어려우므로, 데이터가 더욱 대립가설을 지지한다고 볼 수 있다. 유의수준 α와 비교했을 때 p-값이 더 작을 때 귀무가설을 기각하는 규칙은 위의 기각역을 이용한 검정의 규칙과 같다.
  - 좌측검정: $H_1 : \mu < \mu_0$, p-값 $= P(T < T_{\text{obs}})$.
  - 우측검정: $H_1 : \mu > \mu_0$, p-값 $= P(T > T_{\text{obs}})$.
  - 양측검정: $H_1 : \mu \neq \mu_0$, p-값 $= P(T < -|T_{\text{obs}}| \text{ or } T > |T_{\text{obs}}|)$.

통계적 가설검정을 시행할 때, 통계학자의 역할은 첫째, 모집단에 대한 적절한 가정을 세우고, 둘째, 가설을 모수에 대한 수학적 표현으로 나타내고, 셋째, 귀무가설과 대립가설을 구분할 검정통계량을 정하고, 마지막으로 기각역을 구한다. 모집단에 대한 가정이 매우 약한 비모수통계에서는 모집단의 분포에 의존하지 않는, 즉, **분포무관한 검정통계량**을 정하는 것이 관건이다. 마지막 단계인 기각역을 구하기 위해서는 귀무가설 아래에서의 검정통계량의 분포 (즉, **영분포** null distribution)를 구하는 것이 주된 관심사이다. (위의 t-통계량 예에서는 t_{n-1}이 정규분포 가정 아래에서의 영분포이다.)

예 1.2

예 1.1의 데이터가 정규분포를 따르는 모집단에서 관측되었다는 가정을 한다면, $n = 8$ 개의 관측값을 $X_1, \ldots, X_8 \sim_{i.i.d.} N(\mu, \sigma^2)$로 표기할 수 있다. 예 1.1의 질문에 대한 답을 유의수준 $\alpha = 0.05$에서 구해보자. 이 관측값들의 표본평균과 표본표준편차는 각각 $\hat{\mu} = \bar{x}_n = 4.875$, $\hat{\sigma} = s = 5.1$이므로, 기대되는 체중 감소량의 추정값은 $\bar{x}_n = 4.875$이며 95% 신뢰구간 $\mu \in \bar{x}_n \pm t_{0.025,7} s/\sqrt{8}$ 을 R을 이용해 계산하면 다음과 같다.

```
> x = c(3, 2, 0, 8, 12, 11, 5, -2)
> n = length(x);
> (ci = mean(x) + c(-1,1) * qt(1-0.025,n-1) * sd(x) / sqrt(n))
[1] 0.6253086 9.1246914
```

이 프로그램이 효과가 있을지를 검정하기 위해 귀무가설을 $H_0 : \mu = 0$, 대립가설을 $H_1 : \mu > 0$으로 두고 t-검정을 시행한다. R을 이용해 계산한다면 `t.test()`함수를 이용할 수 있다.

```
> t.test(x, alternative = "greater")$p.value
[1] 0.01504372
```

p-값이 5%보다 작으므로 $\alpha = 5\%$ 유의수준에서 유의한 효과가 있다고 결론을 내린다.

검정과 신뢰구간의 대응 신뢰구간과 검정의 결론은 밀접한 관련이 있다. 어떤 모집단의 평균 μ에 대한 통계적 추론을 할 때, μ의 점추정량 또는 그의 표준화된 값 T의 표본분포를 이용하여 신뢰구간을 정하고 가설검정을 한다고 가정하자. 귀무가설 $H_0 : \mu = \mu_0$ 를 대립가설 $H_1 : \mu \neq \mu_0$에 대비하여 검정할 때, 만약 귀무가설의 값 μ_0가 95% 신뢰구간 (L, U)에 포함된다면,유의수준 5%에서의 검정의 결과는 H_0를 언제나 기각하지 못하는 것으로 나온다. 만약, $\mu_0 \notin (L, U)$이면 H_0는 기각하게 된다.

반대로, 어떤 μ'에 대해 귀무가설 $H_0 : \mu = \mu'$에 대한 유의수준 α에서의 검정 결과가 기각실패이면 신뢰구간 (L, U)에 μ'이 포함된다.

이 사실을 이용하여 신뢰구간으로부터 검정을, 또는 검정을 이용하여 신뢰구간을 구할 수 있다.

예 1.3 (정규분포 가정에서의 검정과 신뢰구간)

관측값 $X_1, \ldots, X_n \sim_{i.i.d.} N(\mu, \sigma^2)$이 정규분포를 따르는 모집단에서 표집되었을 때, 모평균 μ에 대한 추론을 하고자 한다. 모평균 μ의 95% 신뢰구간은 $\mu \in CI(\mu) = \bar{X}_n \pm t_{0.025,n-1}s/\sqrt{n}$ 이며, 어떤 값 μ_0에 대한 귀무가설 $H_0 : \mu = \mu_0$를 대립가설 $H_1 : \mu \neq \mu_0$에 대비하여 유의수준 5%에서 t-검정을 하면 기각역은 $|\bar{X}_n - \mu_0| > t_{0.025,n-1}s/\sqrt{n}$이 된다. 만약 t-검정의 결과가 귀무가설 기각실패라면

$$|\bar{X}_n - \mu_0| \leq t_{0.025,n-1}s/\sqrt{n} \iff \mu_0 \in \bar{X}_n \pm t_{0.025,n-1}s/\sqrt{n} \tag{1.2}$$

이므로 μ_0가 신뢰구간 $CI(\mu)$에 포함되고, 만약 검정의 결과가 귀무가설 기각이라면 μ_0는 $CI(\mu)$에 포함되지 않음을 확인할 수 있다. 반대로 생각하면, 95% 신뢰구간에 μ_0가 포함되지 않을 때 귀무가설을 기각하는 검정방법이 곧 t-검정과 정확히 같다.

정규분포 가정과 중심극한정리 실제 데이터에 대해, 모집단의 정규분포 가정이 정확히 맞는 경우는 거의 없다. 하지만, 대칭이며 종형(bell-shaped)인 밀도함수를 따르는 모집단이라면 근사적으로 정규분포와 비슷하다고 볼 수 있다. "정규분포 가정"이란 정규분포와 비슷한 모집단의 분포를 근사하겠다는 의미를 내포하며, 매우 많은 경우에 대체적으로 받아들여질 수 있는 가정이다. 이때, 앞에서 소개된 모수적 모형과 모수적 통계방법 (신뢰구간과 t-검정)이 근사적으로 정확하다고 할 수 있다.

실제 데이터의 모집단이 정규분포의 형태와 매우 다른 경우 또한 종종 있다. 대표적으로는 관측값이 연속된 숫자가 아닌 이산형(discrete)인 경우 (예를 들어 이항분포를 따르는 모집단), 순서형(ordinal)인 경우 (예를 들어 설문조사의 응답이 매우 만족—만족—보통—불만족—매우 불만족), 그리고 관측값이 연속된 숫자이지만, 매우 치우친(skewed) 분포를 따르는 경우 등이 있다. 그렇다면, 이산형 자료, 또는 정규분포와 현저히 형태가 다른 모집단에서 관측된 데이터에서도 종종 표준적인 통계적 방법인 t-분포를 이용한 통계적 추론이 자주 쓰이는 이유는 무엇일까? 그것은 바로 중심극한정리를 이용한 통계량의 대표본근사분포가 정규분포를 따르는 모집단을 가정했을 때의 통계량의 영분포와 동일하기 때문이다.

정리 1.1 (중심극한정리)

어떤 모집단 $f \in \mathcal{F}_1$에 대해, $X_1, \ldots, X_n \sim_{i.i.d.} f$ 라고 가정하자. 표본평균 $\bar{X}_n$의 평균과 분산은 $E(\bar{X}_n) = E(X_1) = \mu_f$, $\text{Var}(\bar{X}_n) = \frac{1}{n}\text{Var}(X_1) = \frac{\sigma_f^2}{n}$

이다. 표본의 수 n이 충분히 클 때, 표준화된 표본평균은 근사적으로 표준정규분포를 따른다. 즉, n이 클때,

$$\frac{\bar{X}_n - \mu_f}{\sqrt{\sigma_f^2/n}} \xrightarrow{d} N(0,1),$$

또는 $\bar{X}_n \dot{\sim} N(\mu_f, \frac{\sigma_f^2}{n})$이다.

정리 1.1에서 $X_n \xrightarrow{d} f$는 n이 커질 때, X_n의 분포가 f로 분포수렴 (convergence in distribution)함을 뜻하며, $\bar{X}_n \dot{\sim} f_n$은 n이 클 때, $\bar{X}_n$의 분포가 근사적으로 f_n 임을 뜻한다. 중심극한정리에 의해 평균 또는 합의 형태를 가지는 통계량은 정규분포로의 근사가 가능하다.

모수적 모형, 특히 정규분포 모형의 효용은 정규분포와 비슷한 형태를 가지는 모집단 뿐만 아니라, 추정량 또는 검정통계량에 중심극한정리의 대표본근사가 적용되는 모든 모집단까지 확장된다.

1.3 비모수적 방법의 필요성

모수모형, 특히 정규분포 모집단의 가정 아래에서 개발된 통계적 방법론의 효용은 모집단이 정확하게 정규분포가 아닌 상황에서도 여전히 유효하다. 그럼에도 불구하고 비모수적 방법이 필요한 이유가 무엇인지, 세 가지로 정리한다.

- 비모수통계 방법론은 모집단에 대한 가정이 매우 약한 상황 (또는 해당되는 모형 공간이 매우 큰 상황) 에서 개발된 통계적 방법으로, 모집단에 대한 가정을 위배함으로써 발생하는 오류가 매우 적다. 특히 소표본 문제, 즉 표본의 수가 충분히 크지 않은 상황에서는 중심극한정리를 통한 정규분포 근사를 이용할 수 없다.

- 비모수통계 방법론은 모수모형 하에서도 적용될 수 있으며, 수리통계적 계산을 컴퓨터에 의한 계산으로 쉽게 대체할 수 있다. 표본의 수가 많음에도 불구하고 중심극한정리가 적용되지 않는 경우, 추정량의 표본분포 또는 검정통계량의 영분포는 비모수적 방법으로 근사할 수 있다.

- 비모수모형 공간이 매우 크기 때문에, 복잡한 시스템을 추정하는데 탁월한 성능을 발휘한다. 정규분포족이 매우 많은 비슷한 분포들을 근사적으로 포함하는 것과 마찬가지로, 비모수 통계학에서는 무한차원의 (비모수적) 분포족을 차원이 매우 높지만 유한차원인 분포족으로 근사하는 방법을 이용한다.

1.4 분포무관 방법과 로버스트 방법

로버스트 (robust) 또는 강건한 통계적 방법이란 데이터에 이상값 또는 이상점 (outlier)이 있을 때에도 좋은 성능을 보이는 통계적 방법을 의미한다.

예 1.4

다음은 24 개의 밀가루 상품에서 추출한 구리 성분의 함량 (그램 당 백만 분의 일 그램 단위)을 오름차순으로 정렬한 데이터이다 (Analytical Methods Committee, 1989).

```
2.20 2.20 2.40 2.40 2.50 2.70 2.80 2.90
3.03 3.03 3.10 3.37 3.40 3.40 3.40 3.50
3.60 3.70 3.70 3.70 3.70 3.77 5.28 28.50
```

예 1.4의 데이터에서 마지막 관측값 28.50은 이상점으로 보인다. 어떤 관측값이 이상점인지에 대한 판단은 통계학자 독단으로 하지 않고, 데이터가 도출된 영역의 전문가의 판단이 가미되어야 한다. 이 관측값 28.50의 경우, 2.85의 오기로 판단할 수도 있고, 측정 기계의 오작동으로 인해 28.50가 측정되었을 수도 있지만, 실제로 관측값이 28.50일 수도 있다.

대표적인 기술통계량인 표본평균과 표본표준편차는 이상점의 유무에 따라 그 값이 크게 달라진다. 예를 들어 예 1.4의 데이터에서 구한 평균, 표준편차를 이상점 28.50을 제외하였을 때와 비교하면

- 평균 : 4.26 (이상점 포함), 3.21 (이상점 제외)
- 표준편차 : 5.2 (이상점 포함), 0.68 (이상점 제외)

로서 그 변화가 매우 심하다. 만약 관측값 28.50이 정말 이상점이었다면, 표본평균과 표본표준편차는 데이터의 요약으로 사용해서는 안 되는 값임을 알 수 있다.

이에 비해 로버스트한 (강건한) 기술통계량인 표본중앙값 (median)과 중앙값 절대 편차 (median absolute deviation; MAD)[1]를 살펴보면

- 중앙값: 3.385 (이상점 포함), 3.37 (이상점 제외)
- 중앙값 절대 편차: 0.53 (이상점 포함), 0.50 (이상점 제외)

로서 이상점이 있고 없음에 따라 차이가 많이 나지 않음을 알 수 있다.

분포무관한 비모수적 통계 방법은 모집단이 어떤 분포를 따르든 일정한 성질이 보장되는 방법이라고 할 수 있다. 이상점이 있는 데이터를 마치 매우 큰 값이 관측될 법한 모집단에서의 표본이라고 본다면, 이 모집단은 꼬리가 매우 두터운 분포를 따른다고 볼 수 있다. 따라서, 분포무관한 비모수적 통계적 방법은 곧 로버스트한 방법이다. (다만, 로버스트한 방법이라고 모두 비모수적인 방법인 것은 아니다.) 우리가 살펴볼 비모수적 통계적 방법의 일부는 로버스트한 통계적 방법으로 더 잘 알려져 있으므로, 그 경우 로버스트한 방법으로서의 동기부여를 할 것이다.

1.5 연습문제

연습 1.1. 정규분포 $N(\mu, \sigma^2)$의 분위수함수 $Q(p)$를 표준정규분포의 분포함수 Φ를 이용하여 표현하고, 중앙값 $Q(0.5)$, 제1분위수 $Q(0.25)$, 제3분위수 $Q(0.75)$를 구하여라.

연습 1.2. 이항분포 $B(10, 0.3)$에 대해 중앙값, 제1사분위수, 제3사분위수를 구하여라.

연습 1.3. 정규분포 가정 아래에서, $P(\mu \in \bar{X}_n \pm 1.96\sigma/\sqrt{n}) = 1 - 0.05$ 임을 확인하여라. 이때, 정규분포족 $\mathcal{F}_G$에 속하는 모든 $f_{\mu,\sigma}$에 대해 위 식이 성립함을 확인하여라.

연습 1.4. 정규분포 가정 아래에서, $P(\mu \in \bar{X}_n \pm t_{0.025,n-1}s/\sqrt{n}) = 1 - 0.05$임을 확인하자. 만약 표본 수 $n = 8$에서 실제 모집단이 $f(x) = 0.05,\ x \in [-2, 18]$으로 주어졌다면 위 신뢰구간이 실제 평균 $\mu = 8$을 포함할 확률은 얼마인가?

연습 1.5. 관측값 $X_1, \ldots, X_n$이 Exp(θ) 분포를 따른다고 가정하고 모수 $\theta > 0$에 대한 통계적 추론을 하고자 한다.

[1]중앙값 절대 편차 (MAD)는 관측값들의 산포의 척도이며, 중앙값 조정된 편차 $x_i - \text{median}\{x_i\}$의 절댓값의 중앙값 MAD$(x)$ = median$\{|x_i - \text{median}\{x_i\}|\}$이다. 이에 대비되는 개념인 표준편차는 평균으로 조정된 편차 $x_i - \bar{x}_n$들의 제곱의 평균(의 제곱근) sd(x) $= (\frac{1}{n-1}\sum_{i=1}^n (x_i - \bar{x}_n)^2)^{1/2}$이다.

a) 중심극한정리를 이용하여 $\bar{X}_n$의 근사적인 분포를 찾아라.

b) 낙성대역에서 서울대학교 관악캠퍼스로 들어오는 관악02 버스의 기다리는 시간이 Exp(θ) 분포를 따른다고 가정하자. 40명의 학생들의 평균 기다린 시간이 7분이었다면,

   i. θ의 (근사적인) 95% 신뢰구간을 구하여라.

   ii. 귀무가설 $H_0 : \theta = 10$과 대립가설 $H_1 : \theta < 10$에 대해 통계적 가설검정을 실시하여라. 결과를 p-값으로 나타내고, 유의수준 $\alpha = 0.01$에서의 결론을 서술하여라.

연습 1.6. 연습문제 1.5에서, 40명이 아닌 10명 학생들의 평균 기다린 시간이 7분이었다면, 위에서 구한 θ의 95% 신뢰구간이 실제 평균 $\theta = 10$을 포함할 확률은 얼마인가? 이 95% 신뢰구간이 정말 95%의 신뢰성을 가지고 있는가?

연습 1.7. 연습문제 1.5의 통계적 가설검정을 모집단에 대한 어떤 가정에서도 (Exp(θ) 또는, Uniform$(0, 2\theta)$을 가정할 때) 정확하게 할 수 있는 방법이 있을지 생각해 보자.

제 I 부

순열검정과 전통적인 비모수통계

제 2 장

한 모집단에 대한 분포무관 추론

분포함수 $F(x)$를 따르는 한 모집단에서 표집된 단순랜덤표본을 이용하여, 모집단의 중앙값 $\theta = Q(0.5)$에 대한 가설검정을 하고자 한다. 다음의 단측가설의 검정을 고려하자:

$$H_0 : \theta = \theta_0, \quad H_1 : \theta > \theta_0.$$

예 2.1 (IQ 검사)

임의로 선정된 10명의 인헌초등학교 6학년 어린이들이 IQ점수를 높이기 위해 특별한 훈련을 1주 동안 받았다. 훈련을 마친 뒤, 초등학교 고학년에게 맞게 설계된 IQ검사를 받아 다음과 같은 점수를 받았다.

$$(98, 121, 110, 89, 109, 108, 102, 92, 131, 114)$$

IQ 검사의 점수는 평균이 100, 표준편차가 10이 되도록 표준화된 점수이다. 이 초등학생들에게 적용된 특별한 훈련이 효과가 있는가?

예 2.2 (소듐 함량)

건강한 성인 남성의 권장 소듐 (나트륨) 충분섭취량은 1500 mg 이다. 임의로 선정된 10명의 채식을 하는 성인의 하루 소듐 섭취량을 조사하였더니 1200, 2300, 5800, 1100, 1200, 1700, 1400, 1900, 3800, 1300 (mg) 으로 관측되었다. 채식을 하는 성인의 하루 소듐 섭취량이 권장량보다 많을까?

위의 두 예에서 각각 모집단은 무엇인가? 그리고 그에 맞는 가설과 검정방법은 무엇일까?

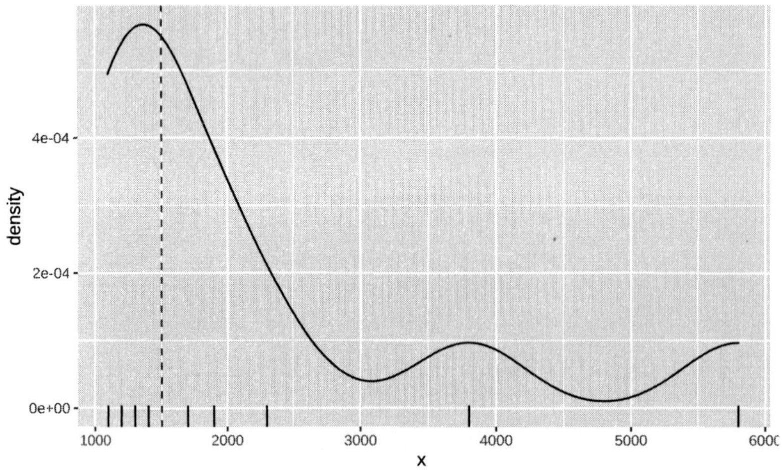

그림 2.1: 소듐 섭취량 (예 2.2)의 데이터와 대략의 분포. 수직 점선이 권장 소듐 섭취량 1500(mg)를 나타낸다.

예 2.1에서는 모집단이 정규분포를 따른다고 볼 수 있으며, 훈련의 효과가 없을 때 모평균 θ에 대해 $\theta = 100$, 효과가 있을 때는 $\theta > 100$으로 표현할 수 있다. 따라서 모집단이 속하는 분포족을 $\{N(\theta, 10) : \theta \in [50, 150]\}$ 정도로 표현할 수 있으며, 귀무가설과 대립가설을 $H_0 : \theta = 100$, $H_1 : \theta > 100$으로 나타낼 수 있다. 모집단이 정규분포를 따르고, 모표준편차가 10이라고 가정할 수 있으므로, Z-통계량

$$Z = \frac{\bar{X}_n - \theta_0}{\sigma/\sqrt{n}} = \frac{\bar{X}_n - 100}{10/\sqrt{10}}$$

이 귀무가설이 사실일 때 표준정규분포를 따른다 (이를 Z의 영분포라고 부른다). 관측된 Z-통계량이 $Z_{obs} = 7.4$이며, 단측검정의 p-값이 $P(Z > 7.4) \approx 6 \times 10^{-14}$으로 매우 작으므로, 대립가설 $H_1 : \theta > 100$ (훈련이 효과가 있다)을 채택할 수 있다.

예 2.2에서는 모집단이 정규분포를 따른다고 보기 힘들고 (그림 2.1 참조) , 10개의 관측값의 분포가 좌측으로 치우친 (즉, 오른쪽 꼬리가 길고 두꺼운) 분포이므로, 모집단의 분포가 대칭형이라고 가정하기도 어렵다. 이와 같이 정규분포 가정을 할 수 없고, 또는 다른 모수적 모형을 이용하기도 어려울 때, 분포 무관한 검정 방법을 고려할 수 있다.

2.1 부호검정

예 2.2의 상황에서는 분포무관 검정 방법 중 가장 간단한 부호검정(sign test)을 고려할 수 있다. 관측값 $X_1, \ldots, X_n \sim_{i.i.d.} F$을 가정하고, 이때의 모집단은 $F \in \mathcal{F} = \{F\}$로서 모집단에 어떤 제약도 없다. 어떤 모집단이라도 중앙값 $\theta = Q_F(0.5)$은 존재하므로 다음의 중앙값에 대한 가설을 검정한다.

$$H_0 : \theta = \theta_0 \quad \text{vs.} \quad H_1 : \theta > \theta_0. \tag{2.1}$$

분포무관한 검정방법이려면 검정통계량의 영분포가 모집단의 실제 분포와 관계 없어야 한다. 귀무가설 $H_0 : \theta = \theta_0$이 사실일 때의 모집단은 어떤 한 분포를 따르지만, 이 분포가 중앙값이 θ_0인 어떤 분포라도 될 수 있다. 하지만, 중앙값의 정의에 의해 어떤 모집단이라도 그 모집단을 이루는 값의 절반은 중앙값 θ_0보다 작아야 하고, 나머지 절반은 θ_0보다 커야 한다. 따라서, 관측값 X_i를

$$S_i = S_i(X_i, \theta_0) = \begin{cases} +, & X_i > \theta_0\text{일때}, \\ -, & X_i < \theta_0\text{일때}. \end{cases} \tag{2.2}$$

으로 변환하면, $S_i = +$일 확률이 중앙값이 θ_0인 어떤 모집단에서도 1/2임을 알 수 있다[1]. 이 변환된 $S_1, \ldots, S_n$는 서로 독립이므로, S_i 중 "+"의 개수는 귀무가설이 사실일 때, 이항분포 $B(n, 1/2)$을 따른다.

위의 논의를 정리하면,

- 부호검정의 검정통계량: $S = \sum_{i=1}^n I(S_i = +) = \sum_{i=1}^n I(X_i > \theta_0)$,
- 영분포: 귀무가설이 사실일 때, $S \sim B(n, 1/2)$.

그림 2.2의 왼쪽 그래프의 귀무가설이 사실인 경우 $P(X_i > \theta_0) = 1/2$임을 나타낸다. 또한 실제 $\theta > \theta_0$인 경우 (즉, 대립가설이 사실인 경우) 부호 S_i가 $+$일 확률이 1/2보다 크므로, 검정통계량 S의 값이 더욱 크게 나올 것으로 예상할 수 있다 (그림 2.2의 오른쪽 참조). 이를 이용하여, S의 값이 큰 경우에 귀무가설을 기각하는 분포무관한 부호검정을 시행할 수 있다. 부호검정은 그 검정통계량의 분포가 이항분포이므로, 이항검정(binomial test)라고도 불린다.

---

[1] 보다 정확하게는, 중앙값 θ_0에서 $P(X = \theta_0) = 0$이어야 $P(S_i = +) = P(X_i > \theta_0) = P(X_i \geq \theta_0) = 1/2$이다.

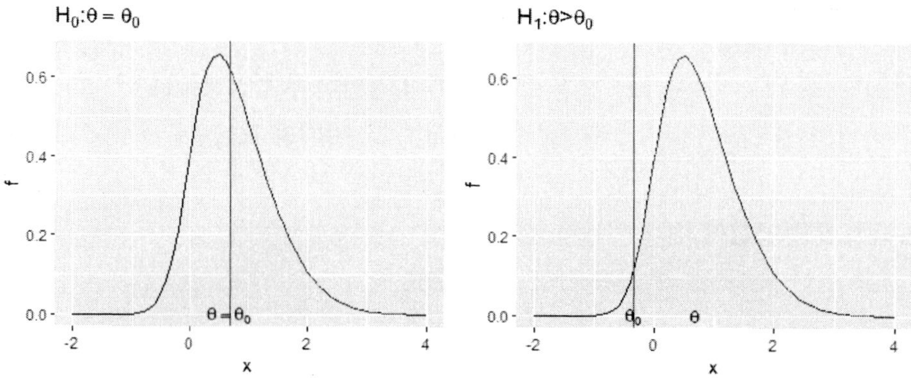

그림 2.2: 귀무가설 (왼쪽)과 대립가설 (오른쪽)에서의 부호의 확률 $P(S_i = +) = P(X_i > \theta_0)$. 대립가설이 사실일 때 이 확률이 1/2보다 크다.

2.1.1 부호검정의 p-값과 기각역

부호검정의 p-값은, 귀무가설이 사실일 때, 관측된 검정통계량 S_{obs}보다 더 대립가설 방향으로 극단적인 검정통계량 $S \sim B(n, 1/2)$를 관측할 확률이다. 따라서, 우측검정 (2.1)에서의 p-값은 $p = P(S \geq S_{obs})$이다.

부호검정을 이용한 우측검정 (2.1)을 할 때는 S가 주어진 기각값 c_{val}보다 크거나 같을 때, 즉 $S \geq c_{val}$일 때, H_0를 기각한다. 제1종의 오류 확률이 주어진 유의수준 α와 같거나, 작으면서 가장 가깝게 하기 위해서는

$$P(S \geq c_{val} \mid H_0) = \sum_{k=c_{val}}^{n} \binom{n}{k} \left(\frac{1}{2}\right)^n \leq \alpha$$

를 만족하는 c_{val} 중 가장 작은 값을 이용한다. 분위수의 정의를 이용하면,

$$c_{val} = Q_{1-\alpha} + 1 \tag{2.3}$$

이다. 이때, Q_p는 $B(n, 1/2)$의 p-분위수값이다.

예 2.3

예 2.1에서 귀무가설 $H_0 : \theta = 100$ 을 대립가설 $H_1 : \theta > 100$ (특별한 훈련이 효과가 있다)와 비교하는 부호검정을 실시한다. 각 관측값이 $\theta_0 = 100$보다 클 때만 부호 "+"를 준다면, $n = 10$개의 데이터 중 $S_{obs} = 7$개의 관측값이 양의 부호를 갖는다.

```
> iq = c(98, 121, 110, 89, 109, 108, 102, 92, 131, 114)
```

```
> ifelse(iq > 100, "+","-")
[1] "-" "+" "+" "-" "+" "+" "+" "-" "+" "+"
```

귀무가설에서의 영분포는 $S \sim B(10, 1/2)$이며, 검정통계량 S_{obs}가 클수록 대립가설이 사실이므로 p-값은 $P(S \geq S_{obs}) = \sum_{x=S_{obs}}^{n} f_B(x; n, \frac{1}{2})$이다.

```
> (pvalue = 1-pbinom(Sobs-1,n,1/2))
[1] 0.171875
```

또는 `sum(dbinom(Sobs:n,n,1/2))`과 같이 계산할 수도 있다. p-값이 크므로, 특별한 훈련의 효과가 있다고 볼 근거가 부족하다.

예 2.4

만약 예 2.1에서와 같이 $n = 10$개의 관측값을 표집하고, 유의수준 $\alpha = 0.05$에서 부호검정을 이용한다면, 해당하는 기각역은 무엇일까? 검정통계량 S의 분포가 이산형이므로, 정확하게 제1종의 오류율을 0.05로 통제할 수 없다. 기각역을 $S \geq 9$로 정할 때의 제1종의 오류율은 다음과 같다.

```
> S0 = 9
> 1 - pbinom(S0-1, n, 1/2) # P(S >= S0) = 1 - P(S <= S0 -1)
[1] 0.01074219
```

기각역을 $S \geq 8$로 정할 때의 제1종의 오류율은 α보다 크다.

```
> S0 = 8; 1 - pbinom(S0-1, n, 1/2)
[1] 0.0546875
```

기각역을 $S \geq 9$ 또는 $S \geq 10$으로 해야 제 1종의 오류율이 α보다 작게 통제된다. 따라서, 이때의 기각역은 $S \geq 9$로 선택한다.

대표본근사 이항분포 $B(n, p)$는 관측값의 수 n이 클 때 (대략 $np \geq 10$일 때) 중심극한정리에 의해 정규분포로의 근사가 잘 됨이 알려져 있다. 부호검정통계량 S의 영분포는 $B(n, \frac{1}{2})$이므로 n이 클 때 정규분포로 근사할 수 있다. 귀무가설이 사실일 때의 영분포가

$$S \dot{\sim} N\left(\frac{n}{2}, \tfrac{n}{2}(1 - \tfrac{1}{2})\right)$$

이므로 (점근적으로 X_n의 분포가 F로 근사될 때, $X_n \dot\sim F$로 쓴다), 부호검정통계량의 관측값 S_{obs}의 p-값은 근사적으로

$$p = P(S \geq S_{obs}) = P\left(\frac{S - 0.5n}{\sqrt{0.25n}} \geq \frac{S_{obs} - 0.5n}{\sqrt{0.25n}}\right) \approx P\left(Z \geq \frac{S_{obs} - 0.5n}{\sqrt{0.25n}}\right)$$

이다. 여기서 $Z \sim N(0,1)$이다. 즉, $p = \Phi^{-1}((S_{obs} - 0.5n)/\sqrt{0.25n})$으로 근사할 수 있으며, 이때의 근사적인 기각역은 유의수준 α에서

$$S \geq 0.5n + z_\alpha \sqrt{0.25n}$$

이다.

예 2.5

예 2.1의 질문에 부호검정의 대표본근사를 이용할 때의 근사 p-값을 구하면 다음과 같다.

```
> Sz = (Sobs - n/2) / sqrt(0.25*n)
> 1-pnorm(Sz)
[1] 0.1029516
```

다만, 표본의 수 $n = 10$이 작으므로 대표본근사를 이용하지 않는 것이 좋다.

동점처리 만약 X_i가 연속형 변수가 아닌 이산형 변수라면 귀무가설에서 가정한 중앙값 θ_0와 같은 값을 가지는 관측값이 존재할 수 있다. 즉 (2.2)에서 부호를 지정할 때, $X_i = \theta_0$인 "동점"이 발생할 수 있다. 이와 같은 동점을 처리하는 가장 간단한 방법은 동점인 관측값을 검정에서 삭제하는 방법이다. 만약 $X_i = \theta_0$인 관측값의 개수가 m개라면, 부호 S_i는 $n' = n - m$개에 대해서만 정의되고, 이때에도 검정통계량 $S = \sum_{i=1}^{n'} S_i$의 영분포는 여전히 $B(n', 1/2)$이다.[2]

[2]만약 X_i가 이산(discrete) 확률변수이고, 중앙값 θ_0에 대해 $P(X_i = \theta_0) = \epsilon > 0$ 이라면, $P(S_i = +) = P(X_i > \theta_0 \mid X_i \neq \theta_0) = \frac{P(X_i \geq \theta_0) - \epsilon}{1-\epsilon} \geq \frac{.5-\epsilon}{1-\epsilon}$, $P(S_i = -) = P(X_i < \theta_0 \mid X_i \neq \theta_0) = \frac{P(X_i \leq \theta_0) - \epsilon}{1-\epsilon} \geq \frac{.5-\epsilon}{1-\epsilon}$으로 $P(S_i = +) \approx P(S_i = -) \approx 1/2$으로 동점처리를 한 부호검정의 영분포는 근사적으로 $B(n, 1/2)$이다. 만약 $P(X_i > \theta_0) = P(X_i < \theta_0)$라면, $P(S_i = +) = P(S_i = -) = 1/2$이므로 동점처리를 한 부호검정의 영분포는 정확하게 $B(n, 1/2)$임을 알 수 있다.

좌측검정과 양측검정 위의 논의는 모두 우측검정에 대해 진행되었다. 만약 좌측검정

$$H_0 : \theta = \theta_0, \quad H_1 : \theta < \theta_0,$$

또는 양측검정

$$H_0 : \theta = \theta_0, \quad H_1 : \theta \neq \theta_0,$$

을 하고자 하면, p-값의 계산에 필요한 극단값의 정의만 달라진다. 좌측검정의 경우 검정통계량 S_{obs}가 작을수록 대립가설이 사실이므로 p-값은 $p = P(S \leq S_{obs}) = \sum_{x=1}^{S_{obs}} f_B(x; n, \frac{1}{2})$이며, 양측검정에서의 p-값은 영분포가 대칭이므로 두 단측검정의 p-값 중 작은 값의 두 배, $p = 2\min\{P(S \geq S_{obs}), P(S \leq S_{obs})\}$로 주어진다.

2.1.2 부호검정의 장점

부호검정은 매우 적은 가정 또는 매우 넓은 모집단족에서도 정확한 검정을 할 수 있는 장점이 있다. 데이터에 이상점이 있어도, 이 이상점의 영향이 "+" 또는 "−" 중 하나일 뿐이므로, 로버스트한 방법이기도 하다. 또한 매우 간단한 데이터 형태가 필요하므로, 예를 들어, 데이터 자체가 부호 ("+" 또는 "−")로 이루어져 있어도 부호검정의 적용이 가능하다.

일반적인 t-검정 (또는 Z-검정)에 비해 부호검정의 장점이 무엇일까? 이를 엄밀히 대답하기 위해서는 어떤 모집단의 상황에서 부호검정이 더 검정력이 높은지를 알아야 한다.

표본 $X_1, \ldots, X_n$이 중앙값이 θ인 어떤 분포에서 표집되었다고 가정하자. 귀무가설 $H_0 : \theta = \theta_0$과 대립가설 $H_1 : \theta > \theta_0$을 기각역 $S \geq c_{val}$을 이용하여 검정하는 부호검정을 이용하고자 한다. 만약 실제의 중앙값이 θ_1 $(> \theta_0)$이라면 부호검정의 검정력은 무엇인가? 이 질문에 대답하기 위해서는 대립가설 $H_1 : \theta = \theta_1$ 에서 검정통계량 S의 분포를 알아야 한다.

여기서 $S = \sum_{i=1}^{n} I(X_i > \theta_0)$를 이루는 $I(X_i > \theta_0)$는 $P(X_i > \theta_0)$의 확률로 1의 값을 가지는 베르누이 분포를 따르지만, 대립가설에서 정한 모수의 값 θ_1만으로는 이 확률을 특정할 수가 없다. 대립가설에서의 모집단의 분포 (X_i의 분포)를 알아야만 $P(X_i > \theta_0)$을 알 수 있고, 이를 이용하여 검정력을 계산할 수 있다. 예를 들면, 대립가설 $H_1 : \theta = \theta_1$이 사실이면서 X_i가 정규분포 $N(\theta_1, 1)$일 때, 그리고 X_i가 균등분포 Uniform$(\theta_1 - 1, \theta_1 + 1)$일 때 $P(X_i > \theta_0)$의 값이 달라지므로, 검정력도 달라진다.

만약 대립가설에서의 모집단의 정확한 분포를 알고 있어서 $p_1 = P(X_i > \theta_0)$을 안다면, 부호검정의 검정력은 다음과 같다.

$$\begin{aligned} P(S \geq c_{val}) &= P(S \geq c_{val} \mid S \sim B(n, p_1)) \\ &= 1 - F_B(c_{val} - 1; n, p_1) \\ &\approx 1 - \Phi\left(\frac{c_{val} - np_1}{\sqrt{np_1(1-p_1)}}\right) \end{aligned}$$

두 번째 표현은 대표본근사를 이용하여 얻어진 것이다.

예 2.6

예 2.1의 자료에서 모집단이 $X_i \sim N(\theta, 10^2)$이라고 가정하자. $H_0 : \theta = 100$과 $H_1 : \theta > 100$을 검정할 때, 다음 두 검정법의 검정력을 비교하고자 한다.

(a) Z-검정: 기각역 $\bar{X}_n > 100 + z_{0.05}10/\sqrt{10}$ (제1종의 오류 확률: 5%)

(b) 부호검정: 기각역 $S \geq 8$ (제1종의 오류 확률 5.5%)

만약 $\theta = 105$가 사실이라면 각 검정법이 대립가설을 채택할 확률, 즉 검정력은 얼마인가? Z-검정의 경우, 대립가설 $\theta = 105$ 아래에서 $Z_n = (\bar{X}_n - 105)/\sqrt{10} \sim N(0, 1)$이므로,

$$P(\bar{X}_n > 100 + z_{0.05}10/\sqrt{10}) = P(Z_n > \frac{-5 + z_{0.05}\sqrt{10}}{\sqrt{10}}) \approx 0.47. \tag{2.4}$$

즉 47%의 검정력이 있다. 부호검정의 경우, 대립가설 $\theta = 105$가 사실일 때 $X_i \sim N(105, 10^2)$이므로, 각 X_i의 부호가 $+$일 확률이 $p_1 = P(X_i > 100) = 1 - \Phi(-1/2) \approx 0.69$이다. 즉, S의 분포가 $B(n, 0.69)$이므로 부호검정의 검정력은 $P(S \geq 8) \approx 0.36$으로 모집단에 대한 정규분포 가정이 사실일 때는 Z-검정이 훨씬 더 높은 검정력을 가짐을 확인할 수 있다.

부호검정이 Z-검정보다 더 높은 검정력을 가지는 경우는 정규분포를 따르는 모집단의 가정이 맞지 않은 경우이다. 예를 들어, 꼬리가 두터운 라플라스 분포를 따르는 경우 부호검정의 검정력이 Z-검정보다 높다.

예 2.7 (예 2.6 계속)

대립가설에서의 모집단이 Laplace$(105, \sqrt{50})$을 따른다고 가정해보자. (여기서 척도모수 $\sqrt{50}$은 표준편차를 10으로 하기 위해 정한 값이다.) 이때 Z-검정의 검정통계량 $\bar{X}_n$는 정규분포를 정확히 따르지는 않지만, 라플라스분포가 대칭이므로 중심극한

정리에 의한 $\bar{X}_n$의 정규분포로의 근사가 매우 잘 되어 Z-검정의 검정력은 근사적으로 0.47 (식 (2.4)에서 계산)이다. 부호검정의 검정력은 $p_1 = P(X_i > 100 | X_i \sim \text{Laplace}(105, \sqrt{50})) \approx 0.75$을 이용하여

$$P(S \geq 8) \approx 0.54$$

로 Z-검정의 검정력보다 더 높음을 확인할 수 있다.

정리하자면, 꼬리가 두터운 분포를 따르는 모집단에서 부호검정의 검정력이 높으므로, 이때 부호검정이 더 효율적이다.

2.1.3 중앙값의 추정

관측된 데이터의 표본중앙값 $\hat{\theta} = \text{median}\{X_1, \ldots, X_n\}$과 순서통계량을 이용하여 모집단의 중앙값 θ의 추정량과 분포무관 신뢰구간을 구하도록 한다. 부호검정이 분포무관 검정임을 이용하여, 부호검정을 이용한 모수 θ의 추정량으로는 표본중앙값 $\hat{\theta}$을 쓰고 (이 추정량을 핫지스-레만 추정량이라고 부른다), 순서통계량을 이용한 신뢰구간이 분포무관하게 일정한 신뢰수준을 담보함을 보일 것이다.

신뢰구간 관측값들의 순서통계량을 $X_{(1)} \leq X_{(2)} \leq \cdots \leq X_{(n)}$이라고 하자. 이 순서통계량은 부호검정통계량 $S_\theta = \sum_{i=1}^{n} I(X_i > \theta)$과 간단한 연관이 있다. 즉, 이 순서통계량들 중 θ보다 큰 값들의 개수가 S_θ와 같다. 이에 착안하여, 주어진 신뢰수준 $1 - \alpha$에 대해 모중앙값 θ가 구간

$$X_{(l)} \leq \theta < X_{(u)} \tag{2.5}$$

에 들어갈 확률이 $1 - \alpha$와 같거나 큰 순서통계량 $(X_{(l)}, X_{(u)})$을 구하도록 한다. $X_{(l)} \leq \theta$를 만족하기 위해서는 $n - l$개 이하의 관측값이 θ보다 커야 하며, $\theta < X_{(u)}$를 만족하기 위해서는 $n + 1 - u$개 이상의 관측값이 θ보다 커야 한다.[3] 따라서,

[3]신뢰구간 (2.5)의 부등호는 그 신뢰구간을 S_θ에 대한 동치관계로 쓰기 위해 선택한 부등호이다. 모집단이 연속분포인 경우 $P(X_{(l)} = \theta) = 0$이므로 신뢰구간이 열린 구간이든 닫힌 구간이든 같은 신뢰수준을 가진 신뢰구간이 된다.

신뢰구간 (2.5)와 동치인 조건은

$$n - u + 1 \le \sum_{i=1}^{n} I(X_i > \theta) \le n - l$$

이며, $S_\theta = \sum_{i=1}^{n} I(X_i > \theta) \sim B(n, 1/2)$이므로 우리가 찾는 (l, u)는

$$\begin{aligned} P(n - u + 1 \le S_\theta \le n - l) &= \sum_{x=n-u+1}^{n-l} \binom{n}{x} (0.5)^n \\ &= \sum_{x=l}^{u-1} \binom{n}{x} (0.5)^n \ge 1 - \alpha \end{aligned} \tag{2.6}$$

를 만족하는 구간 중 구간의 크기 $(u-1) - l$가 가장 작은 구간 (l, u)이다.

상계와 하계가 있는 신뢰구간은 그 구간이 커버하지 않는 양쪽의 확률이 같도록 정하는 방법이 일반적이다. 즉, 모수 θ가 신뢰구간의 상계보다 더 클 확률 $P(\theta \ge X_{(u)})$과 신뢰구간의 하계보다 더 작을 확률 $P(\theta < X_{(l)})$이 같도록 강제한다. 즉,

$$P(\theta \ge X_{(u)}) = P(\theta < X_{(l)}) \le \alpha/2 \tag{2.7}$$

이면 $P(X_{(l)} \le \theta < X_{(u)}) = 1 - P(\theta \ge X_{(u)}) - P(\theta < X_{(l)}) \ge 1 - \alpha$를 만족한다. 식 (2.7)의 각 사건이 각각 $S_\theta \le n-u$, $S_\theta \ge n-l+1$와 같으며, S_θ의 분포 $B(n, \frac{1}{2})$가 대칭임을 이용하여 $P(S_\theta \le n-u) = P(S_\theta \ge u)$, $P(S_\theta \ge n-l+1) = P(S_\theta \le l-1)$임을 보일 수 있다. 따라서 식 (2.7)은

$$P(S_\theta \ge u) = P(S_\theta \le l - 1) \le \alpha/2$$

와 같고, 이때 $u = n - l + 1$이 되어야 함을 알 수 있다. 따라서, $P(S_\theta \le l - 1) = P(S_\theta < l) \le \alpha/2$를 만족하는 l 중 가장 큰 값

$$l := Q_B(\alpha/2)$$

을 이용하면[4], $1-\alpha$ 신뢰구간은 $X_{(Q_B(\alpha/2))} \le \theta < X_{(n-Q_B(\alpha/2)+1)}$ 이다[5].

예 2.8

예 2.2의 자료에서 소듐 섭취량의 중앙값에 대한 95% 신뢰구간을 구하면 다음과 같다.

```
> x = sort(c(1200, 2300, 5800, 1100, 1200, 1700, 1400, 1900,
    3800, 1300))
> n = length(x)
> alpha = 0.05
> l = qbinom(alpha/2, size = n, prob = 1/2)
> u = n + 1 - l
> (ci = x[c(l,u)])
[1] 1200 3800
```

신뢰구간 (1200, 3800)의 포함확률이 95%보다 크다는 사실을 다음과 같이 확인한다.

```
> (coverage = sum(dbinom(l:(u-1), n, prob = 1/2)) )
[1] 0.9785156
```

만약 표본의 수가 충분히 크다면, 대표본근사를 이용하여 근사적인 신뢰구간을 구할 수 있다. (2.6)에서, $S_\theta \dot\sim N(0.5n, 0.25n)$ 임을 이용하면,

$$\frac{l-0.5n}{\sqrt{0.25n}} \approx -z_{\alpha/2}, \quad \frac{u-1-0.5n}{\sqrt{0.25n}} \approx z_{\alpha/2}$$

를 만족하는 1과 n 사이의 정수 l^*, u^*를 찾을 수 있다. 대표본 정규근사된 신뢰구간 $(X_{(l^*)}, X_{(u^*)})$도 역시 분포무관하며 점근근사적으로 타당한 신뢰구간이다.

분위수에 대한 추론 모집단의 중앙값에 대한 부호검정은 분위수에 대한 검정으로 자연스럽게 확장될 수 있다. 예를 들어 10-백분위수 $\theta_{0.1} = Q(0.1)$에 대한 검정을 한다고 가정하여 보자. 귀무가설 $H_0 : \theta_{0.1} = \theta_0$이 사실일 때 $X_i - \theta_0$의 부호는 $1/10$의 확률로 $-$, $9/10$의 확률로 $+$이다. 따라서, 부호검정통계량 $S_{\theta_0} = \sum_{i=1}^n I(X_i - \theta_0)$의 영분포는 $B(n, 0.9)$이며 좌측검정 $(H_1 : \theta_{0.1} < \theta_0)$에서의 p-값은 $p = P(S_{\theta_0} \le$

[4]더 정확하게는 $P(S_\theta \le Q_B(\alpha/2)) > \alpha/2$ 인 경우에 $l = Q_B(\alpha/2)$ 이며, 만약 $P(S_\theta \le Q_B(\alpha/2)) = \alpha/2$이면 $l = Q_B(\alpha/2)+1$이다. 신뢰수준이 $\alpha = 0.05$ 또는 0.01 등으로 미리 주어지는 경우 두 번째 경우의 조건 $P(S_\theta \le Q_B(\alpha/2)) = \alpha/2$를 만족하는 표본 수 n은 거의 없으므로, $l = Q_B(\alpha/2)$로 두어도 무방하다.

[5]식 (2.5)와 같은 신뢰구간을 가설검정과 신뢰구간의 대응을 이용하여 구할 수 있다. 자세한 내용은 송문섭 et al. (2015) 2.4절을 참조하자.

$S_{obs}) = F_B(S_{obs}; n, 0.9)$ 이다.

또한 p-분위수 $Q(p)$에 대한 분포무관 신뢰구간을 순서통계량을 이용하여 구할 수 있다. $X_{(l)} \leq Q(p) < X_{(u)}$ 일 확률이 $1-\alpha$ 이상인 값 (l, u)를 찾기 위해서, (2.6)과 마찬가지로 동치인 조건

$$P(l \leq S_\theta \leq u-1) = \sum_{x=l}^{u-1} \binom{n}{x} (1-p)^x p^{n-x} \geq 1-\alpha$$

을 이용할 수 있다.

2.2 윌콕슨 부호순위검정

만약 모집단 f가 중앙값 θ에 대해 대칭이라고 가정할 수 있으면, 부호검정보다 더 검정력이 좋은 검정방법을 생각할 수 있다. 이때의 모집단 f는

$$f \in \mathcal{F}_2 = \{f: \text{ 어떤 } \theta \in (-\infty, \infty) \text{에 대해 } f(\theta - x) = f(\theta + x), x \in (-\infty, \infty)\}$$

에 속하며, 만약 모평균이 존재한다면 중앙값과 평균이 같다. 이러한 모집단의 가정에서 다음의 양측가설검정을 생각해보자. 관측값 $X_1, \ldots, X_n \sim_{i.i.d.} f \in \mathcal{F}_2$을 이용하여, 중앙값 θ에 대해

$$H_0: \theta = \theta_0, \quad H_1: \theta \neq \theta_1 \tag{2.8}$$

을 검정하고자 한다.

윌콕슨 (Wilcoxon, 1945)은 이러한 상황에서 부호 외에 다른 정보를 데이터로부터 더 추출하여, 부호검정보다 더 효율적일 (검정력이 더 높을) 것을 기대하고 다음의 검정방법을 제시했다.

윌콕슨의 부호순위검정통계량(signed-rank test statistic)은 귀무가설의 값 θ_0를 기준으로 부호와 순위를 모두 고려한다. 이때 부호는 $I(X_i - \theta_0)$으로 (즉, $X_i > \theta_0$일 때 1, $X_i < \theta_0$일 때 0, $X_i = \theta_0$일 때는 관측값 삭제) 정의하고, 순위 R_i는 절대편차 $D_i = |X_i - \theta_0|$의 작은 순으로 주어진 순서이다. 즉, i번째 절대편차가 i'번째 순서라면 $(D_i = D_{(i')})$, $R_i = i' \in \{1, \ldots, n\}$이다.

예 2.9

관측값이 $11, 20, 16, 5, 3, 17$이며, $\theta_0 = 15$라면 윌콕슨의 부호와 순위는 다음 표와 같은 계산을 할 수 있다.

X_i	11	20	16	5	3	17
편차 $X_i - \theta_0$	-4	+5	+1	-10	-8	+2
부호 S_i	-	+	+	-	-	+
부호 $I(X_i > \theta_0)$	0	1	1	0	0	1
절대편차 D_i	4	5	1	10	12	2
순위 R_i	3	**4**	**1**	5	6	**2**

윌콕슨의 부호순위검정통계량은 부호가 양(+)인 순위들의 합, 즉

$$SR_+ = \sum_{i=1}^{n} I(X_i > \theta_0) \cdot R_i$$

이다. 만약 귀무가설 "θ_0에 대해 대칭"이 사실이라면, 주어진 편차 $X_i - \theta_0$의 절대편차가 d일 때, 편차의 부호가 양일 확률과 음일 확률이 정확히 같다:

$$P(X_i > \theta_0 \mid |X_i - \theta_0| = d) = \frac{1}{2} = P(X_i < \theta_0 \mid |X_i - \theta_0| = d). \qquad (2.9)$$

따라서, 귀무가설 아래에서 $I(X_i > \theta_0) \cdot R_i$ 와 $I(X_i < \theta_0) \cdot R_i$ 의 기댓값이 같으며, 귀무가설이 사실일 때 통계량 SR_+은 너무 크지도 너무 작지도 않아야 한다.

만약 대립가설 $\theta > \theta_0$이 사실이면, 더욱 큰 순위의 편차들이 양의 부호를 가지게 되므로, SR_+이 커지게 된다. 반면, $\theta < \theta_0$이면 SR_+의 값은 작을 것으로 예측할 수 있다. 양측대립 가설에 대해서는 너무 크거나 작은 SR_+의 값에 대해 귀무가설을 기각하는 검정방법을 생각할 수 있다.

예 2.9에서의 검정통계량을 구해 보자. 부호가 양인 순위는 $1, 2, 4$이므로, $SR_+ = 1 + 2 + 4 = 7$이다. 이 값은 음의 부호를 가진 순위들 $3, 5, 6$에 비하면 작지만, 귀무가설을 기각할 만큼 작다고 할 수 있을까? 이에 대한 대답은 검정통계량의 영분포를 고려하여 답할 수 있으며, 검정의 p-값과 기각역도 영분포를 구하면 자연스럽게 얻을 수 있다.

예 2.10

예 2.9의 데이터에 대해 R에서는 다음과 같이 부호순위검정통계량을 계산할 수 있다.

```
> x = c(11,20,16,5,3,17); theta0 = 15
> D = x - theta0 # 편차
> sign(D) # 부호
[1] -1  1  1 -1 -1  1
> rank(abs(D)) # 절대편차의 순위
[1] 3 4 1 5 6 2
> (SR = sum( ( sign(D)>0 ) * rank(abs(D)) ) )
[1] 7
```

2.2.1 윌콕슨 부호순위검정통계량의 영분포와 p-값

귀무가설이 사실일 때, (2.9)에 의해 순위 R_i의 부호가 양이었을 확률과 음이었을 확률이 모두 $1/2$임을 이용하여 영분포를 구해보자. 이때 주목할 점은 주어진 순위 $1, 2, \ldots, 6$는 고정된 값으로 본다는 것이다 (즉, 어떤 모집단의 분포에서 어떤 연속인 관측값을 얻어도 순위는 항상 $1, 2, \ldots, 6$으로 얻어지게 된다). 귀무가설이 사실일 때, 각 순위는 각각 독립적으로 $1/2$의 확률로 양의 부호를 가지며 , 따라서 SR_+의 계산에 포함될 확률이 각각 $1/2$이 된다. 이를 고려하여 부호-순위 S_iR_i가 가질 수 있는 값은

$$(\pm1, \pm2, \pm3, \pm4, \pm5, \pm6) \tag{2.10}$$

의 모두 $2^6 = 64$개의 다른 값들이다. 각 부호가 생성될 확률이 $1/2$이므로, (2.10)의 각각의 값들은 모두 $(1/2)^6 = 1/64$의 확률로 나타난다. 귀무가설 아래에서 관측될 수 있는 모든 경우를 다음 표에 나열하였다.

(부호순위)	SR_+에 포함된 순위	SR_+	확률
$(-1, -2, -3, -4, -5, -6)$	없음	0	1/64
$(+1, -2, -3, -4, -5, -6)$	1	1	1/64
$(-1, +2, -3, -4, -5, -6)$	2	2	1/64
⋮	⋮	⋮	⋮
$(+1, +2, -3, +4, -5, -6)$	1, 2, 4	7	1/64
⋮	⋮	⋮	⋮

$(+1, +2, +3, +4, +5, +6)$	1, 2, 3, 4, 5, 6	21	1/64

위 표의 마지막 두 열이 SR_+의 영분포이며, 이를 취합하여 확률질량함수로 표현하면 그림 2.3과 같이 시각화할 수 있다.

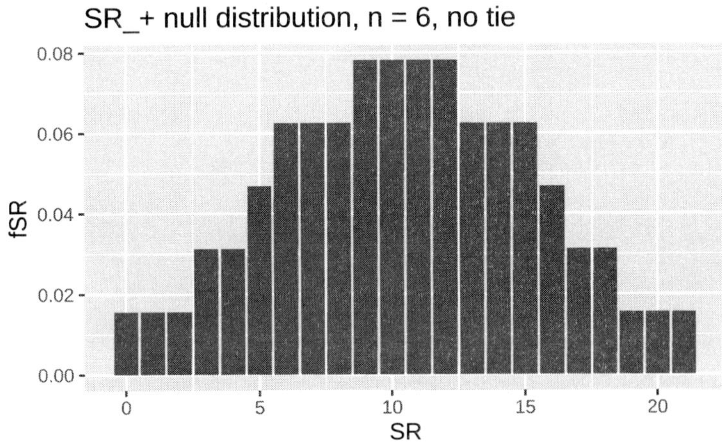

그림 2.3: $n = 6$이고 동점이 없는 경우의 분호순위검정통계량의 영분포.

예 2.9의 관측된 검정통계량 $SR_+ = 7$보다 더 작거나 같은 값을 얻을 확률은 SR_+의 영분포와 비교하여 $P(SR_+ \leq 7) = 18/64 \approx 0.28$이다. 좌측검정의 p-값이 0.28이고, 영분포가 대칭이므로 양측검정 (2.8)의 p-값은 0.56이 되어 귀무가설 $H_0 : \theta = \theta_0$를 기각할 수 없다.

부호순위검정통계량 SR_+의 영분포를 도출할 때, 위와 같이 순위 R_i의 값을 고정되게 하고, 부호 $S_i = +, -$만을 재표집(resampling)하는 방법을 이용하였다. 이러한 방법을 일반적으로 재랜덤화 방법 (re-randomization method)이라고 한다. 통계량 SR_+의 영분포는 표본의 크기 n에 따라 결정되며, 잘 알려진 모수분포를 따르지 않는다 (반면, 부호검정의 검정통계량은 잘 알려진 이항분포를 따른다). 다만, 자주 이용되는 분포이기 때문에 `R`의 `dsignrank()`를 이용하여 확률질량함수의 값을 구할 수 있다. 이 분포는 종종 윌콕슨의 부호순위분포라고 불리운다.

통계량 SR_+의 영분포의 대략적인 모양을 파악하기 위해, 평균과 분산을 구해보자. 귀무가설 아래에서 $I(X_i > \theta_0)$이 서로 독립이며 1/2의 확률로 1, 1/2의 확률로

0이므로, $V_i \equiv I(X_i > \theta_0)$로 두면 $V_i \sim_{i.i.d}$ Bernoulli$(1/2)$이고,

$$SR_+ = \sum_{i=1}^{n} V_i R_i \stackrel{d}{=} \sum_{i=1}^{n} i V_i \tag{2.11}$$

로 쓸 수 있다. R_i의 값들이 $\{1, \ldots, n\}$ 중 하나씩이고 V_i들이 독립,동일한 분포를 따르므로 두 번째와 세 번째 표현의 분포가 같다 (“$\stackrel{d}{=}$”). 따라서,

$$E(SR_+) = \sum_{i=1}^{n} iE(V_i) = \frac{1}{2}\sum_{i=1}^{n} i = \frac{n(n+1)}{4},$$
$$\text{Var}(SR_+) = \sum_{i=1}^{n} i^2 \text{Var}(V_i) = \frac{1}{4}\sum_{i=1}^{n} i^2 = \frac{n(n+1)(2n+1)}{24}$$

이며, 평균 $n(n+1)/4$에 대해 대칭인 분포이다. n개의 표본으로부터 구한 부호순위통계량의 관측값이 SR_{obs}이라면, 다음과 같이 부호순위검정의 p-값을 구한다.

- 우측가설 $H_1 : \theta > \theta_0$에서의 p-값은 $p_{\text{r}} = P(SR_+ \geq SR_{obs})$.
- 좌측가설 $H_1 : \theta < \theta_0$에서의 p-값은 $p_{\text{l}} = P(SR+ \leq SR_{obs}) = F_W(SR_{obs}; n)$.
- 양측가설 $H_1 : \theta \neq \theta_0$에서는 윌콕슨 부호순위분포의 대칭성에 의해 p-값이 $p = 2\min\{p_{\text{r}}, p_{\text{l}}\}$이다.

2.2.2 대표본근사

표본크기 n이 클 때는 2^n개의 모든 가능한 부호순위에 대해 SR_+를 계산하는 것이 현실적으로 불가능할 수가 있다. 이때, 통계량의 평균과 분산을 이용하여 표준화된 SR_+가 n이 클 때 근사적으로 표준정규분포를 따름을 이용하여 근사적인 영분포를 구할 수 있다:

$$Z := \frac{SR_+ - E(SR_+)}{\sqrt{\text{Var}(SR_+)}} = \frac{SR_+ - n(n+1)/4}{\sqrt{n(n+1)(2n+1)/24}} \dot\sim N(0,1). \tag{2.12}$$

식 (2.12)의 증명

여기서 이용한 정규근사는 부호검정통계량 S의 대표본근사를 할 때 이용했던 중심극한정리와 같다. 식 (2.11)을 잘 살펴보면 $SR_+ = \sum_i iV_i = \sum_i U_i$로

쓸 수 있고, 귀무가설이 사실일 때 $U_i = iV_i$ 는 서로 독립이며

$$U_i = \begin{cases} 0, & 1/2\text{의 확률;} \\ i & 1/2\text{의 확률} \end{cases}$$

의 분포를 가지고 있다. 다만, U_i들이 서로 동일한 분포를 가지고 있지 않으므로 Lyapunov의 중심극한정리[6]를 적용할 수 있다.

대표본근사를 이용한 유의확률은 우측검정의 경우 다음과 같이 계산할 수 있다.

$$\begin{aligned} P(SR_+ \geq SR_{obs}) &= P\left(Z \geq \frac{SR_+ - n(n+1)/4}{\sqrt{n(n+1)(2n+1)/24}}\right) \\ &\approx 1 - \Phi\left(\frac{SR_{obs} - n(n+1)/4}{\sqrt{n(n+1)(2n+1)/24}}\right). \end{aligned} \tag{2.13}$$

예 2.11

12명의 우울증 환자에 대해 심리상담 전후의 우울증 점수 차이가 있는지를 알아 보았다. 상담 전의 점수는 환자 ID 순서대로 (1.83, 0.5, 1.62, 2.48, 1.68, 1.88, 1.55, 3.06, 1.30, 0.39, 0.94, 1.34) 이고, 상담 후의 점수는 (0.88, 0.65, 0.59, 2.05, 1.06, 1.29, 1.06, 3.14, 1.29, 0.43, 0.57, 0.92)이었다. 심리상담이 우울증 점수를 낮추어주는지 알아보기 위해 대표본근사를 이용한 부호순위검정을 실시한다.
쌍별 검정의 경우이므로, 두 관측값들의 쌍별 차를 새로운 관측값 벡터 x에 기록한다. 이 값이 클수록 우울증 점수가 낮아졌다는 뜻이다. 우측검정의 형태이므로 (2.13)을 이용하여 p-값을 계산한다.

```
> x.before = c(1.83, 0.5, 1.62, 2.48, 1.68, 1.88, 1.55, 3.06,
    1.30, 0.39, 0.94, 1.34)
> x.after = c(0.88, 0.65, 0.59, 2.05, 1.06, 1.29, 1.06, 3.14,
    1.29, 0.43, 0.57, 0.92)
> x = x.before - x.after
> D = x - 0
```

[6]Lyapunov의 중심극한정리. $\{X_1, \ldots, X_n\}$이 서로 독립이고, 각각 평균 μ_i와 분산 σ_i^2을 가진다고 가정하자. $s_n^2 = \sum_{i=1}^n \sigma_i^2$일 때, 만약 어떤 $\delta > 0$에 대해 Lyapunov의 조건 $\lim_{n\to\infty} \frac{1}{s_n^{2+\delta}} \sum_{i=1}^n E\left[|X_i - \mu_i|^{2+\delta}\right] = 0$이 성립하면, $s_n^{-1} \sum_i^n (X_i - \mu_i) \xrightarrow{d} N(0,1)$이다.

```
> (SR = sum( ( sign(D)>0 ) * rank(abs(D)) ) )
[1] 69
> n = length(x)
> Z_SR = (SR - n*(n+1)/4)/ sqrt(n*(n+1)*(2*n+1)/24)
> (p = 1-pnorm(Z_SR))
[1] 0.009301465
```

p-값이 작으므로 심리상담이 우울증 점수를 낮추어준다는 상당한 근거가 있다는 결론을 내리게 된다.

2.2.3 동점처리

다음의 예제에 윌콕슨 부호순위검정을 적용해보자.

예 2.12

건강한 자원자 10명에 대해 운동 후 혈압이 전에 비해 높아지는지를 알아보고자 한다. 각 지원자들이 한 시간의 고강도 운동을 실시한 후 혈압의 차이가 -3, -2, -2, 0, 1, 2, 4, 8, 11, 11 로 나왔다. 협압 차이의 분포가 중앙값 θ에 대해 대칭임을 가정할 수 있을 때, 혈압의 차이의 중앙값이 0보다 큰지를 알고 싶다.

이 자료에는 두 가지 다른 형태의 동점이 있다.

- 귀무가설의 중앙값 θ_0와 같은 관측값. 여기서는 0.
- 절대편차의 순위가 같은 값을 가지는 관측값. 이 자료에서는 세 관측값 -2, -2, 2가 모두 절대편차 $D_i = |X_i - \theta_0| = 2$의 값을 가진다. 또, 두 관측값 11, 11이 같은 순위를 가져야 한다.

첫 번째 동점의 경우, 부호검정과 마찬가지로 분석 시 그 자료를 삭제하여, 표본의 수를 9로 생각하면 된다. 두 번째 동점의 경우, 통상적으로 "평균순위"를 이용한다. 즉, 절대편차 D_i가 2 보다 작은 관측값이 하나만 있으므로, 세 관측값의 순위는 (순서 없이) 2, 3, 4라고 볼 수 있다. 세 관측값의 순위를 다르게 줄 수 없으므로 세 순위의 평균 $3 = \frac{2+3+4}{3}$을 이 세 관측값의 순위로 줄 수 있다. 다음의 표를 이용하여 동점이 있는 경우의 부호순위검정통계량을 계산할 수 있다.

X_i	-3	-2	-2	0	1	2	4	8	11	11
편차 $X_i - \theta_0$	-3	-2	-2	0	1	2	4	8	11	11
부호 S_i	-	-	-		+	+	+	+	+	+
부호 $I(X_i > \theta_0)$	0	0	0		1	1	1	1	1	1
절대편차 D_i	3	2	2		1	2	4	8	11	11
순위 R_i	5	3	3		**1**	**3**	**6**	**7**	**8.5**	**8.5**

윌콕슨 부호순위검정통계량은 부호가 양(+)인 순위들의 합, 즉 $SR_+ = 1 + 3 + 6+7+8.5+8.5 = 39$이다. 이 부호순위검정통계량의 귀무가설에서의 분포는 동점이 없는 경우와는 다르다. R_i의 값들이 자연수의 수열로 이루어진 순위 $1, 2, 3, \ldots, n$이 아닌 $1, 3, 3, 3, 4, 5, 6, 7, 8.5, 8.5$이므로 (2.11)의 마지막 등식이 성립하지 않기 때문이다. 이 경우에도 재랜덤화 방법를 이용하여 영분포를 구하는 원칙은 그대로 적용이 된다. 즉, 귀무가설이 사실일 때, 주어진 순위 R_i를 고정하고, 부호 $V_i = I(S_i = +)$가 독립적으로 그리고 같은 확률로 1 또는 0임을 이용한다. 즉, $V_i \sim_{i.i.d}$ Bernoulli(1/2)의 모든 경우의 수가 2^n개이므로, 재랜덤화 방법을 이용하여 영분포를 구할 수 있다.

예 2.13

동점이 있는 경우, 재랜덤화 방법을 이용하여 영분포를 도출하는 R 코드를 작성해 보자. 동점이 있는 다음 데이터의 중앙값이 0인지를 검정함을 가정한다.

```
> toy.data = c(-3,-2,-2,0,1,2,4,8,11,11); theta0 = 0
> dev = toy.data - 0
> reduced.dev = dev[sign(dev) != 0 ]
> (ranks = rank(abs(reduced.dev)))
[1] 5.0 3.0 3.0 1.0 3.0 6.0 7.0 8.5 8.5
```

모든 부호의 경우를 gtools 패키지의 permutations() 함수로 생성한다. 아래 표현은 길이가 n인 벡터를 반복을 허용 (repeats.allowed = TRUE)하면서 v = c(1,-1)의 원소들로 채우는 모든 경우를 allsignflips 행렬에 저장한다. allsignflips 행렬의 행의 개수는 경우의 수 2^n과 같다.

```
> n = length(ranks)
> allsignflips = gtools::permutations(2, n, v = c(1,-1),
+       repeats.allowed = TRUE)
> nperm = nrow(allsignflips) # 2^n과 같다
```

순위합을 2^n개의 모든 부호바꿈에 대해 계산한다.

```
> SRvec = vector(length = nperm) # 각 경우에서 순위합 계산
> for (i in 1:nperm){
+   SRvec[i] = sum(ranks[allsignflips[i,] > 0])
+ }
```

순위합이 같은 부호바뀜의 개수가 곧 그 순위합에서의 빈도이다. 이 빈도를 2^n 으로 나누면 영분포의 질량함수값이 된다.

```
> N = n*(n+1)/2
> dsignrank.tie = vector(length = N+1)
> for (sr in 0:N){
+   dsignrank.tie[sr+1] = sum(SRvec == sr) / nperm
+ }
> data.frame(SR = 0:N, SRdensiy = dsignrank.tie) %>% head(3)
  SR    SRdensiy
1  0 0.001953125
2  1 0.001953125
3  2 0.000000000
```

동점이 있기 때문에 순위 $R_i = 2$는 없다. 따라서, $SR_+ = 2$는 확률 0으로 나타났다. 이에 비해 dsignrank()함수는 동점인 경우의 정확한 영분포를 생성할 수 없다.

```
> dsignrank(0:2,n)
[1] 0.001953125 0.001953125 0.001953125
```

2.2.4 부호순위검정을 이용한 θ의 추정과 신뢰구간

관측값 $X_1, \ldots, X_n$의 모든 쌍의 평균

$$W_{ij} := \frac{X_i + X_j}{2}, \quad 1 \le i \le j \le n,$$

을 왈시 평균 (Walsh average)이라고 부른다. 여기서 $i = j$일 경우, $W_{ii} = X_i$이며, 모두 $N = n(n+1)/2$개의 왈시 평균이 있다. 이 $n(n+1)/2$개의 왈시 평균 중 주어진 값 θ보다 큰 왈시 평균의 개수는 귀무가설의 중앙값 θ를 이용한 부호순위검정통계량과 일치한다. 즉,

$$SR_+(\theta) = \#\{W_{ij} > \theta\}. \tag{2.14}$$

이를 대략 이해하기 위해, 관측값들이 이미 순서대로 있으며, 동일한 관측값은 없다고 가정해보자 ($X_1 < X_2 < \cdots < X_n$, 또는 $X_i = X_{(i)}$). 이때 $i < j$에 대해 $W_{ij} < W_{i,j+1}$, $W_{ij} < W_{i+1,j}$임을 확인할 수 있다. 또한 $W_{ij} > \theta$일 때, X_i가 X_j보다 θ에 더 가까움을 확인할 수 있다. 왈시 평균 중 가장 큰 값은 $W_{nn} = X_n$이며, 두 번째 큰 값은 $W_{n-1,n}$이다. 다만 세 번째 큰 값은 $W_{n-1,n-1} = X_{n-1}$일 수도 있고 $W_{n-2,n}$일 수도 있다. 왈시 평균들을 가장 작은 W_{11}부터 가장 큰 값인 W_{nn}까지 늘어놓았다고 생각하자. θ가 W_{nn}보다 크면, $SR_+ = 0 = \#\{W_{ij} > \theta\}$ 임은 자명하다. 두 번째 경우로, $\theta \in (W_{n-1,n}, W_{nn})$이면 $\#\{W_{ij} > \theta\} = 1$인데, θ보다 큰 관측값은 X_n만이 있으며, $|X_n - \theta| < |X_{n-1} - \theta|$ 이므로 $SR_+ = 1$임을 확인할 수 있다. 이와 같은 논리로 θ의 값이 어떤 왈시 평균 W_{ij}를 지날 때마다 SR_+의 값이 1씩 증가함을 알 수 있다.

식 (2.14)에 따르면, 부호순위검정통계량 SR_+을 왈시평균들 W_{ij}과 θ를 비교하는 부호검정의 검정통계량 (θ보다 큰 W_{ij}의 개수)으로 표현될 수 있음을 알 수 있다. 부호검정에서 θ보다 큰 관측값의 개수가 곧 부호검정통계량과 같음을 이용하여 $X_{(l)} \leq \theta < X_{(u)}$ 형태의 신뢰구간을 구축하였듯이, 부호순위검정과 연관된 신뢰구간은 왈시 평균들의 순서통계량 $W_{(1)} < \cdots < W_{(n(n+1)/2)}$을 이용하여 만들도록 한다[7].

주어진 신뢰수준 $1 - \alpha$에 대해 모중앙값 θ가 구간

$$W_{(l)} \leq \theta < W_{(u)} \tag{2.15}$$

에 들어갈 확률이 $1 - \alpha$와 같거나 큰 순서통계량 $W_{(l)}, W_{(u)}$을 신뢰구간의 두 한계값으로 정하도록 한다. 부호검정과 연관된 θ의 신뢰구간을 만들 때와 마찬가지로, 신뢰구간에 포함되지 않는 양쪽의 확률을 같도록 만드는 l과 u를 이용하고자 한다. θ가 신뢰구간의 상계보다 클 확률과 신뢰구간의 하계보다 작을 확률이 같으면서 각각 $\alpha/2$보다 작거나 같아야 신뢰수준이 $1 - \alpha$가 된다:

$$P(\theta \geq W_{(u)}) = P(\theta < W_{(l)}) \leq \frac{\alpha}{2}. \tag{2.16}$$

---

[7]가설검정의 결과를 뒤집는 방식으로 이러한 신뢰구간을 정당화할 수 있다. 귀무가설의 값 θ_0의 위치에 따른 윌콕슨 부호순위검정통계량 $SR_+(\theta_0)$의 값이 왈시 통계량과의 상대적인 위치에 따라 결정되므로, 귀무가설 $H_0 : \theta = \theta_0$를 유의수준 α에서 기각하지 못할 때 그 값 θ_0는 $1 - \alpha$ 신뢰구간에 포함됨을 이용할 수 있다. 이 방법과 왈시 평균의 순서통계량을 이용하는 방법 모두 같은 신뢰구간을 준다.

왈시 평균들의 분포는 모집단의 분포에 따라 달라지므로, 다음의 관계를 이용하여, 미지의 모집단 분포가 아닌 SR_+ 의 윌콕슨 부호순위분포를 이용하려 한다. $N = n(n+1)/2$이고 $a = 1, \ldots, N$ 중 하나일 때,

$$\begin{aligned} SR_+ > N - a &\iff \theta < W_{(a)}, \\ SR_+ \leq N - a &\iff \theta \geq W_{(a)}. \end{aligned} \tag{2.17}$$

SR_+ 의 분포는 $n(n+1)/4$에 대해 대칭임과 (2.17)을 이용하여 (2.16)을 다음과 같이 쓸 수 있다.

$$P(SR_+ \geq u) = P(SR_+ \leq l-1) \leq \frac{\alpha}{2}.$$

이때, $u = n(n+1)/2 - l + 1$이 되어야 함을 알 수 있다. 따라서, $P(SR_+ \leq l-1) = P(SR_+ < l) \leq \alpha/2$를 만족하는 l 중 가장 큰 값

$$l := Q_{SR}(\alpha/2)$$

을 이용하면, $1-\alpha$ 신뢰구간은 $W_{(Q_{SR}(\alpha/2))} \leq \theta < W_{(n(n+1)/2 - Q_{SR}(\alpha/2)+1)}$이다. 이 신뢰구간의 신뢰수준을 점점 줄이게 되면, 왈시 평균들의 중앙값

$$\hat{\theta} = \text{median}\{W_{(ij)}\}$$

이 남게 된다. 이 왈시 평균들의 중앙값 $\hat{\theta}$은 모중앙값 θ의 추정량으로 볼 수 있으며, 이를 핫지스-레만 추정량[8]이라고 부른다.

예 2.14

예 2.11에서 심리상담이 우울증 점수를 얼마나 낮추는가에 대한 답으로 우울증 점수 차의 중앙값 θ의 비모수적 추정값과 95% 신뢰구간을 구한다. 이때, 모집단이 중앙값 θ에 대해 대칭임을 가정하자. 왈시 평균을 구하기 위해 `Rfit::walsh()`를 이용한다.

[8] 핫지스와 레만 (Hodges and Lehmann, 1963)은 모수 θ에 대한 검정방법으로부터 그 모수의 추정량을 구하는 방법을 위치모수에 대해 제안하였으며, 이렇게 구한 추정량을 우리는 핫지스-레만 추정량이라고 부른다. 부호순위검정으로부터 모중앙값의 핫지스-레만 추정량을 구하면 왈시 평균들의 중앙값이 된다. 마찬가지로 부호검정으로부터 모중앙값의 핫지스-레만 추정량을 구하면 표본중앙값이 된다. 핫지스-레만 추정량은 센 (Sen, 1963)에 의해서도 독립적으로 제안되었으며, 레만은 이 추정량을 핫지스-레만-센 추정량으로 부르기를 원했다.

```
> w = sort(Rfit::walsh(x)) # sorted walsh averages
> median(w)
[1] 0.4225
> alpha = 0.05
> u = n*(n+1)/2 + 1 - qsignrank(alpha/2,n)
> l = qsignrank(alpha/2,n)
> c(l,u)
[1] 14 65
> (ci = c(w[l], w[u]))
[1] 0.145 0.685
```

중앙값의 추정값은 0.4225, 95% 신뢰구간은 (0.145, 0.685)이다.

2.2.5 R의 `wilcox.test()`함수

윌콕슨 부호순위검정은 R의 `wilcox.test()`에 구현되어 있다. 예 2.11의 심리상담-우울증 점수 데이터에 대해 `wilcox.test()` 사용법의 몇 가지 예를 보도록 한다.

데이터인 우울증 점수의 차가 벡터 `x`에 담겨있다고 가정하자. 우측검정을 하기 위해 `alternative = "greater"`, 대표본근사를 하기 위해 `exact = F`, 이산분포의 정규분포에의 근사에 종종 쓰이는 연속수정을 하지 않기 위해 `correct = F`를 지정하였다.

```
> wilcox.test(x, alternative = "greater", exact = F, correct =F)

	Wilcoxon signed rank test

data:  x
V = 69, p-value = 0.009301
alternative hypothesis: true location is greater than 0
```

이 결과는 예 2.11와 같다.

부호순위검정통계량의 정확한 영분포를 이용한 정확한 검정을 하려면 `exact = TRUE`로 바꾸어준다. (동점이 없는 경우에만 정확하다.) 대표본근사에 쓰이는 연속수정은 필요가 없다.

```
> wilcox.test(x, alternative = "greater", exact = T)

	Wilcoxon signed rank exact test
```

```
data:  x
V = 69, p-value = 0.008057
alternative hypothesis: true location is greater than 0
```

양측검정과 그에 수반하는 왈시평균을 이용한 신뢰구간도 역시 다음과 같이 계산할 수 있다.

```
> wilcox.test(x, conf.int = T)

        Wilcoxon signed rank exact test

data:  x
V = 69, p-value = 0.01611
alternative hypothesis: true location is not equal to 0
95 percent confidence interval:
 0.145 0.685
sample estimates:
(pseudo)median
        0.4225
```

예 2.14의 결과와 같다.

2.3 비모수 방법을 언제 사용할까?

모집단이 정규분포를 근사적으로 따르거나, 표본의 표본평균이 중심극한정리에 의해 근사적으로 정규분포를 따를 때는 Z-검정 또는 t-검정을 이용하여 평균에 대한 추론을 할 수 있다. 이와 비교하여, 부호검정은 어떤 모집단에서도 분포무관한 정확한 검정을 할 수 있었으며, 모집단의 분포가 대칭일 때는 부호순위검정 또한 정확한 검정임을 살펴보았다. 그렇다면, 대칭인 분포에서는 부호검정보다 부호순위검정을 무조건 사용해야 할까? 관련된 질문으로, 모집단이 정규분포를 따를 때, 부호순위검정을 사용해도 될까?

이 절에서는 모집단의 위치모수에 대한 세 가지 검정방법 (t-검정, 부호검정, 부호순위검정)을 비교하고자 한다. 각각의 경우에 대해 위치모수 θ의 추정량과 신뢰구간이 서로 다르게 구해짐도 확인하였다. 간단히 정리하자면, t-검정을 이용한 추정량은 $\bar{X}_n$, 신뢰구간은 $\bar{X}_n \pm z_{\alpha/2}\hat{\sigma}/n$, 부호순위검정을 이용한 추정량은 median$\{W_{(ij)}\}$, 신뢰구간은 $(W_{(l)}, W_{(u)})$이며, 부호검정을 이용한 추정량은 median$\{X_i\}$, 신뢰구간은 $(X_{(l)}, X_{(u)})$이다. 이 중 어떤 추정방법을 사용하는 것이 좋을까?

모수적 모형 (예를 들어 정규분포족)의 가정이 맞을 때는 최적의 추정방법 (정규분포일 때 추정량 $\bar{X}_n$이 가장 좋은 추정량)과 최적의 검정방법 (정규분포일 때, t-검정이 가장 검정력이 높은 검정법)이 존재한다. 반면, 비모수적 모형에서는 고려하는 모집단의 범위가 매우 커서, 모든 경우에서 가장 최적인 추론 방법이 존재하지 않는다. 정규분포일 때는 t-검정이 가장 좋지만, 균등분포에서는 그렇지 않을 수도 있다. 따라서, 몇 개의 대표적인 모집단에서 추론방법의 효율성을 비교하도록 하겠다.

2.3.1 추론방법의 비교

추정량의 비교

모평균 θ (또는 모중앙값 θ)의 추정량으로서 $\bar{X}_n$, median$\{W_{(ij)}\}$, median$\{X_i\}$ 중 어떤 추정량이 가장 좋을까? 추정량을 비교할 때 가장 많이 쓰는 방법은 각 추정량의 평균제곱오차 (MSE; Mean Squared Error)를 비교하여 MSE가 작을수록 더 좋은 추정량으로 판단하는 것이다. 모수 θ의 추정량인 $\hat{\theta}$의 MSE는

$$MSE(\hat{\theta},\theta) = E(\hat{\theta}-\theta)^2$$

으로 정의가 된다. 만약 추정량 $\hat{\theta}$가 θ의 불편(unbiased) 추정량인 경우에는 $MSE(\hat{\theta},\theta) = \text{Var}(\hat{\theta})$이므로, 추정량의 분산 또는 표준편차 (즉, 표준 오차)를 비교할 수 있다. MSE의 정의에 쓰인 기댓값 $E(\cdot)$는 $\hat{\theta}$의 표본분포에 좌우되며, $\hat{\theta}$의 표본분포는 모집단의 분포, 즉 관측값 X_i의 분포와 표본크기 n에 의해 결정됨을 기억하자.

두 추정량의 상대효율 추정하고자 하는 모수가 항상 θ인 경우, $MSE(\hat{\theta},\theta)$를 $MSE(\hat{\theta})$로 쓰겠다. 추정량 $\hat{\theta}$의 MSE가 작을수록 더 좋은 추정량이므로 추정량의 효율 (efficiency)을

$$e(\hat{\theta}) = \frac{c}{MSE(\hat{\theta})}$$

으로 정의할 수 있다. 이때 상수 c는 주어진 모집단족에서의 $MSE(\hat{\theta})$의 최솟값으로 정해 $e(\hat{\theta}) \in [0,1]$이 되도록 한다. 효율 $e(\hat{\theta})$이 1에 가까울수록 효율적인 추정량이다. 두 추정량 $\hat{\theta}_1$과 $\hat{\theta}_2$을 비교할 때는 $\hat{\theta}_1$의 효율을 $\hat{\theta}_2$의 효율과 비교하여 보는 상대효율 (relative efficiency)

$$RE(\hat{\theta}_1,\hat{\theta}_2) = \frac{e(\hat{\theta}_1)}{e(\hat{\theta}_2)} = \frac{MSE(\hat{\theta}_2)}{MSE(\hat{\theta}_1)} \tag{2.18}$$

를 보아, $RE(\hat{\theta}_1, \hat{\theta}_2)$가 1 보다 큰 경우, θ_1이 더 효율적이며, $RE(\hat{\theta}_1, \hat{\theta}_2)$가 1보다 작은 경우 $\hat{\theta}_2$가 더 효율적이라고 볼 수 있다. MSE를 비교할 때와 마찬가지로 상대효율도 모집단의 분포와 표본크기 n에 의해 결정된다.

예 2.15

정규분포를 따르는 모집단에서 모평균을 추정하고자 한다. 10개의 표본으로부터 구한 평균 $\bar{X}_{10}$와 40개의 표본으로부터 구한 평균 $\bar{X}_{40}$의 상대효율을 구해보자. 모집단의 모분산을 (미지수) σ^2이라고 한다면, $MSE(\bar{X}_n) = \sigma^2/n$이므로,

$$RE(\bar{X}_{40}, \bar{X}_{10}) = \frac{MSE(\bar{X}_{10})}{MSE(\bar{X}_{40})} = \frac{\sigma^2/10}{\sigma^2/40} = 4.$$

즉, 표본의 개수가 4배 늘어날 때, 추정량의 효율은 4배 증가한다.

예 2.16

정규분포 $N(\mu, \sigma^2)$를 따르는 모집단에서 모평균 μ를 추정하고자 한다. n개의 표본으로부터 구한 중앙값 $m_n \equiv \text{median}\{X_1, \ldots, X_n\}$과 비교하여 표본평균 $\bar{X}_n$의 상대효율을 구해보자. 중앙값 m_n의 정확한 MSE는 순서통계량의 분포에 의존하므로 깔끔하게 표현하기 어렵지만, 표본의 크기가 클 때, $m_n \dot{\sim} N(\mu, \sigma^2\pi/(2n))$임이 알려져 있다. 즉, $MSE(m_n) \approx \text{Var}(m_n) \approx \sigma^2\pi/(2n)$이다. 따라서,

$$RE(\bar{X}_n, m_n) = \frac{MSE(m_n)}{MSE(\bar{X}_n)} \approx \frac{\sigma^2\pi/(2n)}{\sigma^2/n} = \pi/2 = 1.57 \tag{2.19}$$

즉, 모집단이 정규분포인 경우, 표본평균의 효율이 표본중앙값에 비해 대략 1.57배 높다.

예 2.16처럼 고정된 표본의 크기 n에 대해 정확한 MSE를 구할 수 없는 경우, 또는 표본의 크기 n에 따라 상대효율이 달라지는 경우, 표본의 크기 n이 무한히 커질 때의 효율을 비교하는 **점근상대효율**(Asymptotic Relative Efficiency)을 지표로 삼을 수 있다.

$$ARE(\hat{\theta}_1, \hat{\theta}_2) = \lim_{n\to\infty} RE(\hat{\theta}_1, \hat{\theta}_2). \tag{2.20}$$

모집단이 정규분포인 경우, 표본 중앙값 대비 표본평균의 점근상대효율이 식 (2.19)에 의해 $ARE(\bar{X}_n, m_n) = 1.57$이므로, 정규분포인 모집단에서는 표본평균이 표본중앙값에 비해 더욱 효율적임을 알 수 있다.

두 신뢰구간의 상대효율 신뢰수준이 $1-\alpha$로 같은 두 신뢰구간 $\theta \in (L_1, U_1)$과 $\theta \in (L_2, U_2)$의 상대효율을 생각해보자. 두 신뢰구간의 포함확률 (coverage probability; 신뢰구간이 모수를 포함할 확률)이 정확한 경우, 즉 $i = 1, 2$에 대해 $P(\theta \in (L_i, U_i)) = 1-\alpha$인 경우에는 신뢰구간의 길이 $\ell_i = U_i - L_i$가 짧을수록 더 효율적이다. 이에 착안하여, 신뢰구간 (L_i, U_i)의 효율을 $e((L_i, U_i)) = 1/\ell_i^2$로 정한다[9].

신뢰구간을 만들 때 사용한 점 추정량 $\hat{\theta}$이 점근적으로 정규분포 $N(\theta, \sigma_{\hat{\theta}}^2/n)$를 따를 때, 그에 따른 점근신뢰구간이 $C_{\hat{\theta}} \equiv \hat{\theta} \pm z_{\alpha/2}\sigma_{\hat{\theta}}/\sqrt{n}$이다. 또한 $MSE(\hat{\theta}) \approx \sigma_{\hat{\theta}}^2/n$이므로, 신뢰구간 $C_{\hat{\theta}}$의 길이는 근사적으로 $2z_{\alpha/2}\sigma_{\hat{\theta}}/\sqrt{n} \approx 2z_{\alpha/2}\sqrt{MSE(\hat{\theta})}$이 되며, 효율은 $e(C_{\hat{\theta}}) \approx \frac{1}{4z_{\alpha/2}^2 MSE(\hat{\theta})}$이 된다.

서로 다른 두 추정량 $\hat{\theta}_1$과 $\hat{\theta}_2$로부터 도출된 두 점근신뢰구간 $C_{\hat{\theta}_1}$과 $C_{\hat{\theta}_2}$의 점근상대효율은 (2.18)과 (2.20)에 의해

$$ARE(C_{\hat{\theta}_1}, C_{\hat{\theta}_2}) = \lim_{n\to\infty} \frac{e(C_{\hat{\theta}_1})}{e(C_{\hat{\theta}_2})} = \lim_{n\to\infty} \frac{MSE(\hat{\theta}_2)}{MSE(\hat{\theta}_1)} = ARE(\hat{\theta}_1, \hat{\theta}_2).$$

즉, 두 점근신뢰구간의 점근상대효율은 그에 대응되는 두 추정량의 점근상대효율과 같다.

검정방법의 비교

관측값의 개수가 n인 랜덤표본 $X_1, \ldots, X_n$으로부터 모중앙값 θ에 대한 가설 $H_0: \theta = \theta_0$과 $H_1: \theta < \theta_0$를 검정하는 경우를 고려하자. 모집단이 정규분포를 따르는 경우, 모중앙값이 곧 모평균이므로 t-검정을 이용할 수 있으며, 이때 제1종의 오류율은 정확히 주어진 유의수준으로 컨트롤할 수 있다. 즉, $P(\sqrt{n}(\bar{X}_n - \theta_0)/s_n < -t_{\alpha,n-1}) = \alpha$. 하지만 모집단이 정규분포를 따르지 않는 경우, 제1종의 오류율이 주어진 유의수준보다 클 수가 있다.

몇 가지 예를 통하여 다양한 모집단에서의 모수적 검정의 제1종의 오류율과 검정의 크기에 대해 알아본다.

---

[9]신뢰구간의 효율을 $1/\ell_i^2$이 아니라 어떤 $c > 0$에 대해서 c/ℓ_i^2으로 정했을 때에도 상대효율은 변하지 않는다. 일반적으로 신뢰구간의 효율을 정의하지는 않지만, 편의를 위해 "효율"을 먼저 정의하고 상대효율을 보는 방법을 택하였다. 또한 효율을 구간의 길이 역수의 제곱으로 정한 이유도 추정량의 상대효율과 같은 척도로 보기 위함이다.

예 2.17

중앙값이 $\theta = 0$인 모집단이 Uniform$(-1, 1)$분포를 따를 때, 가설 $H_0 : \theta = 0$을 t-검정하는 경우의 제1종의 오류율을 알아보자. 중심극한정리로 인하여, n이 클 때 검정통계량 $T_n = \sqrt{n}(\bar{X}_n - \theta_0)/s_n$이 근사적으로 표준정규분포를 따르므로, $P(T_n < -t_{\alpha,n-1}) \approx \alpha$이며, 제1종의 오류율은 근사적으로 통제된다고 볼 수 있다. 만약 표본 수 n이 매우 작다면, 간단한 시뮬레이션으로 제1종의 오류율을 근사할 수 있다. 예를 들어, 표본의 수가 $n = 5$일 때는, 유의수준 $\alpha = 0.05$에서의 t-검정의 제1종 오류율이 $P(T_5 < -t_{\alpha,5-1}) = 0.056$으로 주어진 유의수준 5%보다 더 높은 오류율을 보인다. 표본의 수가 $n = 10$일 때는 벌써 검정통계량 T_n의 분포가 표준정규분포와 거의 같으므로 제1종 오류율이 거의 0.05에 가깝다.

예 2.18

중앙값이 $\theta = 0$인 모집단이 꼬리가 정규분포보다 훨씬 긴 slash 분포를 따를 때, 가설 $H_0 : \theta = 0$을 t-검정하는 경우의 제 1종의 오류율을 알아보자. ($Z \sim N(0,1)$, U = Uniform$(0, 1)$일 때 $X = Z/U$의 분포를 slash 분포라 부르며, 기댓값 $E(X)$이 정의되지 않는다.) 표본의 수가 작을 때, 예를 들어 $n = 10$일 때 유의수준 $\alpha = 0.05$에서의 t-검정의 제1종 오류율은 대략 0.029 (99% 신뢰구간은 (0.028, 0.030))로서 주어진 유의수준보다 더 보수적인 (즉 필요보다 더 잦은 빈도로 귀무가설을 채택하는) 검정이다. 이 경우, 중심극한정리가 적용되지 않으므로 표본의 크기가 커도 제1종의 오류율이 유의수준 0.05로 수렴한다는 보장이 없다. 예를 들어 $n = 100$일 때도, 제1종의 오류율은 여전히 0.031 정도로서 유의수준보다 훨씬 작다.

예 2.19

위의 두 예와 다르게, 모집단의 분포가 비대칭인 경우를 생각해보자. 이때 중앙값과 평균이 다르므로 중앙값에 대한 가설검정에서 t-검정을 사용할 수는 없다. 이 예에서는 (a) 그럼에도 불구하고 t-검정을 그냥 사용하는 경우, (b) 모평균에 대한 가설을 새로 세우고 유의수준 $\alpha = 0.05$에서 t-검정을 하는 경우를 따로 고려하겠다. 비대칭 형태의 모집단으로 간단하게 지수분포를 생각해 보자.

(a) 중앙값이 $\theta = \log(2)$인 모집단이 지수분포를 따를 때, t-검정으로 가설 $H_0 : \theta = \log(2)$과 $H_1 : \theta < \log(2)$를 검정하는 경우를 생각해보자. 평균이 $\mu = 1$인 지수분포의 중앙값이 $\theta = \mu \log(2) = \log(2) < 1$이므로, t-검정의 검정통계량 $t_n = \sqrt{n}(\bar{X}_n - \log(2))/s_n$은 표준정규분포로 수렴하는 대신 무한히 커지게 된다. 따라서, 제1종의 오류율은 $P(t_n < -t_{\alpha,n-1}) \approx 0$이 된다.

(b) 평균 $\mu = 1$인 모집단이 지수분포를 따를 때 t-검정으로 가설 $H_0 : \mu = 1$과 $H_1 : \mu < 1$을 검정하는 경우를 생각해보자. 이때 중심극한정리에 의해 검정 통계량 t_n이 근사적으로 표준정규분포를 따르지만, 분포의 치우침(skewness)이 큰 지수분포는 표본 수가 매우 클 때만 근사가 가능하다 (즉, 정규분포로의 수렴 속도가 느리다). 표본의 수 $n = 100$에서도 t_n이 충분히 정규분포를 따르지 않으므로 이때의 제1종의 오류율은 $P(t_{100} < -t_{\alpha,n-1}) = 0.074 > \alpha$로서 유의수준에서 컨트롤되지 않는다. 만약 기각역을 $-t_{\alpha,n-1} \approx -z_\alpha \approx -1.66$ 대신 $c = -1.925$를 쓴다면, 귀무가설을 잘못 기각하는 비율이 조금 줄어, 제1종의 오류율이 $P(t_{100} < -1.92) \approx 0.049 < \alpha$이 되어 제1종의 오류율을 컨트롤할 수 있게 된다.

위의 예들과는 다르게, 비모수적 검정방법은 어떤 모집단에서도 제1종의 오류율을 정확히 (또는 더 보수적으로) 컨트롤할 수 있다.

두 검정방법을 비교할 때는 다음과 같은 원칙을 이용한다.

1. 두 검정방법 모두 제1종의 오류율을 정확히 또는 보수적으로 컨트롤해야 한다.

2. 첫 번째 원칙 (제1종 오류율을 컨트롤)을 지키는 검정방법에 대해서 대립가설이 사실일 때 귀무가설을 기각할 확률 즉 검정력이 높은 검정방법이 더 좋은 검정법이다.

제1종의 오류율이 유의수준보다 높은 검정방법은 원칙적으로 비교의 대상이 되지 못한다. 하지만, (예 2.19 (b) 경우와 같이) 검정의 기각역을 조정하여 제1종의 오류율을 컨트롤하는 방법을 통해 검정력을 비교하는 방법을 이용할 수 있다. 검정방법의 검정력을 비교하려면, 대립가설이 사실일 때의 검정통계량의 분포를 필수적으로 알아야 한다. 다만, 귀무가설과 다르게 대립가설은 수많은 경우를 모두 포함하고 있다[10]. 예를 들어 t_n의 분포는 정규분포 가정을 하더라도 $\theta = \theta_0 - 1$일 때와 $\theta = \theta_0 - 2$일 때 다르다. 두 검정방법 (예를 들어 검정법 A와 B)을 비교할 때, 대립가설의 어떤 경우에서는 검정법 A가 더 높은 검정력을 가지고 대립가설의 다른 경우에서는 검정법

[10] 귀무가설 $H_0 : \theta = \theta_0$도 사실 수많은 경우를 포함하고 있다. 예를 들어 모집단의 분포족이 $\{N(\theta, 1) : \theta \in (-\infty, \infty)\}$인 상황에서는 귀무가설 아래에서 단 한 가지 경우 $((N(\theta_0, 1))$만 있지만, 분포족이 $\{N(\theta, \sigma^2) : \theta \in (-\infty, \infty), \sigma^2 > 0\}$인 상황에서는 귀무가설 아래에서도 σ^2의 값에 따라 여러 가지 경우가 있다. 다만, 이러한 모수적 모형 아래에서 σ^2의 값에 무관하게 검정통계량 t_n의 분포는 단 하나이다. 비모수적 모형 $\{f :$ 중앙값이 θ인 분포 $, \theta \in (-\infty, \infty)\}$이라면 귀무가설이 사실이라도 검정통계량의 영분포가 모집단의 분포 f에 따라 좌우될 수 있다.

B가 더 높은 검정력을 가질 수도 있다. 또한 주어진 표본의 수 n과 유의수준 α에 따라 검정력이 달라지기도 한다. 가장 좋은 방법은 주어진 상황에서 가장 그럴 듯한 대립가설의 경우를 상정한 뒤 그 경우에서의 두 검정력을 비교하는 것이다.

예 2.20

표본의 수가 n인 랜덤표집된 데이터를 이용하여 모집단의 중앙값 θ에 대한 검정을 시행하고자 한다. 기존의 연구에 의해 모집단이 대칭임이 알려져 있다고 가정하자. 세 가지 검정방법, t-검정, 부호검정과 부호순위검정 방법을 다음의 경우에 대해 비교하고자 한다.

(a) 표본의 수 $n = 10$ (표본의 수가 매우 작을 때), $n = 100$ (충분히 클 때).

(b) 모집단의 분포가 정규분포 $X \sim N(\theta, 1)$ (분포의 꼬리가 얇은 경우), 중앙값이 θ인 라플라스분포 $X \sim \text{Laplace}(\theta, 1)$ (분포의 꼬리가 두터운 경우), 중앙값이 θ인 slash 분포 $X = \theta + Z/U$ (분포의 꼬리가 매우 두터운 경우).

두 경우의 여섯 가지 조합 (대립가설 분포의 여섯 가지 경우)에서 세 가지 검정방법의 유의수준 $\alpha = 0.05$에서의 검정력을 시뮬레이션을 이용하여 비교한 결과가 아래 표에 있다.

모집단	표본크기	t-검정	부호검정	부호순위검정
Normal, $\theta = 1/4$	$n = 10$	17.8%	4.5%	15.3%
Normal, $\theta = 1/4$	$n = 100$	80.0%	61.2%	78.2%
Laplace, $\theta = 1/4$	$n = 10$	14.7%	5.3%	14.3%
Laplace, $\theta = 1/4$	$n = 100$	55.1%	70.3%	68.2%
Slash, $\theta = 1/2$	$n = 10$	8.7%	4.3%	12.7%
Slash, $\theta = 1/2$	$n = 100$	10.8%	60.3%	58.9%

모집단이 정규분포인 경우에는 어떤 표본의 크기에서도 t-검정이 가장 검정력이 크다 (이는 이론적으로 알려진 사실이기도 하다). 표본의 크기가 클 때 ($n = 100$) 부호순위검정의 검정력도 t-검정의 검정력과 거의 비슷함을 알 수 있다. 이 결론은 모집단 분포의 꼬리가 매우 얇은 경우 (예를 들어 θ를 중심으로 한 균등분포)에도 똑같이 적용된다.
모집단의 꼬리가 매우 두터운 경우, 표본의 크기에 따라 결론이 달라진다. 표본의 수가 작은 경우에는 부호검정의 검정력이 매우 떨어지고, 부호순위검정과 t-검정이 더 검정력이 더 크다. 반면 표본의 수가 충분히 많은 경우에는 부호검정과 부호순위검정의 검정력이 t-검정에 비해 월등히 큼을 알 수 있다. 꼬리가 극단적으로 두터운 slash 분포의 경우는 (중심극한정리가 작용하지 않기 때문에) t-검정의 검정력이 매우 작지만, 라플라스분포에서의 검정력은 비모수적 방법에 비해 큰 차이가 나지 않음을 알 수 있다. 특히 표본 수가 매우 작은 경우 ($n = 10$), t-검정의 검정력이 비모수적 방법과 거의 같으므로 이 경우 t-검정을 사용해도 무방하다.

두 검정방법의 점근상대효율 두 검정방법을 비교할 때 표본 수 n에 따라 결론이 달라짐을 위 예에서 보았다. 다만 한 대립가설에서 한 검정방법의 검정력이 표본 수 n이 증가할 때 같이 증가하는 것도 확인할 수 있다. 따라서, 두 검정방법을 비교하는 다른 방법은 주어진 대립가설 $\theta = \Delta$ 의 경우에서, 같은 검정력, 예를 들어 $\beta = 80\%$를 가지기 위해 필요한 표본 수를 비교하는 방법이다. 주어진 모집단의 분포 (예를 들어, slash분포), 대립가설 $\theta = \Delta$에서 유의수준이 α로 컨트롤된 t-검정 "δ_t"이 β의 검정력을 가지기 위한 표본의 수를 N_t, 마찬가지 상황에서의 부호순위검정 "δ_{SR}"이 β의 검정력을 가지기 위한 표본의 수를 N_{SR}라고 해보자. 이때, t-검정의 부호순위검정에 대한 상대효율을

$$RE(\delta_t, \delta_{SR}) = \frac{N_{SR}}{N_t}$$

으로 정의한다[11]. 예 2.20에서 slash 분포의 경우에는 t-검정의 검정력 $\beta = 10\%$을 위해 $N_t = 100$의 표본 수가 필요했고, 부호순위검정의 검정력 $\beta = 10\%$를 위해서는 $N_{SR} = 10$이면 충분했으므로 t-검정의 부호순위검정에 대한 상대효율은 $N_{SR}/N_t = 10/100 = 0.1$ (즉 부호순위검정의 효율이 10배 높다)임을 알 수 있다. 대립가설에서의 모집단 분포에 따라 상대효율이 달라짐을 기억하도록 하자.

점근상대효율은 대립가설의 값 Δ이 귀무가설의 값 θ_0으로 가까이 갈 때의 상

[11] 이를 Pitman의 상대효율이라 부른다.

대효율을 점근적으로 본 값이다. Δ와 θ_0이 매우 가까울 때는 대립가설의 경우가 귀무가설과 구분하기 어려우므로 표본의 개수도 매우 많아야 한다. 따라서 $\Delta \to \theta_0$일 때, $N_{SR} \to \infty$, $N_t \to \infty$이므로 두 값의 비율이 곧 점근상대효율이 된다. t-검정의 부호순위검정에 대한 점근상대효율은

$$ARE(\delta_t, \delta_{SR}) = \lim_{\Delta \to \theta_0} \frac{N_{SR}}{N_t}$$

이다.

2.3.2 t-검정, 부호검정, 부호순위검정의 점근상대효율

이 절에서는 t-검정, 부호검정, 부호순위검정의 점근상대효율을 몇 가지 대표적인 모집단 분포족에서 비교한다. 모집단의 분포가 대칭이 아닌 경우는 부호검정만이 제1종의 오류율을 컨트롤하므로 대칭인 분포만을 고려한다. 따라서 중앙값 θ에 대한 가설이 곧 평균에 대한 가설과 같다. 분포의 꼬리가 거의 없는 균등분포, 정규분포, 꼬리가 두텁지만 정규분포와 거의 비슷한 로지스틱분포, 꼬리가 두터운 라플라스분포, 그리고 꼬리가 매우 두터워 평균이 존재하지 않는 slash 분포를 비교하도록 한다(그림 2.4 참조).

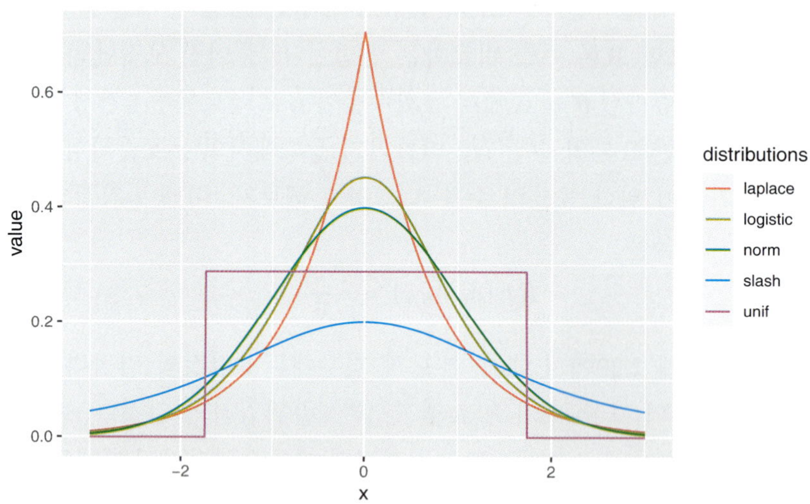

그림 2.4: 다양한 분포의 밀도함수

비교하려는 세 가지 검정방법은 모두 대응되는 θ의 추정량이 있다. 즉, t-검정을 이용한 추정량은 $\bar{X}_n$, 부호순위검정을 이용한 추정량은 median$\{W_{(ij)}\}$, 부호검정을

이용한 추정량은 median$\{X_i\}$이다. 표본의 수가 큰 경우 각 검정의 기각역이 추정량의 점근적 영분포에 의해 주어지고 이 점근분포가 정규분포인 경우는 두 검정방법의 점근상대효율이 두 추정량의 점근상대효율과 같다. 즉,

$$ARE(\delta_t, \delta_{SR}) = ARE(\bar{X}_n, \text{median}\{W_{(ij)}\})$$

이다.

다음 표에 세 가지 검정방법 (또는 세 가지 추정량)들의 점근상대효율을 비교하였다.

분포	ARE(sign, t)	ARE(SR,t)	ARE(sign,SR)
Uniform	1/3	1	$1/3$
정규분포	$2/\pi \approx 0.64$	$3/\pi \approx 0.954$	$2/3$
Logistic	$\pi^2/12 \approx 0.82$	$\pi^2/9 \approx 1.09$	$3/4$
Laplace	2	1.5	$4/3$
Slash	∞	∞[12]	1.09*

이 표로부터, 중심극한정리를 이용하는 t-검정의 비모수적 방법에 대한 점근상대효율이 꼬리가 두터울수록 나빠지는 점을 확인할 수 있다. 또한 꼬리가 매우 두터운 경우 (라플라스분포와 Slash 분포), 부호검정의 점근효율이 가장 높다. 부호순위검정의 t-검정에 대한 상대효율이 가장 낮아도 0.954로서 어떤 모집단의 분포에 대해서도 두루두루 좋은 효율을 보인다.

2.4 연습문제

연습 2.1. (2.3)을 증명하여라.

연습 2.2. 예 2.6에서 표본의 수가 10이 아니라 20일 때, Z-검정과 부호검정의 검정력을 비교하여라. 이때 대립가설의 분포는 Laplace$(105, \sqrt{50})$일 때와 $N(105, 10^2)$인 각각의 경우를 고려하라.

연습 2.3. 표본의 수가 20일 때, 연습문제 2.2의 Z-검정과 부호검정의 검정력 비교를 귀무가설은 $N(100, 10^2)$, 대립가설은 $100 + \text{Exp}(5)$인 경우에 대하여 행하여라.

[12] Slash 분포의 경우, $MSE(\bar{X}_n) = \infty$를 이용하면 t-검정에 대한 점근상대효율이 ∞가 된다.

연습 2.4. 접을 수 있는 스마트폰 갤럭시 폴드 2가 몇 번 접어야 망가지는지에 대해 새 기계 10대를 대상으로 테스트를 하였다. 그 결과 7, 9, 12, 39, 28, 11,22, 17, 14, 9 (만 회)의 접기 후에 기계가 망가지는 것을 확인할 수 있었다. 적어도 90%의 기계가 10만 회 이상의 접기를 견딘다고 말 할 수 있을까? 부호검정을 이용하여 유의수준 0.1에서 검정하고, 망가질 때까지의 접기 횟수의 10-백분위수의 90% 신뢰구간을 구하여라.

연습 2.5. 귀무가설 "θ_0에 대해 대칭"이 사실일 때, (2.9)를 증명하고, 또 $I(X_i > \theta_0) \cdot R_i$와 $I(X_i < \theta_0) \cdot R_i$의 기댓값이 같음을 증명하여라.

연습 2.6. 베르누이 확률변수 $V_i \sim_{i.i.d.}$ Bernoulli$(1/2)$와 $1 - V_i$의 분포가 같음을 이용하여, SR_+의 분포가 평균 $\mu_n = n(n+1)/4$에 대하여 대칭임을 증명하여라. (힌트: $SR_+ - \mu_n \overset{d}{=} \mu_n - SR_+$ 임을 증명하여라.)

연습 2.7. 예 2.12의 자료에서 $X_i = \theta_0$일 때의 절대편차 $D_i = 0$에 대해 순위 1을 주고, $D_i = 1$일 때 순위 2를 부여하는 방법을 쓰고자 한다. 이때 절대편차 $D_i = 0$이면, 부호 $S_i = 0$, $I(X_i > \theta_0) = I(D_i > 0) = 0$이다. 이때의 부호순위검정통계량, 즉 부호가 양인 순위의 합은 얼마이며 SR_+과의 차이는 얼마인가? 검정의 결과가 달라지는가?

연습 2.8. n개의 데이터를 이용하여, 모중앙값 θ에 대해 $H_0 : \theta = \theta_0$를 검정하고자 한다. 절대편차 D_i 중 t_0개가 0이며, 0이 아닌 동점이 모두 g개의 그룹에 대해 발생하였다. i번째 $(i = 1, \ldots, g)$ 그룹에서의 동점인 절대편차의 수는 t_i개이다. 예를 들어, $D_i = 0, 0, 1, 1, 2, 3, 3, 3$이면, $n = 8$, $t_0 = 2$, $g = 2$, $t_1 = 2$, $t_2 = 3$이다. $D_i = 0$인 관측값을 부호순위의 계산에서 제외할 때, 다음을 증명하여라.

$$E(SR_+) = \frac{n(n+1) - t_0(t_0+1)}{4},$$
$$\text{Var}(SR_+) = \frac{n(n+1)(2n+1) - t_0(t_0+1)(2t_0+1)}{24} - \frac{\sum_{i=1}^{g}(t_i^3 - t_i)}{48}.$$

연습 2.9. 관측값 $X_1 < X_2 < \ldots < X_n$ 으로부터 계산한 왈시 평균들을 순서대로 늘어놓았을 때, 어떤 $i \le j$ 에 대해 $W_{\imath\jmath} < W_{ij} < W_{i'j'}$라고 가정하자. $W_{ij} < \theta < W_{i'j'}$일 때의 θ보다 큰 왈시 평균들의 개수가 k이고, 동시에 $SR_+(\theta)$의 값도 k라면, $W_{\imath\jmath} < \theta < W_{ij}$일 때의 $SR_+(\theta)$의 값은 $k+1$임을 증명하라. (귀납법에 의해, $SR_+(\theta) = \#\{W_{ij} > \theta\}$을 증명할 수 있다.) [힌트: 위와 같이 θ의

구간이 바뀔 때, 주어진 X_i, X_j를 제외한 다른 관측값의 θ에 대한 절대편차의 순위와 부호는 바뀌지 않는다. $i = j$일 때와 $i < j$일 경우에 대해 각각 증명을 진행하여라.]

연습 2.10. (2.17)을 증명하여라.

제 3 장

순열검정

순열검정 (permutation test) 방법은 재랜덤화(re-randomization)를 이용하여 검정통계량의 영분포를 추정하는 방법을 통칭하며, 1930년대에 피셔와 피트만에 의해 이미 제안된 검정방법이다. 재랜덤화의 시행은 매우 많은 반복을 필요로 하기 때문에 컴퓨터를 이용한 빠른 계산이 뒷받침되는 최근에 와서야 제대로 주목받기 시작했다. 순열검정에 쓰이는 영단어 permutation이 수학적으로 "순열" (즉, 순서가 있는 배열)을 의미하지만 동시에 뒤섞기 (permute)를 의미함을 주목하자. 엄밀하게는 순열검정보다는 **뒤섞기검정**으로 표현하는 것이 더 정확하며, 오해의 소지를 줄일 수 있다. 다만, **순열검정**이라는 용어가 이미 정착되었으므로, 여기서는 순열검정으로 표기하도록 한다.

3.1 데이터 생성 모형

순열검정이 적용되는 상황은 크게 두 가지 확률 모형으로 정리할 수 있다. 첫 번째는 주어진 대상 (subjects, 사람 등 관측 유닛) 중 관심있는 처리(treatment)를 적용할 대상을 임의로 고르는 랜덤화 모형 (randomization model), 두 번째는 관측할 대상을 모집단에서 임의로 표집하는 모집단 모형 (population model)이다. 일반적으로 "이표본검정"으로 부르는 상황을 중심으로 두 개의 확률 모형을 살펴보도록 한다.

예 3.1 (랜덤화 모형[1])

외과수술 후 회복을 위해 새로 개발된 치료방법과 전통적인 치료방법을 비교하고자 한다. 올해 3월에 서울대병원에서 심장외과수술을 받을 예정인 $N = 7$명의 환자 중

$m=4$명을 임의로 정하여 새로운 치료방법을 받게 하고, 나머지 $n=3$ 명은 전통적인 치료법을 받게 하였더니, 새로운 치료법을 받은 환자들은 19, 22, 24, 26일 후에 완전 회복 후 퇴원하였고, 전통적인 치료법을 받은 환자들은 23, 33, 40일 후에 회복 후 퇴원하였다. 귀무가설 H_0 : "새로운 치료법과 전통적인 치료법에 차이가 없다"와 대립가설 H_1 : "새로운 치료법이 회복시간을 줄여준다"를 검정하고자 한다.

예 3.2 (모집단 모형)

파리의 일종인 체체파리의 하위 종으로 숲에 사는 *Glossina fusca*, 강에 사는 *Glossina palpalis*의 안테나 길이가 다른지를 비교하고자 한다. 숲 체체파리를 9마리, 강 체체파리를 6마리 포획하여 각각의 안테나 길이를 측정하였다. 이 파리들은 각 모집단에서의 랜덤표본이라고 볼 수 있으며, 안테나의 길이는

$$\text{숲 체체파리} : 1.24, 1.38, 1.36, 1.40, 1.38, 1.48, 1.38, 1.54, 1.56$$
$$\text{강 체체파리} : 1.14, 1.20, 1.30, 1.26, 1.28, 1.18$$

로 조사되었다. 귀무가설 H_0 : "두 종의 안테나 길이 (분포)에 차이가 없다"와 대립가설 H_1 : "두 종의 안테나 길이에 차이가 있다"를 검정하고자 한다.

3.2 랜덤화 모형

예 3.1에서, 새로운 치료법을 시술받은 m명의 환자들의 회복기간을 $X_1, \ldots, X_m$, 전통적인 치료법을 시술받은 n명의 환자들의 회복기간을 $Y_1, \ldots, Y_n$이라고 하고, 회복기간 평균의 차이 $\bar{Y}_n - \bar{X}_m$가 작을 때 귀무가설을 기각하는 검정방법을 쓰고자 한다. 즉, $D = \bar{Y}_n - \bar{X}_m$를 검정통계량으로 두고, 관측된 D_{obs}가 얼마나 극단적인 값인지를 귀무가설 아래에서 D의 영분포와 비교하여 측정하려고 한다.

랜덤화 모형에서는 처리법의 랜덤 지정 (random assignment)이 통계적 추론의 토대가 된다. 예 3.1의 상황에서는 이미 수술을 받을 상황인 환자 N명이 처리법 (치료법)의 랜덤지정을 하기 전에 이미 정해졌다. 귀무가설이 사실일 때, 즉 두 치료법의 효과가 같을 때, 각 환자의 회복기간은 어떤 치료를 받는가와 상관없이 항상 같다. 예를 들어, 새로운 치료법을 받았던 첫 번째 환자의 회복기간(19일)은, 이 환자가 전통적인 치료법을 받았다면 필요했을 회복기간과 같다. 랜덤화 모형에서는 (환자들은 이미 정해져 있기 때문에) **관측값들은 랜덤하지 않고**, (랜덤 지정을 하기 때문에) **관측값들이 받는 처리법만 랜덤이다**. 랜덤지정의 결과로 N명 중 특정한 m

[1]Ernst (2004)의 예제를 참고하였다.

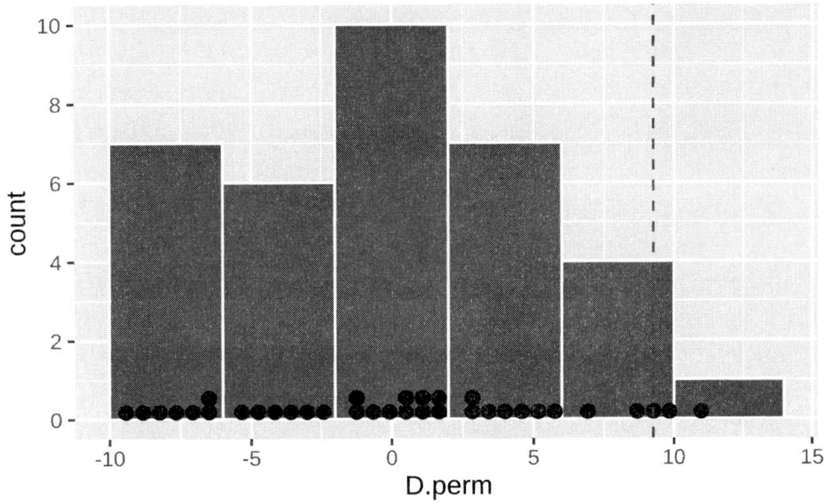

그림 3.1: 통계량 D의 영분포

명이 새로운 치료법, 나머지 n명이 전통적인 치료법을 받게 되는게, 이는 $\binom{N}{m}$개의 가능성이 같은 (equally likely) 랜덤지정 결과 중 하나일 뿐이다[2]. 각각의 랜덤지정이 확률 $1/\binom{N}{m}$로 나타나므로, 검정통계량 D의 영분포는 $\binom{N}{m}$개의 각각의 랜덤지정에서 나타날 수 있는 차이들 D의 분포이다.

예 3.1에서 가능한 모든 $\binom{7}{4} = 35$개의 랜덤지정에 대해 검정통계량 D를 계산한 표 3.2를 살펴보도록 하자. 다섯 번째 줄의 $D_{obs} = 9.25$가 관측된 두 치료법의 차이이다. 이때 통계량 D의 영분포는 표 3.2에 나타난 35개의 D값이 각각 $1/35$의 확률로 나타나는 분포이며, 그림 3.1에 히스토그램과 점도표의 형태로 시각화되어 있다. 이렇게 하여 구한 검정통계량의 영분포를 랜덤화된 분포 (randomization distribution) 라고 부를 수 있다.

관측값 $D_{obs} = 9.25$는 영분포와 비교할 때 상대적으로 큰 (오른쪽에 있는) 값임을 알 수 있다. 귀무가설이 사실일 때, 두 치료법의 차이 D가 관측된 9.25보다 크거나 같을 확률이 $3/35 \approx 0.08$로 상당히 작으므로 두 치료법의 효과 차이가 있다고 볼 근거가 적지만 있다고 볼 수 있다.

이와 같은 방법을 **랜덤화 검정**이라고 부른다. 랜덤화 검정의 영분포인 랜덤화된 분포를 얻기 위해서는 주어진 처리법의 지정을 뒤섞어야 하므로, 랜덤화 검정을 **뒤**

[2]이항계수 $\binom{N}{m}$ ("N choose m"이라고 읽자)은 N개의 개체 중 m개를 순서없이 고르는 조합의 갯수이다. $\binom{N}{m} = \frac{N!}{m!(N-m)!}$이다.

	new	new	new	new	old	old	old	D
1	19	22	23	24	26	33	40	11.000
2	19	22	23	26	24	33	40	9.833
3	19	22	23	33	24	26	40	5.750
4	19	22	23	40	24	26	33	1.667
5	19	22	24	26	23	33	40	9.250
6	19	22	24	33	26	23	40	5.167
7	19	22	24	40	26	23	33	1.083
8	19	22	26	33	24	23	40	4.000
9	19	22	26	40	24	23	33	-0.083
10	19	22	33	40	24	26	23	-4.167
11	19	23	24	26	22	33	40	8.667
12	19	23	24	33	22	26	40	4.583
13	19	23	24	40	22	26	33	0.500
14	19	23	26	33	22	24	40	3.417
15	19	23	26	40	22	24	33	-0.667
16	19	23	33	40	22	24	26	-4.750
17	19	24	26	33	22	23	40	2.833
18	19	24	26	40	22	23	33	-1.250
19	19	24	33	40	22	26	23	-5.333
20	19	26	33	40	22	24	23	-6.500
21	22	23	24	26	19	33	40	6.917
22	22	23	24	33	19	26	40	2.833
23	22	23	24	40	19	26	33	-1.250
24	22	23	26	33	19	24	40	1.667
25	22	23	26	40	19	24	33	-2.417
26	22	23	33	40	19	24	26	-6.500
27	22	24	26	33	19	23	40	1.083
28	22	24	26	40	19	23	33	-3.000
29	22	24	33	40	19	26	23	-7.083
30	22	26	33	40	19	24	23	-8.250
31	23	24	26	33	19	22	40	0.500
32	23	24	26	40	19	22	33	-3.583
33	23	24	33	40	19	22	26	-7.667
34	23	26	33	40	19	22	24	-8.833
35	24	26	33	40	19	22	23	-9.417

표 3.2: 예 3.1에서 가능한 모든 랜덤지정

섞기검정 또는 순열검정이라고 부를 수도 있다.

랜덤화 검정의 p-값과 제1종의 오류 랜덤화 모형에서 관측된 검정통계량 D_{obs}의 p-값은 귀무가설이 사실일 때 검정통계량 D가 관측된 값 D_{obs}보다 같거나 더 극단

적으로 관측될 확률이다. 이때 "극단"의 판단은 주어진 대립가설에 의해 정해진다. 예를 들어 대립가설 H_1 : "새로운 치료법이 회복시간을 줄여준다"에서는 D의 값이 클수록 귀무가설에서의 극단적인 값이다. (반대로 대립가설이 "새로운 치료법이 회복시간을 늘린다"라면 작은 D의 값 (또는 음의 방향으로 큰 D의 값)이 더욱 극단적이다.) 예 3.1의 단측 검정에서는 $D \geq D_{obs}$가 극단적인 값이며 귀무가설 아래에서 D의 영분포가 $\binom{N}{m}$ 개의 D값 (각각의 값을 d_i 라고 하자)에 대한 이산균등(discrete uniform)분포이므로 p-값은

$$p = P(D \geq D_{obs} \mid H_0) = \frac{\sum_{i=1}^{\binom{N}{m}} I(d_i \geq D_{obs})}{\binom{N}{m}} \tag{3.1}$$

이다. 표 3.2 또는 그림 3.1에서 D_{obs}보다 크거나 같은 d_i의 개수가 3이므로 $p = 3/35$ 이다.

p-값의 정의 (3.1)를 살펴보면, p-값이 $1/\binom{N}{m}$의 배수로 나타남을 알 수 있다. 만약 d_i 중 동점이 없다면, 귀무가설 아래의 p값의 분포는 $\{1/\binom{N}{m}, 2/\binom{N}{m}, \ldots, 1\}$ 의 값을 $1/\binom{N}{m}$의 확률로 가지는 이산균등분포이다. 유의수준 $\alpha = k/\binom{N}{m}$에서 랜덤화 검정을 한다면, 제1종의 오류율은

$$P(\text{reject } H_0 \mid H_0) = P(p \leq \alpha \mid H_0) = P\left(\sum_{i=1}^{\binom{N}{m}} I(d_i \geq D_{obs}) \leq k \mid H_0\right) = \frac{k}{\binom{N}{m}} = \alpha \tag{3.2}$$

로서 유의수준 α에서 정확히 제1종의 오류율을 컨트롤할 수 있다. 이와 같은 의미에서 랜덤화 검정을 정확한 추론법 (exact inference)라고 부르기도 한다.

예 3.3

예 3.1에서 만약 대립가설이 H_1 : "새로운 치료법이 회복시간을 늘인다" 였다면, p-값은 무엇일까? 좌측검정이므로

$$p = P(D \leq D_{obs} \mid H_0) = \frac{\sum_{i=1}^{\binom{N}{m}} I(d_i \leq D_{obs})}{\binom{N}{m}} \tag{3.3}$$

로 $33/35$이다.

양측검정의 경우에는 "극단"의 판단에 주의를 기울여야 한다. D의 값이 양수이든 음수이든 그 절댓값 $|D|$가 클 때 더 대립가설에 부합하므로, $|D| = |\bar{Y}_n - \bar{X}_m|$이 클

때 귀무가설을 기각한다면,

$$p = P(|D| \geq |D_{obs}|)$$

이다. 영분포인 랜덤화된 분포가 0에 대해 대칭이 아니므로, 단측검정의 p-값에 2를 곱하는 방식이 정확하지 않다. 즉, $P(|D| \geq |D_{obs}|) \neq 2\min\{P(D \geq D_{obs}), P(D \leq D_{obs})\}$ 이다.

예 3.4

예 3.1에서 대립가설이 H_1: "새로운 치료법의 회복시간이 전통적인 방법과는 다르다" 였다고 가정하자. 우측검정의 p값이 3/35, 좌측검정의 p값은 33/35이므로, 양측검정의 p-값은 4/35이다.

랜덤화 검정의 검정통계량 지금까지 검정통계량 $D = \bar{Y}_n - \bar{X}_m$를 이용하여 랜덤화 검정을 설명하였다. 왜 두 처리효과 평균의 차이 D를 고려하였을까? 다른 검정통계량, 예를 들면 이표본 t-검정통계량을 이용한 랜덤화 검정이 더욱 효율적이지 않을까? 랜덤화 검정 또는 순열검정에서의 검정의 효율은 검정통계량의 선택과 관측값의 모집단에 따라 달라진다. 예 3.1과 같은 이표본 비교에서 사용할 수 있는 여러 가지 다른 검정통계량을 알아보자.

- 새로운 처리법을 받은 관측값들의 합 $\sum_{i=1}^{n} Y_i$.
- 이표본 t-검정통계량 $T = (\bar{Y}_n - \bar{X}_m)/\hat{\text{se}}$, 여기서 $\hat{\text{se}} = \sqrt{\frac{1}{m} + \frac{1}{n}} s_p$, $s_p^2 = \{\sum_{i=1}^{m}(X_i - \bar{X}_m)^2 + \sum_{i=1}^{n}(Y_i - \bar{Y}_n)^2\}/(m+n-2)$.
- 처리효과 중앙값의 차이 median$\{Y_i\}$ − median$\{X_i\}$. 분포가 대칭이 아닐 때 사용하면 좋다.
- 절사평균(trimmed mean)들의 차이. 예를 들어, 10% 절사평균은 가장 큰 5%의 관측값과 가장 작은 5%의 관측값을 제외하고 가운데의 90%의 데이터들의 평균이다. 분포가 대칭이지만 이상점이 있을 때 사용하면 좋다.

랜덤화 검정에서는 관측값들 $\{X_1, \ldots, X_m, Y_1, \ldots, Y_n\}$ 이 고정되어 있으므로, 관측값의 총합 $\sum_{i}^{m} X_i + \sum_{i=1}^{n} Y_i$이 어떤 랜덤지정에서도 일정하다. 따라서 처음에

고려한 검정통계량

$$D = \frac{1}{n}\sum_{i=1}^{n} Y_i - \frac{1}{m}\sum_{i=1}^{m} X_i = \frac{m+n}{mn}\sum_{i=1}^{n} Y_i - \frac{1}{m}\left(\sum_{i=1}^{m} X_i + \sum_{i}^{n} Y_i\right)$$

은 $\sum_{i=1}^{n} Y_i$ 의 단조증가함수이다. 따라서, $\sum_{i=1}^{n} Y_i$ 를 이용한 랜덤화 검정은 D를 이용한 랜덤화 검정과 일치하는 검정방법이다. 이표본 t-검정통계량 T도 역시 D의 단조증가함수이므로, 검정통계량 T를 이용했을 때의 랜덤화 검정 p-값이 D를 이용했을 때의 p-값과 같다. 반면, 처리효과 중앙값의 차이 median$\{Y_i\}$ − median$\{X_i\}$를 검정통계량으로 했을 때는 D를 검정통계량으로 했을 때와 다른 검정결과가 나올 수 있다.

3.3 모집단 모형

예 3.2에서는 모집단 1 (숲 체체파리들의 모집단)에서 m마리의 파리를 랜덤표집한 뒤 각각의 안테나 길이를 $X_1, \ldots, X_m$, 모집단 2 (강 체체파리들의 모집단)에서 n마리의 파리를 랜덤표집한 뒤 $Y_1, \ldots, Y_n$을 관측하였다. 이표본 t-검정통계량을 가설검정의 검정통계량으로 쓰고자 한다. 이 경우, 각 관측값이 모집단에서 랜덤표집되었으므로, 귀무가설과 대립가설을 모집단 1의 분포 F, 모집단 2의 분포 G에 대해 표현할 수 있다:

$$H_0 : F = G \quad \text{vs.} \quad H_1 : F \neq G. \tag{3.4}$$

모집단 모형에서는 모집단에서의 표집 시의 임의성 (randomness)이 통계적 추론의 토대가 된다. 완전한 랜덤표집의 결과는 $X_i \sim_{i.i.d} F$ 이므로 관측값들이 모집단 F를 충분히 대변한다고 볼 수 있다. 따라서, 모집단 모형에서는 검정과 추정의 결과가 전체 모집단에 대해 성립한다고 주장이 가능하다.[3] 이에 비해 랜덤화 모형에서의 추론은 주어진 데이터 (표집된 표본)에 대한 추론이라고 할 수 있다.

만약 각 모집단이 분산이 같은 정규분포를 따른다면 $F \equiv N(\mu_1, \sigma^2)$, $G \equiv N(\mu_2, \sigma^2)$으로 표현되어 귀무가설과 대립가설이 모수적 모형의 위치모수에 대해

[3]완전한 랜덤표집에서는 관측값들이 서로 독립이고 각각 모집단의 분포를 따르지만, 관찰연구에서는 관측값들이 진짜로 서로 독립이 되도록, 또는 모집단의 분포를 정확히 따르도록 표집을 하기가 불가능하다. 여기서는 표본들이 근사적으로 독립이면서 모집단의 분포를 근사적으로 따르는 표집이 가능하다고 (즉, i.i.d. 가정을 대략 만족한다고) 가정하고 진행하겠다. 3.2절의 랜덤화 모형에서는 주어진 관측유닛에 대한 랜덤지정이 정확히 구현이 가능하다.

표현된다.

$$H_0 : \mu_2 - \mu_1 = 0 \quad \text{vs.} \quad H_1 : \mu_2 - \mu_1 \neq 0. \tag{3.5}$$

이때 이표본 t-검정이 가장 효율적인 검정임은 잘 알려진 사실이다. 또한 이표본 t-검정의 검정통계량 t의 영분포가 t_{m+n-2} 분포임도 잘 알려진 사실이다. 만약 모집단이 정규분포를 따름을 가정할 수 없을 때 (즉 (3.5)가 아닌 (3.4)의 가설에서), 검정통계량 t의 영분포를 구할 수 있을까?

이에 대한 대답으로서 모집단 모형에서의 **순열검정**을 이용할 수 있다. 순열검정의 착안점은 다음과 같다. 만약 귀무가설이 사실이라면 두 모집단 F와 G가 같으므로 모든 $N = m + n$개의 확률변수들이 각각 어떤 모집단 F 또는 G에서 나오든 같은 분포를 따를 수밖에 없다. 따라서, 관측한 표본$X_1, \ldots, X_m, Y_1, \ldots, Y_n$은 이 N개의 관측값을 m개의 모집단 1, n개의 모집단 2로 가르는 모두 $\binom{N}{m}$가지의 가능한 가르기 (partition) 중 하나이다. 관측값의 값들 $\{X_1, \ldots, X_m, Y_1, \ldots, X_n\}$이 고정되어 있다면, $\binom{N}{m}$가지의 가르기 중 하나가 우연히 나타났을 확률이 $1/\binom{N}{m}$으로 서로 같다. 검정통계량 t를 이 각각의 가르기에 대해 계산한 값들의 $\binom{N}{m}$가지의 가르기에 대한 분포를 뒤섞기분포 (permutation distribution) 또는 순열분포라고 부른다[4]. 이 순열분포를 귀무가설 아래에서 검정통계량 t의 영분포로 정하여 p-값을 정하는 검정방법을 순열검정이라 부른다.

순열분포를 더 잘 이해하기 위해서, 데이터를 아래와 같이 안테나길이 변수 (변수명 `AL`)와 강 체체파리인지 숲 체체파리인지를 나타내는 범주형 변수 (변수명 `label`)의 데이터테이블로 정리해보았다. 순열검정에의 서로 다른 가르기 (뒤섞기)들은 아래와 같이 정리된 데이터 (1, 2열이 원래의 데이터이다)에서 `label` 변수를 뒤섞는 것과 같다. 아래 `R` 결과의 세 번째 변수 `permuted.label`의 값은 기존의 `label`변수의 값을 뒤섞어 구할 수 있는 $\binom{N}{m}$개의 값 중 하나이며, 원래의 `label`값과 `permuted.label`의 값이 귀무가설 아래에서 같은 확률로 나타날 수 있다.

```
    AL  label permuted.label
1  1.24 forest          river
2  1.38 forest         forest
3  1.36 forest         forest
```

---

[4]순열분포를 이루는 서로 다른 값의 개수가 $\binom{N}{m} = N!/(m!n!)$, 즉 N개 개체를 m개와 n로 가르는 조합 (combination)의 개수와 같다. 이는 일반적으로 고등학교 수학에서 ${}_NP_m = N!/m!$으로 표기하는, N개 개체에서 m개를 순서대로 뽑는 방법의 가짓수인, 순열의 개수와 다르고 또한 N개의 개체를 모두 나열하는 방법의 수인 $N!$과도 다름을 주목하자. 순열분포와 순열검정에서 순열 (permutation)이란 순서가 있는 열의 뜻이 아니라, 뒤섞기의 뜻을 가지고 있으며, 가능한 뒤섞기의 개수는 $\binom{N}{m}$이다.

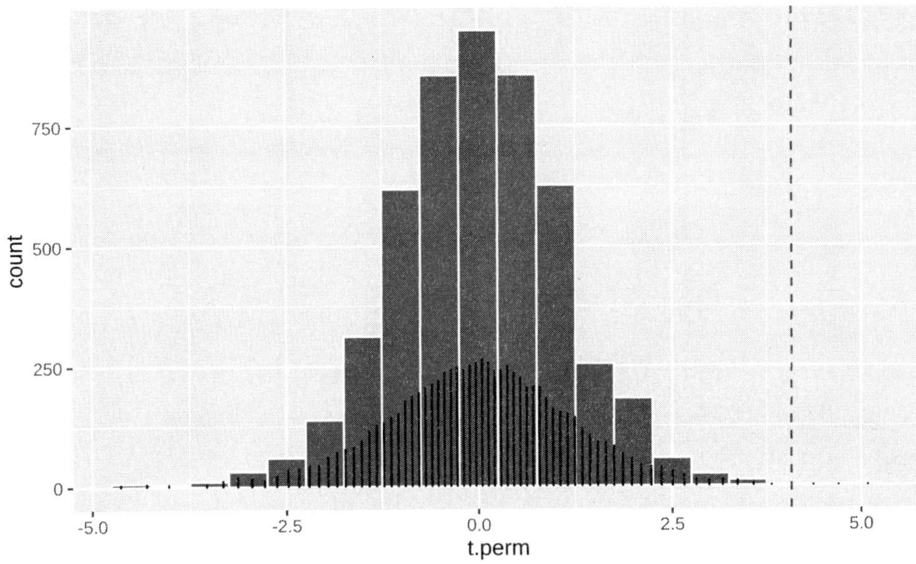

그림 3.2: 예 3.2에서 t-통계량의 순열분포

```
4  1.40 forest          forest
5  1.38 forest          forest
6  1.48 forest          forest
7  1.38 forest           river
8  1.54 forest          forest
9  1.56 forest          forest
10 1.14  river           river
11 1.20  river          forest
12 1.30  river          forest
13 1.26  river           river
14 1.28  river           river
15 1.18  river           river
```

예 3.2의 체체파리 데이터에서 검정통계량의 영분포 (순열분포)를 구해보자. 서로 다른 뒤섞기의 가짓 수는 $\binom{15}{9} = 5005$개이므로 예 3.1과 마찬가지로 모든 뒤섞기를 나열하는 것은 실용적이지 않다. 위 표의 `label`과 `permuted.label`에 나온 값들이 5005가지 중의 두 가지 경우이므로 각각에 대해 검정통계량인 이표본 t-검정통계량을 계산해 보면, $t_{obs} = 4.08$ (`label`로 계산), $t_i = 2.81$ (`permuted.label`로 계산)을 얻을 수 있다. 이 계산을 모든 5005가지 경우에 대해 모두 시행하면 그림 3.2와 같은 순열분포를 도출할 수 있다. (R에서의 계산은 3.6.1절을 참조하자.)

양측검정에서의 p-값은 $p = P(|T| \geq |t_{obs}| \mid H_0)$으며, 예 3.2의 경우 관측값 $|t_{obs}| = 4.08$보다 크거나 같은 $|t_i|$는 모두 11개이므로, $p = 8/5005 \approx 0.002$로서 체체파리 두 종의 안테나 길이는 유의하게 다름을 알 수 있다.

3.3.1 조건부 추론

모집단 모형에서의 순열검정 방법은 **조건부 추론** 방법이다. 순열분포는 정확히는 귀무가설에서의 영분포가 아니라, 귀무가설이 사실일 때, 관측값들 (위의 예에서는 변수 AL의 값들)이 우리가 관측한 바로 그 값들과 같다는 조건 아래에서의 영분포이다. 또한, 모집단의 분포가 무엇이었든지간에, 관측값이 우리가 관측한 바로 그 값을 가진다는 조건 아래에서 순열분포는 분포무관하다. 그 이유는, 데이터값을 고정했을 때, 순열분포는 $\binom{N}{m}$개의 같은 확률을 가지는 서로 다른 가르기로부터 나타난 (즉, 이산균등분포로부터 도출된) 검정통계량의 분포이기 때문이다.

모집단 모형에서의 순열검정 방법은 랜덤화 모형에서의 랜덤화 검정 방법과 정확히 같다는 점을 주목하자. 바로 이 점 때문에, 랜덤화 검정이 정확한 추론법임과 마찬가지로 순열검정은 조건부로 정확한 추론법 (conditionally exact inference) 이다. (데이터의 값을 고정했기 때문에 조건부이다.) 이를 수식으로 표현하면 다음과 같다. 만약 $\alpha = k/\binom{N}{m}$ 이면,

$$P(\text{reject } H_0 \mid H_0, \text{data}) = P(p \leq \alpha \mid H_0, \text{data}) = \alpha.$$

즉 데이터에 조건부로 정확하게 유의수준을 통제한다. 하지만, 모집단의 어떤 데이터에 대해서도 유의수준을 통제하므로,

$$P(\text{reject } H_0 \mid H_0) = E\left\{P(\text{reject } H_0 \mid H_0, \text{data})\right\} = E\left\{\alpha\right\} = \alpha$$

으로, 조건없이도 유의수준 α를 컨트롤함을 알 수 있다.

3.3.2 랜덤순열검정

순열검정 또는 랜덤화 검정에서는 모든 뒤섞기의 경우에 대해 검정통계량을 계산하여 정확한 영분포를 도출할 수 있다. 예 3.1에서 모든 뒤섞기의 개수가 $\binom{7}{4} = 35$, 예 3.2에서는 $\binom{15}{9} = 5005$개로서 관측값의 개수가 조금 증가할 때도 모든 뒤섞기의 개수는 매우 빠르게 증가한다. 만약 $(n, m) = (10, 10)$이 되면 뒤섞기의 개수는 대략

6.7×10^{11} (6천7백억) 정도로서 개인용 컴퓨터를 이용해 계산하기에는 벅찬 수준이 된다.

이를 해결하기 위한 간단한 방법은 순열분포로부터 랜덤표집을 시행하는 것이다. 몇천 개의 랜덤 표집된 뒤섞기에 대해 검정통계량을 재계산하는 것은 대부분의 컴퓨터에서 짧은 시간에 시행 가능하다. 이 랜덤순열검정 또는 몬테·카를로 (Monte Carlo) 순열검정의 p-값은 다음과 같이 구할 수 있다. 검정통계량 T_{obs}가 어떤 기각값 c에 대해 $T_{obs} \geq c$일 때 귀무가설을 기각하는 검정을 한다.

1. 순열분포를 근사할 랜덤표본의 수 M을 정한다. $M = 999$ 또는 $M = 1999$를 보통 이용한다.

2. 뒤섞기 전의 데이터로부터 검정통계량 T_{obs}를 구한다.

3. $i = 1, \ldots, M$에 대해 N개를 m개와 n개로 가르는 뒤섞기를 랜덤하게 생성한 뒤, 뒤섞인 데이터로부터 검정통계량 T_i를 구한다.

4. 순열분포로부터 랜덤하게 생성된 $\{T_{obs}, T_1, \ldots, T_M\}$ 중 T_{obs}보다 크거나 같은 검정통계량의 비율이 근사적인 p-값이 된다. $T_0 = T_{obs}$로 표기한다면,

$$\hat{p} = \frac{\sum_{i=0}^{M} I(T_i \geq T_{obs})}{M+1}.$$

세 번째 단계에서 N개를 m개와 n개로 가르는 뒤섞기를 서로 독립적으로 모두 M번 생성해야 하며, 이는 $\binom{N}{m}$개의 뒤섞기를 서로 같은 확률로 표집하는 것을 M번 반복하는 것과 같다. 이를 글자 그대로 컴퓨터 프로그램으로 구현하려면 각 관측유닛이 속한 범주 (예 3.2의 데이터에서 `label`의 값)를 뒤섞거나, 관측유닛의 id (예 3.2의 데이터에서 첫 번째 열의 숫자 `1:15`)를 섞는 두 가지 방법 중 하나를 택할 수 있다.

관측유닛의 id를 섞는 법 관측유닛의 id를 섞는다면, $\{1, \ldots, N\}$의 랜덤순열을 생성한 뒤, 처음 m개의 관측유닛을 첫 번째 범주에, 나머지 n개의 관측유닛을 두 번째 범주에 지정할 수 있다. 예를 들어, 다음의 `R` 코드는 예 3.1의 상황 $N = 7, m = 4$에서 랜덤하게 생성한 뒤섞기의 한 예를 보여준다.

```
> N <- 7
> rand.permutation <- sample(1:N, N, replace = FALSE)
> rand.permutation
[1] 7 5 4 1 6 2 3
```

이 랜덤뒤섞기에서는 7, 5, 4, 1번째의 관측유닛이 첫 번째 범주로, 6, 2, 3번째 관측유닛이 두 번째 범주로 지정된다.

만약 순열 $(5,7,4,1,6,2,3)$이 우연히 생성되었다고 가정해보자. 이 순열과 위의 예에서의 순열 $(7,5,4,1,6,2,3)$은 서로 다르며 같은 확률로 우연히 생성되지만 (각각 $1/N!$의 확률), 서로 같은 "뒤섞기"임을 주목하자. 랜덤순열은 모두 $N!$개의 서로 다른 순열 중 하나를 임의로 얻는 방식이며, 이 중 위 예에서 얻은 순열$(7,5,4,1,6,2,3)$과 동등한 (같은 뒤섞기의 결과를 주는) 순열은 $m!n!$개가 있다. 따라서, 랜덤순열을 이용할 때, 각각의 유일한 뒤섞기를 얻을 확률이 $(m!n!)/N! = 1/\binom{N}{m}$로서, 관측유닛의 id를 섞는 랜덤순열 방법은 임의의 뒤섞기를 구하는 정확한 방법임을 알 수 있다.

범주의 값을 섞는 법 랜덤뒤섞기를 얻는 두 번째 방법은 범주의 값을 뒤섞는 것이다. 뒤섞기 전 데이터의 범주의 값이 `New,New,New,New,Old,Old,Old`였다면, 위 코드의 순열 $(7,5,4,1,6,2,3)$을 적용하여 범주의 값을 뒤섞으면, `Old,Old,New,New,Old,New,New`가 된다. (첫 번째 관측유닛의 범주의 값이 기존 일곱 번째의 값, 두 번째 관측유닛의 값은 기존 다섯 번째의 값 순으로 뒤섞인다.) 이 랜덤뒤섞기에서는 3,4,6,7번째 관측유닛이 첫 번째 범주로, 1,2,5번째 관측유닛이 두 번째 범주로 지정된다. 위의 id 뒤섞기와 비교하면, 같은 순열에서 서로 다른 뒤섞기를 얻게 되지만, 범주를 뒤섞는 방법 역시 랜덤순열을 이용할 수 있으므로, 이 방법도 임의의 뒤섞기를 정확하게 구현할 수 있는 방법이 된다. 다음의 `R` 코드는 랜덤 순열을 이용하여 범주의 값을 뒤섞는 두 가지 방법를 보여준다.

```
> N = 7
> label = c("New","New","New","New","Old","Old","Old")
> set.seed(0)
> perm.id = sample(1:N, N, replace = FALSE)
> perm.id
[1] 6 1 4 3 7 2 5
> label[perm.id]
[1] "Old" "New" "New" "New" "Old" "New" "Old"
> set.seed(0)
> permuted.label = sample(label, N, replace = FALSE)
> permuted.label
[1] "Old" "New" "New" "New" "Old" "New" "Old"
```

랜덤순열검정의 p-값의 정확성 랜덤 순열 검정의 p-값 $\hat{p}$은 순열검정의 p-값 p의 근삿값으로서 보다 정확하게는 M개의 랜덤샘플로부터 구한 p의 추정값이다. 이때의 M은 랜덤뒤섞기의 개수이다. 이 추정값 $\hat{p}$는 정확한 p-값 p와 비교해서 얼마나 다를까? $\hat{p}$이 서로 독립인 베르누이확률변수 $I(T_i \geq T_{obs})$의 평균이며, $E\{I(T_i \geq T_{obs})\} = P(T_i \geq T_{obs}) = p$이므로

$$E(\hat{p}) = p,$$
$$\text{se}(\hat{p}) = \sqrt{\frac{p(1-p)}{M}} \approx \sqrt{\frac{\hat{p}(1-\hat{p})}{M}}$$

가 된다. $M = 999$일 때, $\hat{p} = 0.01$이면 $\hat{p}$의 표준편차가 0.003, $\hat{p} = 0.1$이면 표준편차가 0.009으로 $\hat{p}$가 상당히 정확함을 알 수 있다.

3.4 순열검정의 방법

순열검정은 매우 적은 모집단의 가정을 필요로 하는 비모수적 가설검정방법이며, 주어진 데이터의 조건부로 정확한 검정방법이다.

순열검정의 시행 방법은 경우에 따라 다르지만 일반적으로 다음과 같이 도식화할 수 있다.

1. 귀무가설과 대립가설을 정립하고, 대립가설이 사실일 때 값이 커지는 경향이 있는 검정통계량 D를 정한다.
2. 귀무가설이 사실일 때, 데이터가 교환가능함(exchangeable)을 확인하고, 교환가능한 범위 내에서의 가능한 뒤섞기를 판단한다.
3. 모든 뒤섞기의 개수가 많지 않을 때 (예를 들어 $M = 2000$개 이하일 때)는 정확한 추론을 위해, 모든 뒤섞기를 고려한 검정통계량의 영분포 (재랜덤화된 분포 또는 순열분포)를 구한다[5]. (즉, 각각의 뒤섞기로부터 검정통계량 d_i 를 다시 계산한다.)
4. 뒤섞기 전의 검정통계량의 값 D_{obs}보다 크거나 같은 d_i의 비율을 p-값으로 정한다.

---

[5]만약 모든 뒤섞기의 개수가 너무 많을 때는 랜덤순열검정을 이용하여 검정통계량의 영분포를 추정한다.

첫 번째 단계에서 어떤 검정통계량을 선택하던지, 순열검정에서의 제1종의 오류율은 정확히 또는 보수적으로 컨트롤된다. 고려하는 모집단족을 특정할 수 있다면, 바로 그 모집단족에서 더 높은 검정력을 가지는 검정통계량을 선택하는 것이 좋은 방법이다. 예를 들어, 모집단이 근사적으로 정규분포를 따를 때의 이표본 검정이라면, 이표본 t-검정통계량 (또는 평균의 차이)을 선택할 수 있다. 다른 예로서, 만약 분포가 한쪽으로 치우쳤거나 이상점이 있는 것으로 보인다면 보다 중앙값들의 차이 또는 절사평균들의 차이를 검정통계량으로 정하여 검정력을 높일 수 있다. 순위, 부호 등의 특수한 점수 (score)로 관측값들을 치환한 뒤의 값으로 검정통계량을 구하면, 전통적인 비모수방법과 일치하는 경우가 종종 있다.

순열검정은 모집단에 대한 매우 적은 가정을 필요로 하는데, 필요한 가정이라고는 위에서 서술한 두 번째 단계에서의 **귀무가설 아래에서 데이터의 교환가능 가정**이 전부라고 할 수 있다. 사실, 데이터의 교환가능함이 순열검정에서 영분포를 구할 수 있는 핵심적인 가정이다. n개의 관측값의 순서를 뒤섞는 어떤 순열을 (일대일 대응인) 순열함수 $\pi : \{1, \ldots, n\} \rightarrow \{1, \ldots, n\}$ 로 나타낼 때, 교환가능함을 다음과 같이 정의한다[6].

정의 3.1 (교환가능 확률변수열)

확률변수들 $X_1, \ldots, X_n$의 결합분포를 $F(x_1, \ldots, x_n)$이라고 할 때, 이 확률변수들의 순서를 뒤섞는 모든 순열 $\pi : \{1, \ldots, n\} \rightarrow \{1, \ldots, n\}$ 에 대해 $X_{\pi(1)}, \ldots, X_{\pi(n)}$의 결합분포도 역시 $F(x_1, \ldots, x_n)$일 때 이 확률변수들이 교환가능하다고 정의한다.

교환가능 가정은 매우 약한 과정이다. 예를 들어, 독립적이며 같은 분포를 따르는 (i.i.d.) 확률변수들은 분포가 무엇이든 상관없이 교환가능하다. 같은 분포를 따르는 독립적이지 않은 확률변수들도 교환가능할 수 있다. 따라서, 비모수적 가정으로서 교환가능 가정은 매우 약한 가정이라고 할 수 있다.

몇 가지 예를 통해 확률변수들 (또는 데이터)의 교환가능함에 대해 알아보도록 하자.

---

[6]순열함수 π는 어떤 집합에서 자기 자신으로의 전단사 함수이다. 순열함수의 한 예로서 집합 $\{1, 2, 3\}$에 정의된 $\pi(1) = 2, \pi(2) = 1, \pi(3) = 3$은 처음의 두 원소 1과 2의 순서를 뒤섞는 역할을 한다.

예 3.5 (i.i.d. 확률변수)

두 모집단 모형에서의 관측값 $X_1, \ldots, X_m \sim_{i.i.d.} F$과 $Y_1, \ldots, Y_n \sim_{i.i.d.} G$이 독립이고, 각각 단순랜덤표집되었다면, 귀무가설 $H_0 : F = G$이 사실일 때 관측값들이 모두 독립적이며 같은 분포 $(F = G)$를 따르므로 교환가능하다. 마찬가지로, 한 모집단 모형에서의 관측값이 i.i.d.이라면 모집단의 분포와 상관없이, 그리고 귀무가설의 충족여부와 상관없이, 교환가능하다.

예 3.6 (복합대칭 구조)

초등학생들의 학력을 평가하기 위해 먼저 서울의 한 초등학교를 선택한 후, 그 학교의 고학년 학생 중 n명을 랜덤하게 표집하여 공통 학력고사 점수를 $X_1, \ldots, X_n$로 관측하였다. 학력고사 점수는 정규분포를 따르고, 표본 내의 학생들이 모두 같은 학교를 다니므로 강한 양의 상관관계가 있다고 가정할 수 있다. 따라서, 모든 $i \neq j$에 대해, $X_i \sim N(\mu, \sigma^2)$ 이며, $\text{Corr}(X_i, X_j) = \rho > 0$로 나타낼 수 있다. 이때 관측값 $(X_1, \ldots, X_n)$의 결합확률분포는 다변량 정규분포 $N_n(M, \Sigma)$를 따르며 평균과 분산-공분산행렬이

$$M = \begin{pmatrix} \mu \\ \mu \\ \vdots \\ \mu \end{pmatrix}, \quad \Sigma = \sigma^2 \begin{pmatrix} 1 & \rho & \cdots & \rho \\ \rho & 1 & \cdots & \rho \\ \vdots & & \ddots & \\ \rho & \rho & \cdots & 1 \end{pmatrix}$$

이다. 이때 변수의 순서를 바꾸어도, 평균, 분산-공분산이 바뀌지 않으므로 $(X_1, \ldots, X_n)$는 교환가능하지만 서로 독립은 아니다. 위 식과 같은 형태의 분산-공분산 행렬은 군집표본에서 흔히 나타나는 구조이며 복합 대칭 (compound symmetry) 구조로 불린다.

다음의 예는 귀무가설 아래에서도 데이터가 교환가능하지 않은 경우이다.

예 3.7

두 모집단 모형에서 관측값 $X_1, \ldots, X_m \sim_{i.i.d.} F$과 $Y_1, \ldots, Y_n \sim_{i.i.d.} G$이 독립이고, 각각 단순랜덤표집되었다. 이때, $F = N(\mu_1, 1)$, $G = N(\mu_2, 4)$이며 귀무가설 $H_0 : \mu_1 = \mu_2$를 검정하고자 한다. 귀무가설 아래에서도 F 와 G가 다르므로 $(X_1, X_2, \ldots)$와 $(X_1, Y_1, \ldots)$의 결합분포가 다르며, 이 관측값들은 교환가능하지 않다.

귀무가설 아래에서도 교환가능하지 않은 데이터에 순열검정을 적용하면 제1종의 오류율을 정확히 컨트롤하지 못 할 수 있으므로, 원칙적으로 순열검정을 적용할 수 없다.

3.5 순열검정의 장점과 단점

이 책의 제I부에서 다루는 대부분의 검정 방법은 순열검정으로 이해할 수 있다. 순열검정의 장점과 단점을 간단히 정리한다. 먼저 장점으로는 다음의 세 가지를 꼽을 수 있다.

1. 교환가능함의 가정을 만족시키는 어떤 데이터에 대해서도 적용가능하다. 즉 모집단에 대한 가정을 매우 약하게 할 수 있어, 매우 광범위한 모집단족에 적용되는 비모수적 방법이다.

2. 검정통계량의 선택에 제한이 없다.

3. 어떤 검정통계량이던지 그 영분포를 구하는 매우 쉬운 방법이다.

단점은 다음과 같다.

1. 모수적 방법과 전통적인 (순위와 부호에 기초한) 비모수적 절차에 비해 계산시간이 오래 걸린다.

2. 대량의 계산이 필요하므로 p-값 계산을 통한 가설검정 이외의 추론 (예를 들어 신뢰구간의 추정)에 쓰이기 어렵다.

3. 교환가능의 가정을 만족시키지 않는 뒤섞기를 이용한다면 제1종의 오류율을 컨트롤하지 못 할 가능성이 있다.

3.6 다양한 순열검정

3.6.1 이표본 순열검정

순열검정을 소개하기 위해, 3.1절에서 확률화모형 (처리법이 두 개인 경우) 또는 모집단모형 (모집단이 두 개인 경우)에서의 랜덤화검정 또는 순열검정을 살펴보았다. 두 경우 모두 검정방법은 동일하므로, 간단하게 모두를 이표본 순열검정이라고 부른다. 첫 번째 모집단의 분포를 F, 두 번째 모집단의 분포를 G라고 할 때의 귀무가설은

$$H_0 : F = G \tag{3.6}$$

가 되며, 대립가설로는 다음의 세 가지를 고려할 수 있다. 그림 3.3을 참조하자.

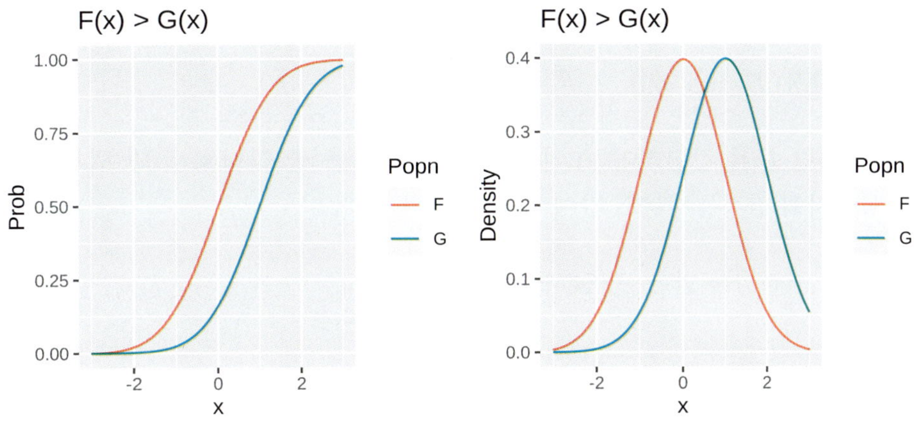

그림 3.3: 위치가 다른 두 모집단의 비교

- $H_1 : F(x) \leq G(x), \forall x$ "1번 모집단의 관측값들이 2번 모집단보다 큰 경향이 있다."
- $H_1 : F(x) \geq G(x), \forall x$ "1번 모집단의 관측값들이 2번 모집단보다 작은 경향이 있다."
- $H_1 : F(x) \neq G(x)$ "두 모집단의 분포가 다르다(위치가 다를 수도 있고, 분산이 다를 수도 있고, 형태가 다를 수도 있다)."

만약 두 모집단이 귀무가설에서는 같고, 대립가설에서는 오직 위치모수에 대해서만 다르다면, 위치모수의 차 Δ를 모수로 이용할 수 있다. 이때,

$$F(x) = G(x + \Delta) \tag{3.7}$$

로 또는 밀도함수에서 $f(x) = g(x + \Delta)$로 두면 $X \sim F$, $Y \sim G$에 대해

$$P(X \leq x) = P(Y \leq x + \Delta) \tag{3.8}$$

로 $X + \Delta \overset{d}{=} Y$ 또는 $X \overset{d}{=} Y - \Delta$로 두 번째 모집단의 위치가 첫 번째 모집단에 비해 Δ만큼 (오른쪽으로) 이동한 형태가 된다. 이때의 귀무가설 (3.6)은 모수 Δ에 대해 간단히 표현이 된다: $H_0 : \Delta = 0$. 또한 위의 세 가지 대립 가설은 좌측, 우측, 양측 검정의 형태로 표기될 수 있다.

- (좌측검정) $H_1 : \Delta < 0$. "2번 모집단의 위치가 1번 모집단에 비해 왼쪽이다."

- (우측검정) $H_1 : \Delta > 0$. "2번 모집단의 위치가 1번 모집단에 비해 오른쪽이다."
- (양측검정) $H_1 : \Delta \neq 0$.

검정통계량 D를 간단하게 Δ의 추정량 또는 다음 중 하나로 두면 귀무가설과 대립가설에서의 검정통계량의 값이 다른 경향이 있다.

- 새로운 처리법을 받은 관측값들의 합 $\sum_{i=1}^{n} Y_i$
- 이표본 t-검정통계량 $t = (\bar{Y}_n - \bar{X}_m)/\hat{\text{se}}$
- 처리효과 중앙값의 차이 또는 절사평균들의 차이.

첫 번째 모집단에서 m개, 두 번째 모집단에서 n개의 관측값이 있고 $N = m + n$일 때, 귀무가설 아래에서 검정통계량 D의 영분포는 $\binom{N}{m}$개의 모든 뒤섞기를 고려하거나 랜덤순열로부터 근사적으로 구할 수 있다. 만약 $D = \bar{X} - \bar{Y}$를 검정통계량으로 이용하고, $d_1, \ldots, d_M$이 랜덤순열로부터 계산된 값이라면, 다음과 같이 p-값을 계산할 수 있다. 간단히 표기하기 위해 관측된 검정통계량 D_{obs}를 d_0로 둔다.

- 좌측검정에서의 p-값: $p_l = \sum_{i=0}^{M} I(d_i \leq D_{obs})/(M+1)$.
- 우측검정에서의 p-값: $p_u = \sum_{i=0}^{M} I(d_i \geq D_{obs})/(M+1)$.
- 양측검정에서의 p-값: $p = \sum_{i=0}^{M} I(|d_i| \geq |D_{obs}|)/(M+1)$.

이표본 검정에서 모든 뒤섞기의 생성

이표본 검정에서 어떤 검정통계량 D의 영분포를 생성하기 위해 모든 뒤섞기를 생성한다면 모두 $\binom{N}{m}$개의 뒤섞기 경우를 모두 생성해야 한다. 아래 R코드는 한 예를 보여준다. (주의: 표본의 수 N이 클 때는 이와 같은 방법이 권장되지 않는다.)

```
> dat = read.csv("data/tsetse.csv"); N = 15; m = 9; n = 6
> head(dat,3)
    AL  label
1 1.24 forest
2 1.38 forest
3 1.36 forest
```

먼저 전체 표본의 개수 N과 첫 번째 모집단의 표본의 개수 m을 확인한다. 관측값의 id를 섞기 위해 `gtools::combinations()`을 이용한다.

```
> allperms <- gtools::combinations(N,m)
> head(allperms,3)
     [,1] [,2] [,3] [,4] [,5] [,6] [,7] [,8] [,9]
[1,]    1    2    3    4    5    6    7    8    9
[2,]    1    2    3    4    5    6    7    8   10
[3,]    1    2    3    4    5    6    7    8   11
> nrow(allperms)
[1] 5005
```

행렬 `allperms`는 각 행에 뒤섞기된 첫 번째 모집단의 id가 서로 다르게 $m = 9$개 있으며, 서로 다른 경우 $\binom{N}{m} = 5005$개의 행이 있다. 검정통계량을 $D = \bar{Y}_n - \bar{X}_m$로 정한 경우의 D의 영분포는 다음과 같이 생성한다.

```
> D.perm = vector(length = choose(N,m))
> for (i in 1:choose(N,m)){
+   permuted.x = dat$AL[allperms[i,]]
+   permuted.y = dat$AL[-allperms[i,]]
+   D.perm[i] = mean(permuted.y) - mean(permuted.x)
+   }
> head(D.perm,3)
[1] -0.18666667 -0.07000000 -0.08666667
```

반복을 빠르게 하기 위해 `for` 루프 대신 apply를 이용할 수도 있다.

```
> D.perm = apply(allperms,1,
+               function (perm.x.id){
+                 permuted.x = dat$AL[perm.x.id]
+                 permuted.y = dat$AL[-perm.x.id]
+                 mean(permuted.y) - mean(permuted.x)
+               } )
> head(D.perm,3)
[1] -0.18666667 -0.07000000 -0.08666667
```

어떤 경우에서도 "정확한" 양측검정 (귀무가설은 (3.6))의 p-값은 다음과 같다.

```
> Dobs = with(dat,
+             mean(AL[label == "river"]) - mean(AL[label == "forest"])
   )
> (p = mean(abs(D.perm) >= abs(Dobs)))
[1] 0.002197802
```

이표본 검정에서 랜덤순열검정의 구현

랜덤순열검정을 시행할 때는 경우의 수를 따지지 않아도 되므로, 더욱 간단하게 구현할 수 있다. 아래의 `R` 코드에서는 위의 관측된 검정통계량 D_{obs}를 이용하여 좌측검정의 p-값을 랜덤순열을 이용하여 구한다. 뒤섞기의 각 경우에 대해 검정통계량을 계산할 필요 없이, `sample()`을 이용하여 랜덤순열을 생성한 뒤 통계량의 계산을 M번 반복 (`replicate()`)하면 된다.

```
> M = 1999
> D.perm = replicate(M, {
+   x.id = sample(1:N,m, replace =FALSE)
+   permuted.x = dat$AL[x.id]
+   permuted.y = dat$AL[-x.id]
+   mean(permuted.y) - mean(permuted.x)
+ })
> (p = mean(c(Dobs,D.perm) <= Dobs))
[1] 5e-04
```

3.6.2 일표본 순열검정

한 모집단에서 표집된 표본을 이용한 모집단의 위치모수에 대한 검정을 위해, n개의 관측값들이 $X_1, \dots, X_n \sim_{i.i.d.} F$임을 가정하자. 이 모집단 F의 위치모수로서 중앙값 $\theta = Q_F(0.5)$에 대한 귀무가설 $H_0 : \theta = \theta_0$를 세 가지 대립가설

$$H_1 : \theta > \theta_0, \quad H_1 : \theta < \theta_0, \quad H_1 : \theta \neq \theta_0$$

중 하나와 비교하려고 한다. 검정통계량을 다음의 하나로 정할 수 있다.

- t-검정통계량: $T = \frac{\bar{X}_n - \theta_0}{s/\sqrt{n}}$ 이때, $s^2 = \frac{1}{n-1}\sum_{i=1}^n (X_i - \bar{X}_n)^2$는 표본분산이다.
- 부호검정의 검정통계량: $S = \sum_{i=1}^n I(S_i = +) = \sum_{i=1}^n I(X_i > \theta_0)$
- 윌콕슨 부호순위검정통계량: $SR_+ = \sum_{i=1}^n I(X_i > \theta_0) \cdot R_i$

검정통계량을 정했으면, 3.4절에 소개된 순열검정의 네 단계 중 첫 번째 단계가 완료가 되었다. 그렇다면 이 검정통계량의 순열분포 (귀무가설이 사실일 때의 영분포)는 무엇일까?

이를 대답하기 위해, 먼저 부호검정통계량 S를 생각해 보자. 귀무가설이 사실일 때, 관측값 X_i가 중앙값 θ_0보다 클 확률이 작을 확률과 같으므로 ($P(X_i > \theta_0) = P(X_i < \theta_0) = 1/2$), 관측값 n개의 부호를 뒤섞어도 같은 분포를 가진다. 즉, $(S_1, \ldots, S_n)$의 결합분포는 $(-S_1, S_2, \ldots, S_n)$의 결합분포와 같다 ("$-$" 부호를 어디에 얼마나 많이 붙이느냐와 상관없이 항상 같다). 따라서, 이 경우의 순열분포는 관측값의 순서를 뒤섞는 것이 아니라 관측값의 부호를 뒤섞는 것으로 얻을 수 있다[7]. 모든 가능한 부호바뀜의 개수는 $M = 2^n$개이며, 이를 통해 S의 순열분포를 구할 수 있다. 이 순열분포는 관측값의 값과 무관하며 (오직 부호 S_i만 관련이 있다), 부호검정을 소개할 때 도출했던 S의 영분포 $B(n, 1/2)$와 같음을 확인할 수 있다.

윌콕슨 부호순위검정통계량 SR_+의 순열분포를 고려하기 위해, SR_+에서 각 관측값을 순위 R_i와 부호 S_i를 나누어 본 것을 먼저 기억하자. 모집단의 분포 F가 중앙값 θ_0에 대해 대칭임을 가정하면, i번째 관측값 X_i의 순위가 R_i일 때 그 관측값이 중앙값보다 왼쪽에 있을 확률과 오른쪽에 있을 확률은 같다. 즉, $((S_1, R_1), \ldots, (S_n, R_n))$의 결합분포는 $(R_1, \ldots, R_n)$에 조건부로 $((-S_1, R_1), \ldots, (S_n, R_n))$의 결합분포와 같으며, 어떤 부호를 얼마나 많이 붙이느냐에 상관없이 항상 같은 분포를 따른다. 모집단이 θ_0에 대해 대칭일 때, 관측값 $R_1, \ldots, R_n$의 조건부 영분포 (즉, 순열분포)는 관측값의 부호를 뒤섞는 것으로 얻을 수 있으며, 이 분포가 곧 윌콕슨의 부호순위분포이다.

지금까지 논의를 정리하면, 부호검정과 윌콕슨 부호순위검정은 곧 검정통계량을 S와 SR_+로 정한 순열검정임을 알 수 있다. 또한 윌콕슨 부호순위검정통계량 SR_+의 순열분포는 모집단이 대칭가정을 만족하지 않을 때 구할 수 없다. 순위 R_i를 고정했을 때 S_i의 분포가 부호뒤바뀜에 따라 달라지기 때문에, 교환가능의 가정을 위배하여 재랜덤화를 시행할 수 없기 때문이다.

다음으로 t-검정통계량의 순열분포를 생각해보자. 순열검정에서는 정규분포 가정을 위배해도 t-검정통계량을 이용할 수 있지만, 모집단의 분포가 대칭임을 가정하여야 한다. 각 관측값 X_i와 귀무가설의 중앙값 θ_0를 비교하여 $Z_i = X_i - \theta_0$로 두고 부호 $S_i = +I(X_i > \theta_0) - I(X_i < \theta_0)$를 따로 구하면

$$X_i - \theta_0 = S_i |Z_i|$$

[7]다시 강조하지만, 이와 같이 뒤섞기의 경우가 순열의 경우와 다른 경우가 종종 발생한다. 이 때문에 순열분포, 순열검정보다 뒤섞기분포, 뒤섞기검정이 더 정확한 용어이다.

임을 확인할 수 있다. 관측값 $(|Z_1|, \ldots, |Z_n|)$에 조건부로 S_i와 $-S_i$의 분포가

$$P(S_i = \text{``}+\text{''} \mid |Z_i|) = P(S_i = \text{``}-\text{''} \mid |Z_i|) = 1/2$$

로 같으므로, SR_+의 순열분포와 마찬가지로 $M = 2^n$개의 서로 다른 부호뒤섞기에 대해 뒤섞은 관측값들

$$X_i^{\text{perm}} = \theta_0 \pm S_i|Z_i|$$

을 이용하여 T의 순열분포를 구할 수 있다[8].

3.6.3 범주형 자료의 독립성 검정

다음 예제의 데이터는 범주형 자료이다.

예 3.8

소금 섭취량과 심장혈관 질환과 관련이 있을까? 다음 자료는 심장질환 환자 30명과 그와 비슷한 건강상태를 보이지만 심장질환이 없는 30명을 대상으로 소금과다섭취 여부를 조사한 것이다.

	소금과다섭취	소금소량섭취	총합
심장질환	5	25	30
심장질환 없음	2	28	30
총합	7	53	60

이 데이터를 이용하여 소금과다섭취와 심장질환이 관련이 있는지를 검정하고자 한다. 두 모집단 "심장질환" 과 "심장질환 없음"에서 소금과다섭취자의 비율을 비교하거나, 또는 두 모집단 "소금과다섭취", "소금소량섭취"에서 심장질환자의 비율을 비교할 수 있다. 데이터의 표본이 어떻게 얻어졌는지에 따라 고려하는 모집단과 모수가 다르지만, 검정과정은 같다. 구체적으로 표현하면, 소금과다섭취 그룹에서의 심장질환자의 비율을 p_1, 소금소량섭취그룹에서의 비율을 p_2라고 정해

$$H_0 : p_1 = p_2 \quad \text{vs} \quad H_1 : p_1 > p_2$$

를 검정한다. (대립가설이 우측, 또는 양측가설이어도 된다.)

범주형 자료분석에서는 이를 **동질성 검정**, 데이터가 무작위 표본이면 **독립성 검정**으로 부르며 χ^2-검정방법을 이용할 수 있지만, 표본의 수가 클 때만 그 정확성을 담

[8]참고로, 일표본 t-검정과 t-검정통계량을 이용한 일표본 순열검정의 효율은 매우 비슷하다 (Helwig, 2019).

보할 수 있으므로 이 데이터에 적용할 수가 없다. 대신, 간단한 검정통계량을 이용한 순열검정을 이용할 수 있다. 검정통계량 D를 소금과다섭취하면서 심장질환이 있는 환자의 수로 정하자. (대립가설이 사실일 때 D의 값이 커진다.) 관측된 검정통계량의 값은 $D_{obs} = 5$이다.

위 데이터를 자료표 ($n = 60$명의 환자에 해당하는 행과 두 변수의 값을 표시하는 열을 가진 데이터행렬)의 형태로 다시 정리하면 다음과 같다. `Cardio` 변수의 값이 `Yes`일 때 심장질환이 있고, `Salt` 변수의 값이 `H`일 때 소금과다섭취이다.

```
   Cardio Salt
1      No    H
2      No    H
3     Yes    H
4     Yes    H
5     Yes    H
6     Yes    H
7     Yes    H
8      No    L
9      No    L
10     No    L
...
```

귀무가설 $H_0 : p_1 = p_2$가 사실일 때, 소금과다섭취 그룹이든 아니든 심장질환이 있을 확률이 같다. (`Salt = H`일 때 `Cardio = Yes`일 확률과 `Salt = L`일 때 `Cardio = Yes`일 확률이 같다.) 다만 이 확률 $p = p_1 = p_2$이 정확히 얼마인지는 알 수 없다. 피셔가 주장한 두 범주형 변수에 대한 정확검정 (Fisher's exact test)에서는 `Cardio` 변수의 관측값 중 절반 (60개 중 30명)이 `Yes`인 사실과 `Salt` 변수의 7개 값이 `Yes`임을 고정하고, 귀무가설 아래에서 나왔을 법한 모든 뒤섞기를 고려한다. 이와 같은 뒤섞기는 두 변수 중 하나 (예를 들어 `Cardio`)의 값을 고정하고, 다른 변수의 값 (`Salt`)을 뒤섞는 방식으로 구현할 수 있다. $N = 60$개의 관측값 중 `Salt = H`인 개수가 $k = 7$이므로, 서로 다른 모든 뒤섞기의 개수는 $\binom{60}{7} = 386206920$개이며, 이 모든 경우를 이용해 검정통계량 D의 정확한 순열분포를 구할 수 있다. (이 순열분포를 영분포로 두고 p-값을 계산하면 피셔 정확검정의 p-값이 된다.)

고정된 변수인 `Cardio`가 단 두 개의 가능한 값을 가지는 범주형 변수이기 때문에 검정통계량의 값 D가 가질 수 있는 가능한 값이 모든 뒤섞기의 개수 (3.8억 개)에 비해 매우 작음을 알 수 있다. 따라서, 순열분포를 구하기 위해 모든 뒤섞기를 고려할 필요는 없다. 피셔의 정확검정이 1930년대부터 쓰일 수 있었던 이유는 이 순열분포가 잘 알려진 분포 (초기하분포[9])와 같기 때문이다.

예 3.9 (예 3.8 계속)

관측된 값 $D_{obs} = 5$를 검정통계량 D의 영분포와 비교하여 p-값을 구해보자. 먼저 검정통계량 D는 $d = 0, 1, \ldots, 7$ 의 값을 가질 수 있으므로, 각각 d에 대해 $P(D = d)$를 초기하분포를 이용하여 (또는 모든 뒤섞기 중 $D = d$인 뒤섞기의 비율을 이용하여) 구할 수 있다. 아래의 R 코드에서는 초기하분포의 확률값을 직접 추출하는 방식으로 검정통계량 D의 영분포를 구하였다.

```
> nulldist = dhyper(0:7, m = 30, n = 30, k = 7)
> round(nulldist,2)
[1] 0.01 0.05 0.16 0.29 0.29 0.16 0.05 0.01
```

대립가설이 우측검정의 형태이므로 p-값은

$$P(D \geq D_{obs}) = P(D \geq 5) = P(D = 5) + P(D = 6) + P(D = 7) = 0.211$$

이므로 귀무가설을 기각할 충분한 근거가 되지 않는다.

참고로, 두 변수를 C_i, S_i로 표현한다면, 귀무가설 아래에서 $((C_1, S_1), (C_2, S_2))$의 결합분포는 $((C_2, S_1), (C_1, S_2))$의 결합분포와 같다. 따라서, (C_i)가 교환가능하므로 순열검정의 조건을 만족한다.

3.7 연습문제

연습 3.1. 예 3.1의 자료에서 모든 뒤섞기에 대해 평균의 차이 D 와 이표본 t-검정통계량 T 를 구하고 (D, T)의 산점도를 그려라.

연습 3.2. 예 3.1의 데이터에서 이표본 t-검정통계량의 귀무가설 아래에서의 영분포를 구하고, 관측된 통계량의 값과 비교하여 p-값을 구하여라.

연습 3.3. 예 3.1의 데이터에서 만약 마지막 환자의 회복기간이 40일이 아니라 400일이었다고 가정해보자. (실수로 잘못 입력된 값일 수도 있고, 실제로 400일이었을

---

[9] N명의 환자 중 m명이 질환이 있고 $N - m$명이 질환이 없을 때, 이 중 k명을 골라 무작위로 소금과다섭취군으로 지정한다. 이때 질환이 있으면서 소금과다섭취군으로 지정된 환자의 수 X는 초기하분포를 따르며, 그 질량함수는 $f(x) = P(X = x) = \frac{\binom{m}{x}\binom{N-m}{k-x}}{\binom{N}{x}}$ 이다. 예 3.8에서 $N = 60$, $m = 30$, $k = 7$이다.

수도 있다.) 이때 처리효과 평균의 차이 D와 중앙값의 차이 median$\{Y_i\}$ − median$\{X_i\}$ 를 각각 이용하여 랜덤화 검정을 시행하여라.

연습 3.4. 데이터 $X_1, \ldots, X_m, Y_1, \ldots, Y_n$ 이 주어졌을 때, 이표본 t-검정통계량 $T = (\bar{Y}_n - \bar{X}_m)/\hat{\text{se}}$ 을 검정통계량으로 정한 순열검정의 결과와 평균의 차이를 $D = \bar{Y}_n - \bar{X}_m$ 를 검정통계량으로 정한 순열검정의 결과가 같음을 증명하여라.

연습 3.5. 미국 오하이오강의 어떤 지점의 연간 최대 깊이를 6년 동안 측정하여 5.6, 5.3, 7.9, 4.1, 11.1, 5.2의 관측값을 얻었다. 이 강의 관개공사 후 5년 동안의 최대 깊이는 6.4, 6.7, 7.2, 8.2, 5.1이다. 관개공사가 오하이오강의 최대 깊이를 증가시켰다고 볼 수 있을까? 순열검정을 이용하여 검정하여라. 이때 검정통계량으로 (a) 이표본 t-검정통계량, (b) 공사 후 최대 깊이의 평균, (c) 표본중앙값의 세 가지를 각각 이용하고 결과를 비교하여라.

연습 3.6. 반복 수를 $M = 999$로 정한 랜덤순열검정의 근사 p-값이 $\hat{p} = 0.01$이었다. 실제 p-값 p의 99% 신뢰구간을 구하여라. $M = 1999$였다면 신뢰구간이 얼마나 짧아지는가?

연습 3.7. 예 3.8의 범주형 자료의 동질성 검정을 할 때, 검정통계량을 χ^2-통계량으로 한 순열검정을 시행하여라. 그 결과를 피셔의 정확검정의 결과와 비교하여라.

연습 3.8. 예 3.8의 범주형 자료의 동질성 검정을 할 때, 검정통계량을 표본 오즈비로 한 순열검정을 시행하여라. 그 결과를 피셔의 정확검정의 결과와 비교하여라.

제 4 장

두 모집단에 대한 추론

두 모집단을 비교하는 문제는 통계에서 가장 기본적이면서 또한 가장 자주 접하는 문제이다.

이 장에서는 다음의 두 예를 이용한다.

예 4.1

급성 백혈병은 급성 골수성 백혈병 (Acute myelogenous leukemia, AML)과 급성 림프모구 백혈병 (Acute lymphocytic leukemia, ALL)의 두 부류로 나눌 수 있다. 72명의 급성 백혈병 환자를 대상으로 특정한 유전자의 발현 정도를 조사하였다. $m = 47$명 환자가 ALL, $n = 25$명의 환자가 AML에 해당한다 (Golub et al., 1999). 데이터의 첫 세 줄을 다음의 R 코드에, 유전자 발현 정도 (ge)의 백혈병 종류별 분포를 그림 4.1에 표시하였다.

```
> leukemia4= read.csv(file = "data/leukemia4.csv")
> head(leukemia4,3)
   ge label
1 328   ALL
2 295   ALL
3 276   ALL
```

백혈병의 두 부류 ALL과 AML에서의 유전자 발현 정도에 차이가 있다고 볼 수 있을까?

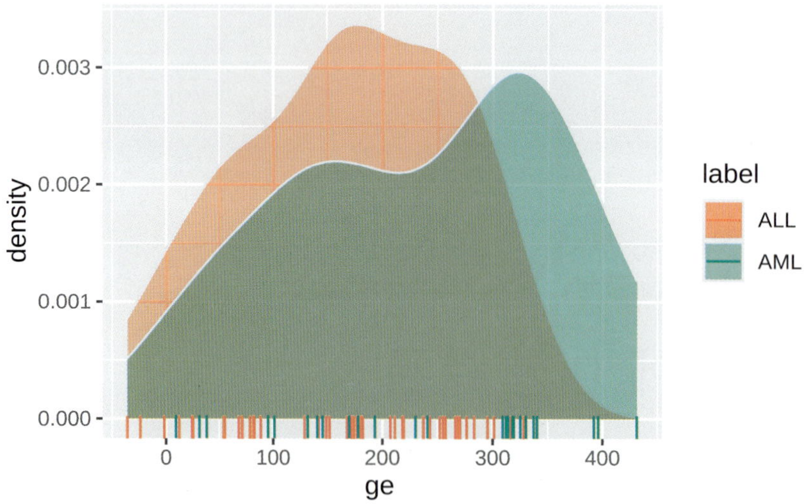

그림 4.1: 급성 백혈병 환자와 유전자 발현 정도 데이터

> 예 4.2
>
> 한우의 잔류사료섭취량 (residual food intake; RFI)이 높을수록 육류의 질이 높아질 것이라는 가설을 검정하기 위해, 한우 7마리의 RFI와 마블링 점수(Marb)를 조사한 결과가 다음과 같다. RFI는 잔류사료섭취량 높음 (High)과 낮음 (Low)으로 조사하였다.

RFI	Marb
High	740, 610, 720
Low	580, 680, 850, 510

4.1 두 모집단의 차이

두 모집단의 비교에서는 다음과 같은 데이터를 가정한다.

$$X_1, \ldots, X_m \sim_{i.i.d} F, \quad Y_1, \ldots, Y_n \sim_{i.i.d} G.$$

순열검정이 적용되는 두 가지 모형 (랜덤화 모형, 모집단 모형) 중 모집단 모형에 대해 기술되어 있지만, 랜덤화 모형으로부터 관측된 데이터를 이용한 통계적 추론에서도 검정의 기술적 과정이 같으므로 간단히 위와 같은 모집단 모형을 가정한다. 우리의 관심사는 미지의 두 모집단의 차이에 대한 통계적 추론이다.

두 모집단의 차이는 여러 가지 차원에서 기술될 수 있다.

1. 분포의 형태와 산포(dispersion)는 같지만 **위치만 다른 경우**. 위치이동모수 (location shift parameter) Δ에 대해 $F(x) = G(x+\Delta)$ 또는 $f(x) = g(x+\Delta)$를 만족한다[1]. 이때 분포의 형태 $f(x)$를 잘 알려진 확률분포 (예를 들면 정규분포)로 가정하면 모수적 추론, 분포의 형태에 제한을 두지 않으면 비모수적 추론이라고 할 수 있다.

2. 분포의 형태는 같지만, **산포와 위치가 다른 경우**. 이동모수 Δ와 척도모수 $\gamma > 0$를 이용하면 첫 번째 모집단의 밀도함수 $f(x)$를 기준으로 두 번째 모집단의 밀도함수가 $g(x) = \frac{1}{\gamma} f\left(\frac{x-\Delta}{\gamma}\right)$로 표현된다. $\gamma > 1$이면 G의 분산이 더 크다.

3. 분포의 형태와 위치가 같지만, **산포만 다른 경우**. 이 경우의 모형은 척도모수 $\gamma > 0$에 대해 $g(x) = \frac{1}{\gamma} f\left(\frac{x}{\gamma}\right)$이다.

4. 분포의 형태가 다르면서 위치모수 또는 산포모수도 다른 경우. 이때 두 모집단의 차이는 유한 개의 모수로 설명될 수 없으나, 일반적으로 이동 모수 또는 척도모수를 관심있는 모수로 정하고, 분포무관검정을 한다. 위치모수와 산포모수가 같은 귀무가설 아래에서도 두 모집단의 분포는 다를 수 있다.

5. 분포의 형태가 다르고 관심있는 모수가 없는 경우. 이때의 귀무가설과 대립가설은 어떤 모수에 대해 세우지 않고 $H_0 : F = G$, $H_1 : F \neq G$와 같이 둘 수 있다.

귀무가설을 $H_0 : F = G$로 정하게 되면 순열검정에서의 교환가능조건을 만족하게 된다. 1번의 위치 이동 모형과 3번의 척도 모형에서 각각 귀무가설 $H_0 : \Delta = 0$과 $H_0 : \gamma = 1$이 사실이면, 두 모집단이 같은 분포가 된다. (5번도 마찬가지이다.) 반면, 2번과 4번에서 위치 이동모수에 대한 귀무가설 $H_0 : \Delta = 0$이 사실이어도 두 모집단이 같은 분포라고 단언할 수 없으므로, 순열검정을 적용할 수 없다.

---

[1] $\Delta > 0$이면 분포 G가 분포 F에 비해 더 오른쪽에 위치한다. 분포의 중앙값 θ_F 또는 평균 μ_F를 기준으로, $\theta_F + \Delta = \theta_G$, $\mu_F + \Delta = \mu_G$이다.

4.2 위치에 대한 가설검정

4.2.1 이표본 t-검정과 순열검정

모집단의 정규분포 가정을 할 수 있는 전통적인 경우를 먼저 생각해 보자. 첫 번째 모집단 F는 평균 μ_F, 분산 σ_F^2에 의해 결정되어 $N(\mu_F, \sigma_F^2)$, 두 번째 모집단 G는 $N(\mu_G, \sigma_G^2)$이 된다. 이와 같은 모수모형에서는 위치모수 Δ가 두 모집단의 평균의 차 $\Delta = \mu_G - \mu_F$가 되며, 척도모수 γ는 두 모집단의 표준편차의 비 $\gamma = \sigma_G/\sigma_F$가 된다.

위의 다섯 가지 모집단의 차이 중 1번의 경우에는 분산이 같은 두 정규분포의 평균을 비교하게 되어, 검정통계량

$$T = \left(\frac{1}{n} + \frac{1}{m}\right)^{-\frac{1}{2}} \frac{\bar{Y}_n - \bar{X}_m}{s_p}$$

를 이용한 이표본 t-검정이 정확하며, 또한 가장 검정력이 높다. 귀무가설 아래에서 검정통계량 T가 t_{m+n-2}분포를 따름을 이용하여 p-값을 구할 수 있다.

모집단의 차이 중 2번의 경우, 분산이 다른 두 정규분포의 평균을 비교하게 되며 웰치 (Welch)의 t-통계량

$$T = \frac{\bar{Y}_n - \bar{X}_n}{\sqrt{\frac{s_X^2}{m} + \frac{s_Y^2}{n}}}$$

을 이용한 이분산 t-검정이 근사적으로 정확함이 알려져 있다. 귀무가설 아래에서 검정통계량 T의 분포는 근사적으로 t_ν를 따르며, 이 t분포의 자유도 ν는

$$\nu \approx \left(\frac{s_X^2}{m} + \frac{s_Y^2}{n}\right)^2 \Big/ \left(\frac{s_X^4}{m^2(m-1)} + \frac{s_Y^4}{n^2(n-1)}\right)$$

로 근사된다.

위치에 대한 순열검정 모집단의 정규분포 가정이 심하게 위배되거나 표본의 수가 부족하여 이표본 t-검정의 정확성이 담보되지 않을 때, 순열검정을 시행할 수 있다. 이때의 귀무가설은 $H_0 : F = G$이어야 한다.

검정통계량으로서 두 번째 모집단의 관측값들의 합 $\sum_{i=1}^n Y_i$, 이표본 t-검정통계량 T, 중앙값의 차이, 또는 절사평균들의 차이 등을 이용할 수 있다. 순열검정은 어떤 검정통계량을 이용하는지에 상관없이 항상 정확한 검정법이지만, 모집단의 형태에

따라 더 선호되는 (더 검정력이 높은) 검정통계량이 있다. 예를 들어, 모집단의 분포가 대칭이 아닐 때는 중앙값의 차이를 이용할 때 검정력이 높다. (제3장 참조.)

일표본검정에서와 마찬가지로, 관측값들을 그대로 이용하지 않고 관측값들의 순위, 부호 또는 점수로 변환한 뒤 순열검정을 시행할 수도 있다. 이표본문제에서의 전통적인 비모수적 (분포무관한) 추론방법은 바로 이러한 변환에 기초해 개발되었다.

4.2.2 윌콕슨 순위합검정

관측값들의 순위에 기초하여 윌콕슨이 제안한 순위합검정 (rank-sum test; Wilcoxon (1945))은 두 모집단의 위치에 대한 검정에서 가장 널리 쓰이는 비모수적 방법이다. 이표본 t-검정이 정확하지 않거나 검정력이 부족한, 꼬리가 두터운 모집단일 때 자주 쓰인다. 윌콕슨 순위합검정은 두 표본에서의 평균 또는 중앙값을 비교하는 대신 **순위의 합**을 검정통계량으로 정한 순열검정이다.

윌콕슨의 순위합검정통계량은 다음과 같이 정의된다. 관측값 $X_1, \ldots, X_m$와 $Y_1, \ldots, Y_n$을 순서대로 나열한 뒤, 작은 값부터 순위를 매긴다. 윌콕슨 검정통계량은 둘 중 한 표본 (예를 들면 "Y"들)의 순위들의 합이다. "X" 관측값들의 순위를 S_i ($i = 1, \ldots, m$), "Y" 관측값의 순위를 R_i ($i = 1, \ldots, n$)이라고 하면, 윌콕슨 순위합 검정통계량은

$$W = \sum_{i=1}^{n} R_i.$$

으로 정의된다.

예 4.3

예 4.2의 데이터들의 순위는 다음과 같이 계산할 수 있다.

```
> cowdat = read.csv("data/cow.csv")
> ranks = rank(cowdat$Marb)
> data.frame(cowdat, ranks)
   RFI Marb ranks
1 High  740     6
2 High  610     3
3 High  720     5
4  Low  580     2
5  Low  680     4
6  Low  850     7
7  Low  510     1
```

관측값에 동점이 있다면, 중간순위를 이용한다. (예를 들어 가장 작은 관측값 510이 두 개가 있었다면 두 관측값의 순위는 각각 1.5이다.) RFI==Low인 표본들을 Y라고 정하면, 관측된 윌콕슨 순위합검정통계량은 $W = 2+4+7+1 = 14$이다.

```
> (W.obs = sum( ranks[cowdat$RFI == "Low"] ))
[1] 14
```

귀무가설 $H_0 : F = G$가 사실일 때, 관측값 $(X_1, \ldots, X_m, Y_1, \ldots, Y_n)$은 교환가능하며, 따라서 순위들 $(S_1, \ldots, S_m, R_1, \ldots, R_n)$도 교환가능하다. 윌콕슨 순위합검정통계량 W의 영분포는 $\binom{m+n}{n}$개의 모든 뒤섞기를 고려한 W의 순열분포이다.

예 4.2의 마블링 데이터에서는 모두 $\binom{7}{4} = 35$개의 뒤섞기가 있으며, 이를 모두 고려한 W의 영분포는 다음과 같다.

```
> allperms.id = gtools::combinations(7,4)
> W.perm = apply(allperms.id,1,
+                 function (perm.y.id){ sum(ranks[perm.y.id]) })
> table(W.perm)
```

table(W.perm)의 결과는 다음 표와 그림 4.2에 정리되어 있다.

w	10	11	12	13	14	15	16	17	18	19	20	21	22
$P(W = w)$	$\frac{1}{35}$	$\frac{1}{35}$	$\frac{2}{35}$	$\frac{3}{35}$	$\frac{4}{35}$	$\frac{4}{35}$	$\frac{5}{35}$	$\frac{4}{35}$	$\frac{4}{35}$	$\frac{3}{35}$	$\frac{2}{35}$	$\frac{1}{35}$	$\frac{1}{35}$

통계량 W의 값은 관측값이 아닌 관측값의 순위에만 의존하므로, 관측값의 원분포와 무관하게 W의 영분포가 정해진다. 이 영분포를 이용하여 분포무관한 순열검정을 진행하는 것이 곧 윌콕슨의 순위합검정이다. 다음 예제 (예 4.4)를 참조하자.

예 4.4

예 4.2에서 귀무가설을 $H_0 : F = G$, 대립가설을 $H_1 : F(x) \le G(x)$ (즉 "X" 또는 RFI == High인 모집단의 위치가 "Y" 또는 RFI == Low인 모집단의 위치보다 오른쪽이다)로 정했을 때, RFI == Low인 표본들의 순위합 W가 작을수록 귀무가설에서의 극단적인 값이다. 따라서, $W_{obs} = 14$의 p-값은 $P(W \le W_{obs}) = P(W \le 14) = 11/35$으로 RFI가 높을 때 육류의 질이 좋아진다고 확신할 수 없다.

참고로, 다른 표본 ("X"관측값들)의 순위합 $W' = \sum_{i=1}^{m} S_i$을 검정통계량으로 정해도, 순열검정의 결과는 달라지지 않는다.

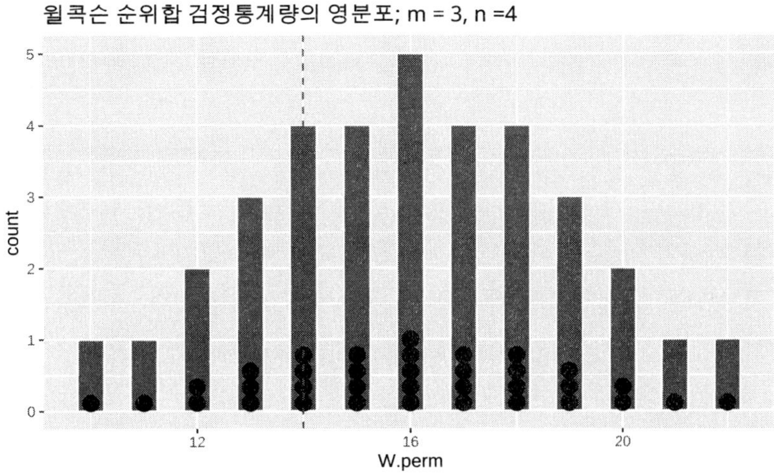

그림 4.2: 표본 수 $m = 3, n = 4$인 경우, 윌콕슨 순위합검정통계량 W의 영분포

맨-위트니 검정

첫 번째 모집단에서의 관측값이 $X_1, \ldots, X_m$, 두 번째 모집단에서의 관측값이 $Y_1, \ldots, Y_n$일 때, 두 모집단의 위치 차이에 대한 검정통계량으로 맨과 위트니는 (X_i, Y_j) 쌍 중 Y_j의 값이 X_i보다 큰 쌍들의 개수를 이용할 것을 제안하였다. 이를 수식으로 표현하면

$$U = \sum_{i=1}^{m} \sum_{j=1}^{n} I(Y_j > X_i)$$

이며 이 통계량을 맨-위트니 U-통계량 (Mann-Whitney U-statistics)이라고 부른다. 만약 자료에 동점이 있다면, $I(Y_j > X_i)$ 대신 $I(Y_j > X_i) + \frac{1}{2}I(Y_j = X_i)$를 이용하여 정의한다. 맨과 위트니의 U-통계량은 윌콕슨 순위합검정통계량 W과 밀접한 관계가 있다:

$$W = U + \frac{n(n+1)}{2}.$$

따라서, 맨-위트니의 U-통계량을 이용한 순열검정 (맨-위트니 검정)은 순위합통계량 W를 이용한 순열검정 (윌콕슨 순위합검정)과 언제나 같은 결과를 주는 동등한 검정방법이다. 이 검정법들을 모두 맨-위트니-윌콕슨 검정법이라고 부른다.

맨-위트니 U-통계량 U의 분포는 윌콕슨 순위합 통계량 W의 분포를 왼쪽으로 $n(n+1)/2$만큼 이동시킨 것과 같다. 즉, 하나의 분포를 알면, 다른 분포를 알 수 있다. 귀무가설 $H_0 : F = G$가 사실이고 동점이 없는 경우의 W의 분포를 **윌콕슨**

순위합분포[2]라고 부른다. 이 분포는 표본 수 m, n에 의해 완전히 결정되므로, 실제 데이터의 값과 무관하며, 따라서 맨-위트니-윌콕슨 검정이 분포무관한 검정방법이 된다.

표본의 수 (m, n)이 크지 않을 때는 $\binom{m+n}{m}$개의 뒤섞기를 모두 고려한 정확한 윌콕슨 순위합분포를 컴퓨터를 이용하여 쉽게 구할 수 있으나, 표본의 수가 클 때는 뒤섞기의 개수가 매우 많아, 정확한 p-값의 계산에 매우 많은 시간이 소요된다. 표본의 수가 클 때는, 랜덤순열검정을 이용할 수도 있지만 다음에 소개할 윌콕슨 순위합분포의 대표본근사 (large-sample approximation)를 일반적으로 사용한다.

4.2.3 대표본근사

예 4.1의 백혈병에 대한 유전자 발현 데이터에서 ALL의 유전자 발현 정도를 $X_1, \ldots, X_m \sim F$, AML의 유전자 발현 정도를 $Y_1, \ldots, Y_n \sim G$로 가정한뒤 순위합검정을 적용해보자. 이때, 표본의 수가 $m = 47$, $n = 25$로 매우 많아 순위합통계량의 영분포를 구하기 위해 모든 뒤섞기를 고려하는 것은 불가능하다. 윌콕슨 순위합통계량 $W = \sum_{i=1}^{n} R_i$이 순위들의 "평균"과 같은 형태이므로, 중심극한정리를 이용하여 표본 수 m, n이 클 때 W의 분포를 정규분포로 근사할 수 있다.

중심극한정리를 적용하기 위한 가정들을 살펴보자. 가장 기본적인 중심극한정리는 같은 분포를 가지면서 서로 독립 (i.i.d.)인 관측값 $Z_1, \ldots, Z_n$에 대해 n이 클 때 표본평균의 분포가 정규분포로 잘 근사됨을 말한다 (정리 1.1). 이를 수식으로 표현하면,

$$\bar{Z}_n = \frac{1}{n}\sum_{i=1}^{n} Z_i \dot\sim N(\mu_Z, \frac{\sigma_Z^2}{n}) \tag{4.1}$$

이며, 여기서 $E(Z_1) = \mu_z$, $\text{Var}(Z_1) = \sigma_Z^2$이다.

전체 표본의 수를 $N = m + n$이라고 두자. 윌콕슨 순위합통계량에서의 순위들 $R_1, \ldots, R_n$은 귀무가설이 사실일 때 모두 같은 분포 ($\{1, \ldots, N\}$에서의 이산균등분포)를 따른다. 하지만 $R_1 = 1$일 때 R_2는 1이 될 수 없으므로, 순위들은 서로 독립이 아니다. 따라서, (4.1)과 같은 기본적인 중심극한정리를 적용할 수는 없다. 대신, 순위들 $R_1, \ldots, R_n$을 N개의 개체를 가진 유한모집단 $\{1, \ldots, N\}$에서 같은 확률로

[2] W의 영분포를 윌콕슨 순위합분포라고 하기도 하고, U의 영분포를 윌콕슨 순위합분포라고 부르기도 한다. 어느 쪽이든 하나의 분포를 알면, 다른 분포를 알 수 있다. 이 책에서는 (동점이 없는 경우) W의 영분포를 윌콕슨 순위합분포라고 부르기로 한다. R의 `dwilcox()`, `qwilcox()` 등에서 작은 m, n에 대해 구할 수 있는 것은 바로 U의 영분포이다.

비복원추출 (sampling without replacement)한 값들이라고 볼 수 있다. 즉, 순위합통계량 W를 유한모집단에서 표본 수 n으로 비복원추출한 표본들의 합 (평균 $\times\ n$)으로 보아 유한모집단에서의 중심극한정리를 적용할 수 있다.

참고로, (4.1)과 같은 기본적인 중심극한정리는 모집단이 무한모집단인지 유한모집단인지와는 상관없이 단순복원추출 (sampling with replacement)한 값들의 평균에 적용된다.

유한모집단에서의 표본

개체의 수가 N개인 유한모집단 $\mathcal{A}_N = \{A_1, \ldots, A_N\}$을 고려하자. 각 개체 $A_1, \ldots, A_N$은 숫자이며, 변하지 않는 어떤 값도 가질 수 있다. 예를 들어 관측값의 순위들 $A_1 = 1, \ldots, A_N = N$이 개체의 값일 수도 있으며, 동점이 있는 경우, $A_1 = 1.5, A_2 = 1.5, A_3 = 3, \ldots, A_N = N$과 같이 동점인 값을 가진 개체가 여럿 있을 수도 있다. 이 유한모집단에서의 모평균 μ와 모분산 σ^2은

$$\mu = \frac{1}{N}\sum_{i=1}^{N} A_i \equiv \bar{A}, \tag{4.2}$$
$$\sigma^2 = \frac{1}{N}\sum_{i=1}^{N}(A_i - \mu)^2 = \frac{\sum_{i=1}^{N} A_i^2}{N} - (\bar{A})^2 \equiv \overline{A^2} - (\bar{A})^2$$

이다. 관측값 X를 이 유한모집단 $\mathcal{A}_N$에서의 이산균등분포에서 랜덤하게 표집할 때 $\mu = E(X)$, $\mathrm{Var}(X) = \sigma^2$임을 확인할 수 있다.

유한모집단에서의 복원추출 만약 관측값 $X_1, \ldots, X_n$을 유한모집단 $\mathcal{A}_N$에서 복원추출한다면,

$$X_i \sim_{i.i.d} \mathrm{Uniform}(\mathcal{A}_N) \tag{4.3}$$

이므로, $\bar{X}_n$의 평균은 $E(\bar{X}_n) = \mu$, $\mathrm{Var}(\bar{X}_n) = \sigma^2/n$이며, 기본적인 중심극한정리 (4.1)에 의해 n이 클 때, $\bar{X}_n \mathrel{\dot\sim} N(\mu, \sigma^2/n)$ 또는 $n \to \infty$일 때

$$\sqrt{n}(\bar{X}_n - \mu) \xrightarrow{d} N(0, \sigma^2)$$

가 되어, 표본의 수가 클 때 $\bar{X}_n$의 분포가 정규분포로 근사됨을 알 수 있다.

유한모집단에서의 비복원추출 만약 관측값 $X_1, \ldots, X_n$을 유한모집단 $\mathcal{A}_N$에서 비복원추출한다면, 표본 $\{X_1, \ldots, X_n\}$은 N개의 개체 $A_1, \ldots, A_N$ 중 n개를 고르는 $\binom{N}{n}$가지의 모든 가르기 중 하나이다. 즉, $\{X_1, \ldots, X_n\}$의 분포는 크기가 n인 $\mathcal{A}_N$의 모든 부분집합들에 대한 균등분포이며, 어떤 부분집합 $\{p_1, \ldots, p_N\} \subset \{1, \ldots, N\}$에 대해서도 $\{A_{p_1}, A_{p_2}, \ldots, A_{p_n}\} \subset \mathcal{A}_N$이 표본의 값이 될 확률이

$$P(\{X_1, \ldots, X_n\} = \{A_{p_1}, A_{p_2}, \ldots, A_{p_n}\}) = \frac{1}{\binom{N}{n}}$$

으로 일정하다.

유한모집단에서 비복원추출된 $X_1, \ldots, X_n$의 표본평균 $\bar{X}_n$은 모평균 μ의 좋은 근삿값이다.

정리 4.1

평균과 분산이 μ와 σ^2이며 개체의 수가 N인 유한모집단 $\mathcal{A}_N$에서 비복원추출된 $X_1, \ldots, X_n$의 표본평균을 $\bar{X}_n$이라고 두자. 이 표본평균의 평균과 분산은

$$E(\bar{X}_n) = \mu, \quad \text{Var}(\bar{X}_n) = \frac{\sigma^2}{n}\frac{N-n}{N-1}$$

이다.

정리 4.1의 증명

표본 $X_1, \ldots, X_n$의 값은 $A_1, \ldots, A_N$ 중 n개의 값이다. 만약 A_i가 표본의 값 중 하나일 때 지시변수 $Z_i = 1$, 그렇지 않으면 $Z_i = 0$으로 두면, $X_1 + \cdots + X_n \stackrel{d}{=} \sum_{i=1}^{N} Z_i A_i$임을 확인할 수 있다. 이 지시변수들 $(Z_1, \ldots, Z_N)$은 서로 독립은 아니지만, 각 Z_i의 주변분포는 서로 같으며 $P(Z_i = 1) = \frac{n}{N}$이다. 이 사실을 이용하여 정리 4.1에 쓰인 $\bar{X}_n$의 평균을 간단히 계산할 수 있다. $\bar{X}_n$의 분산을 계산할 때는 (Z_i, Z_j)의 결합분포를 알아야 한다. 연습문제 4.3 참조.

복원추출한 표본의 표본평균의 분산 σ^2/n에 비해 비복원추출한 표본의 표본평균의 분산이 $\frac{N-n}{N-1}$만큼 더 작음을 알 수 있다. 이 비율을 유한모집단수정항 (finte-population correction factor)이라고 부르며 표본의 수가 $n = 1$일 때는 $\frac{N-n}{N-1} = 1$이며, 표본 수 n이 클수록 작아진다. 표본의 수가 N, 즉 $n = N$일 때는 모집단 전체를

추출했으므로 표본평균의 분산이 0이 되어야 한다. 이때의 유한모집단수정항은 $\frac{N-n}{N-1} = 0$임을 확인할 수 있다.

표본의 크기 n은 항상 모집단의 크기 N보다 작으므로, $\bar{X}_n$의 분포의 대표본근사를 고려할 때, 표본의 수 n이 증가할 뿐 아니라 모집단의 크기 N도 같이 증가하여야 한다. 유한모집단에서의 비복원추출 표본평균에 대한 중심극한정리는 다음과 같다.

정리 4.2 (Hájek (1960); Li and Ding (2017))

모든 $N = 1, 2, 3, \ldots$에 대해 유한모집단 $\mathcal{A}_N$이 있다고 가정하자. 각 N에 대해 이 유한모집단의 평균과 분산을 μ_N, σ_N^2으로 표시하자. 유한모집단 $\mathcal{A}_N$에서 비복원추출된 $X_1, \ldots, X_n$의 표본평균을 $\bar{X}_n$으로 두면, $\min\{n, N-n\} \to \infty$일 때,

$$\frac{\bar{X}_n - E(\bar{X}_n)}{\sqrt{\mathrm{Var}(\bar{X}_n)}} = \frac{\bar{X}_n - \mu_N}{\sigma_N/\sqrt{n}}\sqrt{\frac{N-1}{N-n}} \xrightarrow{d} N(0,1).$$

윌콕슨 순위합분포의 대표본근사

윌콕슨 순위합검정통계량 $W = \sum_{i=1}^{n} R_i$은 유한모집단 $\mathcal{A}_N = \{1, \ldots, N\}$에서 비복원추출한 n개의 관측값의 합과 같다. 귀무가설이 사실일 때만 이 비복원추출이 단순랜덤표집이며, 이때 유한모집단 $\mathcal{A}_N$의 모평균과 분산은 식 (4.2)에 의해 구할 수 있으며,

$$\begin{aligned}
\mu_N &= \frac{N+1}{2}, \\
\sigma_N^2 &= \frac{(N+1)(2N+1)}{6} - \left(\frac{N+1}{2}\right)^2 = \frac{N^2-1}{12}
\end{aligned}$$

이다. 순위합 W는 평균 $\bar{R}$과 $W = n\bar{R}$의 관계가 있으므로, 정리 4.1에 의해

$$\begin{aligned}
E(W) &= n\mu = \frac{n(N+1)}{2}, \\
\mathrm{Var}(W) &= n^2\frac{\sigma^2}{n}\frac{N-n}{N-1} = \frac{nm(N+1)}{12}
\end{aligned}$$

가 되며, 정리 4.2에 의해, n과 m이 클 때,

$$\frac{W - E(W)}{\sqrt{\mathrm{Var}(W)}} \dot{\sim} N(0,1) \tag{4.4}$$

임을 알 수 있다. 따라서 윌콕슨 순위합검정통계량 W의 영분포는 정규분포

$$N(E(W), \mathrm{Var}(W))$$

로 근사할 수 있다.

관측값에 동점이 있는 경우, 고려하는 순위들이 $\{1, \ldots, N\}$이 아닌 예를 들면 $\mathcal{A}'_N = \{1.5, 1.5, 4, 4, 4, \ldots, N\}$과 같을 수 있다. 이때는 $\mathcal{A}'_N$을 모집단으로 두고 $\mathrm{Var}(W)$를 다시 계산한 뒤 중심극한정리를 적용하여야 한다. 이때에도 평균은 $E(W) = n(N+1)/2$로 동점이 없는 경우와 같다.

예 4.5

예 4.1의 백혈병 자료에서는 $m = \#\mathrm{ALL} = 47$, $n = \#\mathrm{AML} = 25$로서 관측값의 수가 충분히 크다고 볼 수 있다. 동점인 관측값이 있어, 윌콕슨 순위합검정통계량은 $W_{obs} = 1113.5$이다. 동점인 관측값이 있지만, 식 (4.4)에 의한 근사적인 영분포를 구하면, $E(W) = 912.5$, $\mathrm{Var}(W) = 7147.917$로

$$W \mathrel{\dot\sim} N(912.5, 7147.917) \tag{4.5}$$

이 된다. 그림 4.3의 파란색 밀도함수가 바로 W의 정규근사된 영분포이며, 관측값 1113.5가 빨간색 수직선으로 표시되어 있다.
양측검정에서의 p-값은 정규분포 근사를 이용하여 계산하면

$$p_{\mathrm{G}} = P\left(\frac{|W - E(W)|}{\sqrt{\mathrm{Var}(W)}} \geq \frac{|W_{obs} - E(W)|}{\sqrt{\mathrm{Var}(W)}}\right) \approx 2P(Z \geq 2.37) = 0.017$$

이다. 이와 비교하기 위해, 윌콕슨 순위합검정통계량을 이용한 랜덤순열검정한 결과는 다음과 같다. $M = 1999$개의 랜덤순열에서 생성한 (근사적인) 영분포가 위 그림에 히스토그램으로 표현되어 있으며, 대표본근사로 구한 정규분포와 거의 일치함을 확인할 수 있다. 랜덤하게 뒤섞인 통계량 w_i 중 W_{obs}보다 큰 통계량이 14개 있었으므로

$$P(W \geq W_{obs}) \approx \frac{1 + \sum_{i=1}^{M} I(w_i \geq W_{obs})}{M+1} = \frac{15}{2000}$$

이며, 순열분포가 대칭임을 이용한 p-값은

$$\begin{aligned} p_{\mathrm{RP}} &= P\left(|W - E(W)| \geq |W_{obs} - E(W)|\right) \\ &= 2P(W \geq W_{obs}) \approx \frac{30}{2000} = 0.015 \end{aligned}$$

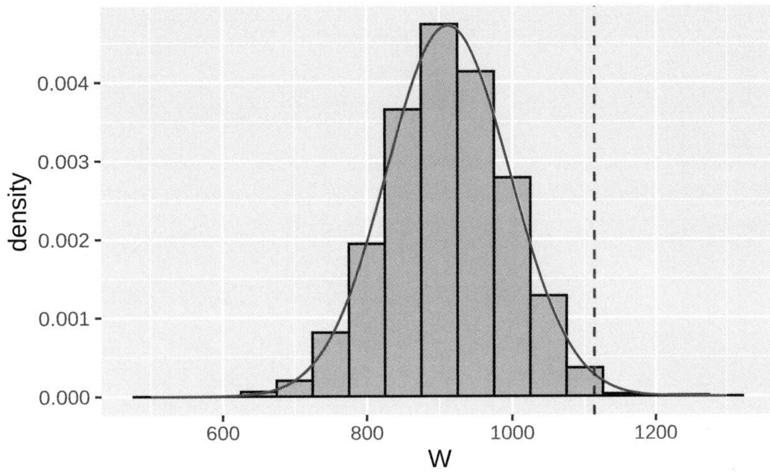

그림 4.3: 윌콕슨 순위합 분포의 정규근사. 예 4.5 참조.

로서 정규분포 근사를 이용한 p-값과 거의 같음을 확인할 수 있다.

순열분포의 대표본근사

두 모집단을 비교하는 순열검정에서의 검정통계량은 종종 (두 모집단 중) 하나의 모집단에서 표집된 관측값들의 평균의 형태로 나타난다. 윌콕슨 순위합검정통계량은 "Y" 모집단의 순위의 평균에 표본의 크기 n을 곱한 형태였으며, 순열검정을 소개할 때 이용한 통계량 $\bar{D} = \frac{D}{n} = \frac{1}{n}\sum_{i=1}^{n} Y_i$ (두 번째 모집단의 관측값의 평균)도 역시 비복원추출한 n개 표본의 평균이다. 이때, 통계량 $\bar{D}$의 순열분포를 중심극한정리를 이용하여 근사할 수 있다. 이때의 유한모집단은 혼합표본 $\{X_1, \ldots, X_m, Y_1, \ldots, Y_n\}$이 되며 이 모집단의 모평균은 혼합표본의 평균이며, 모분산은 편향조정을 하지 않은 혼합표본의 분산이다:

$$\mu = \frac{\sum_i^m X_i + \sum_i^n Y_i}{m+n},$$
$$\sigma^2 = \frac{\sum_{i=1}^m (X_i-\mu)^2 + \sum_{i=1}^n (Y_i-\mu)^2}{m+n}.$$

통계량 $\bar{D}$의 순열분포는 평균이 $E(\bar{D}) = \mu$, 분산이 $\mathrm{Var}(\bar{D}) = \frac{\sigma^2}{n}\frac{m}{m+n-1}$이므로,

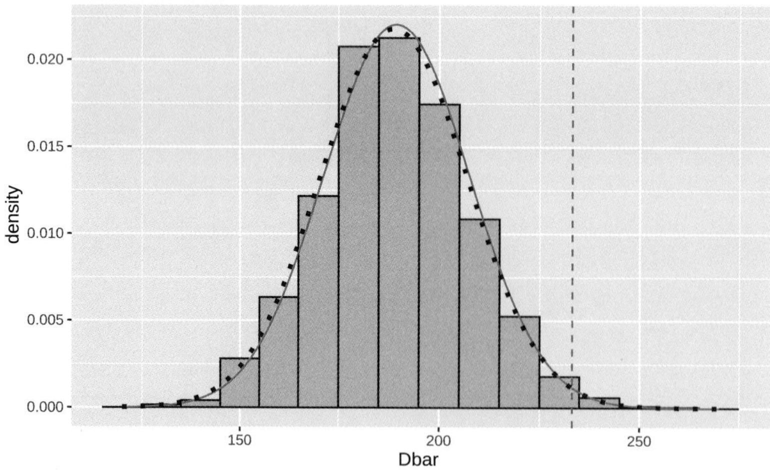

그림 4.4: 백혈병 데이터에서 $\bar{D}$ 영분포의 정규분포로의 대표본근사. 히스토그램은 랜덤순열분포, 실선은 이론적인 점근분포 (예 4.6), 점선은 순열분포로부터 근사된 점근분포이다.

m, n이 클때,

$$\frac{\bar{D} - \mu}{\sigma/\sqrt{n}} \sqrt{\frac{N-1}{N-n}} \xrightarrow{d} N(0,1) \tag{4.6}$$

로 정규근사될 수 있다.

예 4.6

예 4.1의 백혈병 자료에서 $\bar{D} = \frac{1}{n}\sum_{i=1}^{n} Y_i$ (AML 환자들의 유전자 발현 점수의 평균)을 검정통계량으로 정하여 랜덤순열검정을 시행한 결과, 추정된 순열분포가 그림 4.4에 히스토그램으로 표시되어 있다. 관측된 $\bar{D}_{obs} = 233.12$의 값과 비교하면 $B = 1999$개 중 17개의 랜덤생성된 $\bar{d}_i$가 $\bar{D}_{obs}$보다 크다. 순열분포가 대칭임을 가정할 때 p-값은

$$p \approx 2 \times (1 + 17)/2000 = 0.018$$

로 AML환자의 유전자 발현 점수와 ALL환자의 유전 발현 점수는 다르다고 볼 충분한 근거가 있다. 이 순열분포를 대표본근사 (4.6)한 $\bar{D}$의 근사 영분포는 그림 4.4의 파란색 밀도함수로 표시되어 있으며, 대표본근사 영분포가 순열분포를 매우 근사함을 확인할 수 있다.

검정통계량 $\bar{D}$의 순열분포가 정규분포로 대표본근사가 잘 되는 이유는 $\bar{D}$가 평균의 형태이기 때문이다. 그렇다면 $\bar{D}$ 대신에 평균의 차이 $\bar{Y}_n - \bar{X}_m$ 또는 t-검정통계량의 순열분포도 정규분포로 대표본근사가 잘 될까? 만약 그렇다면, 그 순열분포의 평균과

분산은 무엇일까?[3] 만약 이와 같이 정확한 점근분포를 알 수는 없지만 정규분포로의 대표본근사가 되는 것으로 예상이 된다면, 근사할 대표본분포 $N(\mu_n, \sigma_n^2)$의 두 모수 μ_n, σ_n^2을 근사하는 방법을 이용할 수도 있다.

순열분포가 정규분포 $N(\mu_n, \sigma_n^2)$로 대표본근사가 된다면, 랜덤뒤섞기로 생성한 통계량들 $\{\bar{d}_1, \ldots, \bar{d}_B\}$의 표본평균과 표본분산을 μ_n, σ_n^2의 추정량으로 정할 수 있다. 그림 4.4의 점선으로 표시된 밀도함수는 랜덤순열분포로부터 근사한 정규분포

$$N(\hat{\mu}_D, \hat{\sigma}_D^2), \quad \hat{\mu}_D = \frac{1}{M}\sum_{i=1}^{M}\bar{d}_i, \hat{\sigma}_D^2 = \frac{1}{M-1}\sum_{i=1}^{M}(\bar{d}_i - \hat{\mu}_D)^2$$

을 나타내며, 대표본근사로 구한 정규분포와 거의 유사함을 알 수 있다.

이와 같은 방법으로 t-검정통계량의 순열분포도 정규분포로 근사할 수 있다. 그림 4.5는 t-검정통계량을 이용했을 때의 영분포를 랜덤뒤섞기로 생성한 순열분포 (히스토그램)와 근사된 점근분포 (점선으로 표시된 밀도함수)를 비교한다. 순열분포의 평균과 분산이 μ_{RP}, σ_{RP}^2일 때, 근사된 점근분포는 $N(\mu_{RP}, \sigma_{RP}^2)$이다. 관측된 t-검정통계량 $T_{obs} = 2.51$과 비교하여 p-값을 구하면, 랜덤순열검정의 p-값은 $p_{\text{RP}} = \{1 + \sum_{i=1}^{M} I(|T_i| \geq |T_{obs}|)\}/(M+1) = 0.0105$이며, 근사된 점근분포를 이용한 근사 p-값은 $p_N = P(|Z| \geq |T_{obs} - \mu_{RP}|/\sigma_{RP}) \approx 0.014$로 유의수준이 5%일 때 예 4.6과 같은 검정 결과임을 확인할 수 있다.

순열검정의 검정통계량이 평균, 평균의 차, 또는 표준화된 평균의 차 또는 그의 어떤 함수값으로 주어질 때는 그 검정통계량의 대표본근사분포가 정규분포이므로 그 순열분포도 정규분포로 근사될 수 있다. 하지만, 검정통계량의 대표본근사분포가 정규분포가 아닌 경우에는 순열분포가 정규분포로 근사됨을 담보할 수 없다. 또한, 대표본근사는 표본의 수가 많을 때 사용하는 방법임을 명심하자.

4.2.4 이동모수의 추정과 신뢰구간

두 모집단이 분포의 형태와 산포(dispersion)는 같지만 위치만 다른 이동모수 모형에서는 이동모수 Δ에 대해 $X_1, \ldots, X_m \sim_{i.i.d.} F(x)$, $Y_1, \ldots, Y_n \sim_{i.i.d.} F(x-\Delta)$의

[3] 유한모집단에서 랜덤 가르기로 "Y" 표본과 "X" 표본을 구한 뒤의 평균의 차이 $\bar{Y}_n - \bar{X}_m$는 무한모집단에서의 표집 또는 유한모집단에서의 복원추출과는 다르게 두 표본평균 $\bar{Y}_n$, $\bar{X}_m$이 독립이 아니다. 따라서 $\text{Var}(\bar{Y}_n - \bar{X}_m)$를 구하기 위해서는 $\text{Corr}(\bar{Y}_n, \bar{X}_m)$을 계산해야 하는 어려움이 있다. (레만 Lehmann (1975)에 의하면 $\text{Corr}(\bar{Y}_n, \bar{X}_m) = -1$이다.) 유한모집단에서의 표집일 때 t-검정통계량의 점근분포 역시 주의를 기울여 찾아야 한다.

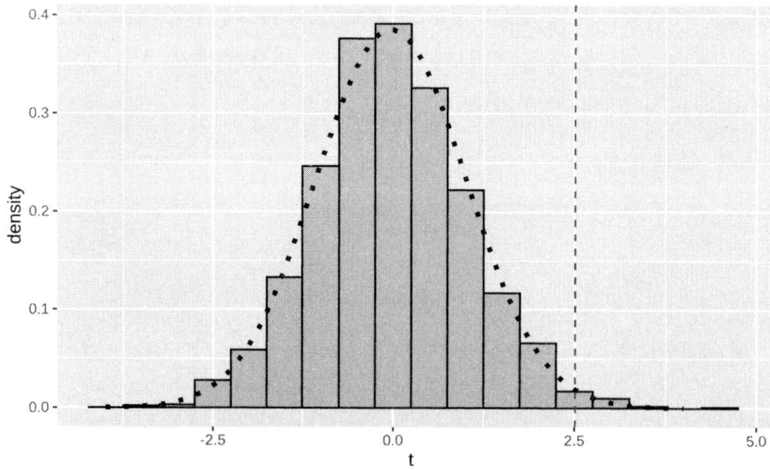

그림 4.5: 백혈병 데이터에서 t-검정통계량의 영분포. 이론적인 점근분포의 평균과 분산은 식으로 표현하기 어렵지만, 뒤섞기된 t-통계량의 평균과 분산으로 근사하였다.

가정을 하고, 이때 분포 F의 형태에는 어떤 제약도 없다. 만약 F의 평균이 존재한다면, 첫 번째 모집단의 평균 $E(X_1)$에 비해 두 번째 모집단의 평균 $E(Y_1)$이 Δ만큼 더 크다. 4.2.2 절에서 귀무가설 $H_0 : \Delta = 0$과 대립가설 $H_1 : \Delta < 0$ (또는 $H_1 : \Delta > 0$, $H_1 : \Delta \neq 0$)에 대한 맨-위트니-윌콕슨 검정이 분포무관 검정방법임을 살펴보았다.

여기서는 맨-위트니-윌콕슨 검정을 이용하여, 이동모수 Δ에 대한 추정 (점추정과 구간추정)을 생각해보기로 하자. 검정통계량의 두 형태 (윌콕슨 순위합통계량과 맨-위트니 U-통계량) 중 맨과 위트니의 U-통계량

$$U = U(0) = \sum_{i=1}^{m}\sum_{j=1}^{n} I(Y_j - X_i > 0)$$

을 이용한다. 모두 mn개의 차이값 $D_{ij} = Y_j - X_i$들이 있으며 이를 $\{D_1, \ldots, D_{mn}\}$으로 표시하자. 맨-위트니 U-통계량은 곧 mn개의 차이값 D_i 중 "0"과 비교하여 부호가 양수인 값의 개수임을 알 수 있다. 이동모수의 어떤 값 Δ_0에 대해 위의 U-통계량을 다시 쓰면

$$U(\Delta_0) = \sum_{i=1}^{m}\sum_{i=1}^{n} I(Y_j - X_i > \Delta_0) = \sum_{i=1}^{mn} I(D_i > \Delta_0)$$

가 되어, 조금 더 일반적인 형태의 귀무가설 $H_0 : \Delta = \Delta_0$에 대해서도 검정을 할 수

있음을 알 수 있다. 제2장의 2.2.4절에서 한 모집단의 위치에 대한 윌콕슨 부호순위 검정통계량이 왈시 평균들의 위치모수 θ_0에 대한 부호검정통계량이었음을 이용하여 신뢰구간을 구했듯이, 여기서는 U-통계량 U가 차이값 D_i 중 Δ_0보다 큰 차이값들의 개수임을 이용한 신뢰구간을 고려한다.

차이값들을 작은 순으로 늘어놓은 뒤 작은 쪽부터 k번째의 차이값을 $D_{(k)}$라고 두고, $1 \leq k_l < k_u \leq mn$을 만족하는 두 자연수 k_l과 k_u를 이용해 Δ에 대한 신뢰구간을

$$D_{(k_l)} \leq \Delta < D_{(k_u)} \tag{4.7}$$

으로 정한 뒤, 신뢰구간의 수준 $1-\alpha$에 따라 $P(D_{(k_l)} \leq \Delta < D_{(k_u)}) \leq 1-\alpha$를 만족하는 k_l과 k_u를 구하도록 하자. 이때의 Δ는 미지수인 이동모수의 실제 값이다. $U(\Delta)$와 D_i의 관계, 그리고 $U(\Delta)$의 분포가 Δ의 값과 상관없이 항상 맨-위트니 U-통계량 U의 영분포와 같고 U의 분포가 평균 $E(U) = mn/2$에 대해 대칭임을 이용하여

$$P(D_{(k_l)} \leq \Delta < D_{(k_u)}) = P(k_l \leq U(\Delta) \leq k_u - 1) \geq 1-\alpha \tag{4.8}$$

을 보일 수 있다. 부호순위검정에서의 위치모수에 대한 신뢰구간에 대한 논의를 참조하여, 같은 방식으로 U-통계량 영분포의 분위수함수 Q_U를 이용하면,

$$\begin{aligned} k_l &= Q_U(\alpha/2), \\ k_u &= mn - k_l + 1 = mn - Q_U(\alpha/2) + 1 \end{aligned}$$

으로 정할 때 (4.7)의 신뢰수준이 $1-\alpha$ 이상이 됨을 알 수 있다. 이 신뢰구간 (4.7)의 신뢰수준을 점점 작게 할 때 남게 되는, 차이값 D_i의 중앙값

$$\hat{\Delta} := \text{median}\{D_1, \ldots, D_{mn}\} = \text{median}\{Y_j - X_i : i = 1, \ldots, m, j = 1, \ldots, n\}$$

이 Δ의 핫지스-레만 추정량이다.

예 4.7

예 4.2에서 $X_i \overset{d}{=} Y_j - \Delta$라고 가정하고 Δ의 핫지스-레만 추정량을 구하고, 신뢰수준 80%에서 양측신뢰구간을 구한다. 먼저 차이값 $D_{ij} = Y_j - X_i$를 구한뒤, 정렬한다.

```
> x = cowdat$Marb[cowdat$RFI == "High"]
```

```
> y = cowdat$Marb[cowdat$RFI == "Low"]
> m = length(x); n = length(y)
> D  = sapply(y, function(y){y-x}) # Delta = E(Y) - E(X)
> (D.ord = sort(D))
 [1] -230 -210 -160 -140 -100  -60  -40  -30   70  110  130  240
```

모두 12개의 차이값이 있으며, 이들의 중앙값이 Δ의 핫지스-레만 추정량 $\hat{\Delta} = -50$이다. 유의수준 $\alpha = 0.2$를 이용해 신뢰구간 (4.7)를 구한다. 다음 코드에서 U-통계량의 분위수는 qwilcox()를 이용하여 구한다.

```
> alpha = 0.2
> kl = qwilcox(alpha/2,m,n)
> ku = m*n - kl + 1
> c(kl,ku)
[1]  2 11
> (ci = D.ord[c(kl,ku)])
[1] -210  130
```

Δ의 80% 신뢰구간은 $\Delta = E(Y) - E(X) \in [-210, 130]$이다. 식 (4.8)을 이용하여, 이 신뢰구간의 포함확률을 구해보면, 80%를 넉넉히 초과하는 것을 확인할 수 있다.

```
> (coverage = sum(dwilcox(kl:(ku-1),m,n)))
[1] 0.8857143
```

표본의 수가 매우 작기 때문에, 어떤 통계적 추론이라도 그 정확성을 담보하기 힘들다는 점을 잊지 말자.

대표본근사 신뢰구간

표본의 수 m, n이 클 때는 U-통계량 U의 분위수함수 $Q_U(\cdot)$의 값을 정확히 계산하기가 어렵다. 이때 U가 근사적으로 정규분포를 따름을 이용하여, 정규분포의 분위수함수를 이용해 $Q_U(\cdot)$의 값을 근사할 수 있다. 맨-위트니 U-통계량이 윌콕슨 순위합통계량 W과 $U = W - n(n+1)/2$의 관계가 있음을 이용하여

$$\mu_U := E(U) = E(W) - \frac{n(n+1)}{2} = \frac{nm}{2},$$
$$\sigma_U^2 := \text{Var}(U) = \text{Var}(W) = \frac{nm(n+m+1)}{12}$$

이므로

$$U \dot{\sim} N(\mu_U, \sigma_U^2)$$

를 이용하여 확률 $\alpha \in (0,1)$에 대해 $Q_U(\alpha)$를 $N(\mu_U, \sigma_U^2)$의 α-분위수로 근사할 수 있다:

$$\begin{aligned}\alpha &\le P(U \le Q_U(\alpha)) \\ &= P\left(\frac{U-\mu_U}{\sigma_U} \le \frac{Q_U(\alpha)-\mu_U}{\sigma_U}\right) \\ &\approx P(Z \le \Phi^{-1}(\alpha)).\end{aligned}$$

$\Phi^{-1}(\alpha) = -z_\alpha$를 이용하면

$$\begin{aligned}Q_U(\alpha) &\approx \mu_U - \sigma_U z_\alpha \\ &= \frac{nm}{2} - z_\alpha\sqrt{\frac{nm(n+m+1)}{12}}.\end{aligned}$$

대표본근사된 순서 $\tilde{k}_l = \lfloor \frac{nm}{2} - z_{\alpha/2}\sqrt{\frac{nm(n+m+1)}{12}} \rfloor$과 $\tilde{k}_u = \lfloor \frac{nm}{2} + z_{\alpha/2}\sqrt{\frac{nm(n+m+1)}{12}} + 1 \rfloor$를 이용한 이동모수 Δ에 대한 신뢰구간 $D_{(\tilde{k}_l)} \le \Delta < D_{(\tilde{k}_u)}$은 점근근사적으로 정확한 $1-\alpha$ 신뢰구간이다.

예 4.8

예 4.1에서 $X_i \overset{d}{=} Y_j - \Delta$라고 가정하고 신뢰수준 95%에서 Δ의 양측신뢰구간을 구해보자.

```
> # confidence interval large sample
> x = leukemia4$ge[leukemia4$label == "ALL"]
> y = leukemia4$ge[leukemia4$label == "AML"]
> D = sapply(y, function(y){y-x})
> D.ord = sort(D)
```

차이값의 개수가 1175개이므로 프린트하지 않는다. 순서 $\tilde{k}_l, \tilde{k}_u$는 일반적으로 자연수가 아니므로, 가장 가까운 자연수를 이용하여 신뢰구간을 구한다.

```
> m = length(x); n = length(y)
> ew = n * (n+m + 1)/2 # W 통계량의 모평균
> vw = n*m*(n+m+1)/12  # W 통계량의 모분산
> eu = ew - n*(n+1)/2  # U 통계량의 모평균
> vu = vw              # U 통계량의 모분산
```

```
> (ci.limits = round( eu + 1.96 * sqrt(vu) *c(-1,1)))
[1] 422 753
> (ci = D.ord[ci.limits])
[1]  13 133
```

이동모수의 95% 신뢰구간은 $\Delta \in (13, 133)$ 이다. 즉 AML 모집단의 유전자 발현 정도가 ALL 모집단에 비해 유의하게 크다.

4.2.5 정리: 위치에 대한 검정

윌콕슨의 순위합검정은 윌콕슨 (Wilcoxon, 1945)이 부호순위검정과 함께 제안하였으며, 맨과 위트니 (Mann and Whitney, 1947)는 1947년에 U-통계량의 형식을 이용하여 순위합분포의 성질과 정규분포로 대표본근사됨 등을 밝혔다. 맨-위트니-윌콕슨 검정은 거의 80년이 지난 지금도 두 표본의 위치 모수에 대한 비모수검정방법으로 가장 대표적으로 이용되는 방법이다. 맨-위트니-윌콕슨 검정이 자료의 특정한 변환 (순위로 변환)을 이용한 순열검정인 사실은 이미 윌콕슨에 의해 이용되었다. 다만 용어 "순열검정"은 이용되지 않았다. 순열검정이라는 용어는 그동안 관측값을 그대로 고정한 뒤에 표본의 label을 뒤섞는 검정방법 (즉, 통계량 $\bar{Y} - \bar{X}$ 등을 이용한 순열검정)에만 쓰였기 때문이다. 지금도 "순열검정"이라 하면 관측값에 조건부로 (즉, 원래의 관측값을 고정한) 순열분포를 영분포로 이용한 방법을 일반적으로 가르킨다.

순열검정은 조건부로 정확한 방법이다. 특히 맨-위트니-윌콕슨 검정은 데이터 그 자체의 값이 아니라 데이터의 상대적인 위치만을 고려하므로 어떤 모집단에서 데이터가 생성되었어도, 순서만 같다면 결과가 같은 비모수적 방법이다. 단 귀무가설 아래에서 두 모집단이 완전히 같아야 (즉, 귀무가설이 $H_0 : F = G$) 정확하게 제1종의 오류율을 컨트롤하는 방법이다. 만약 같은 중앙값을 가지고 있지만, 두 모집단의 형태 또는 산포가 매우 다른 경우는 윌콕슨 검정이 정확함을 담보할 수 없다.[4]

귀무가설 아래에서는 모든 관측값들 X_i 이 분포 F 에서의 독립적인 표본이므로, $U_i = F(X_i) \sim_{i.i.d.}$ Uniform$(0, 1)$ 이다. 변환된 U_i 에 $N + 1$ 을 곱하고 그 순서통

[4]귀무가설에서 두 모집단의 형태와 중앙값이 같지만 산포가 다른 경우에 윌콕슨 순위합통계량을 스튜던트화한 검정통계량을 이용한 검정방법이 대표본에서 근사적으로 정확함을 Fligner and Policello (1981)이 보였다. 이는 Fligner-Policello 검정으로 알려져 있다. 최근에는 Chung and Romano (2016)가 이와 같은 상황을 다루었으며, 모두 Welch의 t-검정통계량의 도출과 비슷한 방법으로 이해할 수 있다. 순위변환을 하지 않고,Welch의 t-검정에서 절사평균을 이용한 Yuen (1974)의 Yuen-Welch t-검정은 정규분포 가정이 많이 어긋날 때에도 근사적으로 정확한 검정이다.

계량들의 기댓값을 구해보면, $1, 2, \ldots, N$, 즉 순위가 됨을 보일 수 있다. 이 사실을 이용해 윌콕슨 검정을 이해해 보면, 비모수 검정인 윌콕슨 검정에서는 먼저 분포 F가 무엇이던지 균등분포로 변환하고, 실제의 분포 F를 모르기 때문에 균등분포로 변환한 뒤의 기댓값 (순위)을 관측값 X_i 대신에 이용하는 순열검정이다. 이 과정에서 실제 모집단의 분포 F를 간접적으로 이용하므로, 어떤 모집단의 분포에서도 같은 영분포를 도출할 수 있는 분포무관 방법이라고 할 수 있다.

4.2.6 R의 `wilcox.test()` 함수

두 모집단의 위치 차이에 대한 검정인 맨-위트니-윌콕슨 검정은 R의 `wilcox.test()`에 구현되어 있다. 이 함수는 한 모집단의 위치에 대한 윌콕슨 부호순위검정에도 쓰이므로 2.2.5 절을 같이 참조하자. 몇 가지 사용법을 살펴본다.

다음 코드는 `leukemia4` 데이터 프레임 내의 데이터 (예 4.1)를 이용하여 `label == "ALL"`인 데이터 `ge`의 값을 x_i, `label == "AML"`인 데이터의 값을 y_i로 두었을 때, $x_i = \mu_1 + \epsilon_i$, $y_i = \mu_2 + e_i$의 모형에서

$$H_0 : \mu_1 = \mu_2 \quad \text{vs} \quad H_1 : \mu_1 \neq \mu_2$$

의 가설에 대한 순위합검정을 진행한다. 인자 `conf.int = TRUE`를 이용하여 95% 이동모수 $\Delta = \mu_1 - \mu_2$[5]의 신뢰구간도 함께 계산하였다. 인자 `exact = FALSE`이므로, 대표본근사를 이용하여 계산한다.

```
> wilcox.test(ge ~ label, exact = FALSE, conf.int = TRUE, data =
    leukemia4)

	Wilcoxon rank sum test with continuity correction

data:  ge by label
W = 386.5, p-value = 0.01771
alternative hypothesis: true location shift is not equal to 0
95 percent confidence interval:
 -133.99994  -12.99998
sample estimates:
difference in location
             -68.00001
```

[5] 3.6.1, 4.1, 4.2.4절에서의 이동모수 $\Delta = \mu_2 - \mu_1$와 반대로 정의되었다.

데이터에 동점이 없고 표본의 수가 작을 때는 다음과 같이 윌콕슨 순위합분포를 이용하여 정확한 검정과 신뢰구간을 구할 수 있다. 이 데이터는 동점이 있어 정확한 검정이 아니므로 경고 메세지가 나온다.

```
wilcox.test(ge ~ label, exact = TRUE, data = leukemia4)
```

다음과 같이 사용할 수도 있다. 두 벡터 x와 y에 각각의 관측값들이 담겨있다. 함수에 인자 alternative = "greater"를 추가하여 우측검정 ($H_1 : \mu_1 < \mu_2$)을 진행할 수도 있다. 여기서 greater는 함수 인자의 입력 순으로 y > x으로 해석하면 된다.

```
> wilcox.test(y,x, exact = FALSE, correct = FALSE, alternative = "
   greater")

        Wilcoxon rank sum test

data:  y and x
W = 788.5, p-value = 0.008715
alternative hypothesis: true location shift is greater than 0
```

4.3 이표본 대응 비교

이표본 대응 비교는 한 모집단에 대한 검정으로 이해하는 것이 좋다.

예 4.9

어떤 화장품 회사에서 새로운 피부보호크림을 개발하였다. 이 새로운 크림(A)의 효과를 기존의 크림(B)와 비교하기 위해 8명의 사용자를 선발하여, 한쪽 팔에는 크림 A를 다른 쪽 팔에는 크림 B를 바르게 한 후 일정기간 동안 햇볕에 피부를 노출시켜 화상의 정도를 측정하였다. 크림 A가 크림 B보다 피부를 더 잘 보호한다고 할 수 있는가? 단, 높은 수치가 화상의 정도가 심한 것을 나타낸다.

	1	2	3	4	5	6	7	8
A	72	109	74	33	54	62	41	18
B	34	72	165	14	92	75	58	85

위 데이터 상황에서는 크림 A와 크림 B의 두 모집단을 비교하지만, A 모집단의 한 관측값이 B 모집단의 한 관측값과 쌍을 이루고 있다. 1번 사용자가 A와 B 크림을

모두 사용했기 때문에 두 관측값 72, 34가 서로 독립이라고 볼 수가 없다. 이러한 상황에서 A 모집단의 위치 (평균 또는 중앙값)을 B 모집단의 위치와 비교하는 문제를 대응비교라고 한다.

각 관측값들을 $X_1, \ldots, X_n, Y_1, \ldots, Y_n$ 이라고 할 때, (X_i, Y_i)는 모두 i 번째 사용자로부터 관측했으므로 서로 독립이라고 할 수 없지만, 쌍별 관측값들

$$\{(X_1, Y_1), \ldots, (X_n, Y_n)\}$$

은 서로 독립이다. 따라서, 사용자별 두 효과의 차이 $D_i = Y_i - X_i$ 에 대해

$$D_i = \Delta + \epsilon_i, \quad i = 1, \ldots, n,$$

가 서로 독립이며 같은 분포를 따른다고 가정한다. 중앙값이 0인 ϵ_i 의 분포는 정규분포일 수도 있고, 아닐 수도 있다. 만약 각 모집단의 분포가 정규분포였다면, D_i 의 분포 (그리고 ϵ_i 의 분포)도 또한 정규분포이지만, 각 모집단의 분포가 정규분포가 아니거나 두 분포가 다르다면 ϵ_i 의 분포가 정규분포라고 확신할 수 없다.

이표본 대응비교에서는 두 모집단의 위치의 차이 Δ 에 대해

$$H_0 : \Delta = 0, \quad \text{vs} \quad H_1 : \Delta \neq 0$$

의 가설을 세우고 이에 대한 가설검정을 한다. (단측검정 $H_1 : \Delta < 0$ 또는 $H_1 : \Delta > 0$을 할 수도 있다.) 대응비교에서의 검정은 효과의 차이 D_i가 한 모집단에서의 표본인 것에 착안하여, 한 모집단의 표본에 대한 위치 검정을 할 수 있다. 즉, 정규분포를 따를 때는 일표본 t-검정, 그렇지 않을 때는 부호검정 또는 윌콕슨 부호순위검정을 시행한다. 제2장을 참조하자.

4.4 척도모수에 대한 검정

지금까지 두 모집단의 위치에 대한 검정과 위치 이동모수 Δ 에 대한 분포무관 추정을 살펴보았다. 여기서는 두 모집단의 산포의 차이에 대한 분포무관 가설검정을 살펴보도록 하겠다. 두 모집단의 산포에 대한 추론은 자주 부딪히는 문제는 아니지만, 정규분포 가정을 할 수 없을 때 고려할 수 있는 순위에 기반한 분포무관 검정방법을 살펴보도록 한다.

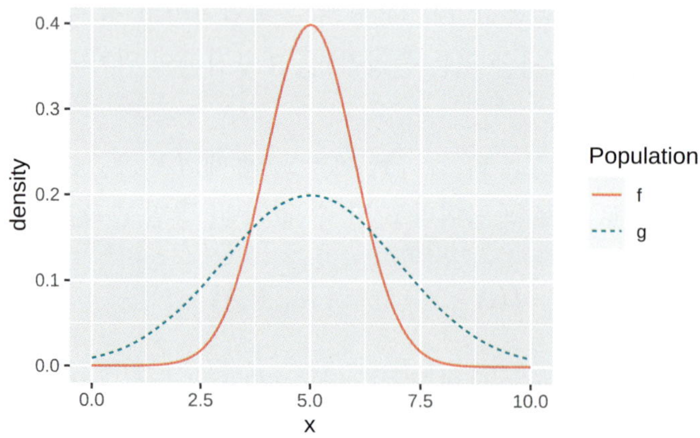

그림 4.6: 척도모수만 다른 두 모집단의 분포.

4.4.1 두 모집단의 위치가 동일할 때

먼저 두 모집단의 위치가 동일하고 척도만이 다름을 가정해 보자. 즉 $X_1, \ldots, X_m \sim_{i.i.d.} f, Y_1, \ldots, Y_n \sim_{i.i.d.} g$ 일 때,

$$X_i = \mu + \sigma_1 e_i,$$
$$Y_i = \mu + \sigma_2 \epsilon_i$$

이며, 이때 $e_1, \ldots, e_m, \epsilon_1, \ldots, \epsilon_n$은 서로 독립이고 모두 중앙값이 0인 동일한 분포를 가지고 있어, 두 모집단은 공통의 위치모수 μ를 가지고 산포의 비가 $\gamma = \sigma_2/\sigma_1$ 이다. 두 번째 모집단의 산포가 첫 번째 모집단의 산포에 비해 γ배만큼 더 큼을 가정한 모형이다. 그림 4.6은 ϵ 그리고 e의 분포가 정규분포이며 산포의 차이가 $\gamma = 2$일 때의 두 모집단 분포를 표시하였다.

예 4.10

한 식품공장에서 생산하는 카레의 포장 무게가 상품마다 제각각이라는 불만이 접수되어, 새로운 공정을 도입하여 포장된 상품의 무게를 일정하게 유지시키려 한다. 기존 공정에서 랜덤표집된 상품의 무게는 110, 115, 120, 105, 103, 117 그램이었고, 새로운 공정에서 랜덤표집된 상품의 무게는 109, 118, 113, 112, 119 그램이었다. 새로운 공정이 기존 공정에 비해 상품의 무게를 더 일정하게 유지시킬까?

위의 예에서 기존의 공정과 새로운 공정에서의 상품의 평균 무게는 같다고 가정하고, 순위를 이용한 분포무관 검정통계량을 생각해보자.

귀무가설 $H_0 : \gamma = 1$ 이 사실일 때, 즉 두 모집단이 같다고 가정해보자. 관측값 $X_1, \ldots, X_m$ 과 $Y_1, \ldots, Y_n$ 은 모두 같은 분포에서 표집되었으므로, 이 혼합 표본에서의 "Y" 관측값의 순위 R_i 들을 이용한 윌콕슨 순위합통계량 $W = \sum_{i=1}^{n} R_i$ 의 영분포는 분포무관하게 윌콕슨 순위합분포를 따름을 알고 있다. 하지만, 대립가설이 사실일 때, 즉 두 번째 모집단의 산포가 첫 번째 모집단의 산포보다 작아도 ($\gamma < 1$) 순위합통계량 W 의 값이 작아지거나 커지는 경향을 보이지는 않아, 산포에 대한 검정의 검정통계량으로 쓰일 수 없다.

이에 대한 대안으로, 관측값을 순위로 변환시키는 대신, 산포의 차이를 반영할 수 있는 점수로 변환시킬 수 있다. "Y" 관측값들이 "X" 관측값들에 비해 더 산포가 작다면, "Y" 관측값들이 더 중앙에 몰려 있을 것이므로, 관측값이 중앙에 있을 때 작은 값을, 그렇지 않을 때 큰 값을 가지는 점수를 고안해 낼 수 있다. (반대로 중앙에 있을 때 큰 값을 가지는 점수를 생각할 수도 있다.)

아래 표는 예 4.10의 데이터 (새로운 공정이 두 번째 모집단에 해당)에 대해 순위와 산포를 반영할 수 있는 여러 순위를 기록한 것이다.

공정	Old	Old	New	Old	New	New	Old	Old	New	New	Old
관측값	103	105	109	110	112	113	115	117	118	119	120
순위	1	2	3	4	5	6	7	8	9	10	11
AB 점수	1	2	3	4	5	6	5	4	3	2	1
ST 점수	1	4	5	8	9	11	10	7	6	3	2
Mood 점수	25	16	9	4	1	0	1	4	9	16	25

순위와 세 점수들 간의 그래프 (그림 4.7)를 보면 다른 점이 명확하게 보인다.

표의 AB 점수는 앤서리-브래들리 (Ansari-Bradley) 점수로서 가장 작은 순위와 가장 큰 순위에 점수 1, 두 번째로 작은 순위와 두 번째로 큰 순위에 점수 2를 주는 것을 가장 중간의 순위까지 반복하여 정의된다. 앤서리-브래들리 통계량 T_{AB}은 두 번째 표본들의 앤서리-브래들리 점수의 합으로서 두 번째 모집단의 산포가 작을수록 T_{AB}가 큰 경향이 있다.

시겔-튜키 (Siegel-Tukey; ST) 점수는 앤서리-브래들리 점수와 매우 유사하지만, 동점이 없는 경우 ST 점수들이 모두 유일한 값을 가지도록 고안된 점수이다. 시겔-튜키 통계량 T_{ST}는 두 번째 모집단의 시겔-튜키 점수들의 합으로 정의된다. 귀무가설이 사실일 때, T_{ST} 의 분포가 윌콕슨 순위합분포와 동일함을 이용하기 위해 특별히

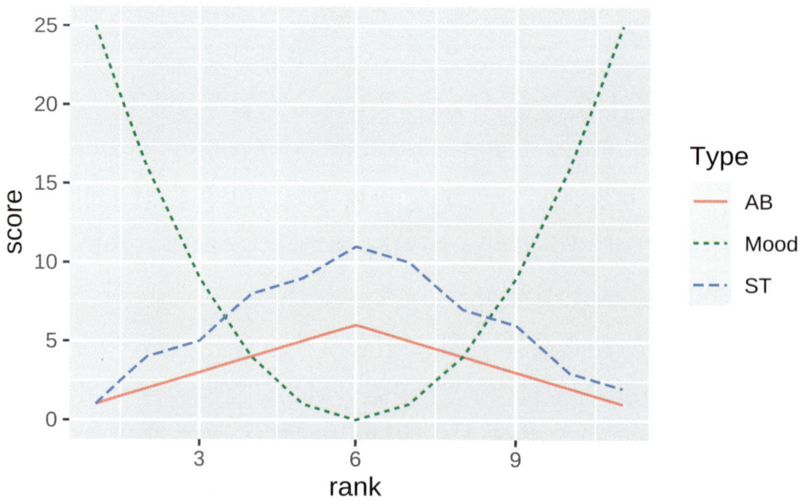

그림 4.7: 순위와 AB 점수, ST 점수, 그리고 Mood 점수.

제안되었다.

무드 (Mood) 점수는 각 순위 R_i와 중간순위 $(N+1)/2$와의 차이의 제곱 $a_M(R_i) = (R_i - (N+1)/2)^2$으로 정한 점수이다. 분포의 꼬리쪽에 있는 관측값에 더 민감하도록 고안되어 척도의 차이를 쉽게 감지할 수 있는 점수이다. 무드 통계량도 역시 두 번째 표본들의 무드 점수의 합으로 정의된다.

귀무가설 $H_0 : \gamma = 1$ 또는 $H_0 : f = g$가 사실일 때의 앤서리-브래들리 통계량, 시겔-튜키 통계량, 무드 통계량의 영분포는 각 점수들의 순열분포로 구할 수 있다. 좌측가설 $H_1 : \gamma < 1$ (두 번째 모집단의 산포가 더 작다) 아래에서 앤서리-브래들리 통계량과 시겔-튜키 통계량은 클수록 더 극단적이며, 무드 통계량은 작을수록 더 극단적임을 이용하여 각 통계량의 순열분포로부터 p-값을 구할 수 있다. 이 p-값은 관측값들의 상대적인 순서와 연관되어 있지만 실제 관측값과는 상관이 없으므로 분포무관한 성질이 있다. 이와 같은 분포무관 검정 방법들을 앤서리-브래들리 검정, 시겔-튜키 검정, 그리고 무드 검정이라고 부른다.

예 4.11

예 4.10의 데이터에 대해 각 검정통계량을 계산해보면 앤서리-브래들리 통계량은 $T_{AB} = 3+5+6+3+2 = 19$, 시겔-튜키 통계량은 $T_{ST} = 5+9+11+6+3 = 34$, 무드 통계량은 $T_M = 9+1+0+9+16 = 35$이다. 각 통계량의 영분포에 해당하는 정확한 순열분포를 생성하여 귀무가설 $H_0 : \gamma = 1$과 대립가설 $H_1 : \gamma < 1$을 검정해

보자.

먼저 다음과 같이 데이터를 준비한다.

```
> x = c(110, 115, 120, 105, 103, 117)
> y = c(109, 118, 113, 112, 119)
> curry = data.frame(label = c(rep("Old",6),rep("New",5)),
+                    x = c(x,y),rank = rank(c(x,y)))
> curry2 = cbind(curry %>% arrange(x),
+               AB = c(1:6, 5:1),
+               ST = c(1,4,5,8,9,11,10,7,6,3,2)) %>%
+   mutate(Mood = (rank-6)^2)
> head(curry2,3)
  label   x rank AB ST Mood
1   Old 103    1  1  1   25
2   Old 105    2  2  4   16
3   New 109    3  3  5    9
```

세 통계량은 `label == "New"`인 관측값들에서의 각 점수의 합이다.

```
> stats.obs = curry2 %>% filter(label == "New") %>% summarise(
    sum(AB),sum(ST),sum(Mood)) %>% unlist()
> stats.obs
  sum(AB)   sum(ST)  sum(Mood)
       19        34         35
```

전체 $\binom{11}{5} = 462$개의 뒤섞기가 가능하므로, 정확한 순열검정을 시행한다. 각 통계량의 영분포를 다음과 같이 생성한 뒤, p-값을 구한다. p-값을 구할 때는 "극단"의 판단에 주의하자.

```
> N = 11; n = 5
> allperms = gtools::combinations(N,n) # perm. ids for "y" group
> stats.perm = apply(allperms,1,
+       function (perm.y.id){
+         curry2[perm.y.id,] %>% summarise(sum(AB),sum(ST),sum(
    Mood)) %>% unlist()
+       } )
> p.AB = mean(stats.perm[1,] >= stats.obs[1])
> p.ST = mean(stats.perm[2,] >= stats.obs[2])
> p.Mood = mean(stats.perm[3,] <= stats.obs[3])  # 작은 쪽이 더 극단
    적이다
> (p.vals = c(p.AB = p.AB, p.ST = p.ST, p.Mood = p.Mood))
```

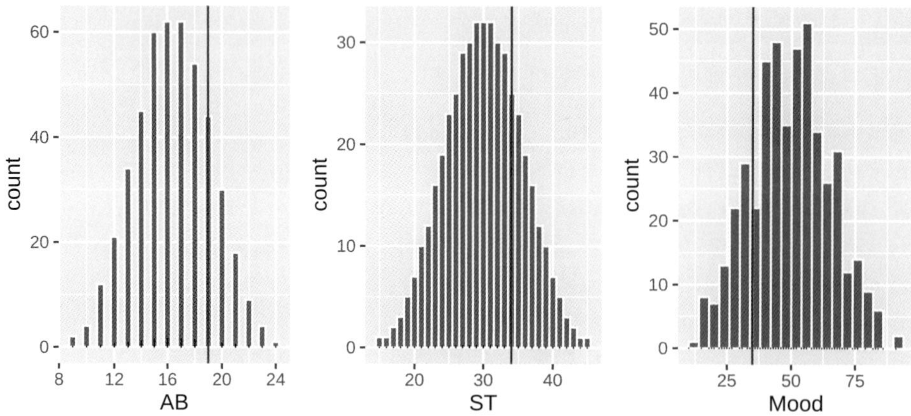

그림 4.8: 앤서리-브래들리 통계량, 시겔-튜키 통계량, 무드 통계량의 영분포.

```
     p.AB      p.ST    p.Mood
0.2294372 0.2683983 0.1861472
```

세 순열검정의 p-값이 모두 크므로, $H_0 : \gamma = 1$를 기각하지 않는다. 참고로, 각 통계량의 영분포와 관측된 검정통계량을 그림 4.8에 표시하였다.

시겔-튜키 통계량은 영분포가 윌콕슨 순위합분포와 동일하다는 점에서 착안되었다. 이는 순열분포의 생성에 며칠이 걸리는 1960년대에는 큰 장점이었지만, 컴퓨터의 속도가 빠른 지금은 장점이라고 볼 수는 없다. 또한, 시겔-튜키 점수는 정확히 대칭이 아니므로, 오른쪽부터 점수를 매기면 시겔-튜키 통계량의 값이 미세하게 달라져, 같은 데이터에서 서로 다른 검정결과를 줄 수가 있으므로, 현재는 자주 사용되지 않는다. 위의 세 가지 점수 외에 다른 점수들도 많이 제안되었지만, 가장 기본적이고 직관적인 앤서리-브래들리 검정이 척도모수의 검정에서 가장 자주 사용된다.

참고로 R에서는 `ansari.test()`, `mood.test()`, 그리고 `DescTools` 패키지의 `SiegelTukeyTest()` 함수를 이용하여 근사적인 검정을 시행할 수 있다.

예 4.12

예 4.10의 데이터에 대해 `ansari.test()`, `mood.test()`, 그리고 `SiegelTukeyTest()`를 이용하여 척도모수에 대한 검정을 진행한다. 예 4.11과 마찬가지로 귀무가설 $H_0 : \gamma = 1$과 대립가설 $H_1 : \gamma < 1$을 검정한다. 앤서리-브래들리 검정을 시행하는 `ansari.test()`는 표본의 수가 작을 때 정확한 p-값을 준다.

```
> ansari.test(y,x,alternative = "less")

        Ansari-Bradley test

data:  y and x
AB = 19, p-value = 0.2294
alternative hypothesis: true ratio of scales is less than 1
```

시겔-튜키 검정을 시행하는 `DescTools::SiegelTukeyTest()`는 시겔-튜키 통계량을 계산할 때, 중앙값 (이 경우는 시겔-튜키 점수 "11"에 해당함)을 제외하고 계산한다. 표본 수가 매우 작아, 이 차이가 p-값에 큰 변화를 준다.

```
> DescTools::SiegelTukeyTest(y,x,alternative = "less",exact =
    TRUE)

        Siegel-Tukey-test for equal variability

data:  y and x
ST = 23, p-value = 0.4571
alternative hypothesis: true ratio of scales is less than 1
```

마지막으로 무드 검정을 시행하는 `mood.test()`는 표준화된 통계량과 대표본근사된 p-값을 계산한다. 표본 수가 작은 경우, 순열검정의 p-값이 더 정확하다.

```
> mood.test(y,x,alternative = "less")

        Mood two-sample test of scale

data:  y and x
Z = -0.98058, p-value = 0.1634
alternative hypothesis: less
```

4.4.2 두 모집단의 위치가 다를 때

만약 두 모집단의 산포와 위치가 모두 다를 수도 있을 때, 즉

$$X_i = \mu_1 + \sigma_1 e_i,$$
$$Y_i = \mu_2 + \sigma_2 \epsilon_i$$

이며 $\mu_1 = \mu_2$ 임을 가정할 수 없을 때에도 $\gamma = \sigma_2/\sigma_1$ 에 대한 검정을 하고 싶다면 어떻게 해야 할까?

모집단이 정규분포와 비슷하다는 가정을 할 수 있을 때에는 각 모집단에서의 모분산의 추정량인 $S_1^2 = \sum_{i=1}^m (X_i - \bar{X})^2/(m-1)$, $S_2^2 = \sum_{i=1}^n (Y_i - \bar{Y})^2/(n-1)$ 를 이용한 두 표본분산의 비율

$$F = \frac{S_2^2}{S_1^2} \tag{4.9}$$

이 귀무가설이 사실일 때 ($\sigma_1^2 = \sigma_2^2$) $F_{m-1,n-1}$ 분포를 점근근사적으로 따름을 이용하여 검정을 할 수 있다.

두 모집단이 정규분포와 매우 다를 때에는, 귀무가설 $H_0 : \gamma = 1$가 사실일 때에도 두 모집단의 위치가 다르기 때문에 앤서리-브래들리 순열검정 (또는 다른 점수를 이용한 순열검정)의 교환가능 가정이 만족되지 않아, 제1종의 오류율을 컨트롤할 수가 없다. 위치를 조정한 관측값들 $\{X_i - \mu_1, Y_j - \mu_2 : i = 1, \ldots, m, j = 1, \ldots, m\}$ 은 귀무가설 아래에서 교환가능하지만 위치모수 μ_1과 μ_2를 알지 못하므로 이용할 수 없다. 미지수인 위치모수를 추정한 뒤, 위치 조정된 관측값들 $X_i - \hat{\mu}_1, Y_j - \hat{\mu}_2$를 이용하여 근사적인 순열검정을 이용할 것을 Higgins (2004)가 제안하였다.

먼저, 모집단이 정규분포와 매우 다르지만 그 형태가 위치와 산포를 제외하고는 같을 때에 이용할 수 있는 몇 가지 검정통계량을 살펴보자. 다음의 세 가지 검정통계량들은 대립가설 $\gamma > 1$가 사실일 때, 큰 값을 가지는 경향이 있다.

1. 두 표본분산의 비율 F (4.9): 꼬리가 두텁거나 이상점이 있을 때는 F의 값의 변동이 크다.

2. 중간절대편차 (Median absolute deviation; MAD)의 비:

$$R = \frac{\text{median}\{|Y_i - \text{median}\{Y_i\}|\}}{\text{median}\{|X_i - \text{median}\{X_i\}|\}}$$

   꼬리가 두텁거나 이상점이 있을 때에도 R의 변동이 작다.

3. 중앙값 조정된 관측값들의 앤서리-브래들리 통계량: 중앙값 조정된 관측값들 $X_i' = X_i - \text{median}\{X_i\}$와 $Y_i' = Y_i - \text{median}\{Y_i\}$의 위치가 근사적으로 같음을 이용하여 $\{X_1', \ldots, X_m', Y_1', \ldots, Y_n'\}$의 앤서리-브래들리 통계량을 계산한다. (위치모수의 추정값으로 중앙값 median$\{X_i\}$ 대신 왈시 평균들의 중앙값을 쓸

수도 있다. 또한 앤서리-브래들리 통계량 대신 시겔-튜키 또는 무드 통계량을 쓸 수도 있다.)

각각의 검정통계량을 이용하여 순열검정을 시행할 수 있다. 이때, 귀무가설 아래에서도 위치가 다르므로 관측값 $\{X_i, Y_j\}$은 교환가능하지 않지만, 위치조정된 편차들 $X_i' = X_i - \text{median}\{X_i\}$, $Y_j' = Y_j - \text{median}\{Y_i\}$는 (근사적으로) 교환가능하므로, 이를 뒤섞어 근사적인 순열검정이 가능하다. (F 통계량 (4.9)를 검정통계량으로 이용할 때는 중앙값 $\text{median}\{X_i\}$ 대신 평균 $\bar{X}$를 이용하여 X_i'를 정한다.)

앤서리-브래들리 통계량을 검정통계량으로 정할 때의 근사적인 순열검정의 절차를 알아보자. 먼저 조정된 관측값들 $\mathbb{X}' = \{X_1', \ldots, X_m', Y_1', \ldots, Y_n'\}$을 이용하여 앤서리-브래들리 통계량의 값 T_{AB}를 계산한다. 이후 조정된 관측값 $\mathbb{X}'$의 모든 M개의 뒤섞기에 대해 (또는 랜덤뒤섞기를 M번 시행하여) 앤서리-브래들리 통계값을 반복 계산하여 $\{T_{AB}^{*i} : i = 1, \ldots, M\}$의 분포를 영분포로 둔다. 가설 $H_0 : \gamma = 1$과 $H_1 : \gamma > 1$를 검정할 때, T_{AB}의 값이 클수록 극단적이므로, p-값은 $p = M^{-1} \sum_{i=1}^{M} I(T_{AB}^{*i} \geq T_{AB})$이다.

예 4.13

예 4.1의 급성백혈병 환자 데이터를 이용하여 두 모집단 ALL과 AML의 산포가 다른지를 검정하자. 벡터 x에 ALL의 유전자 발현 값들이, 벡터 y에 AML의 유전자 발현 값들이 담겨있다. 먼저 두 표본분산의 비율 F (4.9)를 이용한 F-검정을 시행하면 p-값이 상당히 크게 나와 두 집단의 분산이 다르다고 볼 근거가 부족하다. 표본의 개수가 충분히 많으므로 F-검정의 결과도 믿을 수 있다.

```
> var.test(x,y)$p.value
[1] 0.1986019
```

다음으로 중앙값 조정된 검정통계량을 이용한다. 두 모집단의 위치가 동일하다고 볼 수 없으므로, 앤서리-브래들리 검정을 직접 이용해서는 안 되고, 중앙값 조정된 관측값을 이용해야 한다.

```
> ansari.test(x - median(x), y - median(y))

        Ansari-Bradley test

data:  x - median(x) and y - median(y)
AB = 933, p-value = 0.1347
alternative hypothesis: true ratio of scales is not equal to 1
```

만약 중앙값 조정을 하지 않는다면, 척도의 차이와 위치의 차이가 혼재되어 구별할 수 없게 된다. 다음은 잘못된 예이다.

```
> ansari.test(x,y)

        Ansari-Bradley test

data:  x and y
AB = 958.5, p-value = 0.03518
alternative hypothesis: true ratio of scales is not equal to 1
```

시겔-튜키 검정을 시행하는 `SiegelTukeyTest()` 함수에는 중앙값 조정을 하도록 인자를 설정할 수 있다. 다음의 두 결과는 동일하다.

```
DescTools::SiegelTukeyTest(x,y,adjust.median = TRUE)
DescTools::SiegelTukeyTest(x - median(x), y - median(y))
```

4.5 콜모고로프-스미르노프 검정

지금까지 두 모집단의 위치와 산포에 대한 검정방법을 살펴보았다. 이 절에서는 두 모집단의 차이에 대해 하나의 모수 (위치 또는 산포)를 정하지 않고, 광범위한 대립가설에 대해서도 검정을 할 수 있는 콜로고로프-스미르노프 (Kolmogorov-Smirnov; KS) 검정에 대해 알아보도록 한다.

두 모집단의 누적분포함수를 F, G라고 두고 관측값 $X_1, \ldots, X_m \sim_{i.i.d.} F$, $Y_1, \ldots, Y_n \sim_{i.i.d.} G$를 이용하여

$$H_0 : F = G \quad \text{v.s.} \quad H_1 : F \neq G$$

를 검정하고자 한다. 대립가설이 특정한 모수에 대해 쓰여져 있지 않기 때문에, 대립가설에서 F와 G의 평균과 분산이 같은데에도 G와 F의 분포의 형태가 다를 수 (예를 들어 G가 F에 비해 더 오른쪽으로 치우쳐져 있을 수) 있다. 이때, 위치 이동모수 Δ 또는 척도모수 γ에 민감한 윌콕슨 순위합검정통계량과 앤서리-브래들리 통계량을 이용한 순열검정의 검정력은 매우 작아, 실제로 분포가 매우 다를 때에도 귀무가설을 기각하지 못 할 수 있다.

콜모고로프-스미르노프 통계량은 각 표본으로부터 구한 **경험적 분포함수** (empir-

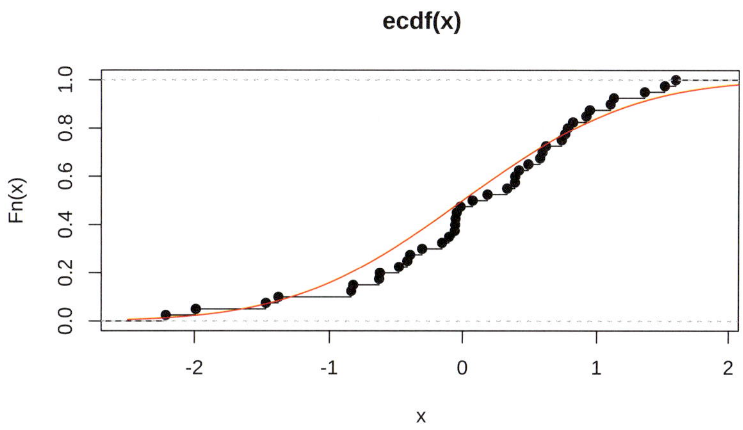

그림 4.9: 경험적 분포함수 $\hat{F}_X(x)$와 누적분포함수 $F(x)$의 비교

ical distribution function)을 직접 비교하는 통계량이다.

먼저 한 표본 $X_1, \ldots, X_m$의 값으로 구한 경험적 분포함수 $\hat{F}_X$가 무엇인지 알아보자. 확률변수 X (또는 어떤 모집단)의 (누적)분포함수는 인자 $x \in (-\infty, \infty)$에 대해 $X \leq x$일 확률의 값 $F(x) = P(X \leq x)$을 주는 함수이다. 실제 분포 F를 알지 못하므로, 이 분포함수 $F(x)$의 좋은 추정량으로서 $\hat{F}_X(x)$를 x보다 작거나 같은 관측값의 비율

$$\hat{F}_X(x) = \hat{P}(X \leq x) = \frac{1}{m}\sum_{i=1}^{m} I(X_i \leq x)$$

로 정하며, 이 $\hat{F}_X$를 경험적 분포함수라고 한다. 예를 들어, 표준정규분포로부터 랜덤표집한 $m = 40$개의 관측값으로 구한 경험적 분포함수와 표준정규분포의 누적함수를 비교하면 그림 4.9와 같다.

각 점 x에서 $\hat{F}_X(x)$가 실제의 분포함수의 값 $F_X(x)$ 주변에 있는 것을 확인할 수 있다. 사실 $E(\hat{F}_X(x)) = F_X(x)$이며 $\mathrm{Var}(\hat{F}_X(x)) = F_X(x)(1 - F_X(x))/n$으로서 표본의 수 n이 클 때 경험적 분포함수는 실제 분포함수와 거의 비슷하다.

두 표본의 분포를 비교하기 위해서 각 표본의 경험적 분포함수를 비교한다. 그림 4.10의 두 경험적 분포함수는 예 4.1의 급성백혈병 환자 중 ALL 표본과 AML 표본으로부터 구했다. ALL 표본들에 비해 AML 표본들의 값이 더 큰 경향이 있음을 알 수 있으며 두 경험적 분포함수값의 차이 (그림 4.10에서 검은 (ALL) 선과 빨간 (AML) 선의 수직 거리)가 많이 날수록 두 분포가 다르다고 볼 수 있다.

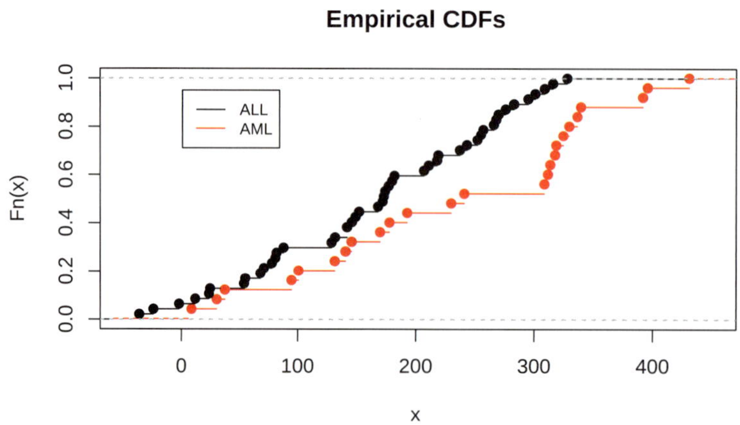

그림 4.10: 백혈병 데이터, ALL 표본의 경험적 분포함수와 AML 표본의 경험적 분포함수의 비교.

콜모고로프-스미르노프 검정통계량 (KS-통계량) K는 두 경험적 분포함수값 ($\hat{F}_X(x)$와 $\hat{F}_Y(x)$)의 최대 차이를 표본의 수를 이용하여 크기조정을 한 값이다:

$$K := \sqrt{\frac{mn}{m+n}} \sup_x \{|\hat{F}_X(x) - \hat{F}_Y(x)|\}.$$

귀무가설 $H_0 : F = G$ 아래에서는 $\hat{F}_X(x)$ 와 $\hat{F}_Y(x)$ 모두 $F(x)$와 근사적으로 비슷해지므로 통계량이 너무 작아지지 않도록 $\sqrt{\frac{mn}{m+n}} = \left(\frac{1}{m} + \frac{1}{n}\right)^{-1/2}$을 곱하였다. 두 경험적 분포함수는 각각 계단함수로서 최대 $m+1$, $n+1$개의 다른 값을 가진다. 따라서, KS-통계량 K를 계산하기 위해 모든 x에 대해 두 분포함수의 차이를 조사할 필요없이, 각 관측값 X_i, Y_j에서의 두 함수값의 차이를 조사하면 된다. 두 모집단의 분포가 차이가 날 때 (즉 대립가설이 사실일 때), 그리고 그 차이의 형태가 무엇이든, K의 값은 커지는 경향이 있으므로, 어떤 형태의 대립가설에도 KS-통계량을 이용한 검정을 이용할 수 있다. 다만 KS-검정은 대립가설의 모든 가능성에 대해 민감하므로, 특수한 형태의 대립가설에만 민감한 검정 (예를 들면, 위치모수의 차이에만 민감한 윌콕슨 순위합검정)에 비해 검정력이 작을 수 있다.

KS-검정에서는 K의 값이 클 때 귀무가설을 기각한다. 이 K의 귀무가설 아래에서의 영분포는 귀무가설에서의 분포 $F = G$가 무엇인지와 관계없이, 표본 수 m, n에만 의존하는 분포임이 알려져 있다. 즉, KS-검정은 분포무관검정이다. K의 정확한 영분포는 복잡해서 기술하기 어려우며, 귀무가설의 분포 $F = G$가 연속형분포일 때, 대표본근사분포가 콜모고로프 분포임이 알려져 있다.[6] KS-검정이 구현된 R의 `ks.test()`에서는 표본의 수가 작고 동점이 없는 경우에 K의 정확한 영분포를 이용하여 p-값을 구하며, 그렇지 않은 경우에는 K의 대표본근사분포인 콜모고로프 분포를 이용한 p-값을 계산한다. 대안으로, KS-통계량 K를 이용한 (랜덤)순열검정을 시행할 수도 있다.

예 4.14

예 4.1의 급성백혈병 환자들로부터 구한 두 경험적 분포함수의 최대차이 $D = \sup_x\{|\hat{F}_X(x) - \hat{F}_Y(x)|\} = \max_{i,j}\{|\hat{F}_X(z) - \hat{F}_Y(z)| : z = X_i \text{ or } Y_j\}$가 0.41617 이었으며, 관측된 KS-통계량이 $K_{obs} = \sqrt{\frac{mn}{m+n}}D = \sqrt{\frac{47\times 25}{47+25}} \times 0.41617 \approx 1.68$ 로서 KS-통계량의 대표본근사분포인 콜모고로프 분포 (그림 4.11)와 비교하면 $p = P(K \geq K_{obs}) \approx 0.007$으로 두 부류의 급성백혈병 환자의 유전자 발현정도가 다르다는 강력한 증거가 된다.

R의 `ks.test()`함수를 이용하여 간단히 p-값을 근사한다. 벡터 `x`에 ALL의 유전자 발현 값들이, 벡터 `y`에 AML의 유전자 발현 값들이 담겨있다.

```
> ks.test(x,y)

        Two-sample Kolmogorov-Smirnov test

data:  x and y
D = 0.41617, p-value = 0.007014
alternative hypothesis: two-sided
```

4.6 이표본 검정. 어떤 검정을 이용할 것인가?

두 모집단의 위치를 비교할 때 제1종의 오류율을 컨트롤하면서 가장 검정력이 높은 검정방법이 무엇일까? 모집단의 범위가 매우 넓은 비모수통계에서는 이 질문의 답을 간단하게 할 수 없다. 윌콕슨-맨-위트니 검정 또는 순열검정의 경우, 귀무가설이 사실일 때 두 모집단의 분포가 같아야 하므로, 이 가정이 위배될 때는 사용할 수 없다. 이 절에서는 두 모집단의 위치에 대한 가설검정을 하는 상황에서, 귀무가설이 사실일 때 분포가 같은 경우와 귀무가설이 사실일 때 두 분포의 위치는 같지만 산포가 다른

[6] 귀무가설의 모집단 $F = G$의 분포가 연속일 때, KS-통계량의 점근분포는 $\lim_{m,n\to\infty} P(K \leq x) = 1 - 2\sum_{j=1}^{\infty}(-1)^{j-1}\exp(-2j^2x^2)$이다. 이 점근분포를 콜모고로프의 분포로 부른다.

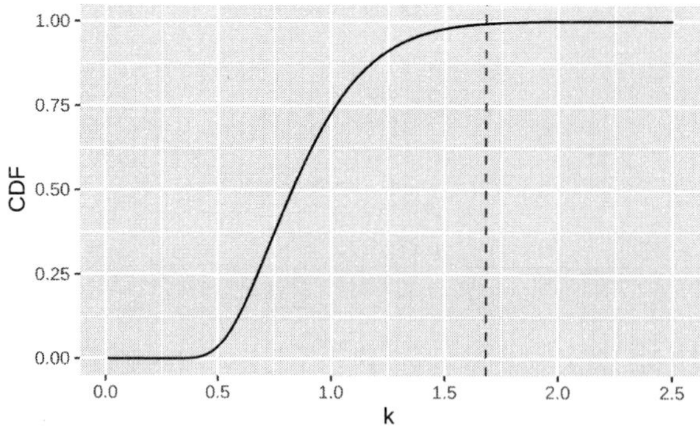

그림 4.11: 콜모고로프 분포의 누적분포함수. 예 4.14 참조.

경우로 나누어 보도록 하겠다.

4.6.1 위치 이동 모형에서의 비교

관측값이 $X_1, \ldots, X_m \sim_{i.i.d.} F$, $Y_1, \ldots, Y_n \sim_{i.i.d.} G$이며 위치 이동모수 Δ에 대해

$$X_i \stackrel{d}{=} Y_j - \Delta$$

임을 가정하자. 즉, F의 평균 (또는 중앙값)에 비해 G의 평균(또는 중앙값)이 Δ만큼 더 크고, 두 모집단의 차이는 오직 Δ에 의해 기술되는 위치 이동 모형이다. 귀무가설 $H_0 : \Delta = 0$이 사실일 때 두 모집단의 분포가 같다.

다음의 네 가지의 검정방법을 비교해 보고자 한다: (1) 이표본 t-검정, (2) 윌콕슨-맨-위트니 순위합검정, (3) 이표본 t-검정통계량에 대한 순열검정 (t-순열검정) 그리고 (4) 중앙값의 차이에 대한 순열검정 (m-순열검정).

제1종의 오류율 위의 네 종류의 검정방법 모두 근사적으로 제1종의 오류율을 유의수준 α 미만으로 통제한다. 비모수적 검정방법인 윌콕슨 순위합검정과 순열검정들은 이론적으로 정확한 검정법이므로, 어떤 모집단의 분포에서도 제1종의 오류율을 컨트롤한다. 이표본 t-검정은 모집단의 분포가 정규분포일 때에만 정확히 제1종의 오류율을 컨트롤하지만, 정규분포보다 꼬리가 얇은 분포 (예를 들면, 균등분포) 에서는 제1종의 오류율이 유의수준 α보다 크지만 그 차이가 크지 않으며 표본의 수 m, n이 클 때는 근사적으로 제1종의 오류율을 컨트롤한다. (이는 일표본 위치에 대한 검정에서도 마찬가지였다.) 모집단의 분포가 꼬리가 두텁거나 대칭이 아닐 때

(예를 들어 라플라스분포나 지수분포)에는 이표본 t-검정이 오히려 더 보수적 (제1종의 오류율 $< \alpha$)이다.

검정력의 비교 검정방법을 비교하기 전에 먼저 이표본 t-검정과 이표본 t-검정통계량을 이용한 순열검정은 표본의 크기가 클 때는 비슷함을 기억하자. 다음의 표에, 어떤 상황에서 어떤 검정방법이 가장 검정력이 높은지를 비교하였다 (Keller-Mcnulty and Higgins, 1987; Higgins, 2004).

	표본의 수가 작을 때	표본의 수가 클 때
꼬리가 얇을 때 (균등)	t-순열검정 > t-검정 > 윌콕슨	t-검정 $\approx$ t-순열검정
정규분포	t검정	t-검정 $\approx$ t-순열검정
꼬리가 두터울 때 (라플라스)	윌콕슨 $>$ t-검정 $\approx$ t-순열검정[7]	윌콕슨
꼬리가 매우 두터울 때 (코시)	m-순열검정 > 윌콕슨 > t-검정	m-순열검정

표본의 수가 작을 때는 $m + n = 12$인 경우로, 표본의 수가 큰 경우는 $m + n = 36, 128$ (두 경우의 결론이 같다)인 경우를 이용하였다. 표본의 수가 매우 클 때에는 점근상대효율로 더 간단히 정리할 수 있다. 이표본 t-검정에 대한 윌콕슨-맨-위트니 검정의 점근상대효율은 다음과 같다.

	ARE(Wilcox, t)
균등분포	1
정규분포	0.995
라플라스분포	1.5
지수분포	3
코시분포	∞

정규분포일 때를 제외하면, 윌콕슨 순위합 검정의 점근상대효율이 더 높음을 알 수 있으며, 정규분포 가정이 사실일 때에도 윌콕슨 검정의 효율이 t-검정에 비해 크게 낮아지지 않는다.

[7] "윌콕슨 $>$ t-검정 $\approx$ t-순열검정"은 윌콕슨 검정이 t-검정보다 검정력이 높고, t-검정과 t-순열검정의 검정력인 비슷하다는 뜻이다. 등장하지 않은 m-순열검정은 다른 검정방법에 비해 검정력이 낮다.

4.6.2 귀무가설 아래에서 두 모집단의 분포가 다를때

두 모집단의 분포의 평균과 분산이 각각 (μ_1, σ_1^2), (μ_2, σ_2^2)이며 두 모집단의 분산이 같다는 가정을 할 수 없을 때가 있다:

$$\sigma_1^2 \neq \sigma_2^2.$$

이때 위치모수에 대한 귀무가설 $H_0 : \mu_1 = \mu_2$이 사실일 때에도 두 모집단의 분포는 서로 다르기 때문에, 윌콕슨-맨-위트니 검정 또는 어떤 순열검정도 제1종의 오류율을 통제함을 담보할 수 없다.

모집단이 정규분포 가정을 근사적으로 따를 때 혹은 표본의 개수가 충분히 많을 때는 Welch의 이표본 t-검정을 사용하면 된다. 만약 표본의 개수가 충분히 많지 않거나 정규분포 가정을 심하게 위배할 때에서는 먼저 변수변환 (예를 들어 $x \mapsto \log(x)$ 변환)을 시도하여 변환된 표본이 정규분포 가정을 근사적으로 따르게 하는 방법을 먼저 고려할 수 있다. 순위를 이용한 근사적인 분포무관 방법으로는 Chung and Romano (2016)에서와 같이 스튜던트화된 윌콕슨 순위합통계량을 이용할 수 있지만, 이와 같은 방법들의 검정력에 대한 비교 연구는 충분하지 않으므로, 여기서 논의하지 않도록 한다.

4.7 연습문제

연습 4.1. $W' = \sum_{i=1}^m S_i$와 $W = \sum_{i=1}^n R_i$가 $W + W' = N(N+1)/2$임을 증명하여라. 여기서 $N = m+n$이다. 따라서, W의 분포를 알고 있다면, W'의 분포를 구할 수 있다.

연습 4.2. $X \sim$ Uniform$(\{A_1, \ldots, A_N\})$일 때, $E(X)$와 Var(X)를 구하여라.

연습 4.3. 정리 4.1을 증명하여라. [힌트: 정리 4.1의 증명에 정의된 Z_i에 대해, $E(Z_i) = P(Z_i = 1) = \frac{n}{N}$, $E(Z_i^2) = E(Z_i)$, $E(Z_1 Z_2) = P(Z_1 = 1, Z_2 = 1) = P(Z_1 = 1 \mid Z_2 = 1)P(Z_1 = 1)$ 임을 이용하라.]

연습 4.4. 동점이 없는 경우, 맨-위트니 U-통계량 U와 윌콕슨의 순위합통계량 W의 관계가 $W = U + \frac{n(n+1)}{2}$임을 증명하여라. [힌트: 윌콕슨 순위합을 이루는 Y_j의 순위는 Y_j보다 작은 모든 관측값의 개수에 1을 더한 값이다. (Y_j가 가장 작은 경우를 생각하자.) 즉, $R_j = \sum_{i=1}^{m} I(Y_j > X_i) + \sum_{i=1}^{n} I(Y_j > Y_i) + 1$이며, $W = \sum_{j=1}^{n} R_j$ 임을 이용할 수 있다.]

연습 4.5. 귀무가설 $H_0 : F = G$가 사실일 때 맨-위트니의 U-통계량 U의 평균과 분산을 구하여라.

연습 4.6. $X_1, \ldots, X_N \sim_{i.i.d.} F$일 때,

a) $U_i = F(X_i) \sim_{i.i.d.}$ Uniform$(0,1)$ 임을 증명하여라.

b) $U_{(1)}, \ldots, U_{(N)}$을 U_i의 순서통계량이라고 할 때, $E(U_{(i)}) = \frac{i}{N+1}$ 임을 증명하여라.

연습 4.7. 맨-위트니 U-통계량 U가 평균에 대해 대칭임을 증명하여라.

연습 4.8. 이동모수모형에서는 X_i와 $Y_j - \Delta$가 서로 독립이며 같은 분포를 가진다. 이때, 어떤 차이값 $D_{i'}$에 대해서도

$$I(D_{i'} > \Delta) = I(Y_j - \Delta > X_i) \sim \text{Bernoulli}\left(\frac{1}{2}\right)$$

임을 증명하여라. 실제값 Δ를 적용한 U-통계량 $U(\Delta) = \sum_{i=1}^{m} \sum_{i=1}^{n} I(Y_j - X_i > \Delta) = \sum_{i=1}^{mn} I(D_i > \Delta)$의 분포가 부호검정에서와 같이 Bin$(mn, \frac{1}{2})$를 따르지 않는 이유는 무엇일까? $m = 5, n = 4$일 때 $U(\Delta)$의 분포를 도표로 나타내어라.

연습 4.9. 다음을 증명하여라. 어떤 $a = 1, \ldots, mn$에 대해 $U(\Delta) > mn - a \iff \Delta < D_{(a)}$, 그리고 $U(\Delta) \leq mn - a \iff \Delta \geq D_{(a)}$.

연습 4.10. 식 (4.8)의 $P(D_{(k_l)} \leq \Delta < D_{(k_u)}) = P(k_l \leq U(\Delta) \leq k_u - 1)$를 증명하여라.

연습 4.11. $N = m + n$이 짝수일 때, 앤서리 브래들리 검정통계량의 귀무가설 아래에서의 평균과 분산을 구하여라.

연습 4.12. $E(\hat{F}_X(x)) = F_X(x)$이며 Var$(\hat{F}_X(x)) = F_X(x)(1 - F_X(x))/n$를 증명하여라.

연습 4.13. KS-통계량 K를 이용한 순열검정을 하려고 한다. K의 순열분포가 m, n이 클 때 정규분포로 근사가 잘 되는가?

제 5 장

두 변수의 연관성과 독립성

두 변수의 관계에 대한 추론은 통계에서 매우 중요한 문제이다. 예를 들어, 대학입학 시험의 점수가 대학에서의 학력 성취와 연관이 되어 있는지를 조사하려면, 입학시험 점수와 대학 학점의 두 변수의 연관성에 대한 추론을 하면 된다. 두 변수의 값이 모두 숫자인 경우에는 상관계수 (correlation coefficient)가 대표적인 두 변수의 관계에 대한 척도이다. 이 장에서는 표본상관계수를 대체할 수 있는 비모수적 상관계수와, 그를 이용한 두 변수에 대한 (분포무관한) 독립성 검정법을 알아본다.

예 5.1

다음 데이터는 어린이 10명의 독해능력에 대한 시험점수와 선생님의 평가 순위이다. 선생님의 평가가 시험점수와 잘 부합하는지가 관심사이다. 이 데이터에서 표본상관계수가 연관성의 좋은 척도인가?

선생님의 순위	1	2	3	4	5	6	7	8	9	10
시험 점수	10	20	25	50	80	82	85	90	95	100

예 5.2

그림 5.1의 산점도는 2020년 세계 행복 보고서에서 발췌한 행복도가 높은 13개의 국가의 국민 행복도 지수 (Score)와 1인당 국내 총생산을 나타낸다. 국내 총생산(GDP)이 높을수록 행복도가 높아진다고 볼 수 있을까?

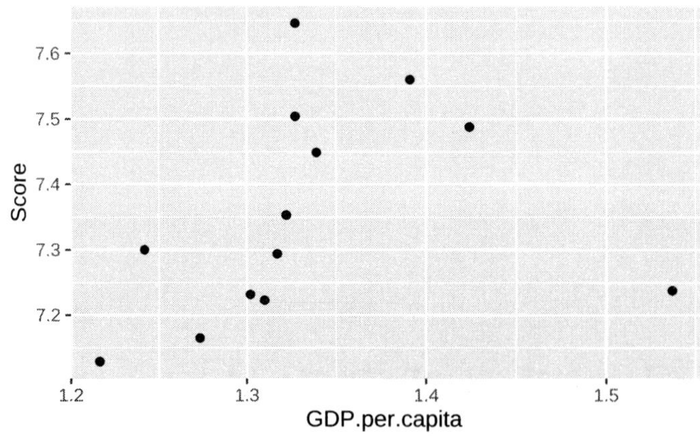

그림 5.1: 13개 국가의 GDP와 행복도 지수. 예 5.2를 참조하자.

5.1 상관계수와 단순선형회귀

5.1.1 피어슨의 상관계수

두 확률변수 X, Y 의 연관성을 나타내는 가장 대표적인 척도는 피어슨의 상관계수이다. $\mu_X = E(X)$, $\sigma_X^2 = \text{Var}(X)$, $\mu_Y = E(Y)$, $\sigma_Y^2 = \text{Var}(Y)$ 일 때, 피어슨의 상관계수

$$\rho = \text{Corr}(X, Y) = \frac{E\{(X - \mu_X)(Y - \mu_Y)\}}{\sigma_X \sigma_Y} = \frac{\text{Cov}(X, Y)}{\sqrt{\text{Var}(X)\text{Var}(Y)}}$$

는 두 변수의 "선형 (linear)" 연관성을 측정하며, 다음과 같은 성질이 있다.

- $-1 \le \rho \le 1$.
- X, Y 가 독립일 때 $\rho = 0$.
- $\rho > 0$ 일 때 양의 상관관계 (X 가 증가할 때 Y 가 증가하는 경향), $\rho < 0$ 일 때 음의 상관관계가 있다고 말한다.

피어슨의 상관계수 ρ는 두 변수 (X, Y) 가 동시에 표집되는 모집단의 분포 (여기서는 (X, Y) 의 결합분포)에 따라 결정된다. 만약 모집단이 이변량 정규분포[1]를

[1]확률변수 $X_1, \ldots, X_p$ 를 모은 확률벡터 $\mathbf{x} = (X_1, \ldots, X_p)'$ 가 다변량 정규분포를 따른다면, 평균 $\mu = (E(X_1), \ldots, E(X_p))'$, 분산-공분산의 행렬 $\Sigma = (\sigma_{ij})_{i,j=1,\ldots,p}$, $\sigma_{ij} = \text{Cov}(X_i, X_j)$ 에 대해 그 결합밀도함수가 $f(x_1, \ldots, x_p) = \frac{1}{\sqrt{|2\pi\Sigma|}} \exp\{-\frac{1}{2}(\mathbf{x} - \mu)'\Sigma^{-1}(\mathbf{x} - \mu)\}$ 이다.

따른다면 $\rho = 0$일 때 두 변수가 독립이다. 모집단이 이변량 정규분포를 따르지 않는다면 ρ의 크기가 작다고 해도 두 변수가 독립이라고 말할 수 없다. 예를 들어 $Y = (X - \mu_X)^2$이면 X의 값에 의해 Y의 값이 정확히 결정되지만 (즉, 매우 강한 연관성이 있지만), 선형 연관성만을 측정하는 상관계수는 $\rho = 0$이 될 수도 있다.

이변량 데이터 $\{(X_1, Y_1), \ldots, (X_n, Y_n)\}$로부터는 **표본상관계수** (sample correlation coefficient)

$$r = \frac{\sum_{i=1}^{n}(X_i - \bar{X})(Y_i - \bar{Y})}{\sqrt{\sum_{i=1}^{n}(X_i - \bar{X})^2 \sum_{i=1}^{n}(Y_i - \bar{Y})^2}} = \frac{S_{XY}}{\sqrt{S_{XX}S_{YY}}}$$

를 계산할 수 있다. 여기서 $S_{XY} = \sum_{i=1}^{n}(X_i - \bar{X})(Y_i - \bar{Y})$를 자유도 $n-1$로 나누면 두 변수의 표본공분산 $\widehat{\mathrm{Cov}}(X, Y) = S_{XY}/(n-1)$이며, S_{XX}, S_{YY}을 각각 $n-1$로 나누면 각 변수의 표본분산이 된다. 어떤 모집단 F에서 $(X_i, Y_i) \sim_{i.i.d} F$ 이고 이 모집단에서의 피어슨 상관계수가 ρ라면 표본상관계수 r을 ρ의 추정량으로 쓸 수 있다.

모집단이 정규분포를 따르던 그렇지 않든 간에, 피어슨의 상관계수 ρ 또는 표본상관계수 r은 두 변수의 연관성의 측도로 가장 자주 쓰인다. 가장 큰 이유는 두 변수의 선형 연관성만을 측정하기 때문에 해석이 쉽고 직관적이기 때문이다. "상관계수"라는 용어는 피어슨의 상관계수를 가르킨다.

5.1.2 상관계수와 단순선형회귀

두 변수의 연관성을 조사할 때, 관측값의 쌍 (X_i, Y_i)의 관계를 단순선형회귀모형으로 모형화할 수 있다:

$$Y_i = \alpha + \beta X_i + \epsilon_i, \quad \epsilon_i \sim_{i.i.d.} F, \quad i = 1, \ldots, n. \tag{5.1}$$

이 회귀직선 $y = \alpha + \beta x$에서의 기울기 β의 최소제곱 추정량 $\hat{\beta}$는 표본상관계수 r과 밀접한 연관이 있다.

$$\hat{\beta} = \frac{S_{XY}}{S_{XX}} = r\sqrt{\frac{S_{XX}}{S_{YY}}}.$$

만약 단순선형회귀모형 (5.1)의 오차항 ϵ_i의 분포가 정규분포이고, X_i의 분포도 정규분포이면, (X_i, Y_i)의 결합분포는 이변량 정규분포가 된다. 이 정규분포 가정 아래에서, 기울기 β 와 상관계수 ρ 사이에도 $\beta = \rho\sigma_X/\sigma_Y$ 의 관계가 있다.

데이터의 산점도에 추정된 단순선형회귀직선을 추세선으로 그리면, 그 추세선의 기울기가 상관관계의 좋은 척도가 된다.

예 5.3 (예 5.2, 계속)

국민 행복도 지수 (Score)와 1인당 국내 총생산 데이터에 대해 단순선형회귀의 추세선을 더하면 아래 그림과 같다. 우상향하는 추세가 있으므로 양의 상관관계가 있는 것으로 보인다.

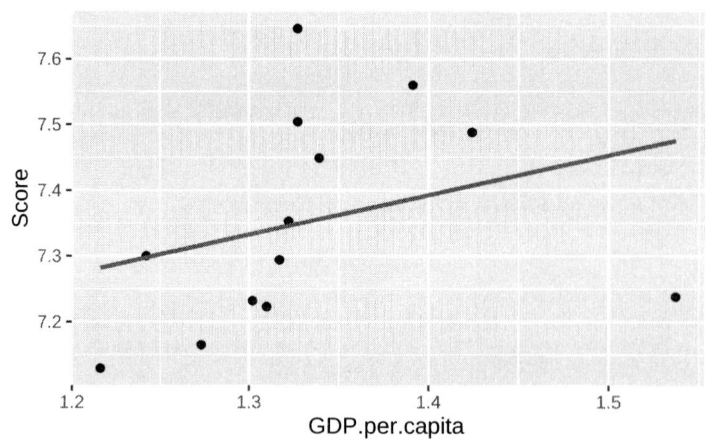

5.1.3 스피어만의 순위상관

데이터를 순위변환한 뒤 표본상관계수를 계산하면 **스피어만의 순위상관계수** r_s 가 된다. 변수 $(X_1, \ldots, X_n)$를 순위변환한 $(R_1, \ldots, R_n)$, 그리고 변수 $(Y_1, \ldots, Y_n)$를 순위변환한 $(S_1, \ldots, S_n)$로 구성된 순위변환한 데이터

$$\{(R_1, S_1), \ldots, (R_n, S_n)\}$$

의 표본상관계수, 즉 스피어만의 순위상관계수는

$$r_s = \frac{\sum_{i=1}^{n}(R_i - \bar{R})(S_i - \bar{S})}{\sqrt{\sum_{i=1}^{n}(R_i - \bar{R})^2 \sum_{i=1}^{n}(S_i - \bar{S})^2}}$$

로 정의된다. 스피어만의 순위상관계수는 $-1 \le r_s \le 1$ 사이의 값을 가지며, $r_s > 0$ 일 때는 두 변수에 양의 상관관계가, $r_s < 0$일 때는 음의 상관관계가 있다고 볼

수 있다. 표본상관계수 (또는 피어슨의 상관계수)가 선형 추세만을 측정하는 것과 다르게, 스피어만의 순위상관계수는 비선형 추세일지라도 순증가 또는 순감소하는 추세를 모두 측정할 수 있다.

예 5.4

예 5.1의 데이터에서 두 변수 "선생님의 순위"와 시험점수의 연관성을 측정하기 위해 표본상관계수를 계산하면 $r = 0.95$로서 강한 선형 연관성이 있음을 확인할 수 있다. 스피어만의 순위상관계수를 계산하면 $r_s = 1$으로, 즉 (선형은 아니지만) 완벽한 양의 상관관계가 있다고 볼 수 있다. 그림 5.2의 산점도를 보면 그 관계를 더 명확하게 이해할 수 있다.

표본상관계수와 스피어만의 순위상관계수는 R의 `cor()`함수를 이용하여 간단히 계산할 수 있다. `method = "pearson"`인자를 사용하거나 그 인자를 주지 않을 때는 표본상관계수를 계산하고, `method = "spearman"`로 순위상관계수를 계산한다.

```
> ranks = 1:10
> score = c(10,20,25,50,80,82,85,90,95,100)
> cor(ranks,score)
[1] 0.948262
> cor(ranks,score, method = "spearman")
[1] 1
```

두 변수 `ranks`와 `score`를 순위변환한 뒤, 표본상관계수를 계산한 값이 곧 순위상관계수이다. (변수 `ranks`는 이미 순위이다.)

```
> r = ranks
> (s = rank(score))
 [1]  1  2  3  4  5  6  7  8  9 10
> cor(r,s)
[1] 1
```

스피어만의 순위상관계수는 그 자체로 데이터로부터 계산하는 통계량이며, 이 순위상관계수에 대응되는 모집단의 모수를 지정할 수 없다. 다만, 두 변수 간에 단조적인 추세 (순증가, 또는 순감소)가 있을 때는 $|r_s|$의 값이 크며, 두 변수가 독립이거나 단조적인 추세가 없을 때에는 $r_s \approx 0$인 경향이 있다. 또한 숫자형 변수에만 적용할 수 있는 표본상관계수와 다르게, 변수가 순서가 있는 범주형일 때 (예를 들면, 변수의 값이 매우 만족—만족—보통—불만족—매우 불만족인 경우)에도 적용할 수 있다. 마지막으로 순위상관계수는 이상점 또는 영향점에 대해 강건한 성질이 있다. 예를

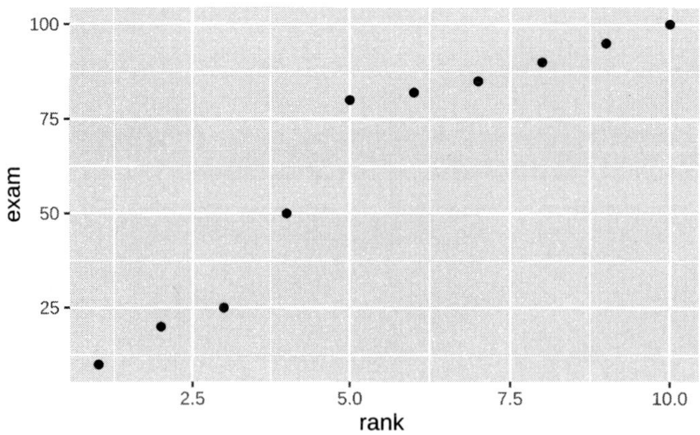

그림 5.2: 예 5.1 데이터의 산점도

들어, 그림 5.1의 산점도를 보면 예 5.2의 데이터에서 오른쪽 마지막 값을 제외했을 때 더욱 강한 단순증가의 패턴을 발견할 수 있다. 이 관측값을 이상점으로 본다면, 순위상관계수는 이 이상점의 영향을 덜 받는다고 할 수 있다.

예 5.5

예 5.2의 데이터에 대해 표본상관계수는 $r = 0.30$, 순위상관계수는 $r_s = 0.65$이다. 이때, 두 번째 변수 GDP에 동점이 있어, 동점처리를 했음을 확인하자.

```
> wh = read.csv("data/whappiness.csv")
> (r = rank(wh$Score))
 [1] 13 12 11 10  9  8  7  6  5  4  3  2  1
> (s = rank(wh$GDP.per.capita))
 [1]  8.5 11.0  8.5 12.0 10.0  7.0  2.0  6.0 13.0  4.0  5.0  3.0
      1.0
> cor(r,s, method = "pearson")
[1] 0.6492441
> cor(wh$Score,wh$GDP.per.capita, method = "spearman")
[1] 0.6492441
```

5.2 상관계수를 이용한 가설검정

표본상관계수 r, 또는 스피어만의 순위상관계수 r_s를 이용하여 두 변수의 연관성에 대한 검정을 생각해보자. 가장 넓은 범위의 가설로서 다음을 비교할 수 있다:

$$H_0: \text{두 변수가 독립이다} \quad \text{vs} \quad H_1: \text{두 변수가 서로 연관되어 있다.}$$

만약 모집단이 이변량 정규분포를 따른다면, 두 변수가 독립일 때 모상관계수가 $\rho = 0$이므로, 모수 ρ에 대한 더 구체적인 다음의 가설이 독립성에 대한 가설과 같다.

$$H_0: \rho = 0 \quad \text{vs} \quad H_1: \rho \neq 0. \tag{5.2}$$

이때에는 단측가설을 대립가설로 정할 수도 있다. 즉 $H_1: \rho < 0$ 또는 $H_1: \rho > 0$를 검정하는 것도 가능하다. 모집단이 이변량 정규분포를 따르지 않더라도, 표본상관계수를 이용하여 모상관계수 ρ에 대한 가설 (5.2)를 검정할 수 있다.

5.2.1 정규분포 가정을 할 수 있을 때

먼저 표본상관계수 r을 이용한 검정방법을 알아본다. 귀무가설이 사실일 때, 그리고 정규분포 가정을 할 수 있다면, r의 단조증가함수인

$$T = r\sqrt{\frac{n-2}{1-r^2}} \sim t_{n-2} \tag{5.3}$$

의 영분포가 정확히 t_{n-2} 분포임이 알려져 있다. 따라서, 관측된 표본상관계수가 r_{obs}이라면, 양측검정 (5.2)에서의 p-값은

$$p = P(|R| \geq |r_{obs}| \mid H_0) = P(|T| \geq |t_{obs}|) = 2\{1 - F_{t_{n-2}}(|t_{obs}|)\} \tag{5.4}$$

이다. 이때, $F_{t_{n-2}}$는 t_{n-2}분포의 누적분포함수이며,

$$t_{obs} = r_{obs}\sqrt{\frac{n-2}{1-r_{obs}^2}}$$

이다.

모집단이 정규분포를 따르지 않더라도, 표본의 수가 클 때는 중심극한정리에 의해 이 검정 방법이 근사적으로 정확하다. 다만, 이 상황에서의 t검정은 상관계수 ρ에

대한 검정이지 두 변수의 독립성에 대한 검정으로 볼 수 없다.

예 5.6

예 5.1의 데이터에서 선생님의 순위를 마치 연속인 관측값인 것처럼 간주하고, (5.2)의 가설을 검정한다. 말로 다시 표현하면 귀무가설 H_0는 "선생님의 순위와 시험점수가 관계가 없다", 대립가설 H_1은 "선생님의 순위와 시험점수가 관계가 있다"이다. 먼저 표본상관계수 r_{obs}를 계산한다.

```
> n = 10
> (r.obs = cor(ranks, score))
[1] 0.948262
```

식 (5.4)를 이용하여 t-검정통계량의 값과 양측검정에서의 p-값을 구한다.

```
> (t = r.obs * sqrt((n-2)/(1-r.obs^2)))
[1] 8.447828
> 2*(1-pt(t, df = n-2))
[1] 2.944375e-05
```

매우 작은 p-값이므로, 선생님의 순위와 시험점수에 관계가 있다는 확실한 증거가 된다. (다만, 이 경우 선생님의 순위가 마치 연속인 값인 것처럼 간주했으므로, t-검정에 필수적인 정규분포 가정을 만족하지 못해 좋은 검정방법이 아니다.)
함수 cor.test()를 이용하여 위 계산을 할 수도 있다. 그 결과는 위와 동일하다.

```
> cor.test(ranks,score)


        Pearson's product-moment correlation

data:  ranks and score
t = 8.4478, df = 8, p-value = 2.944e-05
alternative hypothesis: true correlation is not equal to 0
95 percent confidence interval:
 0.7907589 0.9880014
sample estimates:
     cor
0.948262
```

이 함수의 실행 결과로 나타난 신뢰구간은 (5.3)으로부터 도출한 점근 근사적인 신뢰구간이다.

5.2.2 순열검정

표본의 크기가 충분히 크지 않아 중심극한정리에 의한 대표본근사가 불가능할 때에는 표본상관계수 r을 검정통계량으로 정한 순열검정을 실시할 수 있다. 귀무가설 H_0 : "두 변수는 독립"을 가정했을 때, (X_1, Y_1)의 결합분포와 (X_1, Y_2)의 결합분포가 동일하므로, 두 변수 중 하나만 뒤섞을 때 (예를 들어 Y 변수) 의 관측값들이 교환가능하다. (두 변수가 독립이 아닐 때는, (X_1, Y_1)과 (X_1, Y_2)의 분포가 서로 다르다.) 따라서, 두 변수의 상관관계에 대한 순열검정을 할 때에는 "X"관측값들을 그대로 두고, n개의 "Y" 관측값들을 모두 뒤섞어 각 뒤섞기에서의 표본상관계수 r_i에 의해 생성된 순열분포를 검정통계량 r의 영분포로 정한다.

다음 표는 예 5.1의 데이터에서 모두 $n!$개의 가능한 뒤섞기 중 두 개의 랜덤뒤섞기된 데이터와 그로부터 계산한 검정통계량 r의 값들을 보여준다.

어린이	1	2	3	4	5	6	7	8	9	10	상관계수
선생님의 순위 (x)	1	2	3	4	5	6	7	8	9	10	
시험점수 (y)	10	20	25	50	80	82	85	90	95	100	$r_{obs} = 0.95$
뒤섞인 시험점수	20	10	25	100	90	80	95	50	85	82	$r_1 = 0.64$
뒤섞인 시험점수	80	10	100	85	90	25	50	82	20	95	$r_2 = -0.02$

표본상관계수 r을 이용한 순열검정은 귀무가설 H_0: "두 변수는 독립"을 대립가설 $H_1 : \rho \neq 0$ (또는 단측가설들)과 비교한다. 귀무가설이 "$\rho = 0$"이 아닌 이유는 만약 $\rho = 0$이지만 두 변수가 독립이 아닌 경우에 위와 같이 뒤섞기가 교환가능하지 않기 때문이다. 대립가설이 구체적으로 "선형연관성"에 대해 서술된 이유는 표본상관계수 r이 오직 선형상관의 측도이기 때문에, 선형이 아니면서 서로 연관된 경우에는 검정력이 매우 낮을 수도 있기 때문이다.

예 5.7

예 5.1의 데이터를 이용하여 두 변수의 독립성을 표본상관계수 r의 순열검정으로 검정한다. 모든 가능한 뒤섞기의 개수는 $10! = 3628800$으로 매우 많으므로, 랜덤순열검정을 실시한다.

다음 R코드는 랜덤순열생성을 $M = 1999$번 반복하며, 각각의 경우에서 `score`변수의 관측값만을 랜덤으로 뒤섞어, 귀무가설에서의 표본상관계수를 재계산한다.

```
> M = 1999
```

```
> r.perm = replicate(M, {
+   perm.id = sample(1:n,n,replace = FALSE)
+   cor(ranks, score[perm.id])})
> (p.perm = 2*mean(c(r.obs,r.perm) >= r.obs))
[1] 0.001
```

다음 그림에 랜덤순열로 생성한 영분포와 관측된 통계량인 `r.obs`가 표시되어 있다.

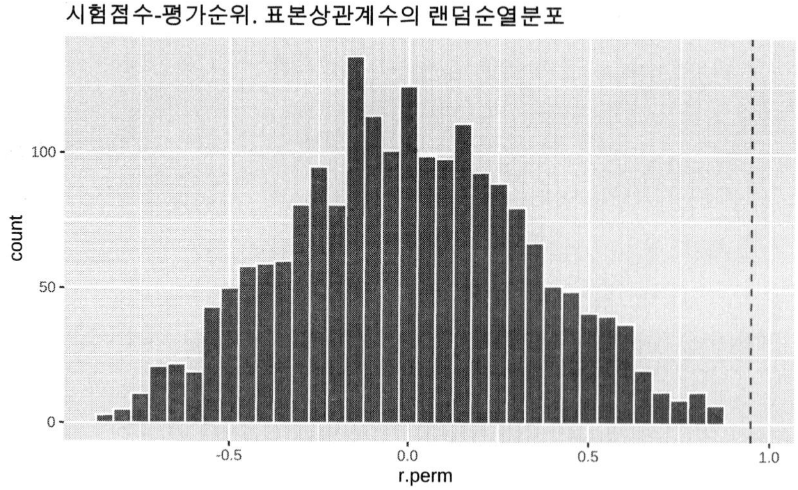

표본의 수 n이 클 때는 표본상관계수 r의 순열분포를 정규분포로 근사할 수 있다. 표본상관계수

$$r = \frac{\sum_{i=1}^{n}(X_i - \bar{X})(Y_i - \bar{Y})}{\sqrt{\sum_{i=1}^{n}(X_i - \bar{X})^2 \sum_{i=1}^{n}(Y_i - \bar{Y})^2}} = \frac{\sum_{i=1}^{n}(X_i - \bar{X})(Y_i - \bar{Y})}{\sqrt{S_{XX}S_{YY}}}$$

의 순열분포는 X_i들은 고정된 값으로 보고 $(Y_1, \ldots, Y_n)$들 만을 유한모집단 $\{Y_1, \ldots, Y_n\}$에서 랜덤비복원추출로 모두 다시 추출했을 때의 분포와 같다. 어떤 랜덤 추출 또는 어떤 뒤섞기에 대해서도 S_{XX}와 S_{YY}의 값은 변하지 않는다. 이 유한모집단의 모평균은 $\bar{Y}$이므로 $E(Y_i) - \bar{Y} = 0$, 그리고

$$E(r) = \frac{1}{\sqrt{S_{XX}S_{YY}}} \sum_{i=1}^{n}(X_i - \bar{X})\{E(Y_i) - \bar{Y}\} = 0$$

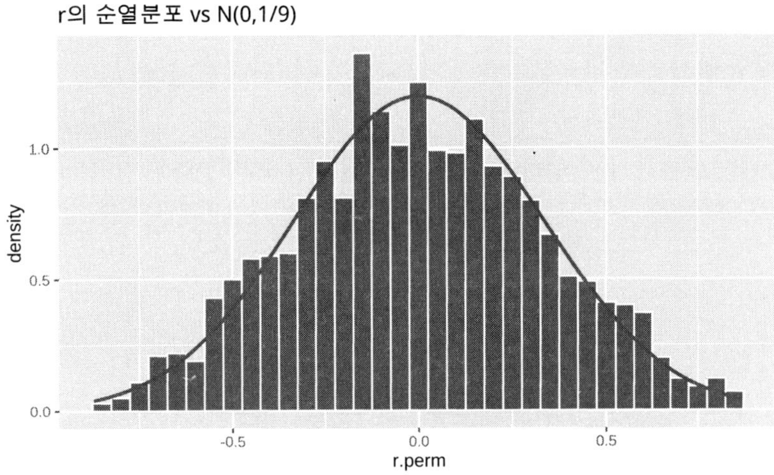

그림 5.3: 표본상관계수의 순열분포의 정규근사

임을 알 수 있다. 또한, 실제 관측값 (X_i, Y_i)와 관계없이, 순열분포의 분산은 항상

$$\text{Var}(r) = \frac{1}{n-1} \tag{5.5}$$

임도 보일 수 있다[2]. 위의 평균과 분산은 관측값들 (X_i, Y_i)에 조건부로 구한 r의 순열분포 (Y_i의 순서 뒤섞기가 랜덤)에 대한 것이지 표본상관계수 r의 표본분포 (관측값 (X_i, Y_i)가 랜덤)가 아님을 기억하자.

순열분포를 따르는 r에 대해, 표본 수 n이 클 때는 유한모집단에서의 중심극한정리에 의해

$$r\sqrt{n-1} \xrightarrow{d} N(0,1),$$

즉, r의 순열분포가 근사적으로 정규분포 $N(0, \frac{1}{n-1})$ 를 따름을 이용하여 검정을 할 수도 있다. 그림 5.3은 $n = 10$인 예 5.7의 순열분포와 $N(0, 1/9)$의 밀도함수를 비교한 것이다. 표본 수가 매우 작은 이 경우에도 눈으로 그 차이를 알기 어려울 정도이다. (사실 분포의 꼬리 부분에서 차이가 크다.) 표본 수가 많을 때는 근사가 더욱 잘 된다.

---

[2] 연습문제 5.3을 참조하자.

5.2.3 스피어만의 순위상관계수를 이용한 순열검정

스피어만의 순위상관계수는 관측값 (X_i, Y_i)를 순위변환한 값 (R_i, S_i)의 표본상관계수이므로, 앞서 소개한 표본상관계수를 이용한 순열검정과 같은 방법으로 검정을 할 수 있다. (대표본근사의 평균과 분산까지 정확히 같다.) 다만 이때의 귀무가설과 대립가설은

$$\begin{aligned} &H_0: \text{두 변수가 독립이다} \quad \text{vs} \\ &H_1: \text{두 변수가 단조 증가 또는 단조 감소하는 상관관계가 있다} \end{aligned} \tag{5.6}$$

이다. 상관계수는 선형연관성만 측정하지만, 스피어만의 순위상관계수는 비선형일지라도 단조로운 관계를 측정하기 때문이다. 순위상관계수와 그 영분포를 이용한 검정은 원래 관측값 (X_i, Y_i)에 어떤 단조 변환을 해도 (예를 들면 x_i, y_i가 모두 양수일 때, $x_i \mapsto x_i^2$, $y_i \mapsto \sqrt{y_i}$) 변하지 않으므로 분포무관한 통계량과 분포무관한 검정방법이다.

예 5.8

예 5.2의 데이터에서 순위상관계수를 이용한 순열검정을 시행하여 두 변수가 관련있는지를 조사한다. $M = 1999$개의 랜덤순열을 생성하여 영분포를 근사한다. 아래 R 코드에서는 미리 순위변환을 하여, 반복 때마다 순위변환하는 수고를 덜었다.

```
> n = nrow(wh)
> r = rank(wh$Score)
> s = rank(wh$GDP.per.capita)
> (rs.obs = cor(r,s))
[1] 0.6492441
> rs.perm = replicate(1999, cor(r, s[sample(1:n,n,replace = F)])
    )
```

r_s의 순열분포와 관측된 순위상관계수를 비교하면 다음과 같다.

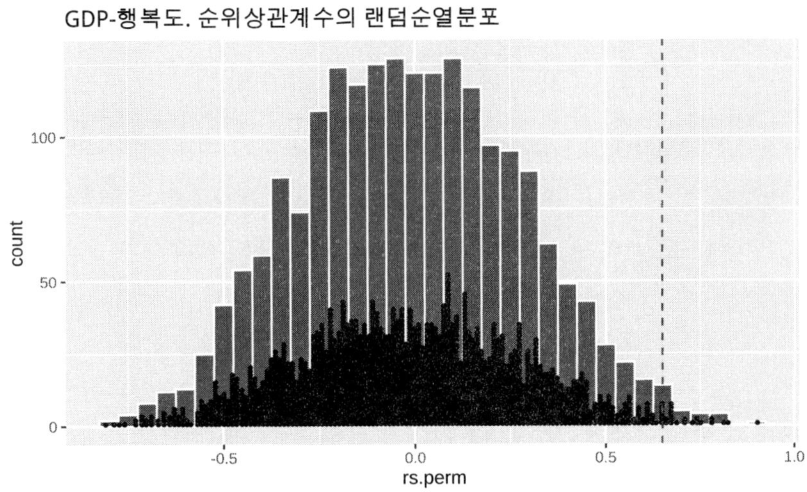


```
> (p.perm = 2*mean(c(rs.obs,rs.perm) >= rs.obs))
[1] 0.02
```

p-값이 0.02로서 유의수준 5%에서 두 변수가 독립이 아니라는 결론을 내린다. 참고로

```
cor.test(r,s, method = "spearman")
```

를 이용할 수도 있다. (이 데이터에는 동점이 있기 때문에, `cor.test()` 함수로는 정확한 p-값을 계산할 수 없다.)

5.3 켄달의 타우

두 변수의 연관성에 대한 분포무관한 또 다른 측도로 켄달의 타우 (τ)가 있다.

이변량 데이터 $\{(X_1, Y_1), \ldots, (X_n, Y_n)\}$에서의 켄달의 타우는 다음과 같이 정의된다. 두 변수에 양의 상관관계가 있으면, 두 관측값 (X_i, Y_i)과 (X_j, Y_j)을 골랐을 때, 한 점은 왼쪽 아래, 다른 점은 오른쪽 위에 있을 경향이 크다. 이때, 한 변수의 값이 증가하면 다른 변수의 값도 증가하므로 조화롭다(concordant, 또는 정합)고 볼 수 있다. 반대로 음의 상관관계가 있다면 두 관측값을 골랐을 때, 한 점은 왼쪽 위, 다른 점은 오른쪽 아래에 있을 경향이 있다. 한 변수의 값이 증가할 때 다른 변수의 값이 감소하므로, 조화롭지 못하다(discordant, 또는 비정합)고 볼 수 있다. 예를 들어, 그림 5.2의 데이터에서는 모든 관측값의 쌍이 조화롭다.

각 관측값의 쌍이 조화로울 때 $+1$, 조화롭지 못할 때 -1의 값을 가지는

$$U_{ij} = \begin{cases} +1, & (X_i - X_j)(Y_i - Y_j) > 0; \\ -1, & (X_i - X_j)(Y_i - Y_j) < 0; \quad 1 \le i < j \le n \\ 0, & (X_i - X_j)(Y_i - Y_j) = 0 \end{cases} \tag{5.7}$$

의 모든 쌍에 대한 평균이 곧 표본으로부터 계산한 켄달의 타우

$$\tau_n = \frac{1}{\binom{n}{2}} \sum_{i<j} U_{ij} \tag{5.8}$$

이다. 조화로운 쌍의 개수를 N_{Conc}, 조화롭지 못한 쌍의 개수를 N_{Disc}으로 표현하면, $\sum_{i<j} U_{ij} = N_{\text{Conc}} - N_{\text{Disc}}$이다. 만약 "동점"인 관측값, 즉 $(X_i - X_j)(Y_i - Y_j) = 0$인 쌍이 없다면 $N_{\text{Conc}} + N_{\text{Disc}} = \binom{n}{2}$이므로,

$$\tau_n = 2\frac{N_{\text{Conc}}}{\binom{n}{2}} - 1$$

으로 표현할 수도 있다.

예 5.9

예 5.2의 데이터에서 켄달의 타우 τ_n을 구한다. 먼저 $\binom{13}{2} = 78$개의 관측값들의 쌍을 조사할 id를 생성한 뒤, U_{ij}를 계산한다.

```
> n = nrow(wh)
> allpairs = gtools::combinations(n,2,1:n)
> head(allpairs,3)
     [,1] [,2]
[1,]    1    2
[2,]    1    3
[3,]    1    4
> U = apply(allpairs,1,function(pair.id){
+   sign( diff(wh$Score[pair.id]) * diff(wh$GDP.per.capita[pair.
    id]) )
+ })
> U
 [1] -1  0 -1 -1  1  1  1 -1  1  1  1  1 -1  1  1  1 -1  1
      1  1  1 -1 -1  1  1  1 -1
[30]  1  1  1  1  1  1  1  1 -1  1  1  1  1  1  1  1 -1  1  1  1
```

```
     1  1  1 -1  1  1  1  1 -1
[59] -1 -1 -1 -1  1 -1  1  1  1  1  1  1  1  1 -1  1  1  1  1  1
```

조화로운 쌍이 $\#\{U_{ij}=1\}=58$개, 조화롭지 못한 쌍이 $\#\{U_{ij}=-1\}=19$개, 그리고 동점이 $\#\{U_{ij}=0\}=1$개 있다. 식 (5.8)을 이용하여 켄달의 τ_n을 계산하면 다음과 같다.

```
> (tau = sum(U) / choose(n,2))
[1] 0.5
```

R의 함수 `cor()`에서 인자 `method = "kendall"`을 이용하여 계산하면 조금 다른 값을 얻는다. 동점이 있는 경우에, `cor()` 함수에서는 식 5.8과 조금 다른 Kendall (1945)의 방법으로 켄달의 타우 통계량을 계산한다. 동점이 없는 경우는 결과가 같다.

```
> cor(wh$Score,wh$GDP.per.capita, method = "kendall")
[1] 0.5032363
```

켄달의 타우 통계량 τ_n은 순위상관계수 r_s와 비슷하지만 다르다. 공통점으로는 두 통계량 모두 두 변수의 단조로운 상관관계를 (피어슨의 상관관계와 같은 $[-1,1]$ 척도로) 측정하며, 또한 이상점에 대해 로버스트한 특성이 있다. 순위상관계수가 순위변환한 데이터의 표본상관계수라면, 켄달의 타우 통계량은 부호변환한 데이터를 이용했으므로 그 값이 다를 수밖에 없다. 가장 중요한 다른 점은, 켄달의 타우 통계량은 대응되는 모수가 있다는 점이다. (순위상관계수는 대응되는 모수가 없다.) 두 확률변수의 쌍 $(X,Y),(X',Y')$이 모집단에서 표집된 두 독립적인 확률변수들일 때, 이 모집단에서의 두 변수의 켄달의 타우 모수는

$$
\begin{aligned}
\tau &= P\{(X-X')(Y-Y')>0\} - P\{(X-X')(Y-Y')<0\} \\
&= 2P\{(X-X')(Y-Y')>0\} - 1
\end{aligned}
$$

이다. 켄달의 타우 모수 τ는 다음과 같이 해석할 수 있다.

- $\tau>0$: 조화로운 쌍의 비율(확률)이 조화롭지 못한 쌍의 확률보다 크므로 양의 상관관계가 있다.
- $\tau<0$: 음의 상관관계가 있다.
- $\tau=0$: 조화로운 쌍의 확률과 조화롭지 못한 쌍의 확률이 같으므로 두 변수는 서로 연관이 없다.

모수인 켄달의 타우 τ 그리고 켄달의 타우 통계량 τ_n은 상관계수와 비슷한 역할을 하지만 상관계수라고 부르지 않고 일반적으로 "켄달의 타우"라고 부르며, 비모수적인 상관관계의 측도로서보다 로버스트 통계량으로서 더 널리 사용된다. 만약 모집단이 이변량 정규분포를 따를 때에는 모수인 켄달의 타우 τ가 모집단의 모수 ρ (상관계수)에 의해 결정된다:

$$\tau = \frac{2}{\pi} \arcsin(\rho). \tag{5.9}$$

데이터가 정규분포를 따르지만 이상점이 있는 경우, 표본상관계수 r을 ρ의 추정량으로 정하는 것에 비해, 켄달의 타우 통계량 τ_n을 τ의 추정량으로 보아 ρ의 추정량으로 $\hat{\rho} := \sin(\frac{\pi}{2}\tau_n)$을 이용하는 것이 더 로버스트한 방법이다.

5.3.1 켄달의 타우를 이용한 독립성 검정

식 (5.6)의 귀무가설 "두 변수가 독립이다"와 대립가설 "두 변수가 단조 증가 또는 단조 감소하는 상관관계가 있다"를 켄달의 타우 통계량 τ_n을 이용하여 검정할 수 있다. 두 변수 중 하나를 고정하고 다른 변수의 값을 뒤섞는 방법 (상관계수를 이용한 순열검정에서와 같다)으로 켄달의 타우 통계량 τ_n의 순열분포를 생성하여 p-값을 구하는 **순열검정**이 정확한 검정방법이다. 귀무가설이 사실일 때 (즉 두 변수가 독립일 때)는 $\tau = 0$이므로 검정의 결과 귀무가설을 기각하지 못한다면 모수 $\tau = 0$임을 받아들여도 좋다. 반대로 대립가설을 채택한다면 $\tau \neq 0$이라는 강한 증거가 있다는 뜻이다.

순열검정을 사용하지 않고, 귀무가설 (이때는 $\tau = 0$만이 필요하다)이 사실일 때 τ_n의 표본분포를 영분포로 정하는 방법을 생각할 수도 있으며, 사실 위의 순열분포가 곧 이 표본분포와 같다[3]. 켄달의 τ_n 통계량이 관측값 차의 부호에만 의존하므로[4] 이 표본분포 (순열분포)는 분포무관하지만, n이 클 때에는 정확한 표본분포를 구하기는 어렵다. 따라서, 관측값의 개수가 많을 때는 τ_n의 영분포를 정규분포

$$\tau_n \overset{\cdot}{\sim} N\left(0, \frac{4n+10}{9n(n-1)}\right) \tag{5.10}$$

로 대표본근사하여 근사적인 검정을 진행하는 것이 전통적인 켄달의 타우를 이용한

---

[3]동점이 없는 경우, τ_n의 순열분포를 켄달의 타우 분포라고 부르기도 한다. R에서 `SuppDists` 패키지의 `dKendall()`함수로 그 질량함수를 조사할 수 있다.

[4]$X_i - X_j$의 부호와 $Y_i - Y_j$의 부호가 같을 때 $(X_i - X_j)(Y_i - Y_j) > 0$이므로 τ_n은 부호에만 의존하는 통계량이다.

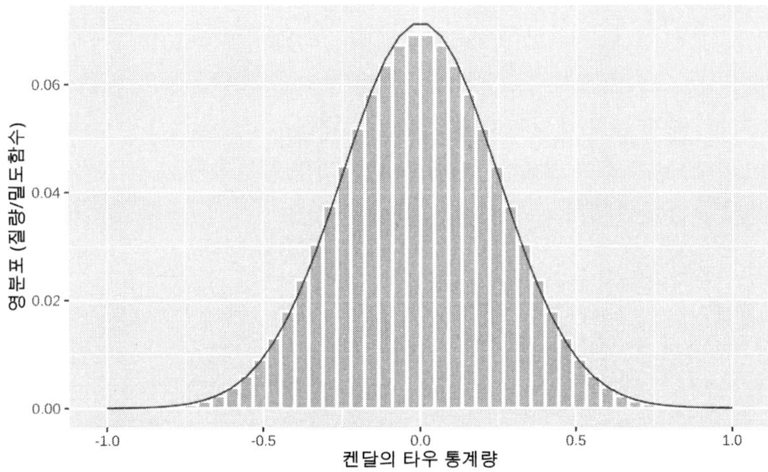

그림 5.4: 켄달의 타우 분포 (동점이 없는 경우의 τ_n 의 영분포; 막대그래프)와 대표본근사된 정규분포 (밀도함수).

독립성 검정이다[5].

그림 5.4은 $n = 10$일 때 켄달의 타우 통계량의 영분포 (켄달의 타우 분포, 순열분포와 같다)와 근사적인 정규분포 (5.10)를 비교한 것이다. 표본 수가 작을 때에도 정규근사가 대략 잘 됨을 볼 수 있지만, 분포의 꼬리 부분이 살짝 다르다.

예 5.10

예 5.2의 데이터에서 두 변수의 독립성을 검정하기 위해 켄달의 타우 통계량을 이용한 (1) 순열검정, (2) 켄달의 타우 분포를 이용한 검정, 그리고 (3) 정규근사를 이용한 검정을 모두 시행한다. 각 관측값의 순위만을 이용해 계산한다.

```
> n = nrow(wh)
> r = rank(wh$Score)
> s = rank(wh$GDP.per.capita)
> (tau.obs = cor(r,s, method = "k"))
[1] 0.5032363
```

동점이 있는 데이터이므로, 순열검정이 가장 정확한 방법이지만, 가능한 뒤섞기의 개수가 매우 많으므로 $M = 1999$개의 뒤섞기를 생성하여 랜덤순열검정을 시행한다. (이때, 순열분포가 대칭임을 이용하여 p-값을 계산한다.)

확률변수 T_n이 켄달의 타우 분포를 따를 때, 켄달의 타우 분포를 이용한 검정의 p-

[5] τ_n 의 분산에 대한 계산은 연습문제 5.4 참조.

값은 $2P(T_n \geq \tau_n)$으로 계산한다. 동점이 있으므로, 정확한 p-값이 아니지만, 동점인 쌍이 1개만 있으므로 근사적으로 정확한 검정이다. `SuppDists` 패키지의 `pKendall()` 함수로 켄달의 타우 분포의 누적분포함수값을 조사할 수 있다.
마지막으로 정규분포로의 대표본근사를 이용한 검정은 관측된 τ_n과 정규분포 (5.10)를 비교하여 p-값을 구한다.

```
> # (1) 랜덤순열
> tau.perm = replicate(1999, cor(r, s[sample(1:n,n,replace = F)
    ], method = "k"))
> p.perm = 2*mean(c(tau.obs,tau.perm) >= tau.obs)
>
> # (2) 켄달의 타우 분포
> p.tau = 2*(1- SuppDists::pKendall(tau.obs,n))
>
> # (3) 정규분포
> p.z = 2*(1 - pnorm(tau,sd = sqrt(4*n +10)/sqrt(9*n*(n-1)) ))
>
> c(p.perm, p.tau, p.z)
[1] 0.02000000 0.01022864 0.01734336
```

어떤 검정을 사용하든지, 유의수준 5%에서 귀무가설 “두 변수는 독립”을 기각한다.

5.4 선형연관

앞에서 살펴본 세 가지의 연관성의 측도는 선형연관 또는 단조로운 연관에 대한 측도이며, 이 측도들을 이용하여 두 변수 사이에 그러한 연관성이 있고 없음에 대한 검정을 진행할 수 있다. 만약 모집단이 이변량 정규분포를 따른다면 (그림 5.5의 (a)) 두 변수의 연관관계에는 선형인 상관관계만이 존재하므로 피어슨의 상관계수에 대한 t-검정이 가장 적합하고 또 가장 효율적이다. 모집단에 선형인 상관만 존재할 때에도 각 변수 주변분포의 꼬리가 두터울 때에는 (그림 5.5의 (b)) 스피어만의 순위상관계수나 켄달의 타우 통계량을 이용한 검정이 표본상관계수를 이용한 t-검정보다 더욱 검정력이 높다. 두 변수 사이에 선형이 아니지만 단조증가 (또는 단조감소)하는 추세가 있는 경우 (그림 5.5의 (c))에는 스피어만의 순위상관계수나 켄달의 타우 통계량을 이용하여 추세를 정량화하고 검정을 진행하는 것이 타당하다.

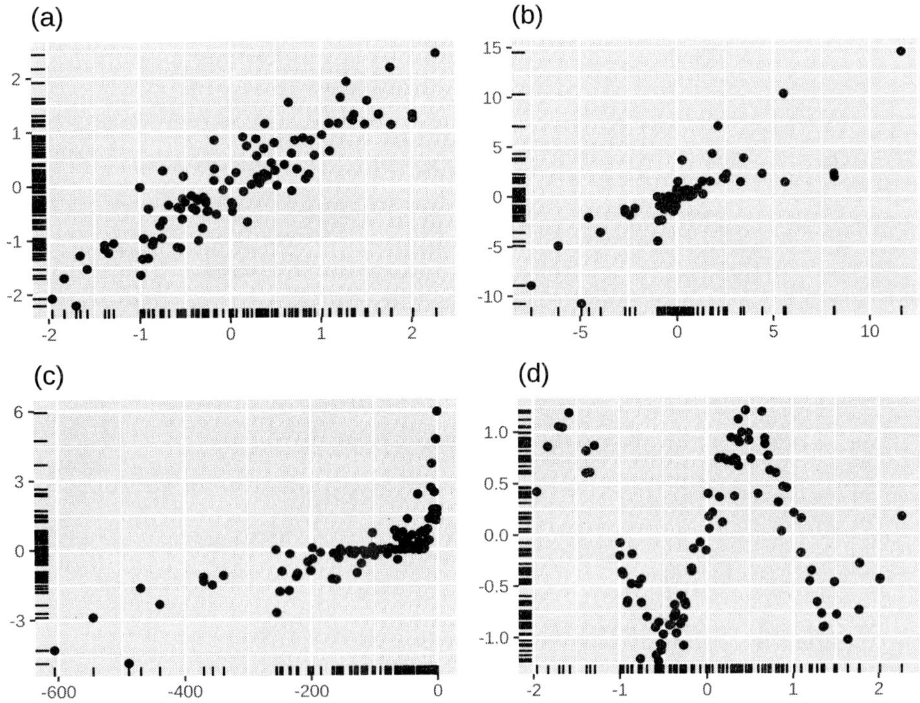

그림 5.5: 이변량 데이터의 네 가지 산점도

예 5.11

그림 5.5의 데이터는 이변량 정규분포를 따르는 $n = 100$개의 관측값으로부터 생성한 것이다.

(a) 상관계수가 $\rho = 0.9$인 정규분포를 따르는 (X, Y).

(b) 꼬리가 두텁게 변환된 (a)의 데이터 $(X, Y) \mapsto (X^4, Y^4)$.

(c) 꼬리가 두터우면서 서로 다르게 변환된 (a)의 데이터

$$(X, Y) \mapsto (\text{sign}(X)X^2, -(Y-4)^4).$$

(d) $X \sim N(0,1), Y = \sin(3X) + \epsilon, \epsilon \sim N(0, (0.2)^2)$.

각 데이터에서 표본상관계수, 순위상관계수, 그리고 켄달의 타우 통계량을 계산하고 대표본근사를 이용한 독립성 검정을 진행하여 p-값을 도출하였다. 순위상관계수와 켄달의 타우 통계량이 데이터 (a), (b), (c)에 대해 모두 같게 나오는 이유는 무엇일까?

	표본상관계수 (p-값)	순위상관계수 (p-값)	켄달의 타우 (p-값)
(a)	0.90 ($p = 0$)	0.89 ($p = 0$)	0.72 ($p = 0$)
(b)	0.82 ($p = 0$)	0.89 ($p = 0$)	0.72 ($p = 0$)
(c)	0.81 ($p = 0$)	0.89 ($p = 0$)	0.72 ($p = 0$)
(d)	0.005 ($p = 0.95$)	0.13 ($p = 0.2$)	0.09 ($p = 0.17$)

두 변수의 관계가 선형은 아니지만 분명한 관계가 있는 경우 (그림 5.5의 (d))에는 세 가지 측도 모두 0에 가까운 값이 나오므로 어떤 통계량을 이용하여 "독립성" 검정을 진행해도 귀무가설 "두 변수는 독립이다"를 기각하지 못한다. 이 경우, 귀무가설 기각 실패의 이유가 정말로 귀무가설이 사실이기 때문이 아니라, 세 가지의 검정방법 모두 비선형적 관계에 대해 검정력이 부족하기 때문임을 상기하자.

5.5 연습문제

연습 5.1. 변수 $(X_1, \ldots, X_n)$를 순위변환한 $(R_1, \ldots, R_n)$, 그리고 변수 $(Y_1, \ldots, Y_n)$를 순위변환한 $(S_1, \ldots, S_n)$로 구성된 순위변환한 데이터 $\{(R_1, S_1), \ldots, (R_n, S_n)\}$는 각 순위변수의 표본평균이 $\bar{R} = \bar{S} = \frac{n+1}{2}$이다. 이때 각각의 표본분산을 S_{RR}, S_{SS}으로 표현하면, r_s를 다음과 같이 나타낼 수 있다.

$$r_s = \frac{1}{(n-1)\sqrt{S_{RR}S_{SS}}}\left[\sum_{i=1}^{n} R_i S_i - \left(\frac{n+1}{2}\right)^2\right]$$

만약 각 변수의 순위에 동점이 없어 $\{R_1, \ldots, R_n\} = \{S_1, \ldots, S_n\} = \{1, \ldots, n\}$이라면 $S_{RR} = S_{SS} = \frac{n(n+1)}{12}$이고,

$$r_s = 1 - \frac{6\sum_{i=1}^{n}(R_i - S_i)^2}{n(n^2-1)}$$

이다. 위 사실들을 증명하여라.

연습 5.2. 단순선형회귀 모형 (5.1)을 가정하고, $\beta = 0$일 때 (X_1, Y_1)과 (X_1, Y_2)의 결합 분포가 같고, $\beta \neq 0$일 때는 두 분포가 다름을 보여라.

연습 5.3. X_i 들은 고정된 값으로 보고 $(Y_1, \ldots, Y_n)$ 만을 유한모집단 $\{Y_1, \ldots, Y_n\}$ 에서 랜덤비복원추출로 모두 다시 추출했을 때의 표본상관계수 r 의 분포를 r 의 순열분포라고 한다. 이 분포의 분산은 관측값 (X_i, Y_i) 와 상관없이 $1/(n-1)$ 임을 다음의 단계를 거쳐 증명하여라.

a) 표본상관계수 r 의 분자 $r_1 = \sum_{i=1}^{n}(X_i - \bar{X})(Y_i - \bar{Y})$ 의 평균이 $E(r_1) = 0$ 임을 이용하여 $\text{Var}(r_1) = \sum_{i=1}^{n}(X_i - \bar{X})^2 \text{Var}(Y_i) + \sum_{i \neq j}(X_i - \bar{X})(X_j - \bar{X})\text{Cov}(Y_i, Y_j)$ 임을 보여라.

b) 모든 $i \neq j$ 에 대해 $\text{Var}(Y_i) = S_{YY}/n$ 이며 $\text{Cov}(Y_i, Y_j) = \sum_{i \neq j}(Y_i - \bar{Y})(Y_j - \bar{Y})/\{n(n-1)\}$ 이다.

c) $\sum_{i \neq j}(X_i - \bar{X})(X_j - \bar{X}) = -S_{XX}$, 그리고 $\sum_{i \neq j}(Y_i - \bar{Y})(Y_j - \bar{Y}) = -S_{YY}$ 이다.

d) 따라서, $\text{Var}(r) = \frac{\text{Var}(r_1)}{S_{XX}S_{YY}} = \frac{1}{n-1}$ 이다.

연습 5.4. (X, Y) 의 분포가 연속형이고 X, Y 가 서로 독립이거나 $\tau = 0$ 일 때, 켄달의 타우 통계량 τ_n 의 평균이 귀무가설이 사실일 때 $E(\tau_n) = 0$ 임을 보여라. 같은 조건에서 $\sum_{i<j} U_{ij}$ 의 분산이 $\text{Var}(\sum_{i<j} U_{ij}) = n(n-1)(2n+5)/18$ 임을 이용하여 $\text{Var}(\tau_n) = \frac{4n+10}{9n(n-1)}$ 임을 보여라. [$\text{Var}(\sum_{i<j} U_{ij})$ 의 계산은 Hollander et al. (2013)을 참조]

제 6 장

분산분석의 순열검정

이 장에서는 분산분석(일원배치법과 이원배치법)에서의 순열검정을 알아본다. 두 모집단을 비교할 때의 분포무관 검정방법이 곧 순위변환 후의 순열검정이었음을 기억한다면, 이 장에서 소개할 분포무관 검정방법들 역시 순위변환 후의 순열검정임을 짐작할 수 있다. 일원배치법에서의 분포무관 검정방법인 크루스칼-왈리스 검정과 페이지 검정, 이원배치법에서의 분포무관 검정방법인 프리드만 검정, 존키어 검정과 스킬링스-맥 검정을 소개한다.[1]

6.1 일원배치법: 여러 모집단의 비교

여러 모집단을 비교하거나 여러 처리법의 효과를 비교하는 상황을 고려해보자.

예 6.1

서울 잠실 일대에서 서비스 중인 공유 전동킥보드 서비스의 이용 시간을 주말 오후 1시 3시 사이에 이용한 시민을 대상으로 조사하였다.

회사 (브랜드)	사용시간 (분)	사용자의 수
킥고잉	10, 10, ... ,50, 51	32
라임	10, 10, 10, ... , 103, 108	101
고고씽	10,10, ... , 33, 44	22

[1] 이 장의 내용을 R로 구현하기 위해서는 다양한 통계량의 계산과 다양한 방법의 뒤섞기가 필요하다. 예시를 간단히 하기 위해 여러 R 함수들을 작성하여 np_supp.R에 담아놓았다. R에서 source("np_supp.R")를 실행하여 이용할 수 있다.

10분 미만의 사용시간은 10분으로 기록되었다. 이 데이터 (`kickboard.csv`)의 대략적인 분포를 보기 위해 상자그림을 비교하면 다음과 같다. 세 회사의 전동킥보드 사용시간이 서비스 회사에 따라 다르다고 볼 수 있을까?

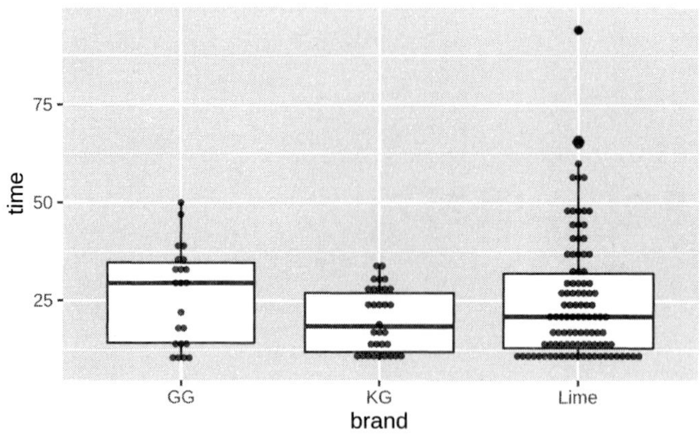

예 6.1에서는 세 가지 다른 브랜드의 전동킥보드를 타는 세 모집단을 비교하고자 한다. 제3장에서 설명한 모집단 모형의 일종이라고 볼 수 있다.

예 6.2

피자를 굽는 데 걸리는 시간을 줄이기 위해, 어떤 학생이 설탕과 우유의 양이 효모의 발효에 걸리는 시간에 대한 실험을 설계하였다. 네 가지의 서로 다른 조리법 (A, B, C, D)을 임의로 16개의 빵 반죽에 배정하여 빵 반죽이 부풀어 오르는 시간을 재었다. (`pizza.csv`)

조리법	시간 (초)
A	575, 395, 525, 450
B	280, 120, 175, 210
C	720, 554, 700, 650
D	200, 135, 250, 150

이 네 가지 조리법이 서로 다른가? 그렇다면 어떤 조리법이 가장 빠른 발효를 일으키는가?

예 6.2에서는 서로 다른 네 가지 처리법의 효과를 비교하려 하며, 이는 랜덤화 모형의 일종이다. 이와 같은 실험을 실험계획법에서는 일원배치법 (one-way layout

또는 one-way factorial design)이라고 부른다. 결과에 영향을 미치는 인자 (factor, 이 예에서는 조리법)가 하나이며, 그 인자의 값들이 A, B, C, D 중의 하나이다. 하나의 인자를 배치했다는 뜻에서 일원배치법이라고 부른다. 예 6.1과 같은 모집단 모형에서도 각 모집단을 "회사" (또는 브랜드) 인자의 값으로 볼 수 있으므로, 일원배치법과 같은 모형으로 이해할 수 있다. 통계학에서는 이 두 상황을 모두 일원배치법이라고 부른다.

일원배치법 실험의 관측값 데이터를 다음과 같이 쓸 수 있다. 인자의 서로 다른 값 (이를 인자의 수준, (factor) level이라고 부른다)들이 k개가 있다고 가정하자. 예를 들어, 예 6.2의 "조리법" 인자는 A, B, C, D, 즉 $k = 4$개의 서로 다른 인자의 수준들이 있다. 인자의 첫 번째 수준에 해당되는 관측값들 $X_{11}, \ldots, X_{1n_1}$이 n_1개가 있고, 인자의 두 번째 수준에 해당하는 관측값들 $X_{21}, \ldots, X_{2n_2}$이 n_2개가 있으며, 나머지 수준에 해당하는 관측값들도 마찬가지일 때, 데이터와 그 기술통계량을 다음과 같이 정리할 수 있다.

인자 수준	관측값	표본 크기	표본평균	표본분산
1	$X_{11}, \ldots, X_{1n_1}$	n_1	$\bar{X}_1$	S_1^2
2	$X_{21}, \ldots, X_{2n_2}$	n_2	$\bar{X}_2$	S_2^2
$\vdots$	$\vdots$	$\vdots$	$\vdots$	$\vdots$
k	$X_{k1}, \ldots, X_{kn_k}$	n_k	$\bar{X}_k$	S_k^2

전체 관측값의 개수를 $n = \sum_{i=1}^{k} n_i$로 나타낸다. 관측값들이 서로 독립이라고 가정하고, 그 분포를 다음과 같이 모형화한다.

$$X_{ij} = \mu_i + \epsilon_{ij}, \quad i = 1, \ldots, k, \; j = 1, \ldots, n_i. \tag{6.1}$$

즉, i번째 인자수준에 해당하는 j번째 관측값의 위치는 μ_i, 오차는 ϵ_{ij}이며, 오차들은 모두 평균이 0(또는 중앙값이 0)인 분포를 따른다. 이 모형에서의 위치모수 μ_i들이 같은지, 또는 서로 다른지를 검정하고자 한다:

$$H_0 : \mu_1 = \mu_2 = \cdots = \mu_k \quad \text{vs} \quad H_1 : \mu_i \neq \mu_j \text{인 } i, j \text{ 가 있다}$$

전통적인 일원배치법에서는 오차 ϵ_{ij}가 평균이 0인 정규분포를 따른다고 가정하지만, 때에 따라서는 이 정규분포 가정이 심각하게 위배되는 경우가 있다. 예를 들어, 예

6.1의 킥보드 사용시간의 경우 큰 값 쪽으로 분포의 꼬리가 길고, 대부분의 사용자가 10-20분 이내에 사용을 마치는 매우 치우친 분포이므로, 킥보드 사용시간의 분포가 정규분포를 따른다고 볼 수 없을 뿐더러, 표본의 크기가 매우 클 때만 중심극한정리에 의한 근사가 가능하다고 볼 수 있다.

먼저 정규분포 가정을 했을 때의 전통적인 분석방법인 분산분석 (Analysis of Variance; ANOVA)을 살펴보고, 비모수적 (분포무관한) 검정방법인 순열검정, 그리고 순위를 이용한 순열검정인 크루스칼-왈리스 검정을 살펴보겠다.

6.1.1 전통적인 분산분석

전통적인 분산분석에서는 인자의 서로 다른 수준을 서로 다른 처리법 (Treatment, 예를 들면 조리법)이라고 칭한다. 분산분석에서는 인자의 수준이 다르기 때문에 발생하는 관측값들의 변동량 (즉, 처리법이 다르기 때문에 발생하는 변동량)과 오차에 따른 관측값들의 변동량을 비교한 F-통계량을 검정통계량으로 이용한다. F-통계량을 간단히 설명하기 위해, 정규분포 가정 $X_{ij} \sim N(\mu_i, \sigma^2)$을 하도록 하자.

처리법이 다르기 때문에 발생하는 변동은 각 처리법 (인자 수준)에서의 관측값의 평균들 $\{\bar{X}_1, \dots, \bar{X}_k\}$의 변동으로 측정할 수 있다. 이 수준별 평균들을 전체 데이터의 평균

$$\bar{X} = \frac{1}{n}\sum_{i=1}^{k}\sum_{j=1}^{n_i} X_{ij} = \frac{1}{n}\sum_{i=1}^{k} n_i \bar{X}_i$$

과 비교하여 처리법에 따른 변동을

$$SS_{\text{Treatment}} = \sum_{i=1}^{k}\sum_{j=1}^{n_i}(\bar{X}_i - \bar{X})^2 = \sum_{i=1}^{k} n_i(\bar{X}_i - \bar{X})^2 \tag{6.2}$$

으로 나타낸다. $E(\bar{X}_i) = \mu_i$이므로, μ_i들이 차이가 많이 날수록 $SS_{\text{Treatment}}$이 큰 경향이 있다. 처리법에 따른 변동 $SS_{\text{Treatment}}$의 크기를 표준화시켜 비교하기 위해 오차에 따른 변동

$$SS_{\text{Error}} = \sum_{i=1}^{k}\sum_{j=1}^{n_i}(X_{ij} - \bar{X}_i)^2$$

과 비교한다. 각 변동을 해당하는 자유도 (degrees of freedom)로 나누어 구한, 처리

법에 따른 평균변동과 오차에 따른 평균변동의 비가 곧 F-통계량

$$F = \frac{SS_{\text{Treatment}}/(k-1)}{SS_{\text{Error}}/(n-k)} \tag{6.3}$$

이다. 대립가설이 사실일 때, 즉 μ_i들이 서로 다를 때 F의 값이 큰 경향이 있다.

귀무가설 $H_0 : \mu_1 = \cdots = \mu_k$이 사실이고 모집단이 (분산이 같은) 정규분포를 따르면, 모든 관측값 X_{ij}가 서로 독립이며 모두 같은 정규분포를 따른다. 이때, F-통계량이 자유도가 $k-1, n-k$인 F-분포 $F_{k-1,n-k}$를 따름이 알려져 있다. (즉, F의 영분포가 $F_{k-1,n-k}$이다.) 관측된 F-통계량이 F_{obs}일 때, 분산분석에서의 p-값은 관측된 F_{obs}보다 크거나 같은 F-통계량을 얻을 확률 $p = P(F_{k-1,n-k} \geq F_{obs})$이다. 이러한 검정방법을 분산분석의 F-검정 또는 단순히 분산분석이라고 부른다.

예 6.3

예 6.1의 킥보드 사용시간 데이터를 이용하여, 세 브랜드의 평균사용시간을 μ_i로 표현하여 귀무가설 $H_0 : \mu_1 = \mu_2 = \mu_3$에 대한 F-검정을 실시한다. 모두 $n = 155$개의 관측값들이 $k = 3$개의 인자수준에 따라 주어졌으며, 처리법에 따른 변동은 $SS_{\text{Treatment}} = 739$, 오차에 따른 변동은 $SS_{\text{Error}} = 30287$, 그리고 F-통계량은 1.855임을 계산할 수 있다. 관측된 F-통계량의 값을 $F_{2,152}$ 분포와 비교하면 p-값은 0.16으로 브랜드에 따라 평균사용시간의 차이가 있다고 볼 근거가 부족하다. 이 계산을 `R`의 `aov()`를 이용해서 간단히 하면 다음과 같다.

```
> kick = read.csv("data/kickboard.csv", header = TRUE)
> aov(time ~ brand, data = kick) %>% summary()
             Df Sum Sq Mean Sq F value Pr(>F)
brand         2    739   369.7   1.855   0.16
Residuals   152  30287   199.3
```

참고로, 데이터의 총변동 $SS_{\text{Total}} = \sum_{i=1}^{k}\sum_{j=1}^{n_k}(X_{ij} - \bar{X})^2$은 처리법에 따른 변동과 오차에 따른 변동의 합으로 표현된다:

$$SS_{\text{Total}} = SS_{\text{Treatment}} + SS_{\text{Error}}. \tag{6.4}$$

각 변동을 자유도로 나누면 표본분산이 되므로, 이 통계적 절차를 분산분석이라고 부른다.

분산분석에서의 순열검정

모집단이 정규분포와 비슷할 때는 분산분석의 F-검정이 제1종의 오류율을 주어진 유의수준으로 잘 통제하며, 검정력 또한 높음이 알려져 있다. 하지만, 예 6.1과 같이 매우 치우친 관측값들의 모집단은 정규분포 가정이 심하게 위배된다고 볼 수 있으므로, F-검정이 제1종의 오류율을 잘 통제한다고 장담할 수 없다. 이때 사용할 수 있는 검정방법이 F-통계량 (6.3)을 검정통계량으로 정한 순열검정이다. 순열검정은 어떤 검정통계량을 사용하던 귀무가설에서의 교환가능 가정을 만족하기만 하면 제1종의 오류율을 주어진 유의수준으로 통제할 수 있는 정확한 검정방법임을 상기하자.

식 (6.1)의 일원배치 모형을 가정하되, ϵ_{ij}의 분포를 평균이 0인 정규분포로 특정하지 않고, 중앙값이 0인 분포 중의 하나라고 가정하자. 예 6.1의 경우에는 오른쪽으로 꼬리가 두터운 분포가 ϵ_{ij}의 분포일 것으로 생각할 수 있다. 귀무가설 $H_0 : \mu_1 = \cdots = \mu_k$이 사실일 때는 관측값들 $\{X_{11}, \ldots, X_{kn_k}\}$가 서로 독립이고 모두 같은 분포를 따르므로 순열검정에 필수적인 교환가능 가정을 만족한다. 귀무가설 아래에서 가능한 모든 뒤섞기를 고려하려면 다음과 같이 관측값-인자수준의 쌍으로 데이터를 표시하는 것이 편하다.

```
> pizza <- read.delim("data/pizza.txt")
> pizza
   Activation.Times Recipe
1               575      A
2               395      A
3               280      B
4               120      B
5               720      C
6               554      C
7               200      D
8               135      D
9               525      A
10              450      A
11              175      B
12              210      B
13              700      C
14              650      C
15              250      D
16              150      D
```

위 데이터는 예 6.2의 데이터를 숫자변수인 관측값 (X_{ij}; `Activation.Times`)과 범주형 변수인 인자($i = A, B, C, D$에 해당 ; `Recipe`)로 나누어 정리한 것이다. 귀무가설이 사실일 때, 각 관측값에 해당하는 인자수준은 전체 16개의 관측값을 크기가 4인 4개의 소그룹으로 가르는 여러 가지 방법 중 하나가 우연히 나왔을 뿐이며, `Recipe`의 값을 아무렇게나 뒤섞어도 귀무가설 아래에서는 모두 같은 확률로 나왔을 것이다.

다시 말하자면, 귀무가설이 사실일 때, 그리고 데이터의 값 X_{ij}들을 고정했을 때, 주어진 데이터에 있는 인자 수준 $1, \ldots, k$에 따른 관측값의 분류는 전체 n개의 관측값을 각각 $n_1, \ldots, n_k$개의 개체를 가진 소그룹들로 가르는 $\binom{n}{n_1, \ldots, n_k} = \frac{n!}{n_1! \cdots n_k!}$개의 가능성 중 우연히 하나로 나왔을 뿐이다. 따라서, 관측된 데이터가 귀무가설 아래에서 얼마나 극단적인지를 검정하기 위한 검정통계량의 영분포는 모두 $\binom{n}{n_1, \cdots, n_k}$개의 뒤섞기를 이용하여 생성할 수 있다. 예 6.2의 경우, 관측값의 개수가 고작 $n = 16$이지만 가능한 모든 뒤섞기는 대략 6천만개[2] 로 꽤 많으므로 랜덤순열검정을 시행하는 것이 권장된다.

예 6.4

예 6.2의 피자 데이터에서 $M = 9999$개의 랜덤뒤섞기를 생성하여 F의 순열분포 (영분포)를 근사한 결과를 $F_{obs} = 44.7$과 비교하면 그림 6.1과 같다.

```
> (Fobs = F.stat(Activation.Times, Recipe, data = pizza))
[1] 44.73917
> set.seed(0)
> M = 9999
> Fperm = replicate(M, {
+   perm.x = sample(pizza$Activation.Times, replace = FALSE)
+   F.stat(perm.x, pizza$Recipe)
+ })
```

(함수 `F.stat()`은 `np_supp.R`에 저장되어 있다.) 그림 6.1에서, 9999개의 랜덤뒤섞기로 구한 F-통계량 f_i들의 히스토그램이 F의 (근사적인) 순열분포를 나타낸다. F_{obs}의 값이 매우 커서 순열검정의 p-값은

$$p = \frac{1 + \sum_{i=1}^{M} I(f_i \geq F_{obs}))}{1 + M} = \frac{1 + 0}{1 + M} = 0.0001$$

이다.

[2] $\binom{16}{4,4,4,4} = 63063000$

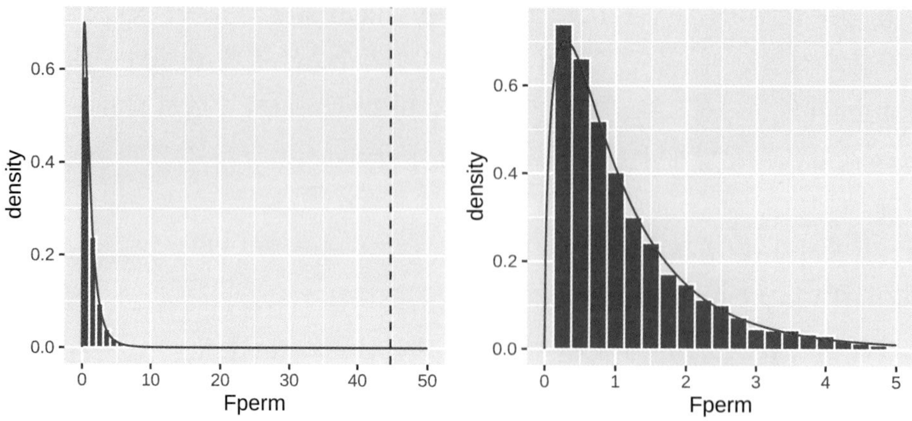

그림 6.1: 분산분석 F-통계량의 순열분포와 이론적인 $F_{3,12}$ 분포.

```
> (p.val = mean(c(Fobs,Fperm) >= Fobs))
[1] 1e-04
```

그림 6.1의 왼쪽 x축에서 $F \in [0,5]$ 인 부분을 확대하면 오른쪽 그림과 같다. 이 그림에서의 파란색 밀도함수는 정규분포가 모집단임을 가정했을 때 검정통계량 F의 이론적인 분포 $F_{3,12}$를 보여준다. 순열분포와 이론적인 $F_{3,12}$분포가 매우 비슷함을 알 수 있다.

이 순열검정은 F-통계량을 이용했으므로 순열 F-검정이라고 부르기도 한다.[3] 모집단의 분포가 정규분포와 비슷한 경우, 순열 F-검정과 (정규성을 가정했을 때의) F-검정의 결과는 대략 비슷하다. 하지만 정규분포 가정을 심하게 위배하는 경우, 순열검정은 제1종의 오류를 통제할 수 있지만 F-검정은 정확하지 않다.

6.1.2 크루스칼-왈리스 검정

F-통계량을 이용한 순열검정뿐만 아니라 다른 검정통계량을 이용하여 순열검정을 진행할 수도 있다. 그중 순위에 기초한 순열검정을 살펴보도록 하겠다.

먼저, 두 모집단을 비교할 때의 순위에 기초한 검정이었던 윌콕슨 순위합검정 과정에서 어떻게 관측값들을 순위로 변환시켰는지 기억해보자. 귀무가설 “두 모집단이 동일하다”가 사실일 때, 관측값들이 모두 랜덤하게 관측되었으므로, 혼합표본에서

[3]F-통계량 대신 $SS_{\text{Treatment}}$ 또는 SS_{Error}를 이용하여 순열검정을 하여도 그 결과는 동일하다. 식 (6.4)에서 SS_{Total}이 모든 뒤섞기에 대해 고정된 값을 가지고 있기 때문이다.

관측값들을 작은 값부터 큰 값의 순으로 순위를 매겼다. (두 개 이상의 관측값들이 동점일 때는 평균순위를 주었다.)

두 개의 이상의 모집단을 비교할 때에도 마찬가지로 모든 관측값 $X_{11}, \ldots, X_{kn_k}$를 순서대로 나열한 뒤, 이 관측값들이 어떤 모집단에서 나왔는지를 무시하고, 작은 값부터 순위를 매긴다. 예를 들어 예 6.2의 피자 데이터에서의 순위는 다음과 같다.

```
> (pizza = pizza %>% mutate(rank = rank(Activation.Times)))
   Activation.Times Recipe rank
1               575      A   13
2               395      A    9
3               280      B    8
4               120      B    1
5               720      C   16
6               554      C   12
7               200      D    5
8               135      D    2
9               525      A   11
10              450      A   10
11              175      B    4
12              210      B    6
13              700      C   15
14              650      C   14
15              250      D    7
16              150      D    3
```

크루스칼과 왈리스 (Kruskal and Wallis, 1952)는 순위변환 $X_{ij} \mapsto R_{ij}$ 된 값들을 이용하여 계산한 F-통계량을 검정통계량으로 한 순열검정을 제안하였으며, 이를 **크루스칼-왈리스 (일원배치) 검정**이라고 부른다. 구체적으로, 검정통계량인 순위를 이용한 F-통계량 F_R은 다음과 같이 정의된다. R_{ij}를 X_{ij}의 순위라고 할 때,

$$F_R = \frac{\sum_{i=1}^{k} n_i(\bar{R}_i - \bar{R})^2/(k-1)}{\sum_{i=1}^{k}\sum_{j=1}^{n_i}(R_{ij} - \bar{R}_i)^2/(n-k)}, \tag{6.5}$$

즉 순위들 $R_{11}, \ldots, R_{kn_k}$가 마치 관측값인 것처럼 생각하고 계산한 F-통계량이 곧 F_R이다. 크루스칼과 왈리스는 사실 F_R을 검정통계량으로 이용했을 때와 동일한

검정결과를 주는 크루스칼-왈리스 통계량 (KW-통계량)

$$KW = \frac{12}{n(n+1)} \sum_{i=1}^{k} n_i \left(\bar{R}_i - \frac{n+1}{2} \right)^2 \tag{6.6}$$

을 이용했다. 모든 순위들 $\{1, \ldots, n\}$의 평균이 $\bar{R} = \frac{1}{n} \sum_{i=1}^{n} i = \frac{n+1}{2}$, 표본분산이 $S_R^2 = \frac{1}{n-1} \sum_{i=1}^{n} (i - \bar{R})^2 = \frac{n(n+1)}{12}$ 임을 기억하면 KW-통계량은 순위로부터 구한 처리법에 따른 변동 $\sum_{i=1}^{k} n_i \left(\bar{R}_i - \frac{n+1}{2} \right)^2$을 순위들의 표본분산 S_R^2으로 나누어준 값임을 알 수 있다. 만약, 동점인 관측값들이 있다면, 순위들의 표본분산 S_R^2이 정확히 $n(n+1)/2$이 아니다. 따라서, 동점이 있는 경우까지 고려한 KW-통계량을

$$KW = \frac{\sum_{i=1}^{k} n_i \left(\bar{R}_i - \frac{n+1}{2} \right)^2}{S_R^2} \tag{6.7}$$

으로 정한다. 식 (6.7)의 S_R^2는 동점처리된 순위들 $\{R_{11}, \ldots, R_{kn_k}\}$의 표본분산이다.

귀무가설이 사실일 때는 모집단에 따른 위치의 차이가 없으므로 순위 R_{ij} 들이 (동점이 없는 경우) 랜덤하게 $\{1, \ldots, n\}$ 중 하나의 값을 가진다. 따라서, 각 처리법에 따른 $\bar{R}_i$가 전체 평균 $\bar{R} = \frac{n+1}{2}$ 에 가까운 값으로 나와 KW-통계량의 값이 크지 않을 것으로 예상할 수 있다. 반면, 대립가설이 사실일 때, 예를 들어 첫 번째 모집단의 위치가 다른 모집단들의 위치에 비해 클 때, 평균순위 $\bar{R}_1$ 도 클 것으로 예상할 수 있다. 즉, 대립가설이 사실일 때, KW-통계량의 값이 큰 경향이 있다.

귀무가설이 사실일 때 크루스칼-왈리스 통계량 KW 의 영분포는 그 통계량의 순열분포를 이용하여 구할 수 있다. 그림 6.2의 히스토그램은 예 6.2의 상황, 즉 $n = 16$, $n_1 = n_2 = n_3 = n_4 = 4$일 때 KW 통계량의 영분포를 $M = 9999$개의 랜덤뒤섞기를 생성하여 근사한 것이다. (위에 덧씌운 밀도함수는 이 영분포의 대표본근사분포를 나타낸다. 잠시 후 설명할 예정이다.)

이 순열분포는 실제데이터 X_{ij} 의 정확한 값과는 관련이 없고 관측값들의 상대적인 위치와 관련있다. 따라서 데이터가 표집된 모집단의 분포와도 관련이 없으므로, KW 통계량을 이용한 검정은 분포무관한 검정이다. 데이터로부터 관측된 KW-통계량이 KW_{obs} 일 때의 p-값은 $p = P(K \geq KW_{obs})$이며 (여기서 K는 KW-통계량의 순열분포를 따른다), 랜덤순열검정을 할 경우, 랜덤뒤섞기를 통해 구한 KW 의 값을

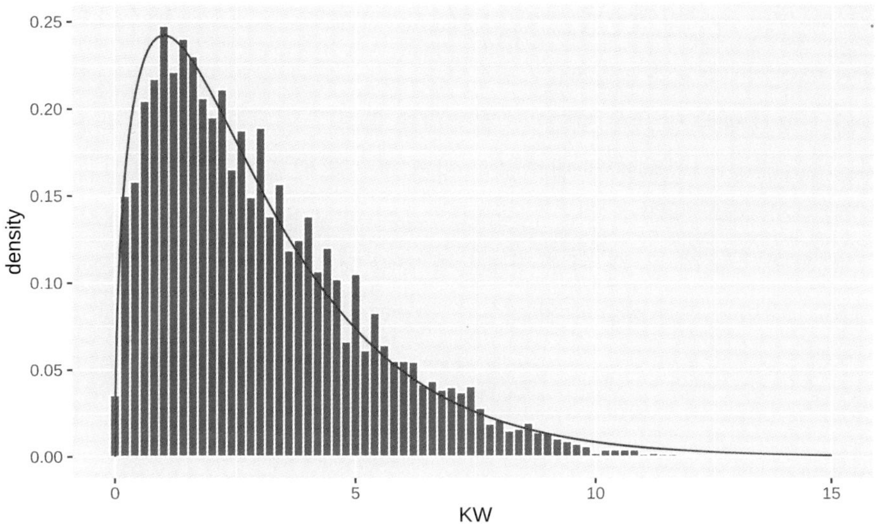

그림 6.2: 크루스칼-왈리스 통계량의 영분포: 랜덤순열분포와 대표본근사된 χ^2_3 분포.

$k_1, \ldots, k_M$ 으로 두었을 때,

$$p = \frac{1 + \sum_{i=1}^{M} I(k_i \geq KW_{obs})}{M+1} \tag{6.8}$$

의 p-값을 가진다.

예 6.5

예 6.2의 피자 데이터에 대해 크루스칼-왈리스 통계량을 계산하면 $KW_{obs} = 12.397$ 이다. 크루스칼-왈리스 검정통계량 KW 의 영분포 (그림 6.2)와 비교하면 KW_{obs} 의 값이 극단적으로 크므로, 조리법의 차이가 통계적으로 유의하다고 볼 수 있다. 크루스칼-왈리스 통계량의 계산은 `np_supp.R`의 함수 `KW.stat()` 또는 `R`에 내재된 함수인 `kruskal.test()`를 이용할 수 있다.

```
> KW.stat(Activation.Times, Recipe, data = pizza)
[1] 12.39706
> kruskal.test(pizza$Activation.Times, pizza$Recipe)$statistic
Kruskal-Wallis chi-squared
                  12.39706
```

이 통계량의 이름이 크루스칼-왈리스 “카이제곱” 통계량이다. 다음 절에서 그 이유를 알아본다.

크루스칼-왈리스의 카이제곱검정

모집단이 여러 개, 즉 $k \geq 3$일 때는 표본 수가 $n = 16$과 같이 매우 작을 때에도 모든 뒤섞기의 개수가 매우 많음을 보았다. 컴퓨터를 통한 순열분포의 생성 및 근사가 쉬운 현대에는 이 (랜덤)순열분포를 영분포로 사용하는 것이 올바른 방법이나, 크루스칼-왈리스 검정이 처음 개발되었던 1950년대에는 현실적으로 불가능한 방법이었다. 따라서, 표본의 수 n이 클 때 이 순열분포를 자유도가 $k-1$인 카이제곱분포 (χ^2_{k-1})로 근사하는 방법을 크루스칼과 왈리스가 고안하였다. 귀무가설이 사실일 때

$$KW \dot{\sim} \chi^2_{k-1}$$

임을 이용하여, 대표본근사 p-값을 $p = P(\chi^2_{k-1} \geq KW_{obs})$로 구할 수 있다.

이 대표본근사를 간략히 이해해보자. KW-통계량 (6.7)의 분자에 있는 값은 순위를 관측값으로 했을 때의 처리법에 따른 변동 $SS^R_{\text{Treatment}} := \sum_{i=1}^k n_i(\bar{R}_i - \bar{R})^2$이다. 만약, 정규분포를 따르는 관측값 $X_{ij} \sim N(\mu, \sigma^2)$을 이용한다면, 각 처리법에서의 평균 $\bar{X}_i$이 역시 정규분포 $N(\mu, \sigma^2/n_i)$를 따르며, 이에 의해 처리법에 따른 변동 $SS_{\text{Treatment}} = \sum_{i=1}^k n_i(\bar{X}_i - \bar{X})^2$의 분포는 정확히 $\sigma^2\chi^2_{k-1}$임이 알려져 있다.

귀무가설 아래에서, 순위 R_{ij}는 정규분포를 따르지 않지만 유한모집단 $\mathcal{A}_n := \{1, \ldots, n\}$에서 균등하게 표집되므로, 중심극한정리에 의해 $\bar{R}_i$들이 점근적으로 정규분포를 따른다. 따라서, 표본의 개수 n_i들이 클 때, 중심극한정리에 의해 $SS^R_{\text{Treatment}}$를 유한모집단 $\mathcal{A}_n$의 모분산 σ^2_R으로 나눈 $SS^R_{\text{Treatment}}/\sigma^2_R$이 근사적으로 χ^2_{k-1}을 따른다. 여기서 모분산 σ^2_R을 표본분산 S^2_R으로 대체한 값이 곧 KW-통계량 (6.7)이다.

그림 6.2 ($n = 16, n_1 = n_2 = n_3 = n_4 = 4$일 때 KW 통계량의 영분포)에서의 파란색 곡선이 곧 그 순열분포의 대표본근사분포인 χ^2_{4-1}의 밀도함수이다. 순열분포와 χ^2_3 분포를 비교하기 위해 분위수그림 (그림 6.3)을 보면 특히 분포의 꼬리 부분에서 대표본 근사의 정확도가 매우 낮음을 확인할 수 있다. 표본의 수가 작을 때는 크루스칼-왈리스의 χ^2 근사 검정이 정확하지 않을 수 있음에 유의하자.

그림 6.4는 $(n_1, n_2, n_3) = (32, 101, 22)$인 경우의 KW-통계량의 순열분포와 χ^2_2 분포를 비교한 것이다. (예 6.1에서의 표본 크기가 바로 이 경우이다.) 관측값의 개수가 많을 때이므로, KW 통계량의 영분포 (히스토그램)가 χ^2_2 분포로 근사된 것을 확인할 수 있다.

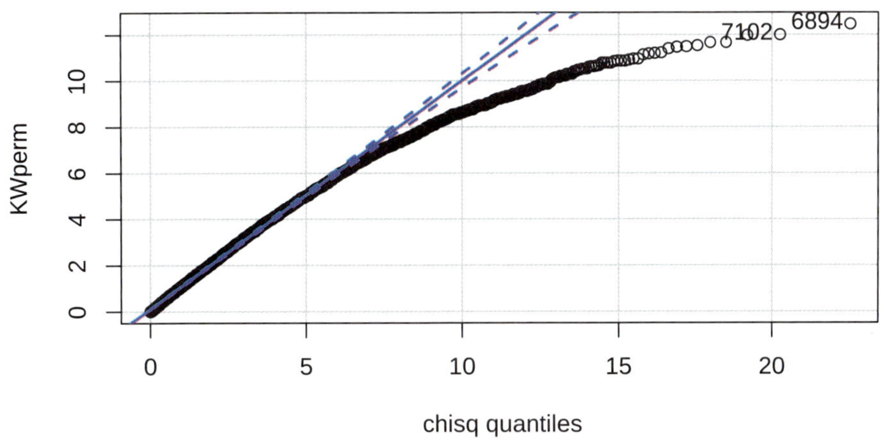

그림 6.3: 크루스칼-왈리스 검정통계량 영분포 : (정확한) 랜덤순열분포와 (점근적으로 정확한) χ^2 분포.

예 6.6

예 6.1의 데이터에 대해 크루스칼-왈리스의 KW 통계량을 구하면 $KW_{obs} = 2.67$ 이며, 대표본근사분포인 χ_2^2 와 비교한 크루스칼-왈리스 카이제곱검정의 p-값은 $p = P(\chi_2^2 \geq 2.67) = 0.2634$ 이다. 이 p-값은 함수 `kruskal.test()`를 이용하여 그대로 구할 수 있다.

```
> (KWobs = KW.stat(time, brand, data = kick))
[1] 2.668463
> (pvalue.chisq = 1 - pchisq(KWobs, df = 2))
[1] 0.2633605
> kruskal.test(time ~ brand, kick)

        Kruskal-Wallis rank sum test

data:  time by brand
Kruskal-Wallis chi-squared = 2.6685, df = 2, p-value = 0.2634
```

관측값의 개수가 많으므로, 랜덤순열검정의 p-값과 대표본근사 p-값이 비슷해야 한다. 랜덤순열검정의 p-값은 $p = 0.2765$ 로서 거의 동일한 결론을 내린다.

```
> set.seed(0)
```

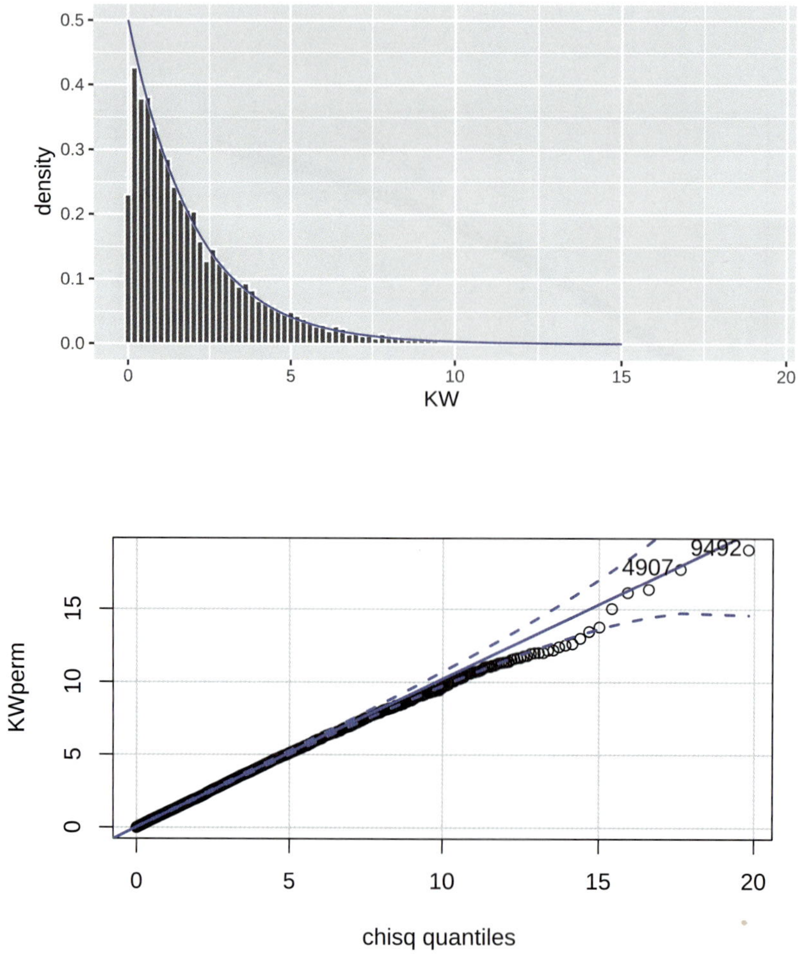

그림 6.4: 표본크기가 클 때의 KW 통계량의 영분포: 순열분포와 대표본근사 χ^2_{k-1} 분포.

```
> M = 9999
> KWperm = replicate(M, {
+   x.perm = sample(kick$time, replace = FALSE)
+   KW.stat(x.perm, kick$brand)
+ })
> (p.val = mean(c(KWobs,KWperm) >= KWobs))
[1] 0.2765
```

6.1.3 순서가 있는 대립가설

여러 모집단을 비교할 때, 이 모집단들이 어떤 순서를 따르며, 그에 따라 관측값의 위치가 증가하거나 감소함을 가설로 세울 수 있다. 다음의 예를 보도록 하자.

예 6.7

관악산의 떡갈나루 16그루에 대해 연간 밑둥의 직경 증가량을 측정하였으며, 각각의 나무는 나무가 위치한 부지의 경사도에 따라 분류되었다. (`tree.csv`)

경사도	밑둥의 직경 증가량 (cm)
경사도 I (경사 급함)	1.91, 1.53, 2.08, 1.71
경사도 II	2.44
경사도 III	2.45, 2.04, 1.60, 2.37
경사도 IV	2.52, 2.36, 2.73
경사도 V (경사없음)	2.78, 2.88, 2.10, 1.66

다섯 개의 모집단을 비교하는 예 6.7의 데이터에 대해 경사가 심할 수록 떡갈나무의 성장량이 적다는 가설을 세움을 가정해 보자. 다섯 가지의 경사도를 다섯 가지의 처리법으로 생각하고, 각 처리법의 평균효과를 $\mu_1, \ldots, \mu_5$으로 나타내어 (6.1)의 일원배치 모형을 가정한다면, 귀무가설

$$H_0 : \mu_1 = \mu_2 = \mu_3 = \mu_4 = \mu_5$$

에 대비되는 대립가설을

$$H_1 : \mu_1 < \mu_2 < \mu_3 < \mu_4 < \mu_5$$

으로 세울 수 있다.[4] 대립가설이 이와 같이 구체적인 경우, 광범위한 대립가설을 고려한 F-검정 또는 크루스칼-왈리스 검정에 비해 더 높은 검정력을 가지는 검정방법을 고안할 수 있다.

대립가설 H_1이 사실일 때에는, 어떤 두 모집단의 쌍에 대해서도 $i < j$이면

[4] 더 일반적으로는 i번째 모집단의 분포함수를 F_i라고 할 때 귀무가설을 $H_0 : F_1(x) = F_2(x) = \cdots = F_k(x)$, 대립가설을 $H_1 : F_1(x) \geq F_2(x) \geq \cdots \geq F_k(x)$ (부등호 중 하나 이상은 ">") 로 둘 수 있다 (이때 k번째 모집단이 가장 큰 값을 가진다). 또는, 첫 번째 모집단이 가장 큰 값을 가지도록 $H_1 : F_1(x) \leq \cdots \leq F_k(x)$로 둘 수도 있다.

$\mu_i < \mu_j$ 이므로, 두 모집단의 위치에 대한 단측가설의 검정이 가능하도록 검정통계량 T_{ij} 을 정한다. 예를 들어, $T_{ij} := \bar{X}_j - \bar{X}_i$ 이면 $\mu_j > \mu_i$ 일 때 T_{ij} 의 값이 클 것을 예상할 수 있다. 대립가설이 사실이면, $i < j$ 인 모든 T_{ij} 의 값이 클 것이므로,

$$T = \sum_{i<j} T_{ij} \tag{6.9}$$

의 값도 큰 경향이 있다. 반면 귀무가설이 사실일 때는 T_{ij} 의 값이 0 주변일 것이다.

존키어 (Jonckheere, 1954)는 검정통계량 (6.9)를 분포무관하게 하기 위한 방법으로 쌍별 검정통계량 T_{ij} 를 맨-위트니의 U-통계량

$$T_{ij} = \sum_{\ell_i=1}^{n_i} \sum_{\ell_j=1}^{n_j} I(X_{i\ell_i} < X_{j\ell_j})$$

으로 정할 것을 제안하였다. 맨-위트니의 U-통계량을 T_{ij} 로 정한 검정통계량 T (6.9)를 이용하여 순열검정을 하는 방법을 **존키어 검정** 또는 **존키어-터프스트라** (Jonckheere-Terpstra) 검정이라고 부른다. 존키어-터프스트라 검정에서 맨-위트니 U-통계량 대신 윌콕슨의 순위합통계량을 사용해도 그 결과는 같다. 터프스트라 (Terpstra, 1952)는 이 검정통계량 T_{ij} 를 이용한 순열검정이 관측값 X_{ij} 와 모집단의 순서 $\{1, \ldots, k\}$ 사이의 상관관계를 비모수적으로 측정하는 켄달의 타우 통계량 τ_n 을 이용한 순열검정과 같음을 보였다.

존키어 검정통계량의 영분포는 랜덤순열생성을 통해 구할 수 있으며, 표본의 크기가 클 때는 대표본근사를 이용하기도 한다. 이 대표본근사는 켄달의 타우 통계량에 대한 대표본근사와 같으므로, 이에 대한 논의는 여기서는 생략하도록 한다.

예 6.8

예 6.7의 떡갈나무에 대한 가설검정에서, 일반적인 대립가설 H_1: "어떤 $i \neq j$ 에 대해 $\mu_i \neq \mu_j$ 이다" (또는 "경사도에 따라 나무의 성장속도가 다르다")를 검정하는 크루스칼-왈리스 카이제곱검정의 p-값은 0.2016로서 귀무가설 $H_0 : \mu_1 = \mu_2 = \mu_3 = \mu_4 = \mu_5$ 을 기각하지 못한다. 대립가설을 더 구체적으로 "경사도가 낮아질수록 나무가 잘 자란다"의 순서 가설 ($H_1 : \mu_1 < \mu_2 < \mu_3 < \mu_4 < \mu_5$)로 설정한 뒤, 존키어 검정을 시행하면 p-값이 0.015으로, 5% 유의수준에서 귀무가설을 기각한다.

R에서 존키어 검정을 시행할 때는 `DescTools` 패키지의 `JonckheereTerpstraTest()` 함수를 이용한다. 예제 6.8의 p-값을 어떻게 구했는지 살펴보도록 한다. 이 함수를

이용하기 위해서는 먼저 처리법에 해당하는 변수가 "순서가 있는" factor 타입의 변수여야 한다.

```
> tree = read.csv("data/tree.csv")
> head(tree)
  increment slope
1      1.91     1
2      1.53     1
3      2.08     1
4      1.71     1
5      2.44     2
6      2.45     3
> # this is needed for JT test
> (tree$slope = factor(tree$slope, ordered = TRUE))
 [1] 1 1 1 1 2 3 3 3 3 4 4 4 5 5 5 5
Levels: 1 < 2 < 3 < 4 < 5
```

함수 DescTools::JonckheereTerpstraTest()에 구현된 존키어검정은 표본 수 $n \leq 100$일 때는 모든 뒤섞기를 생성하는 정확한 순열검정의 결과를, $n > 100$일 때는 대표본근사된 p-값을 준다.

```
> with(tree, JonckheereTerpstraTest(increment , slope,  alternative =
    "increasing"))

        Jonckheere-Terpstra test

data:  increment and slope
JT = 73, p-value = 0.01534
alternative hypothesis: increasing
```

예 6.7과 6.8의 떡갈나무 데이터의 표본 수는 $n = 16$이므로 이 p-값은 정확한 순열검정의 p-값이다. 랜덤 순열검정을 시행하고자 한다면, 다음과 같이 함수의 인자 nperm을 지정해주면 된다.

```
with(tree, JonckheereTerpstraTest(increment , slope,  alternative = "
    increasing", nperm= 5000))
```

6.2 반복이 없는 완전블록계획에서의 추론

지금까지 여러 모집단의 비교 또는 여러 처리법의 효과에 대한 비교 방법을 살펴보았다. 만약 관측될 효과에 영향을 미치는 변수가 처리법만이 아니라 다른 변수도 있을 때 이를 통제하기 위해 블록화를 하게 된다.

블록화 (blocking)란 처리법이 적용될 모집단이 동질 (homogeneous)하지 않을 때, 동질한 소그룹으로 나누어 비교하는 방법을 말한다. 예를 들어, 새로 개발한 백신의 효능을 위약과 비교하고자 할 때, 그 효과가 건강한 성인들에서와 청소년에게서 다르게 나올 수도 있다. 이때, 비교하고자 하는 처리법은 백신/위약이며, 블록 변수 성인/청소년으로 전체 모집단을 두 소그룹으로 나눈 셈이 된다. 다음의 예를 살펴보자.

예 6.9

A, B, C 세 종류의 식이요법을 네 가지 영양상태의 동물에게 시험하고자 한다. 각 영양상태별로 세 마리씩을 구한뒤, 각각의 식이요법을 다음과 같은 실험 계획으로 적용하고, 체중 증가량을 기록한다.

영양상태 I	영양상태 II	영양상태 III	영양상태 IV
A	C	B	A
B	A	C	C
C	B	A	B

예 6.9와 같은 실험계획을 (반복이 없는) **완전블록계획** (Complete Block Design; CBD)이라고 부른다. 각 블록 (영양상태) 별로 식이요법의 적용을 랜덤하게 배정하였으므로, 이를 랜덤 완전블록계획 (Randomized CBD)이라고 부르기도 한다. 측정될 체중 증가량은 식이요법으로 인한 체중 증가와 영양상태에 따른 자연스러운 체중 증가가 혼합되어 있다.

예 6.10

도시에서 농작물을 키우는 스마트팜 사업을 하는 사업가가 상추를 키우는 세 가지 방식 (A,B,C)을 비교하고자 한다. 스마트팜의 위치에 따라 성장속도에 차이가 날 것으로 예측되므로, 위치 (건물 옥상, 건물 내부, 지하철역 내부)를 블록 변수로 두고 랜덤완전블록계획을 세워 다음과 같은 관측값을 얻었다. 관측된 값은 30일 동안의 생산량이다. (`smartfarm1.csv`)

	건물 옥상	건물 내부	지하철역 내부
A	85	105	95
B	95	96	110
C	100	112	117

재배 방식과 스마트팜의 위치에 따라 생산량에 차이가 있다고 할 수 있을까?

위의 두 예에서 각 처리법과 블록의 조합에 따라 단 하나의 관측값만을 얻음을 주목하자. 관측값들을 모형화하면 다음과 같다. k개의 처리법과 b개의 블록이 있다고 가정하면, i번째 처리법과 j번째 블록에서의 관측값 X_{ij}은

$$X_{ij} = \mu + t_i + b_j + \epsilon_{ij}, \quad i = 1, \ldots, k, \; j = 1, \ldots, b \tag{6.10}$$

로 모형화할 수 있다. 이때 μ는 처리법과 블록에 영향을 받지 않는 효과이며, t_i는 i번째 처리법의 효과, b_j는 j번째 블록의 효과, 그리고 ϵ_{ij}는 서로 독립이며 평균 (또는 중앙값)이 0인 분포를 따르는 오차항이다.

각 처리법과 블록의 조합에서 여러 개의 관측값을 구할 수 있다면, 이는 **반복이 있는** 완전블록계획이며, 조금 더 일반적인 이원배치 실험계획(two-way design)이라고 볼 수 있다.

예 6.11

스마트팜 생산량에 대한 예 6.10에서, 각 위치 별로 스마트팜을 여러 개 설치하여 더 많은 관측값을 얻었다. 재배 방식과 스마트팜의 위치에 따라 생산량에 차이가 있다고 할 수 있을까? (`smartfarm.csv`)

	건물 옥상	건물 내부	지하철역 내부
A	85, 88, 72	105, 100, 97	95, 69, 45
B	95, 100, 84	96, 87, 92	110, 94, 93
C	100, 105, 98	112, 109, 116	117, 121, 101

예 6.11과 같이 반복적인 관측이 가능한 경우에는 처리법의 효과, 블록의 효과뿐 아니라, 처리법과 블록의 교호작용 (interaction)까지 모형화와 추정이 가능하다. 즉, i번째 처리법과 j번째 블록에서의 l번째 관측값 X_{ijl}은

$$X_{ijl} = \mu + t_i + b_j + (tb)_{ij} + \epsilon_{ijl} \tag{6.11}$$

으로 모형화할 수 있으며, $(tb)_{ij}$가 교호작용을 나타낸다. 모형 (6.10)에서도 교호작용을 모형화할 수는 있으나, 관측값이 부족하여 교호작용의 추정이 불가능하므로, 완전블록계획에서는 교호작용이 없다고 가정한다.

먼저 예 6.9와 예 6.10과 같이 각 처리법과 블록에서 한 관측값이 있는 완전블록계획에서의 처리효과에 대한 검정을 알아보도록 한다. 즉, 모형 (6.10)을 가정하고, 귀무가설

$$H_0 : t_1 = \cdots = t_k \tag{6.12}$$

(처리법들의 효과가 모두 같다)과 대립가설 H_1 : "모든 처리법의 효과가 같지 않다"를 비교하려 한다. 두 번째 변수가 블록이 아니라 또 다른 처리법의 종류일 때에도 같은 방식으로 통계적 추론을 할 수 있다.

6.2.1 전통적인 분산분석

처리법 i의 효과의 추정량을 $\bar{X}_{i.} = \frac{1}{b}\sum_{j=1}^{b} X_{ij}$, 블록 j의 효과의 추정량을 $\bar{X}_{.j} = \frac{1}{k}\sum_{i=1}^{k} X_{ij}$, 그리고 전체 데이터의 평균을

$$\bar{X} = \bar{X}_{..} = \frac{1}{kb}\sum_{i=1}^{k}\sum_{j=1}^{b} X_{ij} = \frac{1}{b}\sum_{j=1}^{b} \bar{X}_{i.}$$

으로 표기하면, 전통적인 분산분석에서는 처리법에 따른 변동을

$$SS_{\text{Treatment}} = \sum_{i=1}^{k}\sum_{j=1}^{b}(\bar{X}_{i.} - \bar{X})^2 = b\sum_{i=1}^{k}(\bar{X}_{i.} - \bar{X})^2$$

으로 나타낸다. $\bar{X}_{i.}$와 $\bar{X}$의 계산에서 블록의 효과에 따른 차이가 상쇄되어 있으므로, 블록의 효과에 상관없이 $SS_{\text{Treatment}}$를 처리법에 따른 변동으로 볼 수 있다. 귀무가설 (6.12) 아래에서는 $SS_{\text{Treatment}}$의 값이 크지 않을 것이며, 대립가설 $t_i \neq t_{i'}$이 사실일 때는 그 값이 큰 경향이 있다. 처리법에 따른 변동량을 오차에 따른 변동 SS_{Error}과 비교한 값이 곧 F-통계량이다. 완전블록계획에서의 오차의 추정량은 처리법의 효과와 블록의 효과를 모두 제거해야 한다:

$$SS_{\text{Error}} = \sum_{i=1}^{k}\sum_{j=1}^{b}(X_{ij} - \bar{X}_{i.} - \bar{X}_{.j} + \bar{X})^2.$$

(처리법의 효과 $\bar{X}_{i.}$와 블록의 효과 $\bar{X}_{.j}$에 전체 평균 $\bar{X}$가 모두 반영되어 있기 때문에, 전체 평균을 한번만 제거하기 위해서는 그 값을 다시 더해 주었다.) F-통계량은 두

변동을 각자의 자유도로 나눈 평균 변동의 비

$$F = \frac{SS_{\text{Treatment}}/(k-1)}{SS_{\text{Error}}/[(k-1)(b-1)]} \tag{6.13}$$

이다. 귀무가설 $H_0 : t_1 = \cdots = t_k$가 사실이고, ϵ_{ij}의 분포가 정규분포 $N(0, \sigma^2)$일 때 F-통계량이 자유도 $k-1$, $(k-1)(b-1)$인 F 분포 $F_{k-1,(k-1)(b-1)}$를 따름이 알려져 있다. 따라서, 관측값 F_{obs}의 p-값은 $p = P(F_{k-1,(k-1)(b-1)} \geq F_{obs})$이다.

분산분석에서의 순열검정

모집단의 분포가 정규분포라는 가정을 할 수 없거나, 표본의 수가 적어 중심극한 정리에 의한 F-분포로의 근사가 불가능한 경우에는 F-통계량의 영분포를 뒤섞기를 이용하여 생성할 수 있다. 다만 이때의 순열분포는 모든 관측값의 처리법을 뒤섞는 것이 아니라, 각 블록 내의 처리법을 뒤섞는 방식으로 구한다. 이 이유를 귀무가설 $H_0 : t_1 = \cdots = t_k = 0$이 사실일 때의 모형

$$X_{ij} = \mu + b_j + \epsilon_{ij} \tag{6.14}$$

을 통해 알아보자. ϵ_{ij}의 분포가 같고 서로 독립일 때, 첫 번째 블록 내의 두 관측값 $X_{11} = \mu + b_1 + \epsilon_{11}$과 $X_{21} = \mu + b_1 + \epsilon_{21}$은 서로 독립이면서 분포가 같으므로 두 관측값이 교환가능하다. 하지만, 서로 다른 블록에서의 두 관측값 X_{11}과 X_{12}는 분포가 같지 않으므로 교환가능하지 않다. 각 j번째 블록 내의 관측값들 $X_{1j}, \ldots, X_{kj}$는 서로 교환가능하지만 블록 간의 관측값들은 교환가능하지 않다. 따라서, 블록 내에서 관측값들을 $k!$ 개의 다른 방법으로 뒤섞을 수 있으며 이를 b개의 블록에 대해 모두 시행하면, 가능한 뒤섞기의 개수는 $(k!)^b$ 가 된다.

순열 F-검정의 p-값은 다음과 같은 절차로 구한다.

1. 관측값으로부터 F-통계량 F_{obs}를 구한다.

2. 각 블록 내에서 처리법 인자의 수준을 뒤섞은 뒤, 뒤섞인 데이터로부터 F-통계량 f_i를 구한다.

3. 2번을 $M = (k!)^b$개의 모든 가능한 뒤섞기 또는 $M = 1999$개의 랜덤뒤섞기에 대해 계산하여 $f_1, \ldots, f_M$을 얻는다.

4. 순열 F-검정의 p-값은 $p = \frac{1+\sum_{i=1}^{M} I(f_i \geq F_{obs})}{1+M}$이다.

예 6.12

예 6.10의 (반복이 없는) 스마트팜 데이터에서의 F-통계량의 관측값은 $F_{obs} = 3.95$이다. 이 값을 정규분포 영분포인 $F_{2,4}$ 분포와 $(k!)^b = (3!)^3 = 216$개의 모든 뒤섞기를 생성하여 계산한 정확한 순열분포와 비교하면 아래 그림과 같다. 히스토그램으로 표현된 이산분포가 순열분포이며, $F_{2,4}$ 분포는 곡선으로 그 밀도함수가 표시되어 있다.

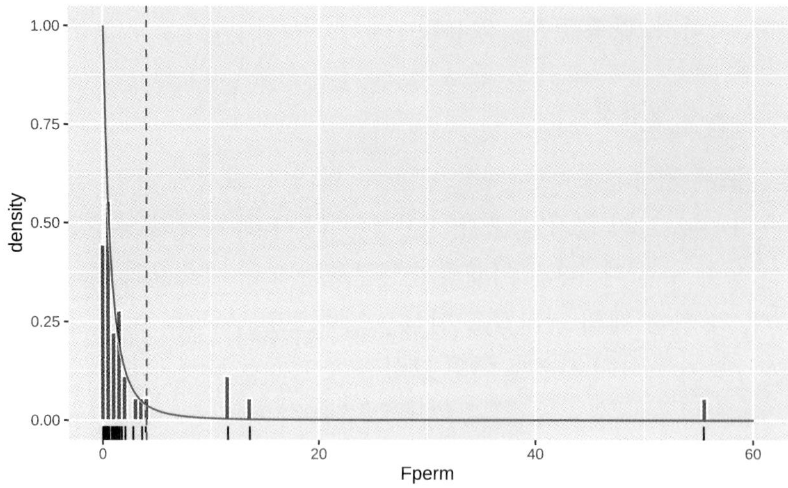

정규분포 가정을 했을 때의 p-값은 $P(F_{2,4} \geq F_{obs}) = 0.113$, 순열 F-검정의 p-값은 0.139로서 두 검정 모두 세 재배방식이 다르다고 볼 근거가 부족하다는 결론을 준다. `np_supp.R` 내의 두 함수 `F.stat.CBD()`와 `F.test2.exact()`를 이용하여 p-값을 계산하였다.

```
> farm = read.csv("data/smartfarm1.csv")
> # classical F-test
> (Fobs = F.stat.CBD(x, treatment, block, data = farm))
[1] 3.952191
> k = 3;b = 3
> (pval = 1-pf(Fobs,k-1, (k-1)*(b-1)))
[1] 0.1129032
>
> # exact permutation using F statistic (for b = 3 only)
> Fpermtest = F.test2.exact(x,treatment,block, data = farm)
> Fpermtest$pvalue
[1] 0.1388889
```

F-통계량을 이용한 순열검정은 처리법에 따른 변동 $SS_{\text{Treatment}}$를 검정통계량으로 정한 순열검정과 정확히 같다[5]. 두 모집단의 위치를 비교할 때는 이표본 t-검정 통계량과 평균의 차이를 이용한 순열검정이 같았고, 여러 모집단을 비교할 때 F-통계량과 처리법에 따른 변동 $SS_{\text{Treatment}}$을 이용한 순열검정이 같았음과 동일한 이유로 이해할 수 있다.

6.2.2 프리드만 검정

완전블록계획에서 관측값 X_{ij} 대신 관측값들의 순위변환을 한 뒤에 계산한 F-통계량을 검정통계량으로 정한 순열검정이 곧 프리드만 (Friedman, 1937)이 제안한 분포무관 검정방법이다. 귀무가설 $H_0 : t_1 = \cdots = t_k$ 이 사실일 때에도 블록별로 관측값의 수준이 다를 수 있으므로, 관측값들의 순위 변환은 각 블록 내의 k개 관측값에 대해 각각 실행한다. 즉, j번째 블록에 대해, $X_{1j}, \ldots, X_{kj}$를 $1, \ldots, k$의 순위로 변환한다.

예 6.13

예 6.10의 스마트팜 데이터에서의 순위변환은 다음과 같다. 관측값의 순위가 블록 내에서 매겨진다.

```
> farm = read.csv("data/smartfarm1.csv")
> as.data.frame(farm %>% arrange(block) %>% group_by(block) %>%
    mutate(ranks = rank(x)) )
    x treatment block ranks
1 105         A    in     2
2  96         B    in     1
3 112         C    in     3
4  85         A  over     1
5  95         B  over     2
6 100         C  over     3
7  95         A under     1
8 110         B under     2
9 117         C under     3
```

블록 효과없이 여러 모집단을 비교할 때의 크루스칼-왈리스 통계량과 마찬가지로, 프리드만의 통계량은 (순위변환한 뒤의) 처리법의 따른 변동을 순위들의 표본분산으

[5]연습문제 6.4 참조

로 표준화한 값으로 정의된다:

$$FM = \frac{12}{k(k+1)} b \sum_{i=1}^{k} (\bar{R}_{i.} - \bar{R})^2.$$

프리드만 통계량의 분모에 해당하는 $\frac{k(k+1)}{12}$는 순위 $1, \ldots, k$의 표본분산이다. 만약 관측값에 동점이 있어 평균순위를 이용할 때에는 프리드만 통계량의 분모를 각 블록별 순위들의 표본분산 S_j^2의 평균 $\frac{1}{b}\sum_{j=1}^{b} S_j^2$으로 대체하여

$$FM = \frac{1}{\frac{1}{b}\sum_{j=1}^{b} S_j^2} b \sum_{i=1}^{k} (\bar{R}_{i.} - \bar{R})^2$$

을 프리드만의 통계량으로 정한다. 크루스칼-왈리스 통계량에서와 마찬가지로, 관측값의 개수가 많을 때 귀무가설 아래에서

$$FM \dot{\sim} \chi^2_{k-1}$$

인 사실을 이용하기 위한 표준화라고 볼 수 있다. 다만, 완전블록계획에서 처리법의 개수 k가 고정되어 있다면 블록의 개수 b가 늘어나야 관측값의 개수가 늘어나므로, k와 b가 크지 않은 대부분의 경우에는 대표본근사를 이용한 영분포가 정확하지 않으므로, 정확한 영분포인 순열분포 또는 랜덤순열분포를 이용하는 것이 권장된다.

예 6.14

예 6.10의 스마트팜 데이터에서 재배방식에 대한 검정을 할 때, 프리드만의 검정통계량은 $FM_{obs} = 4.67$이며, 대표본근사된 영분포인 χ^2_{3-1}와 비교하면 (근사적인) p-값은 0.097이다. `np_supp.R` 내의 함수 `FM.stat.CBD()`를 이용하여 프리드만의 검정통계량을 계산할 수 있다.

```
> (FMobs = FM.stat.CBD(x,treatment,block,data = farm))
[1] 4.666667
> # pvalue (asymptotic)
> (pval1 = 1-pchisq(FMobs,k-1))
[1] 0.09697197
```

대표본근사 p-값은 R의 내재함수인 `friedman.test()`를 이용하여 계산할 수도 있다.

```
> friedman.test(x ~ treatment | block,data = farm)
```

```
        Friedman rank sum test

data:  x and treatment and block
Friedman chi-squared = 4.6667, df = 2, p-value = 0.09697
```

np_supp.R내의 함수 Friedman.test.exact()를 이용하여 정확한 순열검정을 실시할 수 있다.

```
> # pvalue (exact permutation test)
> Friedman.test.exact(x,treatment,block, data = farm)$pvalue
[1] 0.1944444
```

관측된 검정통계량의 값을 정확한 영분포인 순열분포와 비교하면 전체 $(3!)^3 = 216$개의 뒤섞기로부터 얻은 통계량 중 42개가 FM_{obs}와 같거나 크므로 p-값은 $42/216 = 0.194$로서 대표본근사된 p-값과 큰 차이가 있음을 알 수 있다. 이 차이는 순위를 이용하여 계산한 프리드만의 검정통계량의 순열분포가 매우 이산적이기 때문에 나는 차이로 볼 수 있다. 정확한 영분포인 순열분포와 χ^2_2 분포를 비교한 다음 분위수 그림을 보면 $n = 9$인 이 데이터에서 영분포의 대표본근사가 매우 부정확함을 알 수 있다.

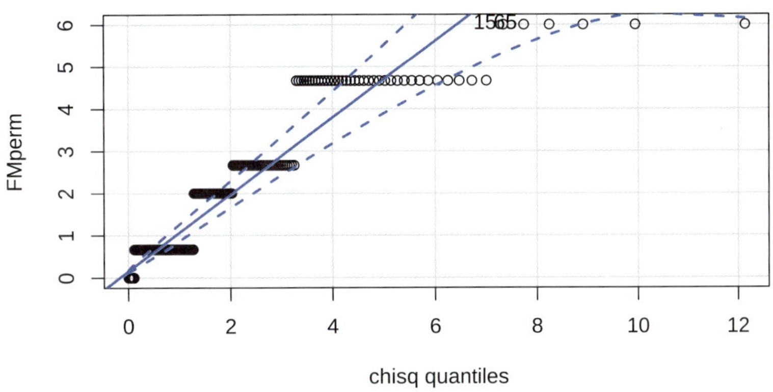

정확한 영분포를 생성하기 위해 모든 뒤섞기의 경우를 고려하는 것이 어려울 때는 랜덤순열검정을 시행한다. 이때의 순위변환과 뒤섞기는 블록 내에서 시행함을 다시 강조한다. np_supp.R 내의 Friedman.test.randperm() 함수에 프리드만의 검정통계량을 이용한 랜덤순열검정을 구현해놓았다. 검정통계량의 영분포가 매우 이산적이므로, 랜덤뒤섞기를 통한 정확한 p-값의 근사 속도가 느리다.

```
> set.seed(0)
> Friedman.test.randperm(x, treatment , block , M = 9999, data = farm)$
    pvalue
[1] 0.1107
```

6.2.3 순서가 있는 대립가설에 대한 검정

완전블록계획의 모형

$$X_{ij} = \mu + t_i + b_j + \epsilon_{ij}, \quad i = 1, \ldots, k, j = 1, \ldots, b \tag{6.15}$$

에서 처리법에 효과에 어떤 순서가 있을 것으로 예상되는 경우, 순서가 있는 대립가설을 세울 수 있다. 이때, 귀무가설 $H_0 : t_1 = \cdots = t_k$ 에 대비되는 대립가설

$$H_1 : t_1 \leq t_2 \leq \cdots \leq t_k \tag{6.16}$$

(최소한 한 개의 부등식은 "$<$")을 검정하고자 한다.

블록 변수가 없을 때에는 여러 모집단의 순서에 대한 가설검정을 하는 존키어-터프스트라 검정을 진행할 수 있었으며, 존키어-터프스트라 검정이 (일반적인 대립가설에 대한) 크루스칼-왈리스 검정에 비해 더 검정력이 높았다. 존키어-터프스트라의 검정통계량은 관측값 X_{ij} 와 모집단의 순서 $\{1, \ldots, k\}$ 사이의 상관관계를 비모수적으로 측정한 값임을 기억하자.

블록 변수가 있을 때에는 관측값 X_{ij} 에 블록의 효과도 같이 더해져 있다. 따라서, 각 블록 내에서 관측값 X_{ij} 과 모집단의 순서 $\{1, \ldots, k\}$ 사이의 상관관계를 대변하는 통계량을 계산한 뒤 이 값들을 단순히 모두 더하는 방식을 생각할 수 있다. j 번째 블록 내의 관측값들의 순위가 $R_{1j}, \ldots, R_{kj}$ 일 때, (6.16) 의 순서가 사실이라면 $R_{1j} < \cdots < R_{kj}$ 인 경향이 있으므로, (스피어만의 순위상관계수와 관련이 있는) $\sum_{i=1}^{k} iR_{ij}$ 가 큰 경향이 있다. 페이지 (Page, 1963)의 L-통계량은 이 블록별 통계량들의 합

$$L = \sum_{j=1}^{b} \left[\sum_{i=1}^{k} iR_{ij} \right] = \sum_{i=1}^{k} iT(R_{i.}) \tag{6.17}$$

이며,

$$T(R_{i.}) = \sum_{j=1}^{b} R_{ij}$$

는 i번째 처리에 해당하는 순위들의 합이다. 페이지는 귀무가설 아래에서 이 통계량의 영분포인 (블록 내 뒤섞기로 생성된) 순열분포 또는 대표본근사 영분포인 정규분포를 이용한 검정법을 제안했으며, 이를 **페이지의 트렌드 검정**이라 부른다. 완전블록계획에서는 일반적으로 표본의 수가 적어 대표본근사[6]의 정확도가 매우 떨어지므로, 통계량 L을 이용한 순열검정을 진행할 것을 추천한다.

예 6.15

다음 표는 네 가지의 처리법을 여섯 개의 블록에서 비교하는 가상의 데이터를 정리한 것이다. 각 관측값의 블록 내의 순위가 괄호 안에 기입되어 있다. 처리법에 따른 효과가 처리 1일 때 가장 작고 처리 4일 때 가장 높은지를 페이지 검정으로 알아보자.

	블록 1	블록 2	블록 3	블록 4	블록 5	블록 6	순위합
처리 1	128 (3)	128 (1)	160 (1)	142 (1)	157 (2)	179 (3)	11
처리 2	122 (2)	137 (2)	177 (2)	177 (3)	160 (3)	138 (1)	13
처리 3	207 (4)	188 (3)	181 (3)	164 (2)	155 (1)	175 (2)	15
처리 4	120 (1)	208 (4)	199 (4)	194 (4)	177 (4)	195 (4)	21

이 데이터에 대해 페이지의 L-통계량은 $L = 1 \times 11 + 2 \times 13 + 3 \times 15 + 4 \times 21 = 166$이며, 랜덤순열검정의 p-값은 0.018으로 처리법의 효과의 차이가 유의하게 있음을 알 수 있다. 이 데이터에 대해 프리드만의 검정을 시행하면 p-값이 0.113으로 프리드만 검정의 검정력이 낮음을 알 수 있다. `np_supp.R` 내의 `Page.L.stat()` 함수로 L-통계량의 값을 계산할 수 있고, 이 통계량을 이용한 랜덤순열검정은 `Page.trend.randperm()`에 구현되어 있다.

```
> dat = read.csv("data/toydat_page.csv")
> (Lobs = Page.L.stat(x,treatment,block, data =dat))
[1] 166
> set.seed(0)
> Page.trend.randperm(x,treatment,block, data = dat)$pvalue
[1] 0.018
```

처리의 수준에 순서가 있어야 하므로, 범주형 변수 `treatment`의 수준이 $1, 2, \ldots, k$의 숫자 형태이어야 한다.

---

[6]페이지의 L-통계량의 대표본근사 영분포는 연습문제 6.6을 참조하자.

6.3 일반적인 이원배치법

예 6.10과 같은 반복이 없는 완전블록계획과 예 6.11과 같은 반복이 있는 완전블록계획은 모두 일반적인 이원배치법의 일종이다. 위의 두 예뿐만 아니라, 어떤 처리법과 블록에서의 관측값이 없는 완전하지 않은 블록 계획 역시 두 개의 인자 (처리와 블록, 또는 두 처리)가 있다면 이원배치법이라고 부른다.

일반적인 이원배치법에서는 교호작용이 있는 (6.11)의 모형을 세우거나, 또는 교호작용의 효과가 없다고 가정을 하고, 더 간단한 모형

$$X_{ijl} = \mu + t_i + b_j + \epsilon_{ijl}, \quad i = 1, \ldots, k, j = 1, \ldots, b, l = 1, \ldots, c \tag{6.18}$$

을 세우기도 한다. 이때 각 처리법과 블록에 해당하는 관측값의 개수 (반복 수)가 모두 c임을 가정했다.

식 (6.18)과 같이 교호작용이 없을 때, 귀무가설 $H_0 : t_1 = \cdots = t_k$을 대립가설 H_1: "어떤 $i \neq j$에 대해 $t_i \neq t_j$"과 비교하고자 한다. 이때, (6.18) 모형의 ϵ_{ijl}이 정규분포를 근사적으로 따름을 가정하고 F-검정을 하는 방법이 일반적인 이원배치 분산분석의 방법이다. 정규분포 가정을 하기 어려운 경우, F-통계량을 검정통계량으로 정한 순열검정을 하면 분포무관한 검정방법이 된다. 이때, 각 블록 내의 kc개의 관측값들은 귀무가설 아래에서 교환가능하므로, 반복이 없는 경우와 마찬가지로 각 블록 내의 관측값을 뒤섞는 방식으로 순열분포를 생성할 수 있다. (모든 뒤섞기의 개수는 $[(kc)!]^b$개이다.)

프리드만 검정에서와 같이 각 블록 내의 관측값들을 순위로 변환한 뒤, 이 순위들을 이용하여 계산한 F-통계량을 검정통계량으로 정한 순열검정을 고려할 수 있다. 순위변환을 고려한 검정방법은 처음 제안한 스킬링스와 맥 (Skillings and Mack, 1981)의 이름을 따서 스킬링스-맥 검정이라고도 불린다.

스킬링스-맥 검정의 검정통계량은 F-통계량를 다음과 같이 조금 변형하여 사용한다. 각 블록 내의 순위를 R_{ijl}이라고 하자. j번째 블록 내에 모두 kc개의 관측값이 있으므로, 이 순위들은 $R_{ijl} \in \{1, \ldots, kc-1, kc\}$이다. 순위 변환된 처리법에 따른 변동을 반복 수 c로 나누면

$$SS_{\text{Treatment}}/c = b \sum_{i=1}^{k} (\bar{R}_{i..} - \bar{R})^2$$

이다. 스킬링스-맥 통계량은 이를 순위들의 표본분산으로 표준화한 값

$$SM = \frac{12}{kc(kc+1)} b \sum_{i=1}^{k} (\bar{R}_{i..} - \bar{R})^2$$

이다. 여기서 $kc(kc+1)/12$는 순위 $\{1, \ldots, kc-1, kc\}$의 표본분산이다. 만약 동점이 있는 경우, 각 블록별 순위의 표본분산 S_j^2의 평균 $\frac{1}{b}\sum_{j=1}^{b} S_j^2$으로 대체하여,

$$SM = \frac{1}{\frac{1}{b}\sum_{j=1}^{b} S_j^2} b \sum_{i=1}^{k} (\bar{R}_{i..} - \bar{R})^2$$

을 통계량으로 정한다. 프리드만의 통계량과 마찬가지로, 귀무가설

$$H_0 : t_1 = \cdots = t_k$$

이 사실일 때, 점근적으로 $SM \dot\sim \chi^2_{k-1}$임이 알려져 있으므로, 점근근사적인 p-값은 $p = P(\chi^2_{k-1} \geq SM_{obs})$이다.

예 6.16

예 6.11의 반복이 있는 스마트팜 데이터를 이용하여 재배 방식에 따라 생산량에 차이가 있는지를 검정하고자 한다. 이 데이터는 $k = 3$개의 인자수준, $b = 3$개의 블록과 반복수 $c = 3$인 데이터이다. `np_supp.R` 내의 `SM.stat()` 함수로 스킬링스-맥 통계량의 값을 계산할 수 있고, 이 통계량을 이용한 랜덤순열검정은 `SM.perm.test()`에 구현되어 있다.

```
> (SMobs = SM.stat(x,treatment,block,data = smartfarm))
[1] 4.489013
```

만약 카이제곱 대표본근사를 이용한 검정을 하면 p-값은 $p > 0.1$이며, 재배 방식에 따른 차이가 유의하지 않은 것으로 나왔다.

```
> (pvalue.asymp = 1 - pchisq(SMobs, df = 2))
[1] 0.1059798
```

표본 수가 $n = 27$인데, 대표본근사된 영분포를 믿을 수 있을까? 랜덤순열검정의 결과는 다르다.

```
> SM.perm.test(x,treatment,block,M=9999,data = smartfarm)$pvalue
[1] 3e-04
```

10000개의 뒤섞기 중 관측된 검정통계량보다 크거나 같은 값이 3개만 있었으므로, 랜덤순열검정의 p-값은 $p = 3/10000$으로 재배 방식에 따른 차이가 유의하다. 위의 코드에서 랜덤뒤섞기의 개수 $M = 9999$을 상당히 크게 했음에 주목하자. 두 검정의 결과가 상충되기 때문에, 랜덤순열검정의 p-값의 정확성을 높일 필요가 있어 반복의 개수를 크게 하였다.

완전블록계획에서 만약 각 처리법과 블록의 조합에서의 반복 수가 일정하지 않을 때, 또는 불완전 블록 계획일 때 처리법의 효과에 대한 검정도 역시 지금까지 살펴본 순열검정, 프리드만 검정, 스킬링스-맥 검정과 유사한 방식으로 개발되었다. 자세한 내용은 Hollander et al. (2013)의 제7장을 참조하도록 하자.

마지막으로, 교호작용이 있을 때 처리법에 대한 또는 교호작용에 대한 검정을 할 때는, 순위변환이 데이터에 존재하는 교호작용에 대한 증거를 없앨 수도 있다는 점에 유의하도록 하자. 교호작용은 처리효과와 블록효과의 곱으로 이루어진 이차항이며, 비선형 변환인 순위변환이 그 이차항을 제거할 가능성이 있기 때문이다. 따라서, 교호작용이 있음을 가정한 모형 (6.11)에서는 비모수적 검정을 하기 위해서는 특수한 순위변환[7]을 이용하거나, 순위변환을 하지 않고 이원배치법의 모형을 선형회귀분석 모형의 한 종류로 보아 재표집을 이용한 검정을 하는 것이 권장된다. (선형회귀분석의 재표집에 의한 추론은 제10장에서 다룬다.)

6.4 연습문제

연습 6.1. 여러 개의 모집단을 순열검정으로 비교할 때, $SS_{\text{Treatment}}$를 검정통계량으로 이용하거나 $SS_{\text{Treatment}}/SS_{\text{Total}}$을 검정통계량으로 이용해도, F-통계량을 검정통계량으로 정했을 때와 동일한 검정결과를 가짐을 증명하여라. [힌트 : 주어진 데이터의 값을 고정했을 때, SS_{Total}은 어떤 뒤섞기에도 항상 같은 값임을 먼저 증명한 뒤, F-통계량과 $SS_{\text{Treatment}}$의 관계를 밝혀라.]

연습 6.2. 연습문제 6.1을 이용하여 F_R (6.5)이 KW (6.6)의 단조증가함수임을 보여라. (즉, F_R을 이용한 순열검정과 KW를 이용한 순열검정이 항상 같은 검정결과를 준다.)

[7] 교호작용이 있을 때의 순위변환의 위험성과 본문에서 언급한 특수한 순위변환은 Higgins (2004), 9.2절에 자세히 설명되어 있다.

연습 6.3. 완전블록계획의 모형 (6.10)에서 $E(\bar{X}_{i.}) - E(\bar{X})$가 블록의 효과 b_j 와는 상관없으며 오직 처리법의 효과 t_i 만으로 표현됨을 확인하여라. 그렇다면, 교호작용이 포함된 모형 (6.11)에서 $E(\bar{X}_{i.}) - E(\bar{X})$가 처리법의 효과 t_i 만으로 표현되는가?

연습 6.4. 완전블록계획에서의 F-통계량 (6.13)을 이용한 순열검정을 할 때, 다음이 성립함을 보여라.

a) $SS_{\text{Block}} = k\sum_{j=1}^{b}(\bar{X}_{.j} - \bar{X})^2$ 과 $SS_{\text{Total}} = \sum_{i=1}^{k}\sum_{j=1}^{b}(X_{ij} - \bar{X})^2$ 이 블록 내의 어떤 뒤섞기에도 변치 않는다.

b) $SS_{\text{Error}} = SS_{\text{Total}} - SS_{\text{Treatment}} - SS_{\text{Block}}$.

c) F-통계량 (6.13)은 $SS_{\text{Treatment}}$ 의 단조 증가함수이다.

d) F-통계량을 이용한 순열검정의 결과와 $SS_{\text{Treatment}}$, 또는 $SS_{\text{T}^2} = \sum_{i=1}^{k}\bar{X}_{i.}^2$ 를 검정통계량으로 정한 순열검정의 결과가 정확히 같다.

연습 6.5. 완전블록계획에서 처리법의 종류가 단 두 개만 있을 때, 프리드만의 검정통계량을 이용한 순열검정이 이표본 대응비교에서의 부호검정과 동일함을 확인하여라. (따라서, 프리드만의 검정은 모집단의 분포의 꼬리가 매우 두터울 때만 효율이 좋다.)

연습 6.6. 완전블록계획에서 페이지의 L-통계량의 귀무가설 아래에서의 평균과 분산이

$$E(L) = \frac{bk(k+1)^2}{4}, \quad \text{Var}(L) = \frac{k(k-1)(k+1)}{12}\sum_{j=1}^{b} S_j^2$$

임을 보여라. S_j^2 은 j 번째 블록 내 순위들의 표본분산이며, 동점이 없는 경우 $S_j^2 = k(k+1)/12$ 이다. (L-통계량의 대표본근사 영분포는 $L \dot\sim N(E(L), \text{Var}(L))$ 이다.) [힌트: L-통계량에서 뒤섞이는 j 번째 블록 내의 순위들 $(R_{1j}^*, \ldots, R_{kj}^*)$ 은 유한모집단 $\{R_{1j}, \ldots, R_{kj}\}$ 에서의 비복원추출된 표본과 같다.]

연습 6.7. 랜덤완전블록계획에서의 관측값이 성공/실패와 같이 이항인 경우에도 프리드만의 검정을 적용할 수 있다. (이를 **코크란의 Q검정**이라고 부른다.) 다량의 발바닥 사마귀가 있는 7명의 환자에 대해 네 가지 다른 치료법 (얼린 뒤 제거, 외과 수술, 피부약, 만능테잎)을 적용한 뒤 성공 (1), 실패 (0) 로 결과를 정리한 데이터가 다음 표에 나와있다.

	환자 1	환자 2	환자 3	환자 4	환자 5	환자 6	환자 7
얼린 뒤 제거	0	1	0	0	0	1	0
외과수술	1	1	0	1	0	1	1
피부약	0	0	0	1	0	1	0
만능테잎	1	1	0	0	1	0	1

프리드만의 검정을 이용하여 네 가지 치료법이 서로 다른지를 검정하여라.

연습 6.8. 슈퍼스타 K의 세 심사위원이 11명의 가수지망생들에 대해 100점 만점의 점수를 주었다. 세 심사위원의 가수지망생에 대한 판단이 동일한지 그렇지 않은지 검정을 하고자 한다. 이때의 귀무가설은 H_0: "판단이 동일하지 않다" 또는 "가수지망생들 사이에 차이가 없다", 대립가설은 H_1 : "판단에 일관성이 있다" 또는 "가수지망생들 사이에 차이가 있다"로 볼 수 있다.

	심사위원 A	심사위원 B	심사위원 C
가수 1	74	88	50
가수 2	85	87	54
가수 3	89	93	67
가수 4	90	96	85
가수 5	92	99	92
가수 6	85	92	66
가수 7	91	97	89
가수 8	83	93	73
가수 9	85	94	70
가수 10	80	90	61
가수 11	95	100	90
평균	86.27273	93.54545	72.45455
표준편차	5.984829	4.227615	14.74696

심사위원 A, B, C가 점수를 주는 기준이 제각각이므로 순위로 바꾸어 비교하는 것이 더 합리적이라고 볼 수 있다. 심사위원을 블록변수로, 가수지망생들을 11

개의 처리법으로 두고 프리드만의 검정을 시행하여라.

프리드만의 검정은 처리법(가수의 실력)이 서로 다른지를 검정하지만, 그 검정 결과를 심사위원들의 합의 또는 일치성에 대한 가설에 대해 해석하면 **켄달의 W검정**이라고 부른다.

제 II 부

붓스트랩과 현대 비모수통계

제 7 장

붓스트랩

붓스트랩(bootstrap)은 통계량의 표본분포를 추정하는 대표적인 재표집 방법이다. 이를 이용하여 그 통계량이 추정하는 모수의 신뢰구간, 추정량으로서의 편차와 표준오차뿐만 아니라 모수에 대한 검정도 할 수 있는 매우 범용적인 방법이다. 붓스트랩은 어떤 모집단에서도 통계적 추론이 가능하게 해주는 비모수적 도구라고 볼 수 있다. 또한 모수모형 가정에서도 수리통계적 계산을 컴퓨터를 통한 계산으로 대신할 수 있는 장점이 있다.

붓스트랩 방법을 간단히 설명하자면 주어진 표본에서의 적절한 재표집을 통해 모집단을 근사하는 방법이라고 할 수 있다. 다른 대표적인 재표집 방법인 순열검정과 비교하면, 순열검정에서는 귀무가설에서의 분포를 적절한 뒤섞기로 생성하지만, 붓스트랩에서의 재표집은 모수에 대한 가설검정보다는 모수의 추정에 대한 추론을 위한 방법이라고 할 수 있다.

다음의 두 예를 통해 언제 붓스트랩이 이용될 수 있는지를 알아보도록 하자.

예 7.1

어떤 모집단의 변동계수 (Coefficient of variation; 표준편차를 평균으로 나눈 값)는 불평등의 지수로 자주 쓰인다. 임의로 선택된 $n = 100$ 명의 서울대학교 학생들의 장학금 수여금액 $x_1, \ldots, x_n$을 조사하여, 변동계수의 추정값 $\hat{\text{cv}} = s/\bar{x}_n$을 구하였다. 이 추정량 $\hat{\text{cv}}$을 모변동계수 cv와 비교할 때 편차가 있을까? 또 Var($\hat{\text{cv}}$)은 얼마나 클까?

예 7.2

두 변수 (X, Y)의 모상관관계를 나타내는 켄달의 타우 $\tau = 2P\{(X - X')(Y - Y') > 0\} - 1$은 켄달의 타우 통계량 τ_n으로 추정할 수 있으며, 귀무가설 $H_0 : \tau = 0$에서의 τ_n의 영분포는 뒤섞기를 통해 근사할 수 있다. 만약 $\tau \neq 0$이라고 보이지만, 모수 τ의 값을 모를 때, τ_n의 분포를 알 수 있을까? 만약 τ의 신뢰구간을 구한다면 어떤 방법을 이용할 수 있을까?

예 7.1에서 모집단의 평균과 분산이 μ, σ^2일 때, 모변동계수는 $\mathrm{cv} = \sigma/\mu$이며, 이의 추정량으로서 $\hat{\mathrm{cv}} = s/\bar{X}_n$의 성질이 관심사이다. 추정량의 성질 중 특히 편향 $E(\hat{\mathrm{cv}}) - \mathrm{cv}$와 표준오차 $\mathrm{se}(\hat{\mathrm{cv}}) := \sqrt{\mathrm{Var}(\hat{\mathrm{cv}})}$가 추정량의 불확실성에 대한 좋은 척도가 된다. 추정량의 평균 $E(\hat{\mathrm{cv}})$과 분산 $\mathrm{Var}(\hat{\mathrm{cv}})$은 모수적 모형 아래에서는 원칙적으로 수리통계적 계산으로 찾을 수 있으나, 그 형태가 매우 복잡하거나 (정규분포를 따르는 모집단의 경우[1]) 아직 이론적으로 계산된 적이 없다. 또한 이 편향과 표준오차가 모집단의 분포에 따라 달라질 수 있음을 기억하자. 어떤 모집단의 분포에서도 이 통계량의 편향와 표준오차를 추정하는 방법이 붓스트랩이다.

예 7.2의 켄달의 타우 통계량 τ_n은 오직 모수 τ에만 의존하는 표본분포를 가진다. 실제 분포가 무엇이든 같은 τ의 값을 가지는 모집단에서 계산된 τ_n의 표본분포는 항상 같지만 모수 τ를 모르므로 τ_n의 표본분포를 특정하기 어렵다. 이때에도 물론 붓스트랩을 이용하여 τ_n의 표본분포, 그리고 τ의 신뢰구간을 구할 수 있다.

7.1 통계량의 표본분포와 표준오차

통계량의 표본분포와 표준오차는 그 통계량의 불확실성을 계량화하기 위해 필수적으로 알아야 하는 값이다. 어떤 분포 F를 따르는 모집단으로부터 추출한 n개의 서로 독립인 관측값 $X_1, \ldots, X_n \sim_{i.i.d.} F$으로부터 계산한 통계량 $\hat{\theta}_n = T(\mathbb{X}_n) = T(X_1, \ldots, X_n)$이 모수 θ $(= \theta(F)$, 즉 F에 따라 달라지는 값)의 추정량이라고 가정하자. 통계량 $\hat{\theta}_n$의 표본분포는 주어진 모집단에서의 $\hat{\theta}_n$의 분포이며, 표준오차는

[1]Hendricks and Robey (1936)가 $X_i \sim N(\mu, \sigma^2)$인 경우에 $\hat{\mathrm{cv}}$의 근사적인 밀도함수를 계산하였지만 그 형태가 매우 복잡하다. 거의 100년 전의 이 논문에서는 계산한 밀도함수가 맞는지를 검증 또는 시연하기 위해 10240번의 동전던지기를 (실제로) 시행하였으며, 정규분포를 따르는 변수값을 근사하기 위해 10번의 동전던지기의 앞면의 개수가 근사적으로 정규분포를 따름을 이용하였다. 이와 비교해, 지금은 정규분포로부터의 랜덤표본을 직접 뽑아낼 수도 있으며, 만번이 아니라 백만번의 반복도 쉽게 시행할 수 있게 되었다.

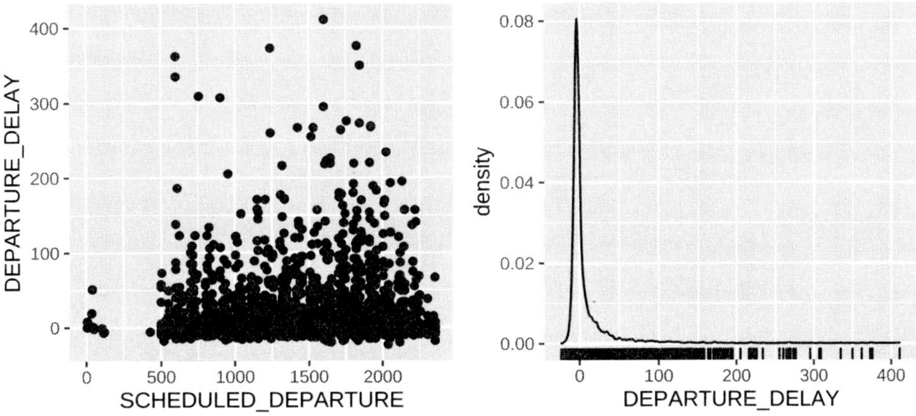

그림 7.1: 2015년 미국의 모든 공항에서 출발한 모든 여객기의 출발 지연시간의 모집단

그 분포의 표준편차이다. 표본분포 또는 표준오차를 통해 추정량 $\hat{\theta}_n$이 θ에 얼마나 가까울지에 대한 (확률적인) 답을 줄 수 있다.

먼저, 가상의 상황에서 표본분포와 표준오차에 대해 알아보도록 하겠다. 2015년 미국의 모든 공항에서 출발한 모든 여객 비행기의 계획된 출발시간 (scheduled departure)과 실제 출발시간을 기록한 자료(`flights2.RData`)를 이용하여 출발지연시간 (departure delay)을 알 수 있다. 2015년에는 모두 5,819,079번의 비행이 있었으며, 이를 모집단으로 본다. (유한모집단이지만 개체의 수가 매우 많으므로 무한모집단인 것으로 취급하자.) 그림 7.1은 이 오백만 개의 자료 중 임의로 5000개만을 선정해 시각화한 것이다.

지연시간이 0보다 작으면 비행기가 계획된 출발시간보다 더 일찍 출발했다는 뜻이다. 이 자료로부터 우리가 알고 싶은 것이 모중앙값 θ라고 할 때, 우리는 모집단 자체를 가지고 있으므로 모중앙값 $\theta = -2$(분)을 알 수 있다. 실제로 절반 이상의 비행기가 계획된 시간보다 먼저 출발했다. 일반적인 데이터분석의 상황에서는 모수의 값을 절대 알 수 없음에 유념하자.

우리는 지금 모든 비행에 대한 자료를 가지고 있지만, 만약 오직 $n = 100$개의 비행에 대해서만 조사할 수 있다고 가정해 보자. 즉, 우리가 관측할 데이터는 모집단의 오백만 개의 지연시간 중 임의로 선정된 100개의 지연시간 $X_1, \dots, X_n$이다. 모중앙값 θ의 추정량인 표본중앙값 $\hat{\theta}_n = \text{median}\{X_1, \dots, X_n\}$은 모중앙값의 얼마나 좋은 추정량일까?

모집단에 접근이 가능하므로, 표본의 임의성이 표본중앙값에 어떤 영향을 미치

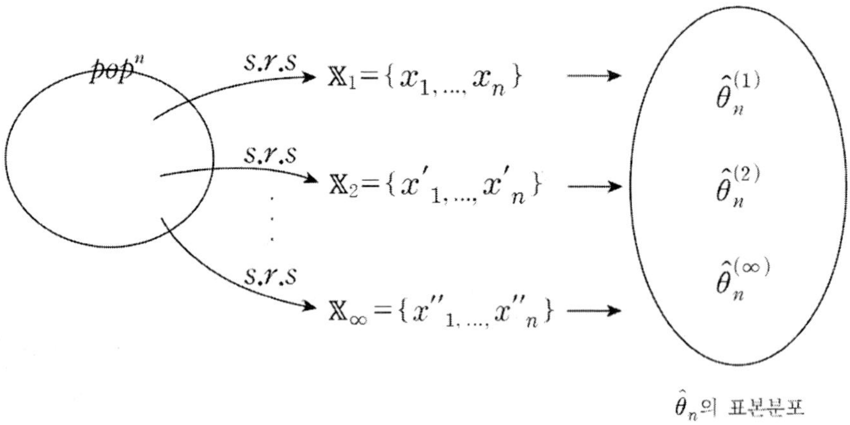

그림 7.2: 통계량 $\hat{\theta}_n$ 의 표본분포

는지를 시뮬레이션을 통해 가늠해 볼 수 있다. 모집단으로부터 n개의 랜덤표집된 표본을 얻고 그로부터 표본중앙값 $\hat{\theta}_n$ 을 구하면 표본중앙값의 한 관측값을 얻을 수 있다. 만약 랜덤표집을 다시 한다면 이 관측값이 얼마나 다르게 나올까? 모집단을 알고 있으므로, 랜덤표집을 여러 번 다시 시행할 수 있으며, 각각에 대해 표본중앙값 $\hat{\theta}_n^{(1)}, \hat{\theta}_n^{(2)}, \hat{\theta}_n^{(3)}, \ldots$을 구할 수 있다. 이를 무한히 반복하여 $\{\hat{\theta}_n^{(i)} : i = 1, 2, 3, \ldots, \infty\}$의 분포를 볼 수 있다면 바로 그것이 n개의 표본으로부터 계산한 표본중앙값의 분포가 된다. 이를 도식화하면 그림 7.2와 같다.

랜덤표집을 무한히 반복할수는 없으니 모집단에서의 반복적 랜덤표집을 충분히 많이 ($M = 100000$번) 하여 $\hat{\theta}_n$을 여러 번 계산하면 $\hat{\theta}_n$의 표본분포를 근사할 수 있다. 그림 7.3은 이 방법으로 근사한 $\hat{\theta}_n$의 표본분포를 히스토그램의 형태로 표현한 것이다. 만약 한 표본만을 관측하게 된다면 그 표본으로터 계산한 표본중앙값은 이 표본분포의 한 값으로 나올 것이다. (표본분포를 보면 이 표본중앙값이 높은 확률로 -2 또는 -1이 될 것을 알 수 있다.) 같은 방법을 이용하여 표준오차 $\mathrm{se}(\hat{\theta}_n)$를 근사할 수도 있다: 각 표집에서의 중앙값을 $\hat{\theta}_n^{(i)}$, 그들의 평균을 $\overline{\hat{\theta}_n^{(\cdot)}}$ 으로 두면,

$$\mathrm{se}(\hat{\theta}_n) \approx \hat{\mathrm{se}}_M(\hat{\theta}_n) = \sqrt{\frac{1}{M-1}\sum_{i=1}^{M}\left(\hat{\theta}_n^{(i)} - \overline{\hat{\theta}_n^{(\cdot)}}\right)^2} = 0.759$$

이다.

이제 이 모집단에 접근이 불가능하고, 오직 $n = 100$개의 관측값을 얻어 표본중앙값 $\hat{\theta}_n = \mathrm{median}\{x_1, \ldots, x_n\} = -1$을 얻었다고 가정해보자. (표본분포와 비교해

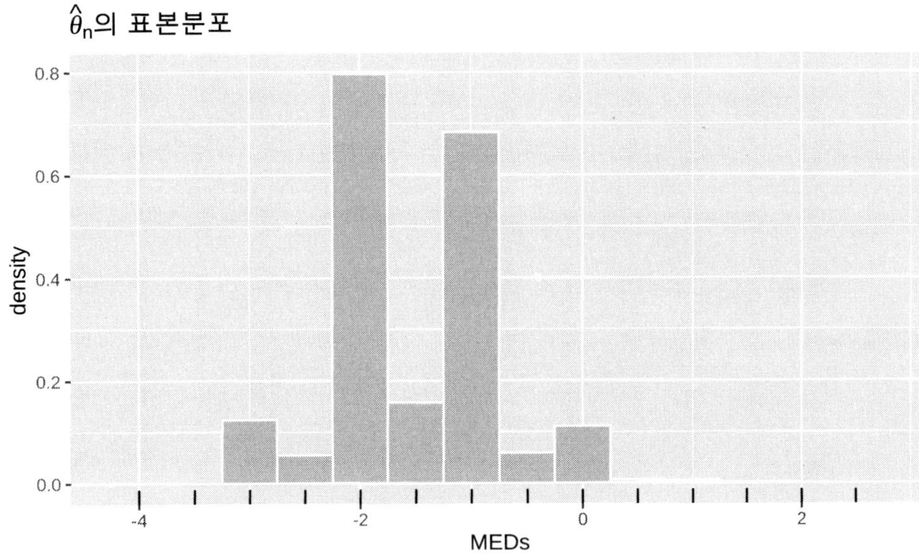

그림 7.3: 통계량 $\hat{\theta}_n$ 의 표본분포

보면 $\hat{\theta}_n = -1$ 이 충분히 나올법한 값임을 알 수 있다.) $\hat{\theta}_n$ 의 표본분포가 근사적으로 정규분포를 따른다면, 표준오차 $\text{se}(\hat{\theta}_n) = 0.759$ 를 이용한 θ 의 95% 신뢰구간을 구할 수 있다:

$$\hat{\theta}_n \pm 1.96\text{se}(\hat{\theta}_n) \approx [-2.49, 0.49].$$

실제로는 표본분포가 정규분포를 따르지도 않고, 표준오차 $\text{se}(\hat{\theta}_n)$ 를 알 수도 없다. 모집단에 접근하지 않고서 어떻게 $\hat{\theta}_n$ 의 표본분포를 알 수 있을까? 또 표준오차 $\text{se}(\hat{\theta}_n)$ 를 어떻게 추정할 수 있을까?[2] 이에 대한 답을 주기 위해, 붓스트랩 방법은 주어진 표본을 (가상의) 모집단으로 보고 위의 표본분포 근사 과정을 그대로 따라한다.

7.2 붓스트랩 표집과 표본분포의 추정

앞에서 통계량 $T(\mathbb{X}_n)$ 의 표본분포는 모집단에서의 반복적인 표집으로 근사할 수 있음을 보았다. 실제로는 모집단을 알 수 없으므로, 관측값으로부터 모집단의 분포를 추정하여 그 추정된 분포를 가상의 모집단으로 두어 반복적인 재표집을 실시하는

[2]일부 모수모형과 통계량에 대해서는 표본분포를 쉽게 알 수 있다. 예를 들어, $X_i \sim_{i.i.d.} N(\mu, \sigma^2)$ 이면서 통계량이 $T(\mathbb{X}_n) = \bar{X}_n$ (표본평균)인 경우를 생각해보자. 정규분포 이론에 따라 $\bar{X}_n \sim N(\mu, \sigma^2/n)$ 임이 알려져 있으므로, 통계량의 표본분포는 $N(\mu, \frac{\sigma^2}{n})$, 표준오차는 $\text{se}(\bar{X}_n) = \sigma/\sqrt{n}$ 이다. 모수 σ 가 미지수인 경우, 표본표준편차 s 를 대입하면 근사적인 표준오차를 알 수 있다.

것이 곧 붓스트랩 표집이다.

한 모집단에서 구한 관측값 $X_1, \ldots, X_n \sim_{i.i.d} F$가 있고, F의 형태를 특정할 수 없을 때, 모집단의 분포함수 $F(x) = P(X \leq x)$의 가장 좋은 추정량은 경험적 분포함수

$$F_n(x) = \frac{1}{n} \sum_{i=1}^{n} I(X_i \leq x)$$

이다. 표본의 수가 클수록 이 경험적 분포함수가 실제의 분포함수와 더 가까워진다 ($F(x)$와 $F_n(x)$의 차이가 대략 $1/\sqrt{n}$이다). 이 경험적 분포 F_n은 관측값 X_i에 질량 $\frac{1}{n}$을 두는 이산분포이므로, 만약 관측값 X_i 중 동점이 없다면 F_n은 $\mathbb{X}_n = \{X_1, \ldots, X_n\}$에서의 이산균등분포이다. 이 분포 F_n에서 서로 독립인 n개의 표본을 추출하려면 $\mathbb{X}_n$에서의 단순복원추출을 하면 된다.

다음은 동일한 모집단에서의 관측값 $\mathbb{X}_n = \{x_1, \ldots, x_n\}$에서 통계량 $\hat{\theta}_n = T(\mathbb{X}_n)$의 표본분포를 근사할 수 있는 붓스트랩 표집 방법이다.

비모수적 붓스트랩 재표집:

1. $\mathbb{X}_n = \{x_1, \ldots, x_n\}$에서 n개의 관측값을 단순복원추출한다. 이 관측값들 $\mathbb{X}_n^* = \{x_1^*, \ldots, x_n^*\}$을 **붓스트랩 표본**이라고 부른다.

2. 붓스트랩 표본으로부터 통계량 $\hat{\theta}_n^* = T(\mathbb{X}_n^*)$을 계산한다.

3. 미리 정한 반복 수 B번 만큼 1, 2번 과정을 반복하여 $b = 1, \ldots, B$에 대해 $\hat{\theta}_n^{*(b)}$를 얻는다.

4. $\{\hat{\theta}_n^{*(b)} : b = 1, \ldots, B\}$의 경험분포를 $\hat{\theta}_n$의 **붓스트랩 표본분포**라고 부르며, 이는 $\hat{\theta}_n$의 표본분포의 추정값이다.

이를 도식화하면 그림 7.4와 같다. 붓스트랩 표본으로부터 계산한 값 $\hat{\theta}_n^{*(b)}$들을 붓스트랩 복제값 (bootstrap replicates)이라고 부르기도 한다.

붓스트랩 표본분포에는 모집단의 분포 $F(x)$를 $F_n(x)$로 근사할 때의 오차, 그리고 $\hat{\theta}_n^*$의 분포를 B개의 붓스트랩 재표집된 $\hat{\theta}_n^{*(b)}$으로 근사할 때의 오차가 있다. B는 충분히 크게 할 수 있으므로, 두 번째 오차보다는 첫 번째 오차를 줄이는 것이 (즉, 표본의 수를 늘리는 것이) 붓스트랩의 성패를 좌우한다.

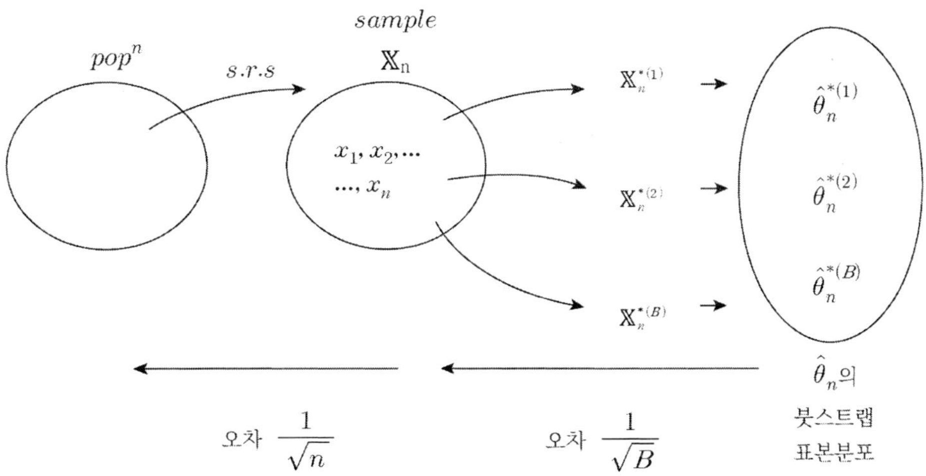

그림 7.4: 비모수적 붓스트랩 재표집

예 7.3

여객기 출발지연에 대한 $n = 10$개의 출반지연시간 데이터 dat가 있다고 가정해보자. 다음은 R에서 랜덤하게 추출한 두 붓스트랩 표본을 보여준다.

```
> dat
 [1]  -5  12   9  35  -5 -10   1  -1  -3  -6
> (bootstrap.dat.1 = sample(dat,n, replace = TRUE))
 [1]  -3  -1 -10  12  -3  -1 -10   9 -10  -1
> (bootstrap.dat.2 = sample(dat,n, replace = TRUE))
 [1]  -6   1   9  -5   1 -10  -1  -6  35  -5
```

원 데이터인 dat에는 관측값 "−1"이 하나만 있지만, 복원추출로 구한 붓스트랩 표본에는 이 관측값이 여러 번 표집될 수 있음에 유의하자. 원 데이터에서 구한 중앙값은 $\hat{\theta}_n = -2$이며, 각 붓스트랩 표본에서는 $\hat{\theta}_n^{*(1)} = -2$, $\hat{\theta}_n^{*(2)} = -3$임을 확인할 수 있다.

예 7.4

표본의 수 $n = 10$은 너무 작으므로, 표본 수가 $n = 100$일 때의 붓스트랩 표집을 $B = 2000$번 반복하여 $\{\hat{\theta}_n^{*(b)} : b = 1, \ldots, B\}$의 경험분포, 즉 붓스트랩 표본분포를 시각화하면 다음과 같다. 그림 7.3의 표본분포와 비교해 보자.

```
n = 100
dat = sample(delay, n) # delay는 500만 개의 출발지연시간이 있는 모집단
B = 2000
```

```
med.boot = replicate(B, median( sample(dat,n, replace = TRUE)))
```

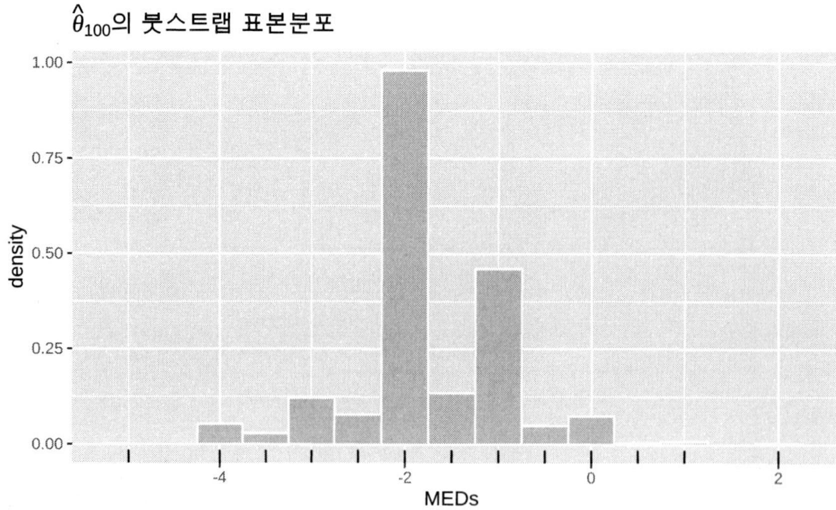

7.3 편향과 표준오차의 붓스트랩 추정량

통계량 $\hat{\theta}_n$ 의 표본분포를 G (밀도함수를 g)라고 부르자. (이 표본분포는 모수 θ, 더 나아가 모집단 F, 그리고 표본의 수 n에 의해 결정된다.) 이 표본분포의 추정량인 붓스트랩 표본분포를 G^* (밀도함수를 g^*)라고 표시하기로 하자. 추정하고자 하는 모수 θ와 비교하여 통계량 $\hat{\theta}_n$ 의 성질을 간단히 정리하려면 편향

$$
\begin{aligned}
\text{bias}(\hat{\theta}_n) &= E(\hat{\theta}_n) - \theta \\
&= \int \hat{\theta}_n dG - \theta \\
&= \int \hat{\theta}_n g(\hat{\theta}_n) d\hat{\theta}_n - \theta,
\end{aligned}
$$

그리고 분산

$$
\begin{aligned}
\text{Var}(\hat{\theta}_n) &= \int (\hat{\theta}_n - \mu_{\hat{\theta}_n})^2 dG \\
&= \int (\hat{\theta}_n - \mu_{\hat{\theta}_n})^2 g(\hat{\theta}_n) d\hat{\theta}_n, \quad \mu_{\hat{\theta}_n} = E(\hat{\theta}_n),
\end{aligned}
$$

또는 표준오차 $\mathrm{se}(\hat\theta_n) = (\mathrm{Var}(\hat\theta_n))^{1/2}$을 보는 것이 일반적이다. 이 편향과 표준오차를 추정하기 위해서, 실제로는 알 수 없는 표본분포 G 대신 붓스트랩 표본분포 G^*를 위 식에 대입한 것이 곧 편향과 표준오차의 붓스트랩 추정량이다.

먼저 표준오차의 붓스트랩 추정량은

$$\hat{\mathrm{se}}_{\mathrm{Boot}}(\hat\theta_n) = \left(\frac{1}{B-1}\sum_{i=1}^{B}(\hat\theta_n^{*(b)} - \mu_{\hat\theta_n^*})^2\right)^{1/2} \approx \left(\int(\hat\theta_n^* - \mu_{\hat\theta_n^*})^2 dG^*\right)^{1/2} \tag{7.1}$$

이며, 여기서

$$\mu_{\hat\theta_n^*} = \frac{1}{B}\sum_{b=1}^{B}\hat\theta_n^{*(b)} = \int \hat\theta_n^* dG^*$$

이다. 위 식 (7.1)의 첫 번째 표현 (표본표준편차)이 주로 쓰인다[3].

편향의 붓스트랩 추정량을 계산하려면 표본분포 G 뿐만 아니라 모수 θ도 대체해야 한다. G를 G^*로 대체하였듯이, 모집단의 분포에 따라 정의되는 모수 $\theta = \theta(F)$는 (가상의 모집단인) $\mathbb{X}_n$에서 정의되는 $\hat\theta_n = \theta(F_n)$으로 대체할 수 있다. 따라서, 편향의 붓스트랩 추정량은

$$\hat{\mathrm{bias}}_{\mathrm{Boot}}(\hat\theta_n) = \frac{1}{B}\sum_{b=1}^{B}\hat\theta_n^{*(b)} - \hat\theta_n = \mu_{\hat\theta_n^*} - \hat\theta_n.$$

예 7.5

예제 7.4의 출발지연시간에서 표집한 표본 수 $n = 100$의 데이터에서 중앙값 $\hat\theta_n$의 표준오차와 편향의 붓스트랩 추정량을 구하면 다음과 같다.

```
> sd(med.boot)
[1] 0.8294599
> (bias = mean(med.boot) - median(dat))
[1] 0.2405
```

이를 중앙값 $\hat\theta_n$의 표준오차와 편향의 실제 값인 $\mathrm{se}(\hat\theta_n) \approx 0.73$, $\mathrm{bias}(\hat\theta_n) \approx 0.48$와 비교하면[4] 각 추정량에 여전히 변동이 있음을 보여준다. 표본의 수를 $n = 100$보다 더 크게 할 수 있다면 추정량이 더욱 정확해진다.

[3]붓스트랩된 통계량들의 표본분산을 사용하는 이유는 반복 수가 무한히 많지 않고 B번만 재표집을 하기 때문에 그 ($1/B$크기의) 편향을 줄이기 위해서이다.

[4]표본 중앙값은 일반적으로 편향이 있는 추정량이다. 출발지연시간의 예에서는 모집단의 분포가

7.4 모수적 붓스트랩 재표집

만약 관측값들이 표집된 모집단에 특정한 모수모형을 가정할 수 있는 경우, 이 사실을 적극 이용하는 것이 더 정확도를 높이는 방법이다. 예를 들어 관측값이 성공/실패, 또는 유병/무병 등의 이항으로 나오는 경우, 모집단의 분포는 성공확률이 p인 베르누이분포를 따를 수 밖에 없으므로, 이 모수모형을 가정하지 않을 방법이 없다. 또는, 모집단이 정규분포를 근사적으로 따른다고 믿을 수 있는 경우, 모집단이 정규분포족 $\{N(\mu, \sigma^2) : -\infty < \mu < \infty, \sigma^2 > 0\}$ 중 하나임을 가정하여 붓스트랩 재표집 시 이용할 수 있다.

예를 들기 위해 새로운 데이터를 제시한다.

예 7.6

꽃샘추위가 몰아치는 3월의 서울의 풍속 (m/s)을 십 년간 관측한 데이터 (유기표 and 김영문, 2012) 가 다음 표에 정리되어 있다. 이 데이터는 원래는 연속적인 값을 가지는 풍속이 이산적으로 (0과 1 사이의 풍속은 모두 0.5) 기록되어 있다.

풍속 (m/s)	0.5	1.5	2.5	3.5	4.5	5.5	6.5	7.5	8.5	9.5
관측빈도	6421	14246	11953	7463	2322	659	120	11	3	0

소형풍력발전기를 서울에 설치할 때, 3월을 기준으로 평균출력 θ를 추정하고자 한다. 풍속이 v일 때, 출력은 $p(v) = 1 - 2v + v^2 - 0.05v^3$로 근사됨이 알려져 있다면, θ의 추정값과 그 표준오차는 얼마일까?

풍속을 확률변수 $V \sim F$ (F는 서울의 3월 풍속의 모집단)로 나타내면 모수는

$$\theta = E(p(V)) = E(1 - 2V + V^2 - 0.05V^3)$$

이며, v_i $(i = 1, \ldots, n)$를 위의 관측값들이라고 한다면 모수 θ의 자연스러운 추정값은 적률추정량인

$$\hat{\theta}_n = \frac{1}{n}\sum_{i=1}^{n} p(v_i) = 1.827462 \tag{7.2}$$

이다. (여기서 n은 풍속범주의 개수 10이 아니라 모든 관측빈도들의 합 $n = 43198$이다.) 추정량이 평균의 형태이므로 그 표준오차는 다음의 공식에 의해 추정될 수

연속분포가 아니라 오른쪽으로 꼬리가 두터운 이산분포였으므로, 이때 표본 중앙값 $\hat{\theta}_n$의 편향은 0이 아니다. 다만 표본 중앙값 $\hat{\theta}_n$은 median$\{\hat{\theta}_n\} - \theta = 0$으로, 중앙값-편향 (median-unbiased)이 없다.

있다.

$$\mathrm{se}(\hat{\theta}_n) = \left(\frac{1}{n}\mathrm{Var}\{p(V)\}\right)^{1/2} \approx \left(\frac{1}{n(n-1)}\sum_{i=1}^{n}\left\{p(v_i) - \overline{p(v_\cdot)}\right\}^2\right)^{1/2} = \widehat{\mathrm{se}}(\hat{\theta}_n). \tag{7.3}$$

물론 비모수적 붓스트랩 재표집을 이용하여 추정량의 표준오차를 추정할 수도 있다.

풍속은 와이블 (Weibull)분포에 의해 잘 모형됨을 알고 있다면, 모집단을 와이블 분포족 $\mathcal{W}$으로 모형화할 수 있다. 와이블분포족은 밀도함수

$$f(v; k, \lambda) = \frac{k}{\lambda}\left(\frac{v}{\lambda}\right)^{k-1} e^{-(v/\lambda)^k}, \quad x \geq 0,$$

를 가지는 와이블분포 $W(k, \lambda)$들의 집합 $\mathcal{W} = \{f(\cdot; k, \lambda) : k > 0, \lambda > 0\}$이다. 이때 추정량 $\hat{\theta}_n$ (7.2)의 기댓값과 분산을 (즉, 편향과 표준오차를) 수리통계적으로 구할 수 있지만 시간과 노력이 많이 든다. 이때, 또는 수리통계적 계산이 불가능할 때, 모수적 붓스트랩 방법을 이용한다.

위 데이터로부터 와이블분포의 두 모수의 최대가능도추정량[5] $(\hat{k}, \hat{\lambda})$를 구할 수 있으며, 이를 이용하여 경험적 분포함수보다 더 좋은 모집단 분포의 추정치인 $W(\hat{k}, \hat{\lambda})$를 구할 수 있다. 바로 이 모수분포 $W(\hat{k}, \hat{\lambda})$로부터 표본을 마음껏 뽑아 쓸 수 있으며, 이를 모수적 붓스트랩 표본이라고 부른다.

모수적 붓스트랩 재표집:

1. 관측값이 모수분포 $f(\cdot\,; \eta)$를 따른다고 가정한다. 이때 η는 모수 θ이거나 또는 여러 모수들이 모인 벡터일 수도 있다. 데이터 $\mathbb{X}_n$으로부터 이 모수분포의 모수 η의 추정값 $\hat{\eta}$를 구한다. 관심있는 통계량은 $\hat{\theta}_n = T(\mathbb{X}_n)$이다.

2. 분포 $f(\cdot\,; \hat{\eta})$로부터 n개의 랜덤표본을 추출한다. 이 관측값들 $\mathbb{X}_n^* = \{x_1^*, \ldots, x_n^*\}$을 (모수적) **붓스트랩 표본**이라고 부른다.

3. 붓스트랩 표본으로부터 통계량 $\hat{\theta}_n^* = T(\mathbb{X}_n^*)$을 계산한다.

4. 미리 정한 반복 수 B번만큼 2, 3번 과정을 반복하여 $b = 1, \ldots, B$에 대해 $\hat{\theta}_n^{*(b)}$를 얻는다.

---

[5] 와이블분포의 두 모수의 최대가능도추정량은 해석적 해(closed-form solution)가 없으므로, 수치적 최적화를 통해 구할 수 있다. 여기서는 `R`의 `weibullness` 패키지의 `weibull.mle()`함수를 이용하였다.

5. $\{\hat{\theta}_n^{*(b)} : b = 1, \ldots, B\}$의 경험분포를 $\hat{\theta}_n$의 **붓스트랩 표본분포**라고 부르며, 이는 $\hat{\theta}_n$의 표본분포의 추정값이다.

모수적 붓스트랩 재표집은 모수모형의 가정이 맞을 때에는 미지의 모집단을 더 정확하게 근사할 수 있으므로, 통계량의 표준오차를 더 정확하게 추정할 수 있다. 모수적 붓스트랩 재표집을 진행할 때에도 비모수적 붓스트랩 재표집을 진행했을 때와 마찬가지로 붓스트랩 복제값들 $\{\hat{\theta}_n^{*(b)} : b = 1, \ldots, B\}$이 결과물들이다. 따라서, 어떤 방법으로 재표집을 하던, 표준오차의 추정, 그리고 나중에 소개할 신뢰구간 추정의 방법은 동일하다.

예 7.7

예 7.6의 데이터에 대해 와이블분포의 두 모수의 최대가능도추정량을 구하면 $(\hat{k}, \hat{\lambda}) = (1.94, 2.49)$로서, 추정된 모수분포 $W(\hat{k}, \hat{\lambda})$가 데이터에 매우 잘 들어맞음을 아래 그림으로 확인할 수 있다.

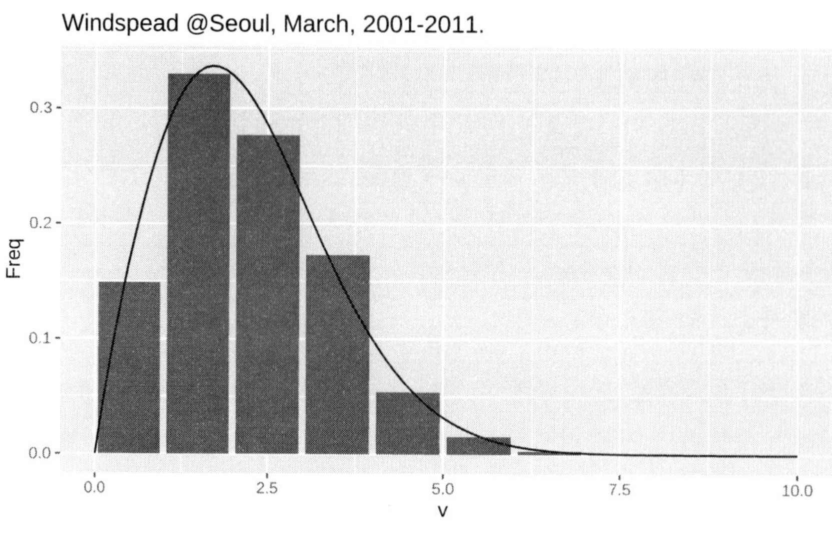

다음 R 코드는 적률추정량 $\hat{\theta}_n$에 대해 모수적 붓스트랩 재표집을 진행하는 코드이다. 관측값들이 벡터 길이 $n = 43198$인 벡터 v에 담겨있을 때, 먼저 와이블분포 두 모수의 추정값을 구한 뒤, 와이블분포 $W(\hat{k}, \hat{\lambda})$로부터 붓스트랩 표본을 재표집한다.

```
> mle=weibull.mle(v, threshold = 0, interval = c(0,3))
> k.hat = mle$shape
> lambda.hat = mle$scale
>
```

```
> # theta.hat
> theta.hat = mean(1 - 2 * v + v^2 - 0.05 * v^3)
>
> set.seed(1)
> theta.boot = replicate(B,{
+    v.boot = rweibull(n, k.hat, lambda.hat)
+    pv.boot = 1 - 2 * v.boot + v.boot^2 - 0.05 * v.boot^3
+    mean(pv.boot)
+ })
> head(theta.boot)
[1] 1.814683 1.842158 1.825138 1.830239 1.799006 1.799625
>
> se.boot.par = sd(theta.boot)
> bias.boot.par = mean(theta.boot) - theta.hat
```

다음 표는 (a) 공식 (7.3)을 이용한 $\hat{\theta}_n$의 표준오차 , (b) 비모수적 붓스트랩으로 구한 $\hat{\theta}_n$의 표준오차와 편향, (c) 모수적 붓스트랩으로 구한 $\hat{\theta}_n$의 표준오차와 편향을 비교한다.

	$\hat{\theta}_n$, 공식 (7.3)	$\hat{\theta}_n$, 비모수적 붓스트랩	$\hat{\theta}_n$, 모수적 붓스트랩
표준오차 추정량	0.0122	0.0123	0.0125
편향의 추정량		0.0001	-0.009

추정량 $\hat{\theta}_n$에 대한 세 표준오차 추정량이 매우 비슷하다. 추정량이 평균의 형태이므로, 이론적으로 편향되지 않은 추정량이며, 편향의 붓스트랩 추정량 역시 0에 매우 가까운 값임을 확인할 수 있다.

모수적 붓스트랩 방법은 모수모형의 가정이 사실일 때에는 비모수적 붓스트랩 방법보다 더 정확한 추정량을 제공한다. 이에 비해 비모수적 붓스트랩 방법은 매우 넓은 범위의 모집단에서 사용할 수 있다.

7.5 다양한 붓스트랩 재표집

붓스트랩 재표집은 원 데이터의 생성 과정을 가급적 그대로 재현하는 것이 원칙이다. 지금까지 설명한 한 모집단에서의 관측값들은 단순랜덤표집되었다고 가정했기 때문에, 붓스트랩 표본 역시 경험분포 F_n 또는 추정된 모수분포 $f(\cdot;\hat{\eta})$에서의 단순랜덤표집으로 구할 수 있다.

이 원칙을 여러 다양한 상황에 적용하면, 각 상황에 맞는 붓스트랩 재표집이 가능하다. 여기서는 두 가지 예를 들도록 한다.

7.5.1 여러 모집단을 비교할 때의 붓스트랩 재표집

k 개의 모집단에서 표집한 관측값들이 다음과 같다고 가정하자:

$$\begin{aligned} &X_{11}, \ldots, X_{1n_1} \sim_{i.i.d.} F_1, \\ &X_{21}, \ldots, X_{2n_1} \sim_{i.i.d.} F_2, \\ &\qquad\vdots \\ &X_{k1}, \ldots, X_{kn_k} \sim_{i.i.d.} F_k. \end{aligned} \tag{7.4}$$

표본 $\mathbb{X}_n = \{X_{11}, \ldots, X_{1n_1}, \ldots, X_{k1}, \ldots X_{kn_k}\}$ 으로부터 계산한 어떤 통계량 $T(\mathbb{X}_n)$ 이 관심일 때, 붓스트랩 방법을 이용하여 $T(\mathbb{X}_n)$ 의 표본분포와 분산을 근사할 수 있다. 이때의 붓스트랩 재표집은 각 모집단에서 따로 하도록 한다. 비모수적 붓스트랩 재표집에서는 (7.4)에서의 k 개의 서로 다른 모집단을 그 모집단에서의 표본들의 경험분포 $\hat{F}_j$ 로 대체하여 붓스트랩 표본을 구한다. 재표집의 1번 단계를 다음과 같이 한다.

1. 첫 번째 모집단에서의 표본 $\{X_{11}, \ldots, X_{1n_1}\}$ 에서 n_1 개의 관측값을 단순복원추출하여 $x^*_{11}, \ldots, x^*_{1n_1}$ 으로 둔다. 마찬가지로 각 $j = 2, \ldots, k$ 에 대해 j 번째 모집단의 표본 $\{X_{j1}, \ldots, X_{jn_j}\}$ 에서 n_j 개의 관측값을 단순복원추출하여 $x^*_{j1}, \ldots, x^*_{jn_j}$ 으로 둔다. 재표집된 관측값들 $\{x^*_{11}, \ldots, x^*_{1n_1}, \ldots, x^*_{k1}, \ldots, x^*_{kn_k}\}$ 을 **붓스트랩 표본**이라고 부른다.

나머지 2-4단계는 비모수적 붓스트랩 재표집의 2-4단계와 똑같이 진행하여 $T(\mathbb{X}_n)$ 의 붓스트랩 표본분포를 구한다.

만약 모수적 붓스트랩 재표집을 한다면, 각 모집단 F_j 이 모수모형으로 표현된다. 예를 들어, 분산이 같은 정규분포 가정을 한다면 $F_j = N(\mu_j, \sigma^2)$ 이며, 이때의 모수 $\mu_1, \ldots, \mu_k, \sigma^2$ 의 최대가능도추정량을 이용하여 $\hat{F}_j = N(\hat{\mu}_j, \hat{\sigma}^2)$ 를 구한다. (7.4)에서의 k 개의 서로 다른 모집단 F_j 를 $\hat{F}_j$ 로 대체한 뒤, $j = 1, \ldots, k$ 에 대해 n_j 개의 새로운 관측값을 $\hat{F}_j$ 로부터 랜덤표집하여 붓스트랩 표본으로 둔다. 이후, 모수적 붓스트랩 재표집의 3-5단계를 기존과 같이 진행하여 $T(\mathbb{X}_n)$ 의 붓스트랩 표본분포를 구한다.

예 7.8

제4장의 예 4.1에서 살펴본 급성 백혈병 환자의 유전자 발현 정도 데이터는 모집단 ALL 에서 $n_1 = 47$명을 모집단 AML에서 $n_2 = 25$명을 표집하여 유전자 발현 점수를 기록한 것이다. 통계량 $D = \bar{X}_1 - \bar{X}_2$의 붓스트랩 재표집을 하여, 표준오차 se$(D)$를 추정하고자 한다. 관측값들이 각각 길이 47, 25의 벡터 `ALL`과 `AML`에 있을 때, 다음과 같이 비모수적 붓스트랩 재표집을 할 수 있다.

```
md.boot = replicate(B,
           mean(ALL[sample(1:n1, n1, replace = TRUE)]) -
           mean(AML[sample(1:n2, n2, replace = TRUE)])
           )
```

관측된 통계량 $D = -67.28$이며, 붓스트랩 추정된 표준오차는 `sd(md.boot) = 28.3` 이다. 이 통계량의 붓스트랩 표본분포는 다음 히스토그램에 제시되어 있다.

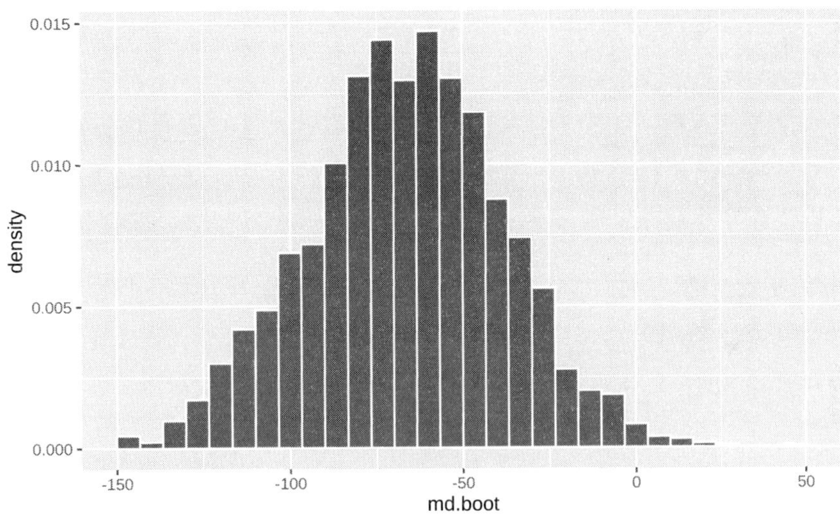

7.5.2 이변량 데이터에서의 붓스트랩 재표집

이변량 데이터 $\{(X_1, Y_1), \ldots, (X_n, Y_n)\}$의 생성과정은 대략 두 가지 중 하나로 볼 수 있다. 첫 번째는 제5장에서 소개했듯이 이변량 분포를 따르는 모집단 F로부터 랜덤표집된 데이터라고 보는 것이다:

$$(X_1, Y_1), \ldots, (X_n, Y_n) \sim_{i.i.d.} F. \tag{7.5}$$

두 번째는 단순회귀분석에서의 통계적 추론 시에 종종 가정하는 모형으로서, 두 변수 중 "X"변수는 미리 주어진, 또는 고정된 값으로 보고, "Y"변수만 확률분포를 따른다고 보는 것이다. 이를 (7.5)와 같은 모형에서 관측값 X_i들을 고정한 뒤의 Y_i의 조건부 분포로 볼 수도 있지만, 특별한 경우인 선형회귀모형을 고려하자.

$$Y_i = \alpha + \beta x_i + \epsilon_i, \quad \epsilon_i \sim_{i.i.d.} F_\epsilon. \tag{7.6}$$

더 복잡한 회귀모형, 예를 들면 회귀직선 $\alpha + \beta x_i$ 대신 회귀곡선 $\alpha + \beta x_i + \gamma x_i^2$, 또는 동일한 분포를 따르는 ϵ_i 대신 x_i에 따라 분포가 달라지는 ϵ_i를 가정할 수도 있지만, 가장 간단한 단순회귀모형 (7.6)이 사실임을 가정하도록 한다.

두 모형 (7.5), (7.6) 모두 이변량 데이터 $\{(X_1, Y_1), \ldots, (X_n, Y_n)\}$를 생성하지만, 재표집 과정에서는 어떤 모형으로부터 데이터가 생성되었는지에 따라 붓스트랩 재표집의 방법을 다르게 해야 한다. 각 데이터 생성 모형에서, 비모수적 붓스트랩 재표집의 과정은 다음과 같다.

- **관측값 붓스트랩**: 이변량 분포를 따르는 모집단에서 랜덤표집된 데이터 (7.5)라면, 벡터 $\mathbf{x}_i = (X_i, Y_i)$를 이용해 표현한 표본 $\mathbf{x}_1, \ldots, \mathbf{x}_n$에서 n개의 벡터를 복원추출하여 붓스트랩 표본 $\{\mathbf{x}_1^*, \ldots, \mathbf{x}_n^*\}$을 구하는 붓스트랩 재표집을 한다.

- **잔차 붓스트랩**: "X"변수가 미리 주어졌으며, "Y"변수들이 동일한 분포를 따르지 않는 데이터 (7.6)인 경우, 동일한 분포를 따르는 ϵ_i를 재표집한다. 물론 관측할 수 없는 오차 ϵ_i를 재표집할 수 없으므로, 적합된 회귀직선의 잔차

$$e_i = Y_i - \hat{\alpha} - \hat{\beta} x_i, \quad i = 1, \ldots, n$$

  를 대신 재표집한다. 즉, 잔차 $\{e_1, \ldots, e_n\}$에서 n개의 잔차를 복원추출하여 붓스트랩 잔차 $\{e_1^*, \ldots, e_n^*\}$를 구한 뒤, 붓스트랩 재표집된

$$\begin{pmatrix} Y_i^* \\ x_i^* \end{pmatrix} = \begin{pmatrix} \hat{\alpha} + \hat{\beta} x_i + e_i^* \\ x_i \end{pmatrix}, \quad i = 1, \ldots, n$$

  들을 모아 붓스트랩 표본 $\{(x_1^*, Y_1^*), \ldots, (x_n^*, Y_n^*)\}$을 생성한다. (어떤 붓스트랩 표본에서도 $x_i^* = x_i$로 고정되어 있다.)

비모수적 붓스트랩 방법의 나머지 2-4단계를 그대로 진행하여 관심있는 통계량의

붓스트랩 표본분포를 구할 수 있다.

어떤 경우에 어떤 데이터 생성모형이 더 적합할까? 두 모형 모두 분포 F와 F_ϵ의 형태에 제약이 없으므로, 비모수적인 모형이라고 생각할 수 있다. 하지만, 모형 (7.6)은 비모수적인 ϵ_i의 분포와 더불어 "모수적 모형"인 $E(Y_i) = \alpha + \beta x_i$ 도 있으므로, 준모수 (semi-parametric) 모형이라고 부른다. 모형 (7.6)을 염두에 둔 잔차 붓스트랩 방법은 모수적 모형의 가정 (단순 선형성의 가정)이 맞지 않을 때는 정확하지 않을 수 있다. 이에 비해 특정한 모수가 없는 비모수적 모형 (7.5)를 염두에 둔 관측값 붓스트랩 방법은 대부분의 경우에 사용될 수 있다.

회귀분석에서의 기울기 β에 대한 추론을 할 때에는 항상 주어진 모형 $E(Y_i) = \alpha + \beta x_i$ 이 사실임을 가정하는 것을 기억해보자. 또한 회귀분석에서의 대부분의 추론은 설명변수인 "X" 변수가 고정되어 있다고, 즉 모형 (7.6)을 가정한다. 따라서, 회귀분석에서의 기울기 추정값 $\hat{\beta}$ 의 붓스트랩 표본분포와 표준오차는 잔차 붓스트랩 방법을 쓰는 것이 정석이다. 회귀분석에서의 비모수적 추론에 대해서는 제10장에서 설명한다.

회귀분석이 아닌 다른 맥락의 이변량 또는 다변량 통계량에 대해서는 모형 (7.5)를 가정하고 관측값 붓스트랩 방법을 쓰면 된다.

예 7.9

제 5장에 보았던 세계 행복 보고서의 국내 총생산과 행복도 데이터 (예 5.2)를 이용하여, 두 변수 사이의 켄달의 타우 τ에 대한 추론을 한다. 이 데이터에 대해 켄달의 타우 통계량은 $\tau_n = 0.503$이며, 귀무가설 $H_0 : \tau = 0$를 대립가설 $H_1 : \tau > 0$에 비교하는 순열검정을 실시한 결과 $p < 0.01$로서 매우 유의하게 $\tau > 0$임을 알 수 있다 (아래 R코드 참조). 순열검정에 쓰인 τ_n의 순열분포가 그림 7.5에 표시되어 있다. 이 순열분포는 귀무가설 $\tau = 0$이 사실일 때의 분포이다.
그렇다면 $\tau \neq 0$일 때, τ_n의 표본분포와 표준오차는 무엇일까? 이에 대한 대답을 하기 위해서 관측값의 쌍을 재표집하는 붓스트랩 방법을 이용해 붓스트랩 표본분포를 계산하고 표준오차를 추정할 수 있다. 관측값 붓스트랩 재표집을 시행하는 다음의 코드에서 관측값의 `id`를 재표집하여, 두 변수 `gdp`와 `score`의 같은 관측값을 표집했음에 주목하자.

```
> wh = read.csv("data/whappiness.csv")
> score = wh$Score; gdp = wh$GDP.per.capita
> (k.obs = cor(gdp,score, method = "k"))
[1] 0.5032363
```

```
> B = 1999
> k.boot = replicate(B, {
+   id.boot = sample(1:n,n, replace = TRUE)
+   cor(gdp[id.boot], score[id.boot], method = "k")
+ })
> sd(k.boot)
[1] 0.2096958
```

붓스트랩 추정된 표준오차는 0.21이다. 붓스트랩 재표집된 τ_n^* (k.boot)들의 분포가 곧 붓스트랩 표본분포이며, ($\tau \neq 0$일 것으로 추측되는) 모집단에서의 τ_n의 표본분포의 추정값이다. 그림 7.5를 참조하자. 붓스트랩 재표집과 대비되는 뒤섞기 재표집을 통한 랜덤순열분포의 생성은 다음의 R코드를 이용하였다.

```
> # random permutation test
> M = 1999
> n = length(gdp)
> k.perm = replicate(M, {
+   id.perm = sample(1:n, n, replace = FALSE)
+   cor(gdp,score[id.perm], method = "k")
+ })
> (pvalue.perm = mean(c(k.obs,k.perm) >= k.obs))
[1] 0.0075
```

붓스트랩에서의 복원추출 (replace = TRUE) 대신 순열검정에서는 비복원추출 (replace = FALSE)을 하였다. 붓스트랩에서는 관측값의 쌍 (x_i, y_i)를 동시에 표집하여 두 변수 간의 상관관계를 유지하지만, 순열검정에서는 x_i는 고정하고 y_i만 뒤섞어 두 변수 간의 잠재적 상관관계를 (의도적으로) 파괴한다.

7.6 연습문제

연습 7.1. 표본 $X_1, \ldots, X_n \sim_{i.i.d.} F$으로부터 경험적 분포함수 $F_n(x) = n^{-1}\sum_{i=1}^n I(X_i \leq x)$를 정의할 수 있다. 다음을 보여라.

a) $F(x) \in (0,1)$를 만족하는 어떤 x에 대해 $nF_n(x) \sim B(n, F(x))$임을 보여라.

b) $F(x)$의 추정량으로서 $F_n(x)$이 편차가 없으며, 표준오차가 $\sqrt{F(x)(1-F(x))/n}$임을 보여라.

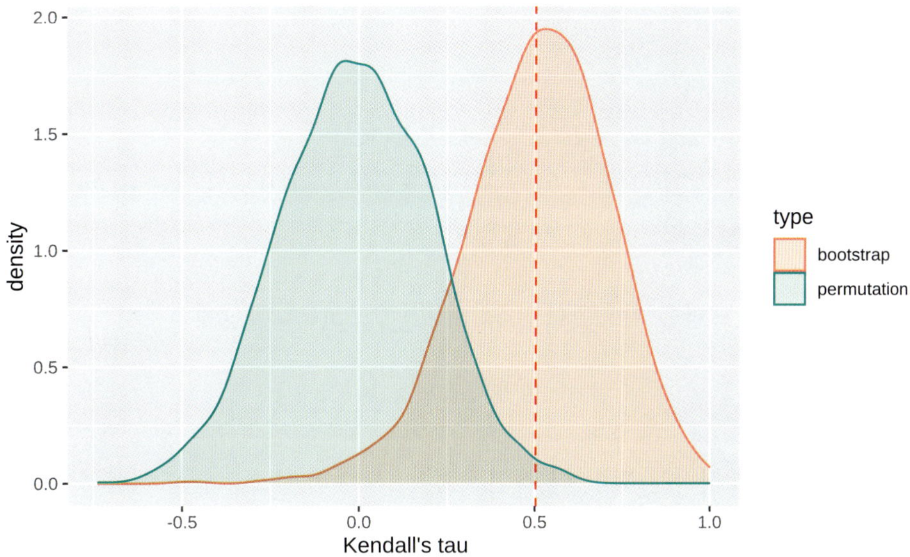

그림 7.5: 순열분포와 붓스트랩 표본분포. 예 7.9를 참조하자.

연습 7.2. 여객기 출발지연시간 데이터 (`flights2.RData`)를 이용해, 표본의 수 $n = 100, 200, 500, 1000$으로 증가시키면서, 각각의 붓스트랩 표준오차와 편향 추정량을 구하는 것을 10번 반복하여, 표본 수가 클수록 더 정확한 추정이 가능함을 시연하여라.

연습 7.3. 평균과 표준편차가 같다고 알려진 어떤 모집단에서 관측값 $X_1, \ldots, X_n \sim_{i.i.d} (\mu, \mu^2)$을 얻었다 (`sdata.csv`). $\theta = \mu^2$의 추정량으로서 $\hat{\theta}_1 = (\bar{X}_n)^2$와 $\hat{\theta}_2 = s^2 = \frac{1}{n-1}\sum_{i=1}^{n}(X_i - \bar{X}_n)^2$를 비교하고자 한다.

a) 두 추정량의 편향과 표준오차를 붓스트랩 방법으로 추정하여라.

b) 모집단이 정규분포를 따른다고 가정하고 모수적 붓스트랩 방법으로 두 추정량의 편향과 표준오차를 추정하여라.

연습 7.4. 와이블분포를 따르는 확률변수 $V \sim W(k, \lambda)$은 $r = 0, 1, 2, \ldots$에 대해 $E(V^r) = \lambda^r \Gamma(1 + r/k)$임이 알려져 있다. 예 7.6의 상황에서 추정하고자

하는 모수가

$$\begin{aligned}\theta &= E(p(V))\\ &= 1 - 2E(V) + E(V^2) - 0.05E(V^3)\\ &= 1 - 2\lambda\Gamma(1+1/k) + \lambda^2\Gamma(1+2/k) - 0.05\lambda^3\Gamma(1+3/k)\\ &=: h(\lambda, k)\end{aligned}$$

일 때, 모수적 모형을 이용한다면 $\hat{\theta}_n = \frac{1}{n}\sum_{i=1}^{n} p(v_i)$ 대신에

$$\hat{\theta}_n^{\text{MLE}} = h(\hat{\lambda}, \hat{k})$$

를 추정량으로 정하는 것이 더 자연스럽다. 모수적 붓스트랩을 이용하여 $\hat{\theta}_n^{\text{MLE}}$의 표준오차와 편향을 구하여라.

제 8 장

붓스트랩 신뢰구간

붓스트랩 재표집을 이용한 방법론 중 가장 자주 쓰이고, 가장 많이 개발된 방법은 신뢰구간의 추정이다. 모수 θ에 대한 신뢰구간은 θ의 추정량 $\hat{\theta}_n$을 이용하여 구하는 것이 가장 잘 알려진 방법이다. 붓스트랩 신뢰구간이란 θ의 추정량인 $\hat{\theta}_n$의 붓스트랩 표본분포를 이용하여 θ의 신뢰구간을 구하는 방법을 말한다. 이 장에서는 다음의 예를 이용하여 설명하도록 한다.

예 8.1 (팀 포트리스 2 데이터)

컴퓨터 게임 플랫폼인 스팀에서 "팀 포트리스 2"를 구입한 $n = 2322$명의 임의 선정된 게이머들의 팀 포트리스 2 플레이 시간 X_i에 대한 히스토그램이 그림 8.1에 나와 있다 (`TeamFortress2.csv`). 팀 포트리스 2를 즐기는 모든 스팀 사용자의 평균 μ를 추정하기 위해 표본평균 $\bar{X}_n$을 계산하고, 이를 이용하여 μ의 신뢰구간을 구하려고 한다.

관측값 $X_1, \ldots, X_n$이 모집단 F에서의 랜덤표본일 때, 표본평균 $\bar{X}_n$은 다음과 같은 성질이 있다. 모집단 F의 모평균이 μ, 모분산이 σ^2일 때,

$$E(\bar{X}_n) = \mu, \quad \text{Var}(\bar{X}_n) = \frac{\sigma^2}{n} \approx \frac{s^2}{n}.$$

여기서 s^2은 표본분산이다. 그리고, 중심극한정리에 의해

$$\frac{\bar{X}_n - \mu}{\sigma/\sqrt{n}} \mathrel{\dot\sim} \frac{\bar{X}_n - \mu}{s/\sqrt{n}} \mathrel{\dot\sim} N(0,1).$$

따라서, 정규분포 근사를 이용한 95% 신뢰구간은 $\mu \in \bar{X}_n \pm z_{0.025} s/\sqrt{n}$이며,

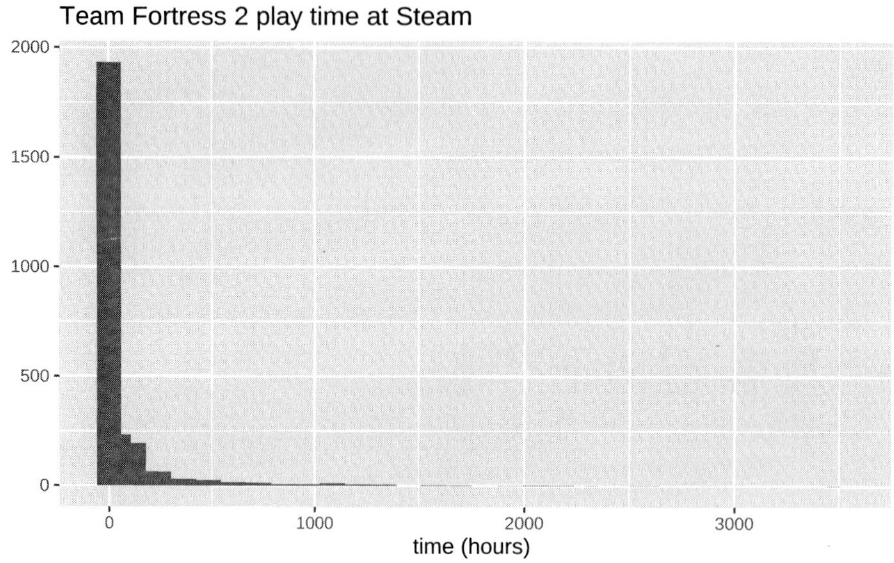

그림 8.1: 팀 포트리스 2 플레이 시간 데이터

이 신뢰구간은 점근근사적으로 95%의 신뢰성, 또는 포함확률 0.95, $P(\mu \in \bar{X}_n \pm z_{0.025}s/\sqrt{n}) \approx 0.95$을 가진다. 하지만, 예 8.1과 같이 모집단이 매우 치우친 분포를 가지는 경우, 중심극한정리에 의한 정규분포로의 수렴이 매우 느리므로, 정규근사 신뢰구간의 주어진 표본크기 n에서의 포함확률이 95%에 가까움을 장담할 수 없다.

통계량 $\bar{X}_n$의 점근근사분포를 이용하지 않고 그 표본분포를 직접 붓스트랩 재표집을 이용해 추정하면 더 정확한 신뢰구간을 제시할 수 있다. 더 일반적으로 서술하면, 모집단 F의 어떤 모수 $\theta = \theta(F)$의 추정량이 $\hat{\theta}_n = T(\mathbb{X}_n)$일 때, $\hat{\theta}_n$의 붓스트랩 표본분포 (또는 B개의 붓스트랩 재표집된 통계량들 $\{\hat{\theta}_n^{*b} : b = 1, \dots, B\}$)와 표준오차의 붓스트랩 추정량 $\widehat{\mathrm{se}}_{\mathrm{Boot}}$을 이용하여 θ의 $1-\alpha$ 신뢰구간을 구하는 방법을 알아본다. 단 하나만 존재했던 표준오차의 붓스트랩 추정량 $\widehat{\mathrm{se}}_{\mathrm{Boot}}$과 다르게, 신뢰구간의 붓스트랩 추정은 여러 가지 방법이 존재한다. 가장 대표적인 여섯 개의 붓스트랩 신뢰구간 추정량에 대해 알아본다.

- 정규근사 붓스트랩 신뢰구간
- 표준 붓스트랩 신뢰구간
- 붓스트랩-t 신뢰구간 또는 스튜던트화된 피벗 신뢰구간
- 붓스트랩 퍼센타일 신뢰구간 또는 백분위수 신뢰구간

– 편향 조정 (BC) 퍼센타일 신뢰구간

– 편향 조정 및 가속된 (BCa) 퍼센타일 신뢰구간

더 많은 신뢰구간 추정 방법[1]이 있지만 붓스트랩-t 방법과 "BCa" 방법이 가장 정확하며, 퍼센타일 방법은 범용적으로 구현하기가 매우 쉬우므로 이 방법들만 알아도 충분히 응용이 가능하다.

8.1 정규근사 붓스트랩 신뢰구간

먼저 가장 간단한 정규근사 붓스트랩 신뢰구간 (normal-approximated bootstrap C.I.)에 대해 알아본다. 여러 상황에서, 추정량 $\hat{\theta}_n$을 표준화하면 근사적으로 정규분포를 따른다. 즉, $(\hat{\theta}_n - \theta)/\text{se}(\hat{\theta}_n) \dot\sim N(0,1)$. 만약 추정량 $\hat{\theta}$에 무시하지 못할 크기의 편향 $\text{bias}(\hat{\theta}_n) = E(\hat{\theta}_n) - \theta$이 있다면 이 편향을 조정해주어야 한다:

$$\frac{\hat{\theta}_n - \text{bias}(\hat{\theta}_n) - \theta}{\text{se}(\hat{\theta}_n)} \dot\sim N(0,1). \tag{8.1}$$

이 사실을 받아들일 수 있을 때 (이 정규근사가 정확하다고 가정할 수 있을 때), 점근근사적 $1-\alpha$ 신뢰구간은 $\theta \in \hat{\theta}_n - \text{bias}(\hat{\theta}_n) \pm z_{\alpha/2}\text{se}(\hat{\theta}_n)$이 된다. 표준오차 $\text{se}(\hat{\theta}_n)$와 편향 $\text{bias}(\hat{\theta}_n)$을 알 수가 없으므로, 붓스트랩 추정량 $\widehat{\text{se}}_{\text{Boot}}$과 $\widehat{\text{bias}}_{\text{Boot}}$으로 대체한

$$\theta \in \hat{\theta}_n - \widehat{\text{bias}}_{\text{Boot}}(\hat{\theta}_n) \pm z_{\alpha/2}\widehat{\text{se}}_{\text{Boot}}(\hat{\theta}_n)$$

이 곧 **정규근사 붓스트랩 신뢰구간**이다.

이 방법은 붓스트랩 재표집의 결과 중 오직 두 값 $\widehat{\text{se}}_{\text{Boot}}$과 $\widehat{\text{bias}}_{\text{Boot}}$만을 이용했음에 주목하자. 즉, 잠재적으로 매우 많은 정보가 담겨 있는 붓스트랩 표본분포 중 오직 그 분포의 평균과 분산만을 이용한다. 만약, $\hat{\theta}_n$의 붓스트랩 표본분포의 형태가 정규분포와 비슷하다면, 그 나머지 정보들이 모두 정규근사에 담겨 있으므로, 정규근사 붓스트랩 신뢰구간은 점근근사적으로 정확하다. 반대로, 표본분포의 형태가 정규분포와 비슷하지 않다면 이 신뢰구간이 정확하다는 보장을 할 수 없다.

[1] Davison and Hinkley (1997)과 Carpenter and Bithell (2000)을 참조하자.

예 8.2

예 8.1의 팀 포트리스 2 데이터에서의 표본평균은 $\bar{X}_n = 70.64$이며, 그 붓스트랩 표본분포는 그림 8.2와 같다. 표준오차의 추정량은 $\hat{\text{se}}_{\text{Boot}} = 5$, 편향의 추정량은 $\hat{\text{bias}}_{\text{Boot}} = 70.56 - 70.64 = -0.08$로서 μ의 95% 정규근사 붓스트랩 신뢰구간은

$$\begin{aligned}\mu \in \bar{X}_n - \hat{\text{bias}}_{\text{Boot}}(\bar{X}_n) \pm z_{\alpha/2}\hat{\text{se}}_{\text{Boot}}(\bar{X}_n)\\ = 70.64 + 0.08 \pm 1.96 \times 5\\ = (60.9, 80.5)\end{aligned}$$

이다. R에서의 계산과정은 다음과 같다.

```
> TFtime = read.csv("data/TeamFortress2.csv")$x
> (hat.theta = mean(TFtime))
[1] 70.64311
> n = length(TFtime)
> B = 1999
> set.seed(1)
> theta.boot = replicate(B, mean(sample(TFtime, n, replace =
    TRUE)))
> (se.est = sd(theta.boot))
[1] 5.003227
> (bias.est = mean(theta.boot) - hat.theta)
[1] -0.07757111
> (norm.app.boot.CI = hat.theta - bias.est + se.est * qnorm
    (0.025) *c(1,-1))
[1] 60.91453 80.52683
```

그림 8.2에서 확인할 수 있듯이, 붓스트랩 표본분포가 근사적으로 정규분포의 형태와 같으므로, 이 신뢰구간은 믿을 수 있는 신뢰구간이다.

정규근사 붓스트랩 신뢰구간은 정규근사 (8.1)가 성립할 때에만 정확한 방법이다. 표본 수가 작아 표준화된 통계량의 정규근사가 일어나지 않거나, 표본 수가 커도 통계량의 점근분포가 정규분포가 아닐 때에는 이 신뢰구간을 이용할 수 없다.

8.2 표준 붓스트랩 신뢰구간

정규근사 신뢰구간의 근거가 되는 가정 (8.1)을 다시 쓰면, 다음과 같은 표현이 된다: $\hat{\theta}_n - \theta \stackrel{.}{\sim} N(\text{bias}, \text{se}^2)$. 여기서 $\hat{\theta}_n - \theta$의 분포를 정규분포로 한정하지 않고 자유롭게

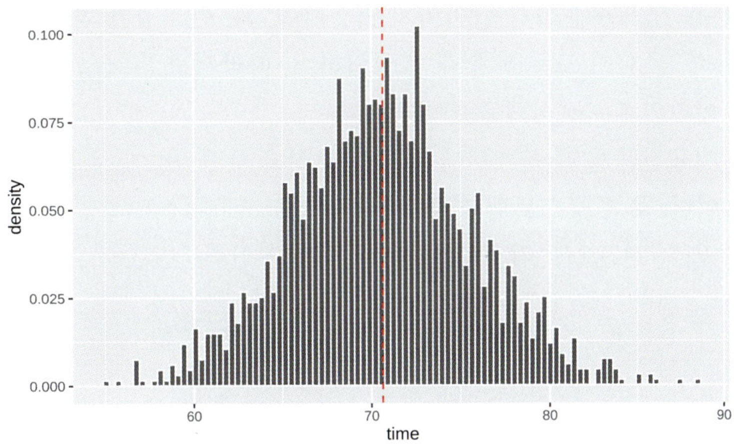

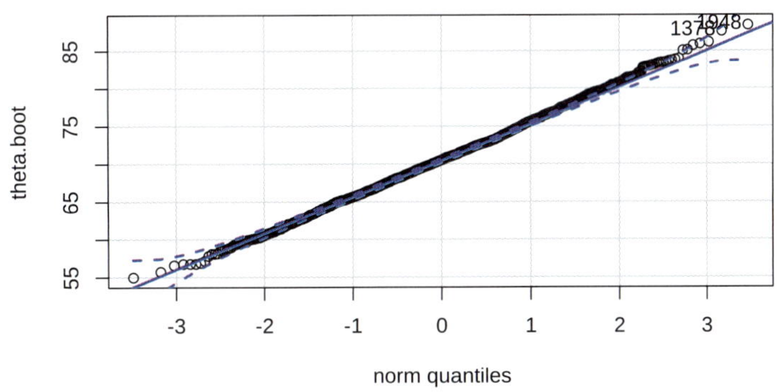

그림 8.2: 팀 포트리스 데이터의 $\bar{X}_n$ 에 대한 붓스트랩 표본분포와 정규분포의 비교

어떤 (연속적) 분포 H 를 가진다고 가정해보자:

$$\hat{\theta}_n - \theta \;\sim\; H. \tag{8.2}$$

이 분포 H 는 평균이 bias, 분산이 se^2 이지만, 이를 제외한 분포의 다른 형태는 특정하지 않아, 비모수적인 모형에 해당한다고 볼 수 있다. 분포 H 의 분위수함수 $Q_H(p) = H^{-1}(p)$ 를 이용하면 다음과 같은 확률식이 성립한다.

$$\begin{aligned} 1-\alpha &= P\left(Q_H(\tfrac{\alpha}{2}) \le \hat{\theta}_n - \theta \le Q_H(1-\tfrac{\alpha}{2})\right) \\ &= P\left(\hat{\theta}_n - Q_H(1-\tfrac{\alpha}{2}) \le \theta \le \hat{\theta}_n - Q_H(\tfrac{\alpha}{2})\right). \end{aligned} \tag{8.3}$$

만약 이 분포 H가 θ에 따라 달라지지 않는다면, 즉, $\hat{\theta}_n - \theta$가 **피벗** (pivot)[2] 이라면, 위의 확률식 (8.3)이 모든 θ에 대해 성립하며, 따라서 $\hat{\theta}_n - Q_H(1-\frac{\alpha}{2}) \le \theta \le \hat{\theta}_n - Q_H(\frac{\alpha}{2})$이 θ의 $1-\alpha$ 신뢰구간이다.

붓스트랩 재표집된 $\hat{\theta}_n$을 붓스트랩 복제값 $\hat{\theta}_n^*$라고 두자. $\hat{\theta}_n^*$의 분포가 곧 붓스트랩 표본분포 G^*이다. **표준 붓스트랩 신뢰구간** (basic bootstrap C.I.)은 $\hat{\theta}_n - \theta$의 분포 H (8.2)를 $\hat{\theta}_n^* - \hat{\theta}_n$의 분포 ($H^*$라고 부르자)로 근사한 신뢰구간

$$\hat{\theta}_n - Q_{H^*}(1-\tfrac{\alpha}{2}) \le \theta \le \hat{\theta}_n - Q_{H^*}(\tfrac{\alpha}{2}) \tag{8.4}$$

이다. 분포 H^*는 $\hat{\theta}_n^*$의 분포 G^*를 $\hat{\theta}_n$만큼 왼쪽으로 이동한 분포이다. 즉, 확률 $p \in (0,1)$에 대해

$$Q_{H^*}(p) = Q_{G^*}(p) - \hat{\theta}_n$$

이므로, 식 (8.4)를 다시 표현하면

$$2\hat{\theta}_n - Q_{G^*}(1-\tfrac{\alpha}{2}) \le \theta \le 2\hat{\theta}_n - Q_{G^*}(\tfrac{\alpha}{2}) \tag{8.5}$$

이 된다. 표준 붓스트랩 신뢰구간의 실제 예는 붓스트랩-t 신뢰구간까지 설명한 뒤 예 8.3에서 같이 보기로 한다.

표준 붓스트랩 신뢰구간은 다음의 붓스트랩 근사에 의존한다. 모든 θ에 대해

$$H^* \sim \hat{\theta}_n^* - \hat{\theta}_n \overset{d}{\approx} \hat{\theta}_n - \theta \sim H. \tag{8.6}$$

이 방법은 $\hat{\theta}_n$의 분포에 특정한 가정을 하지 않아 신뢰할 수 있는 방법이지만, 실제 사실일지에 의문이 드는 $\hat{\theta}_n - \theta$가 피벗이라는 가정 (8.2)를 만족하여야 한다. 이 가정을 만족하지 않으면 H^*의 H로의 수렴[3]이 느리게 일어나기 때문에 표준 붓스트랩 신뢰구간의 정확도가 낮을 수 있다.

---

[2]모집단족 $\mathcal{F}$의 모수 θ와 통계량 T_1, T_2가 있을 때 확률변수 $S = S(T_1, T_2, \theta)$의 분포가 모든 모집단 $F \in \mathcal{F}$에 대해 동일하면 S를 피벗 (또는 θ의 피벗)이라고 부른다. S가 피벗이면, S의 분포가 모든 모집단에 대해 동일하므로, 그 분포가 모수 θ뿐만 아니라 모집단족의 다른 모수 η와도 관련되어 있지 않다.

[3]여기서의 수렴이란 표본 수 n이 커질 때, $\hat{\theta}_n^* - \hat{\theta}_n$의 분포 H^*가 $\hat{\theta}_n - \theta$의 분포인 H로 수렴함을 뜻한다.

8.3 붓스트랩-t 신뢰구간

붓스트랩-t 신뢰구간 (bootstrap-t C.I.)은 스튜던트화된 피벗 신뢰구간 (studentized pivotal C.I.)으로 불리기도 한다. $\hat{\theta}_n - \theta$의 분포 H 와 $\hat{\theta}_n^* - \hat{\theta}_n$의 분포 H^*가 (8.6) 처럼 근사되지 않더라도 스튜던트화된 피벗을 이용한 다음의 붓스트랩 근사는 더 정확할 수 있다.

$$H^* \dot{\sim} \frac{\hat{\theta}_n^* - \hat{\theta}_n}{\widehat{\text{se}}^*} \overset{d}{\approx} \frac{\hat{\theta}_n - \theta}{\widehat{\text{se}}} \dot{\sim} H. \tag{8.7}$$

만약 모집단이 정규분포 $N(\theta, \sigma^2)$을 따르고, $\hat{\theta}_n = \bar{x}_n$이면, $(\hat{\theta}_n - \theta)/\widehat{\text{se}} = \sqrt{n}(\bar{x}_n - \theta)/s \sim t_{n-1}$이므로, 이때 분포 H는 자유도가 $n-1$인 t-분포이다. 정규분포 가정이 없다면 분포 H가 t-분포를 따른다고 볼 수 없으므로 붓스트랩을 이용하여 분포 H를 H^*로 근사하는 것이 핵심적인 아이디어라고 볼 수 있다. (붓스트랩-t라는 이름은 여기에서 유래했다.)

위 식 (8.7)에서 우변의 $\widehat{\text{se}} = \widehat{\text{se}}(\hat{\theta}_n) \approx \sqrt{\text{Var}(\hat{\theta}_n \mid F)}$ 은 모집단 F에서 표집된 $\mathbb{X}_n$으로부터 계산된 $\hat{\theta}_n = T(\mathbb{X}_n)$의 표준편차 추정량이다. 이 추정량은 주어진 표본 $\mathbb{X}_n = \{x_1, \ldots, x_n\}$에 의해 (또는 경험분포 F_n에 의해) 주어진다. 예를 들어, 표준오차의 붓스트랩 추정량을 이용한다면

$$\widehat{\text{se}} = \widehat{\text{se}}_{\text{Boot}} \tag{8.8}$$

이 된다. 표준오차를 쉽게 계산할 수 있는 경우, 예를 들어 $\hat{\theta}_n = \bar{x}_n$이면,

$$\widehat{\text{se}} = s/\sqrt{n} = \sqrt{\frac{\sum_{i=1}^n (x_i - \bar{x}_n)^2}{n(n-1)}} \tag{8.9}$$

이다. 모수모형을 이용하는 경우, 표본 표준편차 s 대신에 모표준편차의 최대가능도 추정량을 이용할 수도 있다. 어떤 경우던지, $\widehat{\text{se}}$는 주어진 표본에 의해 결정된다.

이와 유사하게, 식 (8.7)에서 좌변의 $\widehat{\text{se}}^* = \widehat{\text{se}}^*(\hat{\theta}_n^*) = \sqrt{\widehat{\text{Var}}(\hat{\theta}_n^* \mid F_n)}$ 은 모집단 F_n (경험분포)에서 재표집된 붓스트랩 표본 $\mathbb{X}_n^* = \{x_1^*, \ldots, x_n^*\}$으로부터 추정된 $\hat{\theta}_n^* = T(\mathbb{X}_n^*)$의 표준편차 추정량이다. 원 표본 $\mathbb{X}_n$이 아니라 붓스트랩 표본 $\mathbb{X}_n^*$에 의해 계산됨에 주목하자. 즉, 원 표본 $\mathbb{X}_n$로부터 계산된 $\widehat{\text{se}}$와 붓스트랩 표본 $\mathbb{X}_n^*$으로부터 계산된 $\widehat{\text{se}}^*$은 서로 다르다. 표준오차의 추정량이 쉽게 계산될 수 있는 경우, 예를 들어 $\hat{\theta}_n = \bar{x}_n$이라면, $\hat{\theta}_n^* = \bar{x}_n^*$이며, $\widehat{\text{se}}^* = s^*/\sqrt{n} = \sqrt{\frac{\sum_{i=1}^n (x_i^* - \bar{x}_n^*)^2}{n(n-1)}}$이다.

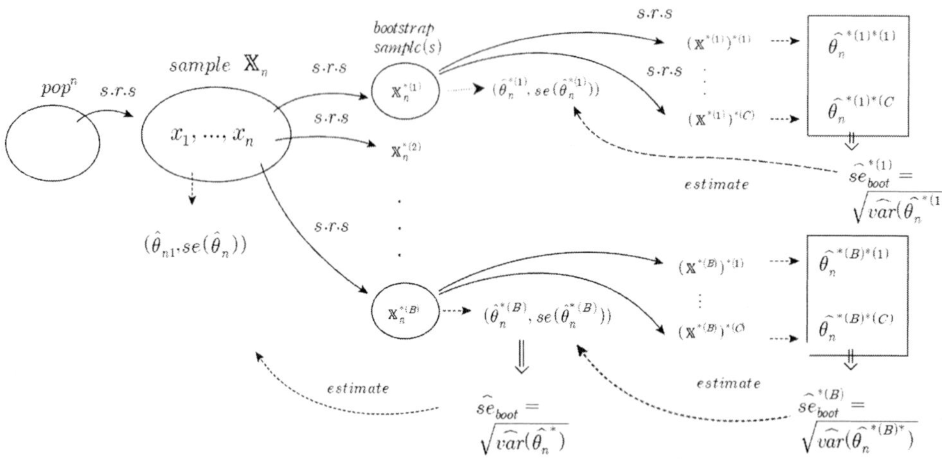

그림 8.3: 두 번째 단계의 붓스트랩 재표집

그렇지 않은 경우 (즉, $\widehat{\text{Var}}(\hat{\theta}_n)$를 수식으로 표현하기 어려운 경우)에는 $\hat{\theta}_n^* = T(\mathbb{X}_n^*)$을 붓스트랩 재표집하여 $\hat{\text{se}}^*_{\text{Boot}}$를 계산할 수 있다. 이 붓스트랩 재표집은 붓스트랩 재표집된 $\mathbb{X}_n^*$에서 다시 재표집을 하는 것이므로 **두 번째 단계의 붓스트랩 재표집** (second-level bootstrap resampling)이라고 불리기도 한다. 그림 8.3은 첫 번째 단계의 붓스트랩 재표집을 B번, 두 번째 단계의 붓스트랩 재표집을 C번 했을 때의 개념을 도식화한 것이다.

식 (8.7)의 붓스트랩 근사를 이용한 스튜던트화된 피벗 신뢰구간은

$$\hat{\theta}_n - \hat{\text{se}} \times Q_{H^*}(1 - \tfrac{\alpha}{2}) \leq \theta \leq \hat{\theta}_n - \hat{\text{se}} \times Q_{H^*}(\tfrac{\alpha}{2}) \tag{8.10}$$

이다. 이때의 $\hat{\text{se}}$는 (8.8) 또는 (8.9)로 주어지며, $Q_{H^*}(p)$는 붓스트랩 재표집을 B번 반복했을 때 붓스트랩 재표집된 스튜던트화 피벗들

$$\frac{\hat{\theta}_n^{*(1)} - \hat{\theta}_n}{\hat{\text{se}}^{*(1)}}, \frac{\hat{\theta}_n^{*(2)} - \hat{\theta}_n}{\hat{\text{se}}^{*(2)}}, \ldots, \frac{\hat{\theta}_n^{*(B)} - \hat{\theta}_n}{\hat{\text{se}}^{*(B)}}$$

의 p-분위수 (작은 쪽부터 $p \times B$번째 순서의 값)이다. 붓스트랩 재표집을 $B = 2000$번, $\hat{\text{se}}^*$를 근사하기 위해 두 번째 단계의 재표집을 C번 진행한다면 모두 $B \times C$번의 붓스트랩 재표집을 해야 하므로 C가 크면 매우 긴 계산 시간이 필요할 수 있다. 두 번째 단계의 붓스트랩 재표집은 $C = 25$번 정도로 하는 것이 권장된다. 신뢰구간을 구할 때의 붓스트랩 재표집은 $B = 1999$번 또는 그 이상을 하는 것이 권장된다.

스튜던트화 피벗 신뢰구간 (8.10)은 붓스트랩 근사 (8.7)이 잘 될수록 더 정확한 신뢰구간이다. 이 신뢰구간 "CI" (8.10)의 포함확률 $P(\theta \in \text{CI})$이 근사적으로 $1-\alpha$ 임을 다음 계산으로 확인하자.

$$\begin{aligned} P(\theta \in \text{CI}) &= P(\hat{\theta}_n - \hat{\text{se}} \times Q_{H^*}(1-\tfrac{\alpha}{2}) \le \theta \le \hat{\theta}_n - \hat{\text{se}} \times Q_{H^*}(\tfrac{\alpha}{2})) \\ &\approx P(\hat{\theta}_n - \hat{\text{se}} \times Q_H(1-\tfrac{\alpha}{2}) \le \theta \le \hat{\theta}_n - \hat{\text{se}} \times Q_H(\tfrac{\alpha}{2})) \\ &= P\left(Q_H(\tfrac{\alpha}{2}) \le \frac{\hat{\theta}-\theta}{\hat{\text{se}}} \le Q_H(1-\tfrac{\alpha}{2})\right) \\ &= 1-\alpha. \end{aligned}$$

예 8.3 (붓스트랩-t 신뢰구간과 표준 붓스트랩 신뢰구간)

팀 포트리스 2 데이터에서 모평균 θ의 표준 붓스트랩 신뢰구간과 붓스트랩-t 신뢰구간을 구해보도록 하자. 비모수적 붓스트랩 재표집을 진행했을 때의 예를 보도록 한다. 통계량이 $\hat{\theta}_n = \bar{x}_n$ 이므로, 모집단에 대한 모수모형 가정이 없어도 식 (8.9)에 의해 $\hat{\text{se}}$와 $\hat{\text{se}}^*$를 계산할 수 있다. 각 붓스트랩 표본 $\mathbb{X}_n^{*(b)} = \{x_1^{*(b)}, \ldots, x_n^{*(b)}\}$에 대해

$$\hat{\theta}_n^{*(b)} = \bar{x}_n^{*(b)}, \quad \hat{\text{se}}^{*(b)} = \sqrt{\frac{\sum_{i=1}^n (x_i^{*(b)} - \bar{x}_n^{*(b)})^2}{n(n-1)}}, \quad b = 1, \ldots, B \tag{8.11}$$

를 계산할 수 있다. 이를 이용해 스튜던트화된 피벗

$$t^{*(b)} = \frac{\hat{\theta}_n^{*(b)} - \hat{\theta}_n}{\hat{\text{se}}^{*(b)}}, \quad b = 1, \ldots, B$$

을 계산한다. 이 $t^{*(b)}$들을 순서대로 늘어놓아 순서통계량 $t^*_{(1)} \le t^*_{(2)} \le \cdots \le t^*_{(B)}$으로 두면, $Q_{H^*}(p) = t^*_{(\lfloor p(B+1) \rfloor)}$로 구할 수 있다[4]. 만약 $B = 1999$이고 $\alpha = 0.05$라면, $Q_{H^*}(\alpha/2) = t^*_{(50)}$, $Q_{H^*}(\alpha/2) = t^*_{(1950)}$, 즉 작은 쪽부터 50번째와 1950번째의 $t^*(b)$를 쓴다. 다음 R 코드를 이용하여, 붓스트랩 재표집을 진행한다.

```
> B = 1999
> boot.out = replicate(B, {
+                     TFtime.b = sample(TFtime, n, replace = TRUE)
+                     c(mean(TFtime.b), sd(TFtime.b)/sqrt(n))
+             }) %>% t()
> colnames(boot.out) = c("theta*","se*")
> head(boot.out)
      theta*       se*
```

```
[1,] 63.77382 4.428347
[2,] 64.20879 4.390289
[3,] 65.45922 4.332700
[4,] 69.65388 4.917695
[5,] 74.98221 5.243905
[6,] 77.79625 5.621729
> hat.theta = mean(TFtime)
> t.pivot = sort( (boot.out[,"theta*"] - hat.theta) / boot.out[,
    "se*"] )
```

식 (8.10)를 이용하여 θ의 95% 붓스트랩-t 신뢰구간을 구하면 다음과 같다. 이때의 $\widehat{se}$는 붓스트랩 표준오차 추정량을 쓰지 않고, 공식 (8.11)에 의한 표준오차 추정량을 이용한다.

```
> se.hat.theta = sd(TFtime) / sqrt(n)
> hat.theta - se.hat.theta * c(t.pivot[1950], t.pivot[50])
[1] 61.82523 82.17272
```

quantile() 함수를 이용하여 분위수를 구할 수도 있다.

```
> hat.theta - se.hat.theta * quantile(t.pivot, probs= c
    (1-0.025,0.025),type = 1)
   97.5%      2.5%
61.82523 82.17272
```

식 (8.5)를 이용하여 표준 붓스트랩 신뢰구간을 구하면 다음과 같다.

```
> boot.dist = sort(boot.out[,"theta*"])
> 2*hat.theta - c(boot.dist[1950], boot.dist[50])
[1] 60.78312 80.57468
```

[4]붓스트랩 근사된 표본분포 H^* 또는 G^*는 대부분 B개의 값을 가지는 이산분포이다. 이산분포에서의 분위수함수 Q_{H^*} 또는 Q_{G^*}를 정확히 정의하여 사용할 수 있으나, 실제로는 이 이산분포가 연속분포의 (붓스트랩) 근사임을 감안하여 분위수함수의 다양한 근삿값을 이용한다. 예를 들어, 주어진 데이터에서 분위수를 계산하는 R의 quantile()함수는 9가지의 서로 다른 종류의 분위수 계산을 제공한다. quantile() 함수의 인자 type = 1이 우리가 정의한 분위수를 정확히 계산하지만, 이 함수의 기본값은 type = 7이다.

예 8.4 (두 번째 단계의 붓스트랩)

통계량 $\hat{\theta}$의 표준오차 추정량 $\widehat{\mathrm{se}}$이 식으로 주어질 수 없는 경우에는 두 번째 단계의 붓스트랩을 진행해야 한다. 만약 $C = 25$번의 반복을 한다면, 다음과 같이 두 번째 단계의 붓스트랩을 각 붓스트랩 표본에 대해 추가적으로 진행한다. (참고로 시간이 매우 오래 걸린다.)

```
> B = 1999
> C = 25
> boot.out = replicate(B, {
+   TFtime.b = sample(TFtime, n, replace = TRUE)
+   theta.boot = mean(TFtime.b)
+   theta.boot.se = sd( replicate(C, mean (sample(TFtime.b, n,
    replace = TRUE)) ))
+   c(theta.boot, theta.boot.se)
+ }) %>% t()
> colnames(boot.out) = c("theta*","se*")
> head(boot.out)
        theta*       se*
[1,] 70.63376 4.071472
[2,] 56.81318 6.023104
[3,] 74.89871 5.378420
[4,] 65.11792 4.644929
[5,] 74.22063 5.994275
[6,] 67.25078 4.730485
> hat.theta = mean(TFtime)
> t.pivot = sort( (boot.out[,"theta*"] - hat.theta) / boot.out[,
    "se*"] )
```

식 (8.10)를 이용하여 θ의 95% 붓스트랩-t 신뢰구간을 구하면 다음과 같다. 이때의 $\widehat{\mathrm{se}}$는 붓스트랩 표준오차 추정량을 이용한다.

```
> se.hat.theta.boot = sd(boot.out[,"theta*"])
> hat.theta - se.hat.theta * c(t.pivot[1950], t.pivot[50]) #
    bootstrap-t
[1] 61.11097 81.99433
```

붓스트랩-t 신뢰구간은 스튜던트화된 통계량 $t := (\hat{\theta}_n - \theta)/\widehat{\mathrm{se}}$가 피벗일 때 가장 좋은 성능을 보인다. 만약 이 통계량 $\hat{\theta}_n$과 모수 θ의 피벗이 다른 형태일 때는 정확도가 낮은 신뢰구간이 도출될 수밖에 없다. 예를 들어 모집단이 $N(\mu, \sigma^2)$일 때, $\theta = \sigma^2$

의 추정량인 $\hat{\theta}_n = S^2$ 의 피벗은

$$(n-1)\frac{S^2}{\sigma^2} \sim \chi^2_{n-1}$$

이므로, $(S^2 - \sigma^2)/\hat{\text{se}}$ 이 피벗이라고 볼 수 없다. 이때, $\hat{\theta}_n$ 의 변환을 통해 표준 붓스트랩 또는 붓스트랩-t 신뢰구간을 구하여 그 정확성을 높일 수 있다. 예를 들어, $(\log(\hat{\theta}_n) - \log(\theta))/\hat{\text{se}}\{\log(\hat{\theta}_n)\}$ 이 근사적으로 피벗이면, 모수 $\log(\theta)$ 에 대한 붓스트랩-t 신뢰구간

$$L \le \log(\theta) \le U$$

을 변환하여, θ에 대한 신뢰구간

$$\exp(L) \le \theta \le \exp(U)$$

을 구할 수 있다.

8.4 붓스트랩 퍼센타일 신뢰구간

붓스트랩 퍼센타일 또는 분위수 신뢰구간 (percentile C.I)은 매우 간단하게 계산할 수 있다. 모수 θ의 추정량 $\hat{\theta}_n$과 그의 붓스트랩 복제값들 $\{\hat{\theta}_n^{*(b)} : b = 1, \ldots, B\}$ (또는 $\hat{\theta}_n$ 의 붓스트랩 표본분포 G^*)가 있을 때, 신뢰수준 $1-\alpha$의 붓스트랩 퍼센타일 신뢰구간은 G^* 의 $\frac{\alpha}{2}$-분위수와 $(1-\frac{\alpha}{2})$-분위수로 주어진다:

$$\theta \in \left(Q_{G^*}(\tfrac{\alpha}{2}),\ Q_{G^*}(1-\tfrac{\alpha}{2})\right). \tag{8.12}$$

만약 $B = 1999$이고, $\alpha = 0.05$이면, 붓스트랩 복제값들의 순서통계량 중 50번째와 1950번째 값으로 신뢰구간의 하계와 상계가 주어진다. $\hat{\theta}_n^{*(b)}$ 들을 순서대로 늘어놓아 순서통계량 $\hat{\theta}^*_{(1)} \le \cdots \le \hat{\theta}^*_{(B)}$ 으로 두면,

$$\theta \in \left(\hat{\theta}^*_{(50)},\ \hat{\theta}^*_{(1950)}\right)$$

이 곧 95% 퍼센타일 신뢰구간이다.

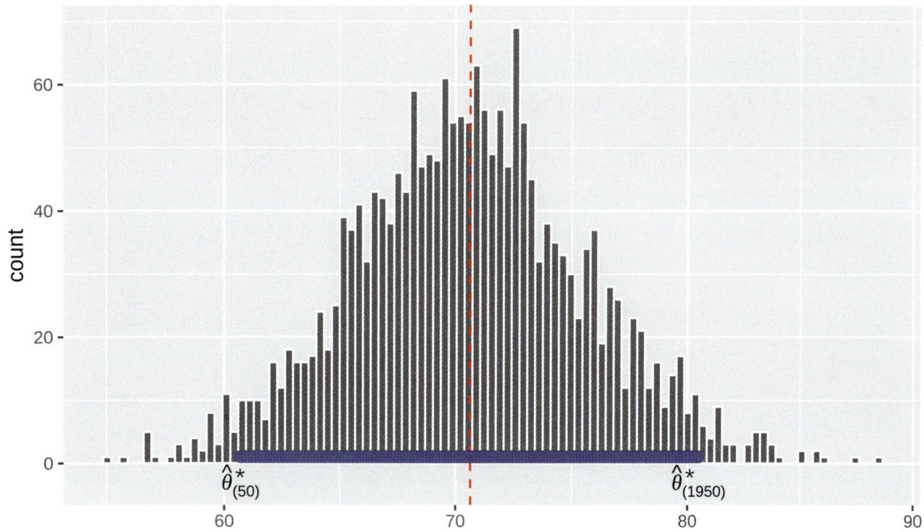

그림 8.4: $\hat{\theta}_n$ (점선), 그의 붓스트랩 표본분포 (히스토그램), θ의 95% 퍼센타일 신뢰구간 $(\hat{\theta}^*_{(50)}, \hat{\theta}^*_{(1950)})$.

예 8.5

팀 포트리스 2 데이터의 $\hat{\theta}_n = \bar{X}_n$에 대한 $B = 1999$개의 붓스트랩 재표집으로 구한 표본분포 G^*가 그림 8.4에 표시되어 있다. 모평균 θ의 95% 퍼센타일 신뢰구간은 $\left(\hat{\theta}^*_{(50)},\ \hat{\theta}^*_{(1950)}\right) = (60.7, 80.5)$이다. 다음과 같이 계산한다.

```
> set.seed(1)
> sort.b = replicate(B, mean(sample(TFtime, n, replace = TRUE)))
    %>% sort()
> (perc.int = c(sort.b[50],sort.b[1950]))
[1] 60.71154 80.50310
```

이 퍼센타일 신뢰구간은 그림 8.4에 표시되어 있다.

95% 퍼센타일 신뢰구간은 붓스트랩 표본분포의 “가운데” 95%에 해당하는 구간이므로 어떤 붓스트랩 표집에서도 쉽게 계산할 수 있다. 이 신뢰구간이 왜 믿을 수 있을까? 통계량의 표본분포로부터 모수 θ의 위치를 추론하는 것이 일견 당연해 보일 수 있지만, 이러한 이해는 통계학자 피터 홀이 말했듯이 “잘못된 통계표를 거꾸로 읽어” (Hall, 2013, p.36) 우연히 근사한 답을 찾은 것에 불과하다.

퍼센타일 신뢰구간은 지금부터 소개할 가정에 근거한다. 붓스트랩-t 신뢰구간을 소개할 때, $(\hat{\theta}_n - \theta)/\hat{\text{se}}$를 피벗으로 만들기 위해 변환, 예를 들면 로그 변환 ($\hat{\theta}_n \mapsto \varphi(\hat{\theta}_n) := \log(\hat{\theta}_n)$) 을 할 수 있음을 보았다. 하지만, 주어진 문제에서 그러한 변환을 찾기가 어려울 수 있다. 퍼센타일 신뢰구간은 어떤 단조증가변환 φ가 있어서 변환 후의 값들로 표준정규분포를 따르는 피벗을 만들 수 있음을, 즉

$$\varphi(\hat{\theta}_n) - \varphi(\theta) \ \sim \ N(0,1) \tag{8.13}$$

을 가정한다. (또는 근사적으로 피벗임을 가정한다.) 붓스트랩 복제값들 $\hat{\theta}_n^*$ 들도 변환을 한다면,

$$\varphi(\hat{\theta}_n^*) - \varphi(\hat{\theta}_n) \ \stackrel{d}{\approx} \ \varphi(\hat{\theta}_n) - \varphi(\theta) \ \sim \ N(0,1) \tag{8.14}$$

으로 $\varphi(\hat{\theta}_n^*) - \varphi(\hat{\theta}_n)$의 분포 역시 근사적으로 표준정규분포를 따른다. 위 식의 왼쪽 항 $\varphi(\hat{\theta}_n^*) - \varphi(\hat{\theta}_n) \sim N(0,1)$은 붓스트랩 복제값들 $\varphi(\hat{\theta}_n^*)$의 분포를 뜻하며, 여기서 $\varphi(\hat{\theta}_n)$는 이미 관측된, 고정된 값이다. (8.14)의 오른쪽 항, 또는 (8.13)에서는 $\varphi(\hat{\theta}_n)$이 고정된 값이 아닌 통계량 또는 확률변수임을 기억하자.

만약 변환 φ를 안다면, (8.13)으로 $\varphi(\theta)$의 정확한 $1-\alpha$ 신뢰구간 $\varphi(\theta) \in (\varphi(\hat{\theta}_n) + \Phi^{-1}(\frac{\alpha}{2}),\ \varphi(\hat{\theta}_n) + \Phi^{-1}(1-\frac{\alpha}{2}))$을 구할 수 있으며, 이를 변환해서 θ의 정확한 $1-\alpha$ 신뢰구간

$$\theta \in \left(\varphi^{-1}\left\{\varphi(\hat{\theta}_n) + \Phi^{-1}(\tfrac{\alpha}{2})\right\},\ \varphi^{-1}\left\{\varphi(\hat{\theta}_n) + \Phi^{-1}(1-\tfrac{\alpha}{2})\right\}\right) \tag{8.15}$$

을 구할 수 있다. (변환 φ가 단조증가이므로 가능하다.)

신뢰구간 (8.15)에서 신뢰구간의 하한을 표현하는 $\varphi(\hat{\theta}_n) + \Phi^{-1}(\frac{\alpha}{2})$는 (8.14)의 오른쪽 항에서는 확률변수이지만 왼쪽 항을 기준으로 보면 고정된 값이다. 또한 이 고정된 값은 붓스트랩 복제값들

$$\varphi(\hat{\theta}_n^*) \ \sim \ N(\varphi(\hat{\theta}_n), 1)$$

의 기댓값인 $\varphi(\hat{\theta}_n)$를 $\Phi^{-1}(\frac{\alpha}{2})$만큼 이동시킨 값이다. 즉, (8.14)의 붓스트랩 근사를 이용하면 $\varphi(\hat{\theta}_n) + \Phi^{-1}(\frac{\alpha}{2})$가 곧 확률변수 $\varphi(\hat{\theta}_n^*)$의 분포 $N(\varphi(\hat{\theta}_n), 1)$의 $\frac{\alpha}{2}$-분위수로 근사됨을 확인할 수 있다[5]. 마찬가지로 신뢰구간의 상한을 표현하는 $\varphi(\hat{\theta}_n) + \Phi^{-1}(1-\frac{\alpha}{2})$

---

[5] $\varphi(\hat{\theta}_n) - \varphi(\theta) \ \sim \ N(0,1)$에서는 $\varphi(\hat{\theta}_n)$가 확률변수, $\varphi(\theta)$가 고정된 모수이듯, (8.14)의 좌변

는 $\varphi(\hat{\theta}_n^*)$ 분포의 $(1-\frac{\alpha}{2})$-분위수로 근사된다.

쉽게 설명하기 위해 $B=1999$, $\alpha=0.05$ 이고, 붓스트랩 복제값들 $\hat{\theta}_{(1)}^* \le \cdots \le \hat{\theta}_{(1999)}^*$ 이 순서대로 나열되어있다고 가정하면, φ가 단조증가이므로,

$$\varphi(\hat{\theta}_{(1)}^*) \le \cdots \le \varphi(\hat{\theta}_{(1999)}^*) \tag{8.16}$$

이고, $\varphi(\hat{\theta}_n^*)$ 분포의 $\frac{\alpha}{2}$-분위수는 곧 $\varphi(\hat{\theta}_{(50)}^*)$, $(1-\frac{\alpha}{2})$-분위수는 $\varphi(\hat{\theta}_{(1950)}^*)$ 이다. 즉, (8.15)의 신뢰구간이 다음의 퍼센타일 신뢰구간으로 근사됨을 볼 수 있다.

$$\begin{aligned}
\theta &\in \left(\varphi^{-1}\left\{\varphi(\hat{\theta}_{(50)}^*)\right\},\ \varphi^{-1}\left\{\varphi(\hat{\theta}_{(1950)}^*)\right\}\right) \\
&= (\hat{\theta}_{(50)}^*, \hat{\theta}_{(1950)}^*) \\
&= \left(Q_{G^*}(\tfrac{\alpha}{2}),\ Q_{G^*}(1-\tfrac{\alpha}{2})\right).
\end{aligned}$$

변환 φ는 퍼센타일 신뢰구간의 계산에는 영향을 미치지 않으므로 알 필요가 없다. 붓스트랩 퍼센타일 신뢰구간은 매우 간단하다는 장점이 있어 자주 이용된다.

8.5 조정된 퍼센타일 신뢰구간

퍼센타일 신뢰구간의 성공 여부는 가정 (8.13)을 만족하는 변환 φ의 존재 여부에 달려 있고, 일반적으로 항상 그러한 변환이 존재한다고 보기 어렵다. 조정된 퍼센타일 신뢰구간은 이 변환의 가정을 약화시켜, 더 넓은 범위의 모집단에서 근사가 가능하도록 하는 방법이다. 조정된 퍼센타일 신뢰구간 중 가장 대표적인 편향 조정 및 가속 (BCa 또는 bias-corrected and accelerated) 신뢰구간과 그 특별한 경우인 편향 조정 (bias-corrected) 신뢰구간을 알아본다.

모수 θ의 추정량 $\hat{\theta}_n$과 그의 붓스트랩 복제값들 $\{\hat{\theta}_n^{*(b)} : b = 1,\ldots,B\}$ (또는 $\hat{\theta}_n$의 붓스트랩 표본분포 G^*)가 있다고 가정하자. 퍼센타일 신뢰구간에서는 $\varphi(\hat{\theta}_n) - \varphi(\theta) \sim N(0,1)$을 만족하는 단조증가변환인 φ가 있다고 가정했지만, $\varphi(\hat{\theta}_n)$가 $\varphi(\theta)$의 편향추정량일 수도 있으며, 또한 모수 $\varphi(\hat{\theta}_n)$의 표준오차 $\mathrm{se}(\varphi(\hat{\theta}_n))$가 $\varphi(\theta)$의 값에 따라 달라질 수도 있다. 이러한 점을 모두 감안하여, 미지수 b

$\varphi(\hat{\theta}_n^*)-\varphi(\hat{\theta}_n) \sim N(0,1)$에서는 $\varphi(\hat{\theta}_n^*)$가 확률변수, $\varphi(\hat{\theta}_n)$가 고정된 값이다. 따라서 신뢰구간 (8.15)의 하계와 상계가 $\varphi(\hat{\theta}_n)-\varphi(\theta) \sim N(0,1)$의 관점에서는 확률변수들이지만, $\varphi(\hat{\theta}_n^*)-\varphi(\hat{\theta}_n) \sim N(0,1)$의 관점에서는 고정된 값이다. 고정된 값 $\varphi(\hat{\theta}_n)+\Phi^{-1}(p)$이 곧 $\varphi(\hat{\theta}_n^*)$의 분포 $N(\varphi(\hat{\theta}_n),1)$의 p-분위수임을 확인하는 것은 어렵지 않다.

(편향조정값, bias-correction factor), a (가속값, acceleration factor 또는 왜도조정값, skewness-correction factor)와 미지의 단조증가변환 φ에 대해

$$\varphi(\hat{\theta}_n) - \varphi(\theta) \ \sim \ N(-b\sigma_\varphi, \sigma_\varphi^2), \quad \sigma_\varphi = 1 + a\varphi(\theta) \tag{8.17}$$

의 관계에 있음을 가정한다.

만약 $a = 0$이라면, $\varphi(\theta)$의 어떤 값에 대해서도 $\text{se}(\varphi(\hat{\theta}_n)) = \sigma_\varphi = 1$이다. 만약, $b = 0$이라면 $\varphi(\hat{\theta}_n)$은 $\varphi(\theta)$의 비편향 추정량이다. 미지수 b를 편향조정값이라고 부르는 이유는 자명하지만, 미지수 a가 "분산조정값"이 아닌 가속값 또는 왜도조정값이라고 불리우는 이유는 이 책의 수준을 넘지 않고는 쉽게 설명하기 어려우므로, 일단 받아들이도록 하자. 표준오차의 표현 $\sigma_\varphi = 1 + a\varphi(\theta)$는 더 복잡할 수도 있는 표준오차의 일차 근사라고 이해할 수 있다. 퍼센타일 신뢰구간에서처럼, (8.17)을 만족하는 변환 φ가 존재하기만 한다면, 실제 φ를 모르더라도 조정된 퍼센타일 신뢰구간을 구할 수 있다. 두 미지수 b와 a는 데이터로부터 추정을 해야 하지만 일단 b와 a의 값을 알고 있다고 가정한다.

모형 (8.17)을 이용하여 모수 $\varphi(\theta)$의 정확한 $1 - \alpha$ 신뢰구간

$$\varphi(\theta) \in \left(\frac{\varphi(\hat{\theta}_n) + b + \Phi^{-1}(\frac{\alpha}{2})}{1 - a\{b + \Phi^{-1}(\frac{\alpha}{2})\}}, \frac{\varphi(\hat{\theta}_n) + b + \Phi^{-1}(1 - \frac{\alpha}{2})}{1 - a\{b + \Phi^{-1}(1 - \frac{\alpha}{2})\}} \right) := (L, U) \tag{8.18}$$

을 구할 수 있다. 변환 φ가 단조증가하므로, θ의 신뢰구간은 φ의 역변환을 이용하여 구할 수 있다. 즉, $\theta \in (\varphi^{-1}(L), \varphi^{-1}(U))$이 θ의 정확한 $1 - \alpha$ 신뢰구간이다. 변환 φ를 모르므로, 이 신뢰구간을 붓스트랩으로 근사할 것이다.

(8.17)을 다시 표현하면, 다음과 같이 표준정규분포를 따르는 피벗의 형태로 쓸 수 있다.

$$\frac{\varphi(\hat{\theta}_n) - \varphi(\theta)}{1 + a\varphi(\theta)} + b \ \sim \ N(0, 1).$$

퍼센타일 붓스트랩 방법과 비슷하게, (8.17)을 만족하는 변환 φ가 있다면, 붓스트랩 근사된 피벗 역시 표준정규분포를 (근사적으로) 따른다:

$$\frac{\varphi(\hat{\theta}_n^*) - \varphi(\hat{\theta}_n)}{1 + a\varphi(\hat{\theta}_n)} + b \ \dot{\sim} \ \frac{\varphi(\hat{\theta}_n) - \varphi(\theta)}{1 + a\varphi(\theta)} + b \ \sim \ N(0, 1).$$

이 식의 좌변을 보면 (다시 말하지만, $\varphi(\hat{\theta}_n)$은 좌변에서는 고정된 값, 우변에서는

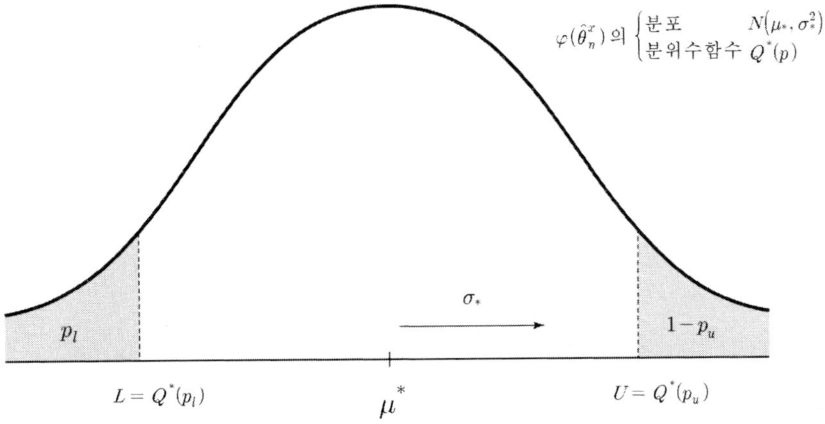

그림 8.5: 조정된 퍼센타일 신뢰구간에서의 분위수

확률변수이다), 변환된 붓스트랩 복제값 $\varphi(\hat{\theta}_n^*)$ 이 근사적으로 정규분포 $N(\mu_*, \sigma_*^2)$,

$$\mu_* = \varphi(\hat{\theta}_n) - b\{1 + a\varphi(\hat{\theta}_n)\}, \quad \sigma_*^2 = \{1 + a\varphi(\hat{\theta}_n)\}^2$$

를 따른다. $\varphi(\theta)$ 의 신뢰구간 (8.18) 의 하계와 상계 (L, U) 는 더이상 확률변수가 아니라 고정된 값이므로, 이들을 $\varphi(\hat{\theta}_n^*) \sim N(\mu_*, \sigma_*^2)$ 의 분위수 Q^* 로 표현이 가능하다 (그림 8.5 참조). $\varphi(\theta)$ 의 신뢰구간이 다음을 만족하는 $\varphi(\hat{\theta}_n^*)$ 분포의 p_l-분위수와 p_u-분위수로 표현된다:

$$(L, U) = (Q^*(p_l), Q^*(p_u)). \tag{8.19}$$

퍼센타일 신뢰구간에서와 같은 논리를 이용하면,

$$\theta \in (Q_{G^*}(p_l),\ Q_{G^*}(p_u))$$

이 곧 정확한 신뢰구간인 $\theta \in (\varphi^{-1}(L), \varphi^{-1}(U))$ 의 붓스트랩 근사 신뢰구간이다. 여기서, 두 확률 p_l 과 p_u 를 식 (8.19) 를 풀어서 구하면

$$p_l = \Phi\left(\frac{L-\mu_*}{\sigma_*}\right) \qquad\qquad p_u = \Phi\left(\frac{U-\mu_*}{\sigma_*}\right)$$
$$= \Phi\left(\frac{b + \Phi^{-1}(\frac{\alpha}{2})}{1 - a(b + \Phi^{-1}(\frac{\alpha}{2}))} + b\right), \qquad = \Phi\left(\frac{b + \Phi^{-1}(1 - \frac{\alpha}{2})}{1 - a(b + \Phi^{-1}(1 - \frac{\alpha}{2}))} + b\right) \tag{8.20}$$

이 된다. 두 확률 (8.20) 을 (8.19) 에 대입하여 정리하면 신뢰수준 $1-\alpha$ 의 **편향조정**

및 가속 (BCa) 퍼센타일 신뢰구간은

$$\theta \in \left(Q_{G^*}\left[\Phi\left\{\frac{b+\Phi^{-1}(\frac{\alpha}{2})}{1-a(b+\Phi^{-1}(\frac{\alpha}{2}))}+b\right\}\right],\ Q_{G^*}\left[\Phi\left\{\frac{b+\Phi^{-1}(1-\frac{\alpha}{2})}{1-a(b+\Phi^{-1}(1-\frac{\alpha}{2}))}+b\right\}\right]\right)$$

이다.

만약 $a = 0$이라면 (또는 그렇게 가정을 한다면) 더 간단한 표현을 얻을 수 있으며, 이를 이용한 신뢰구간

$$\theta \in (Q_{G^*}[\Phi\{2b+\Phi^{-1}(\tfrac{\alpha}{2})\}],\ Q_{G^*}[\Phi\{2b+\Phi^{-1}(1-\tfrac{\alpha}{2})\}])$$

에는 편향조정값 b만 있으므로 **편향조정 퍼센타일 신뢰구간**이라고 부른다.

8.5.1 편향조정값과 가속값의 추정

퍼센타일 신뢰구간에서 마찬가지로 (8.17)을 만족하는 변환 φ는 알아야 할 필요가 없지만, 편향조정값 b과 가속값 a는 주어진 데이터로부터 다음과 같이 추정한다.

편향조정값: $\hat{b} = \Phi^{-1}(G^*(\hat{\theta}_n)) = \Phi^{-1}\left(\#\{\hat{\theta}_n^{*(b)} \le \hat{\theta}_n\}/(B+1)\right)$. 만약 $\hat{\theta}_n$이 붓스트랩 표본분포의 중앙값이라면 $\hat{b} = 0$이다 (이때 중앙값-비편향되어 있다고 부른다).

가속값: 가속값 또는 왜도조정값 a의 추정을 하기 위해 붓스트랩 재표집과 독립적으로 또 하나의 재표집을 진행한다. 통계량 $\hat{\theta}_n$이 n개의 모든 관측값으로부터 계산됨을 기억하자. 즉, $\hat{\theta}_n = T(\mathbb{X}_n)$이었다. 여기서 이용할 재표집은 관측값을 하나씩 지우면서 n번 반복하는 재표집이다. i번째 관측값 X_i를 제외한 $\mathbb{X}_{(i)} := \{X_1, \ldots, X_{i-1}, X_{i+1}, \ldots, X_n\}$으로 재계산한 통계량을 $\hat{\theta}_{(i)} = T(\mathbb{X}_{(i)})$이라고 두고, $\hat{\theta}_{(\cdot)} = \frac{1}{n}\sum_{i=1}^n \hat{\theta}_{(i)}$가 그들의 평균일 때,

$$\hat{a} = \frac{1}{6}\frac{\sum_{i=1}^n\left(\hat{\theta}_{(\cdot)}-\hat{\theta}_{(i)}\right)^3}{\left[\sum_{i=1}^n\left(\hat{\theta}_{(\cdot)}-\hat{\theta}_{(i)}\right)^2\right]^{3/2}} \tag{8.21}$$

으로 가속값 a를 추정한다. 이 표현이 마치 왜도 (skewness)의 추정량을 6으로 나눈 형태와 근사하므로 "왜도조정값"이라고 불리우는 이유를 어림짐작할 수 있을 것이다.

가속값을 추정할 때 이용한 재표집 방법은 잭나이프 (jackknife) 재표집 방법

(Quenouille, 1949)이라고 불린다. 잭나이프 (만능 접이칼)라는 이름은 후에 튜키 (Tukey, 1958)가 추정량의 편향과 표준오차를 추정할 때 이용하면서 사용하기 시작했다. 붓스트랩 방법은 잭나이프 방법을 확장한 것으로 볼 수 있다.

예 8.6 (편향조정 퍼센타일 신뢰구간)

팀 포트리스 2 데이터의 $\hat{\theta}_n = \bar{X}_n$에 대한 비모수적 붓스트랩 재표집을 이용하여 모평균 θ의 95% 편향조정 퍼센타일 신뢰구간을 구한다. 먼저 편향조정값 $\hat{b}$을 구하기 위해 $\hat{\theta}_n$의 붓스트랩 표본분포 또는 붓스트랩 복제값들 $\hat{\theta}_n^{*(b)}$과 $\hat{\theta}_n$을 비교하면, $\#\{\hat{\theta}_n^{*(b)} \le \hat{\theta}_n\}/(B+1) = 0.509$로서 이 분포의 중앙값이 $\hat{\theta}_n$보다 (조금) 더 작아, 아래쪽으로 편향이 있는 것으로 나온다.

```
> hat.theta = mean(TFtime)
> n = length(TFtime); B = 1999
> theta.boot = replicate(B, mean(sample(TFtime, n, replace =
    TRUE)))
> b.factor = qnorm(sum(theta.boot <= hat.theta)/(B+1))
> b.factor
[1] 0.02381522
```

추정값의 편향 (작은 쪽으로의 편향)을 조정하기 위해 하계와 상계를 조금 "위"로 조정해준다.

```
> (BC.int.probs = pnorm(2*b.factor + c(qnorm(0.025), qnorm
    (1-0.025))))
[1] 0.02791671 0.97765680
```

퍼센타일 신뢰구간에서는 2.5%, 97.5%의 퍼센타일을 이용했다면, 편향조정 신뢰구간은 2.8%, 97.8%의 퍼센타일을 신뢰구간으로 정한다.

```
> (BC.interval = quantile(theta.boot, BC.int.probs))
2.791671% 97.76568%
 60.96237  80.75818
```

예 8.7 (편향조정 및 가속 퍼센타일 신뢰구간)

이어서, θ의 95% 편향조정 및 가속 퍼센타일 신뢰구간을 구한다. 편향조정값은 이미 계산되었으므로, 가속값 $\hat{a}$를 구하기 위해 잭나이프 재표집 (8.21)을 시행한다.

```
> theta.jack = vector(length = n)
> for (i in 1:n){theta.jack[i] = mean(TFtime[-i])}
```

```
> acc = sum((mean(theta.jack) - theta.jack)^3)/
+   (6 * sum(( mean(theta.jack) - theta.jack)^2)^(3/2))
> acc
[1] 0.02325921
```

편차조정 신뢰구간에 비해 더 "위"로 신뢰구간이 조정되었다.

```
> bz = b.factor + c(qnorm(0.025), qnorm(1-0.025))
> (BCa.int.probs = pnorm( (bz)/(1 - acc * (bz)) + b.factor ))
[1] 0.03370732 0.98229140
> (BCa.interval = quantile(theta.boot, BCa.int.probs))
3.370732% 98.22914%
 61.34667  81.40983
```

8.6 신뢰구간의 비교

지금까지 추정량 $\hat{\theta}_n$을 붓스트랩 재표집하여 추정하고자 하는 모수 θ의 신뢰구간을 구하는 여러 가지 방법들을 살펴보았다. 특히 오른쪽으로 꼬리가 매우 두터운 모집단에서의 관측값들인 "팀 포트리스 2" 데이터를 이용하여 추정량 $\hat{\theta}_n = \bar{X}_n$을 이용한 모평균 θ의 신뢰구간을 구해 보았다. 다음 표에 총 7개의 95% 신뢰구간을 정리하였다. "BC"는 "편향조정", "BCa"는 "편향조정 및 가속" 퍼센타일 신뢰구간을 의미한다.

	하한	상한
정규근사 신뢰구간	60.95384	80.33238
정규근사 붓스트랩 신뢰구간	60.91453	80.52683
표준 붓스트랩 신뢰구간	60.78312	80.57468
붓스트랩-t 신뢰구간	**61.82523**	**82.17272**
퍼센타일 신뢰구간	60.71154	80.50310
BC 퍼센타일 신뢰구간	60.96237	80.75818
Bca 퍼센타일 신뢰구간	**61.34667**	**81.40983**

표본 수가 충분히 큰 경우이므로 중심극한정리에 의한 정규근사가 어느 정도 잘

되어 정규근사 신뢰구간

$$\bar{X}_n \pm z_{\alpha/2} \cdot \frac{s}{\sqrt{n}} = (60.9, 80.3) \tag{8.22}$$

도 어느정도 정확하다고 볼 수 있다. 그럼에도 불구하고 왜 붓스트랩 신뢰구간을 이용할까? 이 질문의 답변을 두 가지로 나누어서 하고자 한다.

첫 번째는 추정량의 표준오차 또는 표본분포를 도출할 수 없는 경우이다. 추정량의 점근분포를 알 수 없고, 또 그 점근분포가 정규분포로 수렴함을 장담할 수 없는 경우, 또는 정규분포로 수렴을 하지만 표본의 크기가 충분히 크지 않아, 정규근사를 이용할 수 없는 경우 모두 해당된다. 이때에는 미지의 표본분포를 데이터로부터 근사할 수 있는 붓스트랩 신뢰구간을 구하는 것이 좋은 해답이다.

두 번째는 신뢰구간의 정확성이다. 모집단의 분포를 특정하지 못하는 경우에는 지금까지 소개한 모든 신뢰구간 "CI"의 포함확률 $P(\theta \in \text{CI})$이 주어진 신뢰수준 $1-\alpha$와 같다고 장담할 수 없다. 다만 표본의 크기가 커질 때 포함확률이 주어진 신뢰수준으로 수렴함은 알려져 있다. 모집단이 정규분포가 아니지만, 추정량 또는 피벗이 정규분포로 수렴하는 경우에는 (8.22)와 같은 정규분포 신뢰구간의 포함확률은

$$P(\theta \in \bar{X}_n \pm z_{\alpha/2} s/\sqrt{n}) = 1 - \alpha + O(n^{-1/2})$$

임이 알려져 있다[6]. 즉, 신뢰구간의 포함확률과 신뢰수준 간의 차이가 $n^{-1/2}$의 속도로 0으로 수렴한다. 붓스트랩 신뢰구간 중 붓스트랩-t 신뢰구간과 편차 조정 및 가속 (BCa) 퍼센타일 신뢰구간은 이보다 더 빠른 속도로 포함확률이 신뢰수준으로 수렴함이 알려져 있다. 즉,

$$P(\theta \in \text{``Bootstrap-t CI''}) = 1 - \alpha + O(n^{-1}),$$
$$P(\theta \in \text{``BCa CI''}) = 1 - \alpha + O(n^{-1})$$

이다. 정규근사 신뢰구간보다 더 정확하므로 이럴 때 "이차 정확도" (second-order accuracy)가 있다고 말한다. 이에 비해 정규근사 붓스트랩 신뢰구간 (정규근사가 되는 경우), 표준 붓스트랩 신뢰구간, 퍼센타일 신뢰구간, 편차조정 신뢰구간은 포

[6] 어떤 수열 a_n이 $a_n = O(n^{-1/2})$이면 어떤 $0 < M < \infty$에 대해 모든 n에서 $\frac{|a_n|}{n^{-1/2}} = n^{1/2}|a_n| \le M$이다. 즉 a_n이 $n^{-1/2}$과 같거나 더 빠른 속도로 0으로 수렴함을 뜻한다. 예를 들어, 수열 $a_n = n^{-1/2}$과 $b_n = n^{-1}$을 비교하면 b_n이 a_n보다 더 빠르게 0으로 수렴한다. 이때 $a_n = O(n^{-1/2})$, $b_n = O(n^{-1})$이다.

함확률과 신뢰수준 간의 차이가 $O(n^{-1/2})$이므로 일차 (first-order) 정확도가 있다고 말한다. 위의 표에서 이차 정확도를 가지는 붓스트랩-t 신뢰구간과 BCa 신뢰구간이 서로 비슷하며, 일차 정확도를 가지는 다른 신뢰구간과는 차이가 남을 확인하자.

표준 붓스트랩 신뢰구간과 붓스트랩-t 신뢰구간은 "피벗"의 성립 여부가 매우 중요하다. 따라서 적절한 변환을 찾아 근사적인 피벗으로 신뢰구간을 만든 뒤, 다시 원래의 모수에 대한 신뢰구간 표현으로 바꾸어 주는 수고가 필요하다. 또한 표준오차의 계산이 어려운 경우에는 붓스트랩-t 신뢰구간을 구할 때 두 번째 단계의 붓스트랩을 해야 하므로, 계산시간이 매우 길어지는 단점이 있다.

퍼센타일 방법들은 피벗으로 바꾸어주는 변환을 찾는 수고를 하지 않아도 되므로 사용이 더 편하다. 그중 이차 정확도를 담보하는 편차 조정 및 가속 (BCa) 퍼센타일 신뢰구간이 널리 추천되는 방법이다. 다만, 붓스트랩 표집이 한 모집단에서 일어나지 않는 경우 (여러 모집단의 경우, 회귀분석의 경우 등), (8.21)을 이용한 가속값의 추정이 정확하다는 보장은 없다.

8.7 연습문제

연습 8.1. $\log(\theta)$의 신뢰구간 (L, U)의 포함확률이 정확히 95%일 때, θ의 신뢰구간 $(\exp(L), \exp(U))$의 포함확률도 정확히 95%임을 보여라.

연습 8.2. 이 문제는 퍼센타일 신뢰구간의 가정 (8.13) 또는 편차 조정 신뢰구간의 가정을 만족하는 변환이 다음 조건 아래에서 항상 존재함을 확인한다. $\hat{\theta}_n$의 분포(함수)가 G이고 이때 함수 G는 역함수가 존재한다고 가정하자.

a) $\varphi(\hat{\theta}_n) = \Phi^{-1}(G(\hat{\theta}_n))$의 분포는 $N(0, 1)$임을 보여라.

b) 추가적으로, 분포 G의 중앙값이 θ라고 가정하면, $\varphi(\hat{\theta}_n) - \varphi(\theta)$의 분포 역시 $N(0, 1)$임을 보여라.

c) 분포 G의 중앙값이 θ임을 장담할 수 없다면, $\varphi(\theta) = \Phi^{-1}(G(\theta)) := b$ 이므로 $\varphi(\hat{\theta}_n) - \varphi(\theta)$의 분포는 $N(-b, 1)$임을 보여라.

연습 8.3. 식 (8.17)이 사실일 때, 신뢰구간 (8.18)의 포함확률이 정확히 $1 - \alpha$임을 보여라.

연습 8.4. 식 (8.19)로부터 (8.20)을 도출하여라.

연습 8.5. 팀 포트리스 데이터 (`TeamFortress2.csv`)를 이용하여 팀 포트리스 2를 즐기는 **모든** 스팀 사용자의 IQR (interquartile range; 사분위간 거리)를 추정하고자 한다. 모집단의 분포가 F일 때 $IQR = Q_F(3/4) - Q_F(1/4)$이다. 비모수적 붓스트랩 재표집을 이용하여 IQR의 표준 붓스트랩, 붓스트랩-t, 퍼센타일, 편차조정 그리고 편차조정 및 가속 퍼센타일 신뢰구간을 구하여라.

연습 8.6. 팀 포트리스 데이터와 같이 극단적으로 큰 값이 종종 있는 사용시간에 관련된 데이터는 와이불분포 $W(k, \lambda)$를 이용하여 모형화하기도 한다. 와이불분포는 평균과 분산이 모수 k, λ를 이용해 표현되므로 모평균 θ의 추정량 $\hat{\theta}$를 최대가능도추정량

$$\hat{\theta}_n = \frac{1}{\hat{\lambda}}\Gamma\left(1 + \frac{1}{\hat{k}}\right)$$

으로 두고, 모분산의 추정량은

$$\hat{\sigma}^2 = \hat{\lambda}^2\left[\Gamma\left(1 + \frac{2}{\hat{k}}\right) - \left\{\Gamma\left(1 + \frac{1}{\hat{k}}\right)\right\}^2\right]$$

이다. (모수의 최대가능도추정량 $\hat{k}, \hat{\lambda}$는 수치적으로 계산한다.) 모수모형을 가정했지만, 모수 θ의 정확한 신뢰구간을 도출하는 것은 상당히 어렵다. 표본의 수가 클 때 이용할 수 있는 정규근사 신뢰구간, 모수적 붓스트랩 재표집을 이용한 표준 붓스트랩 신뢰구간과 붓스트랩-t 신뢰구간을 구하고, $\hat{\theta}_n := \bar{X}_n$을 이용한 신뢰구간과 비교하라. 두 종류의 신뢰구간이 매우 다르다면 그 이유를 서술하여라.

제 9 장

붓스트랩 검정

붓스트랩 방법은 미지의 모집단을 주어진 표본으로부터 근사하여 통계량 또는 추정량의 표본분포를 근사하는 방법이다. 즉, 어떤 모집단 F 그리고 그 모집단의 모수 $\theta = \theta(F)$이 주어졌을 때 통계량 $\hat{\theta}_n$의 분포 $P(\hat{\theta}_n \le x \mid F)$를 붓스트랩 재표집으로 근사하며, 이 붓스트랩 표본분포는 모수 θ의 실제 값에 따라 달라지는 것이 일반적이다. 이와 대조적으로, 두 가설 $H_0 : \theta = \theta_0$와 $H_1 : \theta \neq \theta_0$를 비교하는 가설검정에서는 귀무가설이 사실일 때, 즉 모수 θ의 값이 θ_0일 때의 검정통계량 $\hat{\theta}_n$의 분포 (영분포)가 관심사이다. 우리는 제 I부의 다양한 상황에서 관측값들의 뒤섞기를 이용하여 검정통계량의 영분포를 구하는 방법인 순열검정을 살펴보았다.

붓스트랩 재표집을 이용하여 귀무가설에서의 영분포를 근사할 수 있을까? 붓스트랩 분포가 실제의 모집단의 분포 F 를 근사하므로, 귀무가설에서의 모집단 F_0와 실제 모집단 F가 다를 때는 불가능할까? 만약 완전히 비모수적인 모형 (모집단의 형태에 아무 제약이 없는 모형)을 가정한다면 F_0에서의 붓스트랩 근사는 일반적으로 불가능하다. 이 장에서는 일부 특수한 상황, 특히 약간의 모형화를 더한 준모수모형의 상황에서 귀무가설에서의 통계량의 영분포를 붓스트랩 근사할 수 있음을 확인하고, 이를 이용한 검정 방법을 살펴본다.

이해를 돕기 위해 먼저 모수모형 (예를 들어 정규분포 모형)을 가정했을 때의 붓스트랩 검정을 알아보고, 비모수적 또는 준모수모형에서의 붓스트랩 검정을 한 모집단의 위치에 대한 가설 또는 두 모집단을 비교하는 가설검정을 예로 들어 설명

한다.[1]

9.1 모수적 붓스트랩 검정

모수적 붓스트랩 검정이란 관측값들의 모집단이 어떤 모수적 모형 (예를 들어, 정규분포족, 지수분포족 등)을 따른다는 가정 아래에서 모수적 붓스트랩 재표집을 이용한 검정을 말한다. 모수모형을 가정했으므로, 붓스트랩을 이용할 필요가 없다고 생각할 수도 있지만 실제로 많이 사용되는 검정방법이다.

9.1.1 피벗을 이용한 재표집

개념을 설명하기 위해 익숙한 정규분포 모형에서의 관측값 $X_1, \ldots, X_n \sim_{i.i.d.} N(\mu, \sigma^2)$이 있다고 가정하고, 가설 $H_0 : \mu = \mu_0$과 $H_1 : \mu > \mu_0$을 검정하는 상황을 생각해보자. 모집단의 분산 σ^2은 알려져 있지 않다. 이때, 최적의 검정방법은 검정통계량

$$T_0 = \frac{\bar{X}_n - \mu_0}{s/\sqrt{n}} \sim t_{n-1} \, (H_0 : \mu = \mu_0\text{가 사실일 때}) \tag{9.1}$$

를 이용한 t-검정이다. T_0가 피벗의 형태이므로, 귀무가설이 사실이 아닐 때, 예를 들어 $\mu = \mu_1$일 때에도

$$T_1 = \frac{\bar{X}_n - \mu_1}{s/\sqrt{n}} \sim t_{n-1} \, (\mu = \mu_1\text{이 사실일 때}) \tag{9.2}$$

역시 같은 t_{n-1} 분포를 따른다. 7.4절에서 설명하였듯이, 모수적 붓스트랩 재표집을 할 때는 붓스트랩 모집단의 두 모수 μ, σ^2의 추정량 $\hat{\mu} = \bar{X}_n$, $\hat{\sigma}^2 = s^2$을 대입한 "모집단" $F^* = N(\hat{\mu}, \hat{\sigma}^2)$에서 붓스트랩 표본 $\mathbb{X}_n^* = \{X_1^*, \ldots, X_n^*\}$을 반복적으로 생성한다. 이때,

$$X_i^*, \ldots, X_n^* \sim_{i.i.d.} N(\hat{\mu}, \hat{\sigma}^2)$$

---

[1] 회귀분석을 포함한 더 복잡한 상황에서도 붓스트랩 검정을 이용할 수 있다. 회귀분석에서의 붓스트랩 검정은 제10장에서 다룬다. 더 일반적인 상황에서의 붓스트랩 검정 방법론은 Davison and Hinkley (1997)를 참조하자.

이므로, 붓스트랩 복제된 표본평균 $\bar{X}_n^* = \frac{1}{n}\sum_{i=1}^n X_i^*$과 표본표준편차

$$s^* = \sqrt{\frac{1}{n-1}\sum_{i=1}^n (X_i^* - \bar{X}_n^*)^2}$$

를 이용해 t-통계량을 구하면

$$T^* = \frac{\bar{X}_n^* - \hat{\mu}}{s^*/\sqrt{n}} \sim t_{n-1} \tag{9.3}$$

가 된다. (9.1), (9.2), 그리고 (9.3)의 분포가 모두 같음에 주목하자. 검정통계량 T_0가 피벗이므로, 귀무가설 아래에서의 T_0의 영분포가 피벗 $T = (\bar{X}_n - \mu)/(s/\sqrt{n})$의 표본분포와 같다. 여기서 μ는 실제 모집단의 모수 μ의 값이므로, 이 표본분포는 붓스트랩 근사가 가능하다[2]. 모수적 붓스트랩을 이용하여 이 표본분포 (T의 영분포)를 붓스트랩 표본분포, 즉 복제값 T^*들의 분포로 근사하는 것이 모수적 붓스트랩 검정의 핵심이다.

9.1.2 귀무가설에서의 재표집

주어진 모수모형에서 주어진 가설을 검정할 검정통계량이 포함된 피벗을 구하기 어려울 때에는, 귀무가설과 대립가설을 구분할 수 있는 검정통계량을 (피벗이 아닐지라도) 여전히 이용할 수 있다. 정규분포를 따르는 모집단 $N(\mu, \sigma^2)$을 가정하고, 가설 $H_0 : \mu = \mu_0$과 $H_1 : \mu > \mu_0$을 검정하는 상황을 계속 생각해보자. 정규분포를 깊이 이해하지 못하더라도 통계량 $D = \bar{X}_n - \mu_0$가 대립가설이 사실일수록 그 값이 커질 것은 자명하므로, 이를 검정통계량으로 삼아보자.

이렇게 (대충 정한) D의 영분포는

$$D = \bar{X}_n - \mu_0 \sim N(0, \sigma^2) \ (H_0 : \mu = \mu_0\text{가 사실일 때}) \tag{9.4}$$

이다. 귀무가설 $H_0 : \mu = \mu_0$의 가정을 받아들인다면 관측값들의 분포는 $X_i \sim$

[2]정규분포를 가정했으므로 모든 분포가 t-분포인 이 예제에서는 붓스트랩이 필요하지 않다. 통계량 T의 표본분포를 모를 때에 붓스트랩 근사를 한다.

$N(\mu_0, \sigma^2)$ 이다. 여전히 미지수인 모수 σ^2 를 귀무가설에서의 최대가능도추정량

$$\hat{\sigma}_0^2 = \frac{1}{n}\sum_{i=1}^{n}(X_i - \mu_0)^2$$

으로 추정한다면, 귀무가설에서의 가장 그럴법한 "모집단"은 $F_0^* = N(\mu_0, \hat{\sigma}_0^2)$ 이며, 이 분포 F_0^* 에서 모수적 붓스트랩 재표집을 진행할 수 있다. 붓스트랩 표본 $\{X_1^{0*}, \ldots, X_n^{0*}\} \sim_{i.i.d.} N(\mu_0, \hat{\sigma}_0^2)$ 으로 계산한 이때의 붓스트랩 복제값은

$$D^* = \bar{X}_n^{0*} - \mu_0 \sim N(0, \hat{\sigma}_0^2) \tag{9.5}$$

으로 $\hat{\sigma}_0^2 \approx \sigma^2$ 인 경우 (귀무가설이 사실이고 표본의 수가 클 때 그렇다)에 D^* 의 분포 (9.5)가 D 의 영분포 (9.4)를 잘 근사할 것으로 예상할 수 있다. 따라서, 검정통계량 D 의 영분포를 붓스트랩으로 생성한 D^* 의 분포 (9.5)로 정하는 것이 곧 귀무가설에서의 재표집을 이용한 붓스트랩 검정이다.

만약 검정통계량을 피벗인 T_0 (9.1)로 두었다면, 이때의 귀무가설에서의 재표집을 이용한 붓스트랩 복제값은 (이때의 붓스트랩 표본 X_i^{0*} 는 $X_i^{0*} \sim N(\mu_0, \hat{\sigma}_0^2)$ 이다.)

$$T_0^* = \frac{\bar{X}_n^{0*} - \mu_0}{s^{0*}/\sqrt{n}} \sim t_{n-1} \tag{9.6}$$

으로, T_0^* 의 (붓스트랩된) 분포가 피벗을 재표집한 T^* 의 분포 t_{n-1} (9.3)과 같다. 즉, 검정통계량이 피벗인 경우에는 귀무가설에서의 재표집과 피벗을 이용한 재표집이 근사적으로 동일한 방법이다. 검정통계량이 피벗인 경우에 붓스트랩 근사가 더욱 정확하기 때문에, 가급적 피벗 (또는 근사적으로 피벗)을 검정통계량으로 정하는 것이 좋다. 다만, 검정하고자 하는 모수의 피벗을 구하기 어려운 경우, 귀무가설에서의 재표집이 유일한 붓스트랩 검정의 방법일 수는 있다.

9.1.3 일반적인 모수모형에서의 붓스트랩 검정

정규분포에 대해 설명한 두 가지 방법을 일반적인 모수모형에 대해 정리하자면 다음과 같다. 모수모형 $F(\cdot;\theta,\eta)$ 에서 귀무가설 $H_0 : \theta = \theta_0$ 를 검정한다고 가정하자. 모수 θ 는 귀무가설에서 그 값을 정해주는 모수이며, 모수 η 는 귀무가설에서 값을 정해주지 않는 모수이다. 예를 들어 정규분포 모형 $N(\mu, \sigma^2)$ 에서 $\theta = \mu$ 이면 $\eta = \sigma^2$ 이다. 만약 지수분포모형 Exp(θ)를 가정하고, 평균에 대한 가설을 세운다면 모수 η

는 없으므로 무시해도 좋다. 데이터 $\mathbb{X}_n = \{x_1, \ldots, x_n\}$이 있을 때, 검정통계량을 피벗 (또는 근사적으로 피벗)인 $S = S(\mathbb{X}_n, \theta_0)$로 정한다.[3] 관측된 S의 값 S_{obs}가 클 때 귀무가설을 기각하는 검정을 한다.

1. **귀무가설에서의 재표집**: 귀무가설 $\theta = \theta_0$이 사실임을 가정하고, 데이터로부터 미지의 모수 η의 최대가능도추정량 $\hat{\eta}_0$를 구한 뒤 $F(\cdot; \theta_0, \hat{\eta}_0)$에서 모수적 붓스트랩 재표집을 진행하여 검정통계량 S의 붓스트랩 복제값 $S_0^{*(b)} = S(\mathbb{X}_n^{*(b)}, \theta_0)$를 구한다. 검정통계량 S의 영분포를 $\{S_0^{*(b)} : b = 1, \ldots, B\}$의 분포로 두고 p-값을 계산한다:

$$p_0 = \frac{1 + \sum_{b=1}^{B} I(S_0^{*(b)} \geq S_{obs})}{B + 1}.$$

2. **피벗을 이용한 재표집**: 주어진 데이터로부터 최대가능도추정량 $\hat{\theta}, \hat{\eta}$를 구한 뒤 $F(\cdot; \hat{\theta}, \hat{\eta})$에서 모수적 붓스트랩 재표집을 진행하여 검정통계량 $S = S(\mathbb{X}_n, \theta_0)$의 붓스트랩 복제값 $S^{*(b)} = S(\mathbb{X}_n^{*(b)}, \hat{\theta})$를 구한다. (붓스트랩 재표집에 θ_0 대신 $\hat{\theta}$이 쓰였다.) 검정통계량 S가 피벗이므로 그 영분포를 $\{S^{*(b)} : b = 1, \ldots, B\}$의 분포로 근사할 수 있다. 따라서, p-값을

$$p_{\text{pivot}} = \frac{1 + \sum_{b=1}^{B} I(S^{*(b)} \geq S_{obs})}{B + 1}$$

으로 정한다.

두 가지 예를 통해 재표집 방법과 검정통계량의 선택에 대해 비교한다.

한 모집단의 위치에 대한 모수적 붓스트랩 가설검정

제4장의 예 4.1에서 다룬 백혈병 환자에 대한 데이터 중 $n = 25$명의 AML 환자들의 유전자 발현 정도 $x_1, \ldots, x_n$을 이용하여 이 모집단의 위치 (평균) θ에 대해 가설 $H_0 : \theta = 166$을 $H_1 : \theta > 166$과 비교하여 검정하고자 한다. 그림 9.1에 이 데이터가 표시되어 있다.

[3] 정규분포 $N(\mu, \sigma^2)$에서 μ의 피벗은 $S(\mathbb{X}_n, \mu_0) = (\bar{X}_n - \mu_0)/(s/\sqrt{n}) \sim t_{n-1}$이며, σ^2의 피벗은 $S(\mathbb{X}_n, \sigma_0^2) = (n-1)s^2/\sigma_0^2 \sim \chi^2_{n-1}$이다. 모수모형을 가정했다고 해서 피벗의 형태를 항상 쉽게 구할 수 있는 건 아니다. 라플라스분포 Laplace$(\mu, 2)$에서 μ의 피벗은 $S(\mathbb{X}_n, \mu_0) = \sum_{i=1}^{n} |X_i - \mu_0| \sim \chi^2_{2n}$이지만, Laplace$(\mu, b)$에서 μ의 피벗을 구하기는 쉽지 않다. 이때, 중심극한정리를 이용한 근사적인 피벗 $S(\mathbb{X}_n, \mu_0) = (\bar{X}_n - \mu_0)/(s/\sqrt{n}) \dot{\sim} N(0,1)$을 이용할 수 있다.

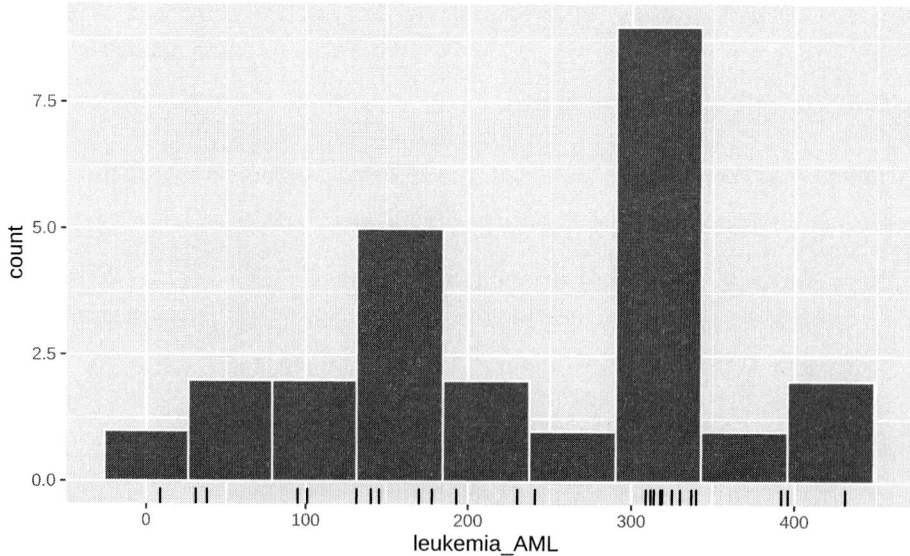

그림 9.1: 백혈병 데이터의 AML 그룹

이 유전자 발현 정도의 동일 모집단에서의 변동을 라플라스분포로 모형화할 수 있다고 가정하고, 즉 $X_i \sim_{i.i.d.}$ Laplace(θ, b)을 가정했을 때, 이 데이터에서의 최대가능도추정량은 $\hat{\theta} = \text{med}\{X_i\}$, $\hat{b} = \frac{1}{n}\sum_{i=1}^n |X_i - \hat{\theta}|$이며, 귀무가설 $(\theta = \theta_0 = 166)$ 아래에서의 b의 최대가능도추정량은 $\hat{b}_0 = \frac{1}{n}\sum_{i=1}^n |X_i - \theta_0|$이다. 다음의 세 가지 검정통계량에 대해 두 가지 방식의 붓스트랩 재표집을 시행하여 (총 여섯 개의) 붓스트랩 검정을 하도록 한다.

- t-통계량: $T = (\bar{X}_n - \theta_0)/(s/\sqrt{n})$.
- 평균의 차이: $D = \bar{X}_n - \theta_0$.
- 중앙값의 비율: $M = \text{med}\{X_i\}/\theta_0 = \hat{\theta}/\theta_0$.

관측된 검정통계량의 값은 다음과 같다.

```
> leukemia <- read.csv("data/leukemia4.csv")
> x <- leukemia$ge[leukemia$label == "AML"]
> # hypothesis H0: mu =mu0, H1: mu > mu0
> mu0 = 166
> # test statistic (two test stats)
> t0 = sqrt(n) * (mean(x) - mu0 ) / sd(x)
> d0 = mean(x) - mu0
```

```
> m0 = median(x) / mu0
> c(t0,d0,m0)
[1]  2.722207 67.120000  1.451807
```

귀무가설에서의 재표집. 붓스트랩 표본을 Laplace$(\theta_0, \hat{b}_0)$에서 추출하며, 각 붓스트랩 표본으로부터 평균 $\bar{X}_n^{0*}$, 표준편차 s^{0*}와 중앙값 med$\{X_i^{0*}\}$를 계산, 붓스트랩 복제값

$$T_0^* = (\bar{X}_n^{0*} - \theta_0)/(s^{0*}/\sqrt{n}), \quad D_0^* = \bar{X}_n^{0*} - \theta_0, \quad M_0^* = \text{med}\{X_i^{0*}\}/\theta_0 \qquad (9.7)$$

의 분포들을 귀무가설에서의 각 검정통계량의 영분포로 둔다. (붓스트랩 표본과 그로부터 계산한 통계량 표기에서의 위첨자 "0*"의 "0"은 영모형에서의 표본이라는 뜻이며, "*"는 붓스트랩 표본이라는 뜻이다.)

피벗을 이용한 재표집. 각 검정통계량이 근사적인 피벗이라는 가정을 두고 진행한다. (중심극한정리에 의해 T와 D가 근사적인 피벗임은 쉽게 알 수 있으나, $M(=$ med$\{X_i\}/\theta)$은 점근근사적으로 평균이 1, 분산이 θ^{-2}에 비례하므로 정확히는 근사적으로도 피벗이 아니다.) 붓스트랩 표본을 Laplace$(\hat{\theta}, \hat{b})$에서 추출하며 각 붓스트랩 표본으로부터 평균 $\bar{X}_n^*$과 표준편차 s^*, 그리고 중앙값 med$\{X_i^*\}$를 계산, 붓스트랩 복제값

$$T^* = (\bar{X}_n^* - \hat{\theta})/(s^*/\sqrt{n}), \quad D^* = \bar{X}_n^* - \hat{\theta}, \quad M^* = \text{med}\{X_i^*\}/\hat{\theta} \qquad (9.8)$$

의 분포들을 귀무가설에서의 각 검정통계량의 영분포로 둔다.

각각의 경우에서 붓스트랩 근사된 영분포를 다음 코드를 통해 구한다.

```
# assume Laplace dist'n, and get MLEs
mu.hat = median(x); b.hat =  mean(abs(x - mu.hat)) # mle (general)
b.hat0 = mean(abs(x-mu0))  # mle under H0

# parametric bootstrap for (T, D, M)
set.seed(1)
boot.out = replicate(3999, {
  x.boot = rlaplace(n, mu = mu.hat, sigma = b.hat) # sample under the
      best-fitting model
  x.boot0 = rlaplace(n, mu = mu0, sigma = b.hat0) # sample under null
      model
```

```
  c(mean(x.boot), sd(x.boot), mean(x.boot0), sd(x.boot0), median(x.
      boot), median(x.boot0))
}) %>% t()

t.boot0 = sqrt(n) * (boot.out[,3] - mu0) / boot.out[,4]
t.boot = sqrt(n) *(boot.out[,1] - mu.hat) / boot.out[,2]
d.boot0 = boot.out[,3] - mu0
d.boot = boot.out[,1] - mu.hat
m.boot0 = boot.out[,6] / mu0
m.boot = boot.out[,5] / mu.hat
```

각 영분포를 관찰된 검정통계량과 비교하여 p-값을 구한다. 그림 9.2에 여섯 개의 경우에 대한 붓스트랩 근사된 영분포와 p값이 표시되어 있다. 모든 검정결과가 유의수준 5%에서 대립가설 $\theta > 166$을 선택하였다.

여러 검정 방법에 대한 비교를 다음과 같이 한다.

1. 두 재표집 방법의 결과가 크게 다르지 않다. 다만, 통계량 M은 피벗이 아니기 때문에 "피벗"을 이용한 재표집 방법이 권장되지 않는다.

2. 검정통계량 D를 이용한 붓스트랩 검정의 p-값이 다른 통계량을 이용했을 때에 비교하면 높다. 그 이유는 정규분포 가정을 했을 때와 마찬가지로 D를 이용한 검정보다 스튜던트화된 T를 이용한 검정이 더 검정력이 높기 때문이다. 검정통계량을 만들 때 T와 같이 "스튜던트화된 차이"의 형태로 만드는 것이 Hall and Wilson (1991)에 의해 권장되었다.

3. 모수 θ의 최대가능도추정량인 중앙값이 모수의 가장 좋은 추정량이기 때문에 중앙값을 이용한 M을 이용한 검정의 검정력이 높다. 참고로 더 익숙한 형태인 $M' = \text{med}\{X_i\} - \theta_0$을 검정통계량으로 정해면, 귀무가설에서의 재표집했을 때의 검정결과는 M을 이용했을 때와 매우 비슷하지만, 피벗을 이용한 재표집을 했을 때의 검정결과는 조금 달라진다. (이때 M'는 피벗이다.)

4. 모집단이 라플라스분포를 따른다는 잘못된 가정을 했기 때문에, 모든 검정이 제1종의 오류율을 통제한다는 보장은 없다. 라플라스 모형보다 더 적당한 모수모형(예를 들어 정규분포 모형)을 가정하면 제1종의 오류율을 더 정확하게 통제하면서 검정력을 높일 수 있다.

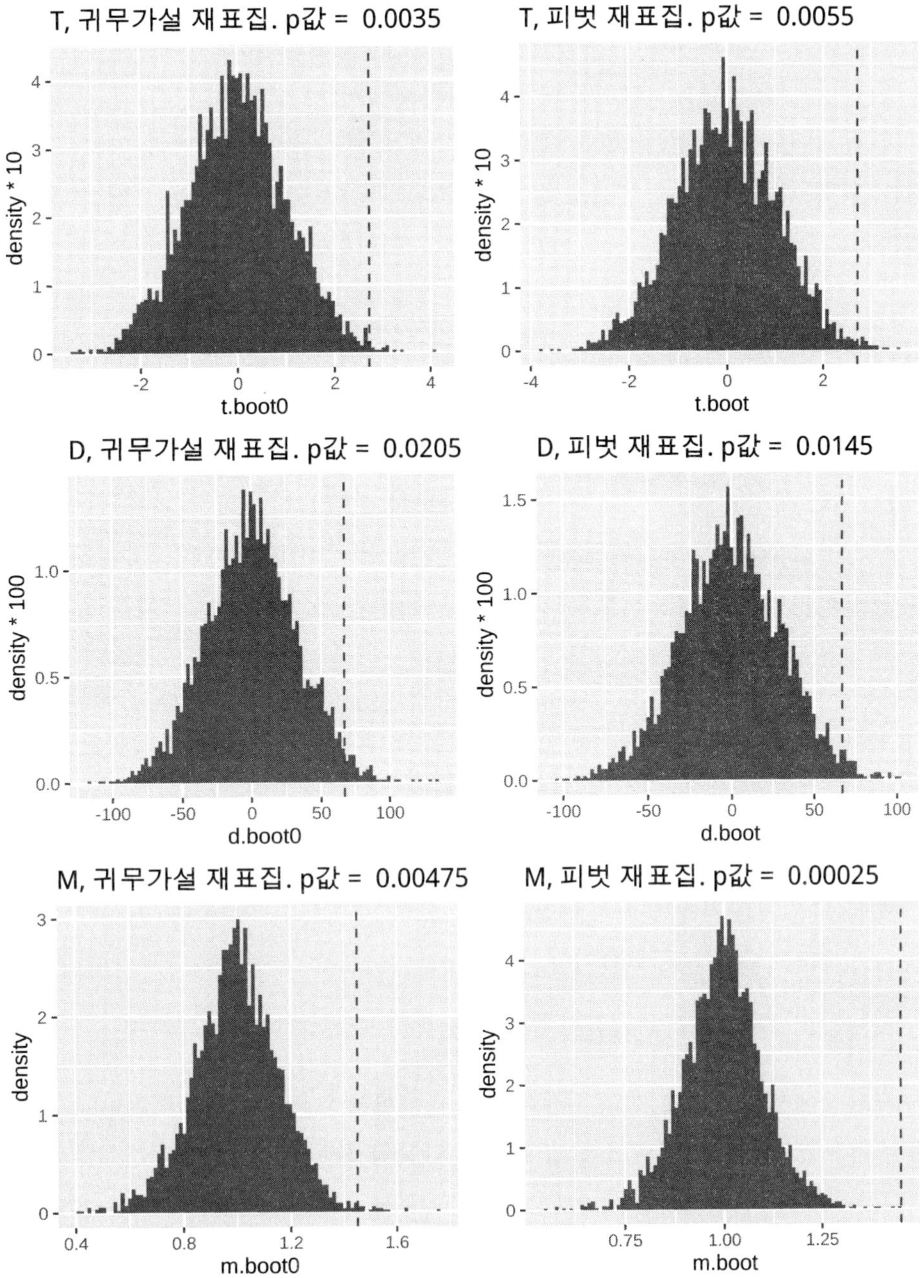

그림 9.2: 한 모집단의 위치에 대한 모수적 붓스트랩 가설검정에서의 붓스트랩 근사된 영분포

두 모집단의 위치에 대한 가설검정

백혈병 환자들의 유전자 발현 정도에 대한 전체 데이터를 이용해 두 모집단의 위치 차이에 대한 모수적 붓스트랩 검정을 시행한다. 백혈병 환자 중 $m = 47$명의 ALL 환자들의 유전자 발현 정도를 첫 번째 모집단에서의 관측값 $X_1, \ldots, X_m$, $n = 25$ 명의 AML 환자들의 유전자 발현 정도를 두 번째 모집단에서의 관측값 $Y_1, \ldots, Y_n$ 이라고 둘 때, 두 모집단의 각각의 분포에 대해 다음의 모수적 가정을 할 수 있다고 가정한다:

$$\begin{aligned} X_i &\sim_{i.i.d.} \text{Laplace}(\mu_1, b), \\ Y_i &\sim_{i.i.d.} \text{Laplace}(\mu_2, b). \end{aligned} \tag{9.9}$$

귀무가설 $H_0 : \mu_1 = \mu_2$과 대립가설 $H_1 : \mu_1 < \mu_2$ 또는 $\theta = \mu_2 - \mu_1$에 대해 $H_0 : \theta = 0$과 $H_1 : \theta > 0$을 붓스트랩 검정하고자 한다.

모수모형 (9.9)의 모수들의 최대가능도추정량을 $\hat{\mu}_1 = \text{med}\{X_i\}$, $\hat{\mu}_2 = \text{med}\{Y_i\}$, $\hat{b} = \frac{1}{m+n}(\sum_{i=1}^m |X_i - \hat{\mu}_1| + \sum_{i=1}^n |Y_i - \hat{\mu}_2|)$으로 표기하고, 귀무가설이 사실일 때의 최대가능도추정량을 $\hat{\mu}_0 := \hat{\mu}_1^{(0)} = \hat{\mu}_2^{(0)} = \text{med}\{X_i, Y_j\}$ (모든 관측값들의 표본 중앙값), $\hat{b}_0 = \frac{1}{m+n}(\sum_{i=1}^m |X_i - \hat{\mu}_0| + \sum_{i=1}^n |Y_i - \hat{\mu}_0|)$으로 표기한다. 두 모수 μ_1, μ_2가 모두 중앙값이면서 평균이므로 다음의 두 통계량을 각각 검정통계량으로 쓰고, 붓스트랩 검정을 두 가지 방식의 붓스트랩 재표집을 이용하여 실시함을 고려하자.

- 스튜던트화된 평균의 차이: $T = (\bar{Y}_n - \bar{X}_m)/\hat{\text{se}} = (\bar{Y}_n - \bar{X}_m - \theta_0)/\hat{\text{se}}$. (여기서 $\hat{\text{se}}$는 등분산을 가정했을 때의 $\bar{Y}_n - \bar{X}_m$의 표준오차추정량이며, θ_0는 귀무가설에서의 θ의 값, 즉 $\theta_0 = 0$이다.)
- 중앙값의 차이: $M = \text{med}\{Y_i\} - \text{med}\{X_i\} = \text{med}\{Y_i\} - \text{med}\{X_i\} - \theta_0$.

귀무가설에서의 재표집. 귀무가설이 사실일 때에는 모든 관측값들이 Laplace(μ_0, b)에서 랜덤표집되었으므로, 붓스트랩 표본을 다음과 같이 추출한다.

$$X_1^{0*}, \ldots, X_m^{0*}, Y_1^{0*}, \ldots, Y_n^{0*} \sim_{i.i.d.} \text{Laplace}(\hat{\mu}_0, \hat{b}_0).$$

(이 경우 귀무가설이 사실일 때 두 모집단의 구분이 없다; 만약 라플라스분포의 척도모수 b가 모집단에 따라 다르다면 붓스트랩 표본을 각각의 표본에서 추출해야

한다.) 이 붓스트랩 표본으로부터 붓스트랩 복제값

$$T_0^* = (\bar{Y}_n^{0*} - \bar{X}_m^{0*})/s_p^{0*}, \quad M_0^* = \text{med}\{Y_i^{0*}\} - \text{med}\{X_i^{0*}\}$$

을 계산하고 이들의 분포를 각 검정통계량들의 영분포로 두어 p-값을 계산한다.

피벗을 이용한 재표집. 두 검정통계량이 모두 근사적으로 피벗이므로, 피벗을 이용한 붓스트랩 재표집을 다음과 같이 진행한다. 각 모집단의 모수 추정값들 $(\hat{\mu}_1, \hat{\mu}_2, \hat{b})$을 이용하여, 붓스트랩 표본

$$\begin{aligned} X_1^*, \ldots, X_m^* &\sim_{i.i.d.} \text{Laplace}(\hat{\mu}_1, \hat{b}), \\ Y_1^*, \ldots, Y_n^* &\sim_{i.i.d.} \text{Laplace}(\hat{\mu}_2, \hat{b}), \end{aligned}$$

을 추출한 뒤, 붓스트랩 복제값

$$T_0^* = (\bar{Y}_n^* - \bar{X}_m^* - (\hat{\mu}_2 - \hat{\mu}_1))/s_p^*, \quad M_0^* = \text{med}\{Y_i^*\} - \text{med}\{X_i^*\} - (\hat{\mu}_2 - \hat{\mu}_1)$$

의 분포를 각 검정통계량들의 영분포로 두어 p-값을 계산한다. 다음의 R 코드는 지금까지 설명된 내용을 구현한 것이다. 함수 `pooled.se()`는 `np_supp.R`에 정의되어 있다.

```
source("np_supp.R")

leukemia <- read.csv("data/leukemia4.csv")
y = leukemia$ge[leukemia$label == "AML"]; m = length(x)
x = leukemia$ge[leukemia$label == "ALL"]; n = length(y)


# test statistic (two test stats)
t0 = (mean(y) - mean(x)) / pooled.se(x,y) #t.test(y,x, var.equal = T)$
    statistic
m0 = median(y) - median(x)

# assume Laplace, get MLE
mu1.hat = median(x); mu2.hat = median(y)
b.hat =  mean( abs( c(x - mu1.hat, y - mu2.hat))) # mle (general)
mu0.hat = median(c(x,y))
b.hat0 = mean(abs(c(x,y) - mu0.hat))  # mle under H0
```

```
# parametric bootstrap for both (T,M)
set.seed(1)
boot.out = replicate(3999, {
  x.boot = rlaplace(m, mu = mu1.hat, sigma = b.hat)
  y.boot = rlaplace(n, mu = mu2.hat, sigma = b.hat)

  x.boot0 = rlaplace(m, mu = mu0.hat, sigma = b.hat0)
  y.boot0 = rlaplace(n, mu = mu0.hat, sigma = b.hat0)

  t.boot0 = (mean(y.boot0) - mean(x.boot0)) / pooled.se(x.boot0,y.
      boot0)
  t.boot = (mean(y.boot) - mean(x.boot) - (mu2.hat - mu1.hat) ) /
      pooled.se(x.boot,y.boot)

  m.boot0 = median(y.boot0) - median(x.boot0)
  m.boot = median(y.boot) - median(x.boot)- (mu2.hat - mu1.hat)

  c(t.boot0, t.boot, m.boot0, m.boot)
}) %>% t()
```

각각의 경우에서의 영분포와 p-값은 그림 9.3과 같다.

모든 검정결과가 유의수준 5%에서 유의하게 대립가설 $H_1 : \mu_1 < \mu_2$을 선택하였다. (이 검정의 결과는 이표본 t-검정, t-통계량을 검정통계량으로 한 순열검정, 분포무관한 윌콕슨-맨-위트니 검정에서도 마찬가지이다.)

한 모집단에서의 검정과 마찬가지로, 두 재표집 방법의 차이가 거의 없다고 볼 수 있다. 피벗을 이용한 재표집이 Hall and Wilson (1991) 등에서 권장되지만, 복잡한 모수모형에서의 붓스트랩 검정에서는 귀무가설에서의 재표집이 유일하게 실행가능한 붓스트랩 재표집 방법인 경우도 있다.

9.2 비모수적 붓스트랩 검정

비모수적 검정 또는 분포무관 검정은 넓은 모집단족의 가정에서도 그 검정의 성능 (제1종의 오류율 통제 및 높은 검정력)이 보장되는 검정을 말한다. 사려깊게 정의된 검정통계량의 영분포를 뒤섞기를 통해 구하는 순열검정이 대표적인 비모수적 검정 방법이라고 할 수 있다. 순열검정은 교환가능 가정을 만족시켜야 하므로, 이 가정이 만족되지 않는 상황에서는 적용할 수 없는 단점이 있다. 순열검정을 관측값을 비복원

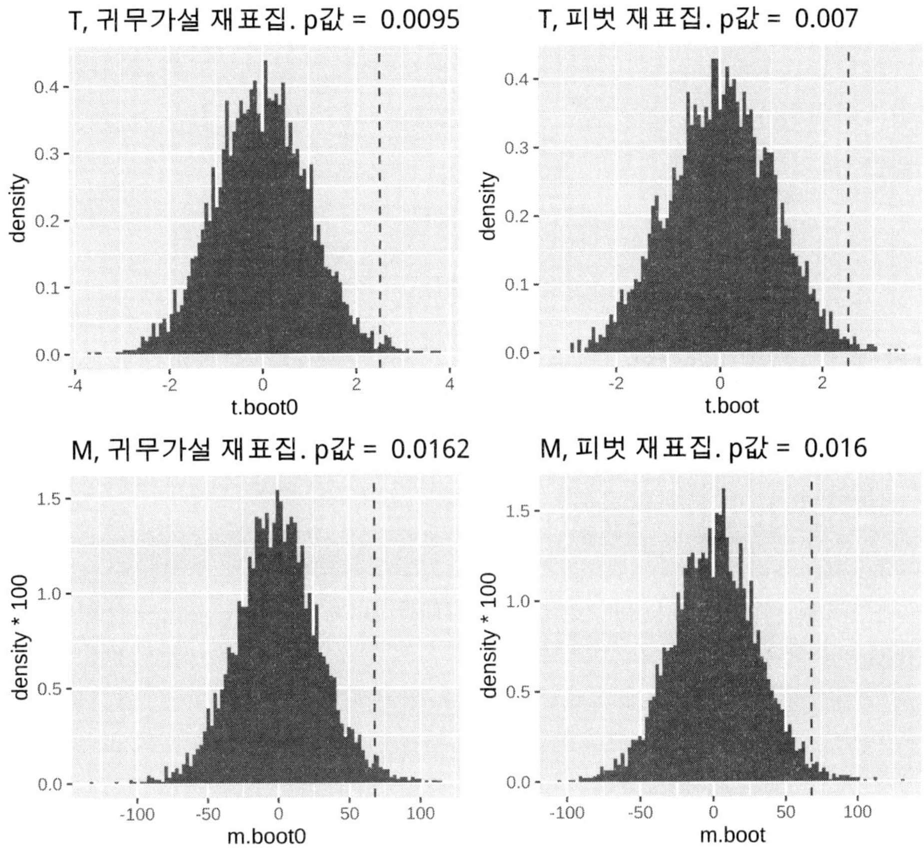

그림 9.3: 두 모집단의 위치에 대한 가설검정에서의 붓스트랩 근사된 영분포

추출하는 재표집 방법으로 이해한다면, 비복원추출 대신 붓스트랩 표집 (복원추출로 재표집)을 적용하는 것을 생각할 수 있다.

간단한 예를 먼저 들겠다. 두 모집단에서의 관측값들 $X_1, \ldots, X_m \sim_{i.i.d.} F_1$, $Y_1, \ldots, Y_n \sim_{i.i.d.} F_2$을 이용하여 가설

$$H_0 : F_1 = F_2 \quad \text{vs} \quad H_1 : F_1 \neq F_2 \tag{9.10}$$

을 검정하려 한다. 만약 두 모집단의 위치가 다를 것으로 생각되면 이표본 t-검정 통계량 또는 맨-위트니 U-통계량 U를 검정통계량으로 정할 수 있고, 더 일반적으로는 콜모고로프-스미르노프 검정통계량 K를 검정통계량으로 정해 순열검정 또는 대표본근사를 통한 검정을 하는 방법을 3장에서 다루었다. 뒤섞기를 통한 재표집 대신 붓스트랩 재표집을 이용할 수 있을까? 앞에서 살펴본 **귀무가설에서의 재표집**

을 이용한 모수적 붓스트랩 검정 방법을 이 상황에 준용할 수 있다.

귀무가설 아래에서는 모든 관측값들이 한 모집단 $F = F_1 = F_2$에서 표집되었으므로, 이 귀무가설을 가정한 붓스트랩 재표집은 이 공통의 모집단 F를 근사하는 경험분포, 즉

$$F_N(x) = \frac{1}{m+n}\left\{\sum_{i=1}^{m} I(X_i \le x) + \sum_{i=1}^{n} I(Y_i \le x)\right\} \tag{9.11}$$

에서의 랜덤표집을 하는 것으로, 또는 $\{X_1, \ldots, X_m, Y_1, \ldots, Y_n\}$에서 $N = m + n$개의 데이터를 복원추출하는 것으로 실행할 수 있다. 이 방식으로 붓스트랩 재표집된 검정통계량의 분포가 곧 그 검정통계량의 영분포가 된다. (표본 수가 너무 작지 않은 경우, 순열검정과 이 붓스트랩 검정의 결과는 비슷하다.)

예 9.1

백혈병 환자 데이터를 이용해 가설 (9.10)에 대한 (9.11)을 이용한 비모수적 붓스트랩 검정을 한다. 이때의 붓스트랩 표본 $x_1^*, \ldots, x_m^*$는 F_N (9.11)에서 랜덤표집되며, $y_1^*, \ldots, y_n^*$ 역시 F_N (9.11)에서 랜덤표집된다. 따라서, $x_1^*, \ldots, x_m^*, y_1^*, \ldots, y_n^* \sim_{i.i.d.} F_N$이다. 다음 R 코드는 이표본 t-통계량을 검정통계량으로 정했을 때의 붓스트랩 검정 과정을 보여준다.

```
> t0 = (mean(y) - mean(x)) / pooled.se(x,y)
> set.seed(1)
> B = 3999
> boot.out = replicate(B, {
+   boot.id = sample(1:(m+n),(m+n),replace = TRUE)
+   x.boot = c(x,y)[boot.id[1:m]]
+   y.boot = c(x,y)[boot.id[(m+1):(m+n)]]
+   (mean(y.boot) - mean(x.boot)) / pooled.se(x.boot,y.boot)
+ })
> boot.p = 2* min( c( mean(c(t0,boot.out) >=t0),
+                     mean(c(t0,boot.out) <=t0)))
> boot.p
[1] 0.011
```

붓스트랩 p-값이 0.011임을 확인할 수 있다. 이와 비교하기 위해 같은 데이터를 이용해 (이표본 t-통계량을 이용한) 순열검정을 하면 랜덤순열검정의 p-값이 0.016으로 붓스트랩 검정과 순열검정이 같은 결론을 내림을 알 수 있다. 이 상황에서 순열 검정과 붓스트랩 검정 과정의 다른 점은 단 하나이다. 관측값의 재표집 시 비복원추출을 하면

순열검정, 복원추출을 하면 붓스트랩 검정이다. 순열검정의 과정과 결과를 다음 R 코드에서 확인하자.

```
> perm.out = replicate(B, {
+   perm.id = sample(1:(m+n),(m+n),replace = FALSE)
+   x.perm = c(x,y)[perm.id[1:m]]
+   y.perm = c(x,y)[perm.id[(m+1):(m+n)]]
+   (mean(y.perm) - mean(x.perm)) / pooled.se(x.perm,y.perm)
+ })
> perm.p = 2* min( c( mean(c(t0,perm.out) >=t0),
+                     mean(c(t0,perm.out) <=t0)))
> perm.p
[1] 0.016
```

만약 두 모집단의 위치 차이에 대한 검정을 하고 싶다면, 가설 (9.10)에서 설정한 귀무가설(두 분포가 완전히 같다)은 너무 좁은 범위의 귀무가설로 생각될 수 있다. 예를 들어 두 모집단의 위치가 같다는 귀무가설 아래에서도 두 모집단의 산포가 다르도록 허용하고 싶다면, 일반적인 순열검정과 방금 설명한 붓스트랩 검정 모두 사용될 수 없다. 두 모집단을 뒤섞는 순열검정과 다르게 한 모집단 내에서도 재표집이 가능한 붓스트랩을 이용하면 두 모집단의 산포가 다른 상황에서도 재표집에 의한 검정이 가능하다. 이를 위해 귀무가설 아래에서도 적용되는 준모수모형 (semiparametric model)이 필요하다.

모집단의 위치에 대한 가설검정 상황에서의 대표적인 준모수모형을 이용한 비모수적 붓스트랩 검정을 알아본다.

9.2.1 두 모집단의 위치에 대한 붓스트랩 검정

백혈병 환자들의 유전자 발현 정도 데이터에서 모수모형을 가정하기 어려운 경우, 준모수모형인 다음의 위치 모형을 가정할 수 있다.

$$
\begin{aligned}
X_i &= \mu_1 + \epsilon_i, \quad \epsilon_i \sim_{i.i.d.} F, \quad i = 1, \ldots, m, \\
Y_i &= \mu_2 + e_i, \quad e_i \sim_{i.i.d.} G, \quad i = 1, \ldots, n.
\end{aligned}
$$

여기서 F와 G는 평균 또는 중앙값이 모두 0인 분포이며 서로 같을 필요는 없다.

두 모집단의 위치이동모수 $\Delta = \mu_2 - \mu_1$는 미지의 분포 F, G와 상관없이 정의가 된다. 두 모집단의 위치에 대한 가설

$$H_0 : \mu_1 = \mu_2 \quad \text{vs} \quad H_1 : \mu_1 > \mu_2 \tag{9.12}$$

을 검정하는 것이 관심사이다. (귀무가설이 사실일 때에도 두 모집단이 다를 수 있으므로, (9.10)에서 설정한 귀무가설보다 (9.12)의 귀무가설이 더 많은 분포를 포함한다.)

미지의 분포 F, G가 알려진 형태라면 앞에서 설명한 모수적 붓스트랩 검정을 이용할 수 있다. 예를 들어 $X_i \sim \text{Laplace}(\mu_1, b_1)$, $Y_i \sim \text{Laplace}(\mu_2, b_2)$이면 $\Delta = \mu_2 - \mu_1$의 (근사적인) 피벗인

$$T = T_\Delta = \frac{\bar{Y}_n - \bar{X}_m - \Delta}{\sqrt{\frac{1}{m}s_1^2 + \frac{1}{n}s_2^2}} \tag{9.13}$$

을 이용할 수 있다. (9.13)의 모수 Δ에 귀무가설에서의 값 $\Delta = \Delta_0 = 0$를 대입하고 X_i, Y_i를 관측값으로 대입한 T_{obs}를 검정통계량의 관측값으로 두고, 이 검정통계량의 영분포를 피벗을 이용한 재표집을 이용하여 구한다.

분포 F, G의 형태를 특정할 수 없는 비모수적인 상황에서도 식 (9.13)의 검정통계량 T가 근사적인 피벗임을 가정하고, 비모수적 붓스트랩 재표집을 이용할 수 있다. 이때, Δ의 추정량을 $\hat{\Delta} = \bar{Y}_n - \bar{X}_m$으로 두면, 그의 표준오차가 $\widehat{\text{se}} = \sqrt{\frac{1}{m}s_1^2 + \frac{1}{n}s_2^2}$이므로, $T = (\hat{\Delta} - \Delta)/\widehat{\text{se}}$으로 표현할 수 있다.

피벗을 이용한 비모수적 붓스트랩 재표집. 피벗 T의 근사분포 H를 다음과 같이 붓스트랩 근사한다:

$$\begin{aligned} T &= \frac{\bar{Y}_n - \bar{X}_m - \Delta}{\sqrt{\frac{1}{m}s_1^2 + \frac{1}{n}s_2^2}} = \frac{\hat{\Delta} - \Delta}{\widehat{\text{se}}} \dot{\sim} H \\ &\overset{d}{\approx} T^* = \frac{\bar{Y}_n^* - \bar{X}_m^* - (\bar{Y}_n - \bar{X}_m)}{\sqrt{\frac{1}{m}(s_1^*)^2 + \frac{1}{n}(s_2^*)^2}} = \frac{\hat{\Delta}^* - \hat{\Delta}}{\widehat{\text{se}}^*} \dot{\sim} H^* \end{aligned} \tag{9.14}$$

이때의 붓스트랩 표본 $x_1^*, \ldots, x_m^*$는 관측값 $\{X_1, \ldots, X_m\}$에서 m개를 단순복원추출, $y_1^*, \ldots, y_m^*$는 관측값 $\{Y_1, \ldots, Y_n\}$에서 n개를 단순복원추출한다. 귀무가설 또는 대립가설의 어떤 상황에서도 두 모집단의 분포가 다르므로 붓스트랩 재표집을 각각 해주는 것을 기억하자. 귀무가설에서의 검정통계량 T_0의 분포는 H로 근사되며,

이는 다시 붓스트랩 분포 H^*로 근사되므로, 다음과 같은 절차 (Efron and Tibshirani, 1994)를 통해 비모수적 붓스트랩 검정을 진행한다.

1. $x_1^*, \ldots, x_m^*$는 관측값 $\{X_1, \ldots, X_m\}$에서 m개를 단순복원추출, $y_1^*, \ldots, y_m^*$는 관측값 $\{Y_1, \ldots, Y_n\}$에서 n개를 단순복원추출한 뒤, 붓스트랩 복제값 T^*를 계산한다.
2. 미리 정한 반복 수 B번만큼 1번 과정을 반복하여 $b = 1, \ldots, B$에 대해 T^{*b}를 얻는다.
3. 가설 (9.12)에서의 p-값은 $\hat{p} = (1 + \sum_{b=1}^{B} I\{T^{*b} \geq T_{obs}\})/(B+1)$이다.

이 p-값이 근사적으로 정확함은 다음 식을 통해 확인해 보자.

$$p = P(T_{\Delta_0} \geq T_{obs} \mid H_0) = P(T_\Delta \geq T_{obs}) \approx P(T^* \geq T_{obs}) \approx \hat{p}.$$

위 식의 첫 번째 등호는 p-값의 정의에 의해, 두 번째 등호는 $T = T_\Delta$가 피벗이라는 가정에 의해 주어졌다. 마지막의 두 근사는 붓스트랩 근사에 의해 주어진다.

예 9.2

백혈병 환자 데이터의 가설 (9.12)에 대해 Efron and Tibshirani (1994)의 절차를 이용하여 비모수적 붓스트랩 검정을 한다. 귀무가설 $H_0 : \Delta = \mu_2 - \mu_1 = 0$과 대립가설 $H_1 : \Delta \geq 0$을 비교할 때, 검정통계량 (9.13)의 영분포를 비모수적 붓스트랩으로 구한 뒤, p-값을 계산한다. 다음 코드와 같이 구할 수 있다.

```
> d0 = mean(y) - mean(x)
> t0 = (mean(y) - mean(x)) / pooled.se(x,y)
> set.seed(1)
> B = 3999
> boot.out = replicate(B, {
+   x.boot = sample(x, m, replace = TRUE)
+   y.boot = sample(y, n, replace = TRUE)
+   t.boot = (mean(y.boot)  - mean(x.boot) - d0) / pooled.se(x,y
    )
+ })
> boot.p = mean(c(t0,boot.out) >= t0)
> boot.p
[1] 0.0065
```

예 9.1에서의 p-값과 비교하면 피벗을 이용했을 때의 p-값이 조금 작아진 것을 볼 수 있다. (9.14)가 근사적으로 사실일 때, 피벗을 이용한 붓스트랩 검정이 검정력이 더 높다.

참조

두 모집단의 분포가 다른 경우, **귀무가설에서의 붓스트랩 재표집**은 권장되지 않는다. 귀무가설 $\Delta = \mu_2 - \mu_1 = 0$이 사실일 때를 가정한 $\mu_0 = \mu_1 = \mu_2$의 추정값 $\hat{\mu}_0 = (m\bar{X}_m + n\bar{Y}_n)/(m+n)$을 이용하여 $X_i - \hat{\mu}_0$과 $Y_i - \hat{\mu}_0$를 각각의 표본에서 재표집한다고 생각해보자. 이때 T의 붓스트랩 복제값들은

$$T_0^* = \frac{\bar{Y}_n^* - \bar{X}_m^* - (\hat{\mu}_0 - \hat{\mu}_0)}{\sqrt{\frac{1}{m}(s_1^*)^2 + \frac{1}{n}(s_2^*)^2}} = \frac{\bar{Y}_n^* - \bar{X}_m^*}{\sqrt{\frac{1}{m}(s_1^*)^2 + \frac{1}{n}(s_2^*)^2}}$$

로서, T_0^*들의 분포는 $T_0 = (\bar{Y}_n - \bar{X}_m)/\sqrt{\frac{1}{m}s_1^2 + \frac{1}{n}s_2^2}$의 붓스트랩 표본분포이지만, 귀무가설에서의 영분포가 아니다.

9.2.2 한 모집단의 위치에 대한 붓스트랩 검정

한 모집단의 위치 모수에 대한 검정을 위해서 관측값 $X_1, \ldots, X_n$이 준모수모형인 위치모수모형을 따른다고 가정하자:

$$X_i = \theta + \epsilon_i, \quad \epsilon_i \sim_{i.i.d.} F, \quad i = 1, \ldots, n.$$

위치모수 θ의 추정량을 $\hat{\theta}_n$라고 두고, $\hat{\theta}_n - \theta$ 또는 스튜던트화된 $(\hat{\theta}_n - \theta)/\hat{\text{se}}$이 피벗이라고 가정하면, 이 피벗의 분포를 다음과 같이 붓스트랩 근사할 수 있다.

$$H^* \dot{\sim} \hat{\theta}_n^* - \hat{\theta}_n \overset{d}{\approx} \hat{\theta}_n - \theta \dot{\sim} H \tag{9.15}$$

또는

$$H^* \dot{\sim} \frac{\hat{\theta}_n^* - \hat{\theta}_n}{\hat{\text{se}}^*} \overset{d}{\approx} \frac{\hat{\theta}_n - \theta}{\hat{\text{se}}} \dot{\sim} H. \tag{9.16}$$

여기서 $\hat{\theta}_n^*$와 $\hat{\text{se}}^*$는 붓스트랩-t 신뢰구간을 구할 때와 마찬가지로 비모수적 붓스트랩 재표집으로 구한 붓스트랩 복제값들이다.

귀무가설 $H_0 : \theta = \theta_0$과 대립가설 $H_1 : \theta > \theta_0$를 비교 검정한다고 가정하자.

(9.15)을 이용할 때의 기각역은 어떤 값 c에 대해 $\hat{\theta}_n > c$이다. 따라서, p-값은

$$\begin{aligned}
p_1 &= P(\hat{\theta}_n \geq \hat{\theta}_{obs} \mid H_0) \\
&= P(\hat{\theta}_n - \theta_0 \geq \hat{\theta}_{obs} - \theta_0 \mid H_0) \\
&= P(\hat{\theta}_n - \theta \geq \hat{\theta}_{obs} - \theta_0) \qquad (\hat{\theta}_n - \theta\text{가 피벗이므로 모든 }\theta\text{에 대해}) \\
&\approx P(\hat{\theta}^*_n - \hat{\theta}_{obs} \geq \hat{\theta}_{obs} - \theta_0) \\
&\approx \frac{1 + \sum_{b=1}^{B} I(\hat{\theta}^{*b}_n - \hat{\theta}_{obs} \geq \hat{\theta}_{obs} - \theta_0)}{B+1} =: \hat{p}_1. \qquad (9.17)
\end{aligned}$$

이다. (9.16)을 이용할 때의 기각역은 어떤 값 c에 대해

$$\frac{\hat{\theta}_n - \theta_0}{\hat{\text{se}}} > c$$

이므로, p-값은

$$\hat{p}_2 = \frac{1 + \sum_{b=1}^{B} I\{(\hat{\theta}^{*b}_n - \hat{\theta}_{obs})/\hat{\text{se}}^* \geq (\hat{\theta}_{obs} - \theta_0)/\hat{\text{se}}\}}{B+1}$$

이다.

만약 대립가설이 $H_1 : \theta \neq \theta_0$인 양측검정이라면 ((9.16)을 이용할 때) $|\frac{\hat{\theta}_n - \theta_0}{\hat{\text{se}}}| > c$이 기각역이 되며, 이때의 p-값 (9.17)은 다음과 같다.

$$\hat{p}_{\text{both}} = \frac{1 + \sum_{b=1}^{B} I\{|(\hat{\theta}^{*b}_n - \hat{\theta}_{obs})/\hat{\text{se}}^*| \geq |(\hat{\theta}_{obs} - \theta_0)/\hat{\text{se}}|\}}{B+1}.$$

예 9.3

9.1.3절에서와 같이 백혈병 환자 데이터 중 AML환자들의 유전자 발현 정도의 평균 θ에 대해 $H_0 : \theta = 166$, $H_1 : \theta > 166$을 검정하고자 한다. 피벗 (9.16)을 이용한 붓스트랩 가설검정의 p-값은 다음과 같이 계산할 수 있다.

```
> x <- leukemia$ge[leukemia$label == "AML"]
> n = length(x)
>
> # hypothesis HO: mu =mu0, H1: mu > mu0
> mu0 = 166
>
```

```
> # test statistic
> hat.mu = mean(x)
> t0 = sqrt(n) * (mean(x) - mu0 ) / sd(x)
>
> # nonparametric bootstrap
> set.seed(1)
> boot.out = replicate(3999, {
+   x.boot = sample(x, n, replace = TRUE)
+   sqrt(n) * (mean(x.boot) - hat.mu) / sd(x.boot)
+ })
> boot.p = mean(c(t0,boot.out) >= t0)
> boot.p
[1] 0.01225
```

9.3 붓스트랩 가설검정과 붓스트랩 신뢰구간의 대응

붓스트랩 가설검정과 붓스트랩 신뢰구간 사이에는 밀접한 관련이 있다.

우리는 일부 모수적 모형에서, 유의수준 α인 가설검정의 기각역의 여집합과 신뢰수준 $1-\alpha$인 신뢰구간이 일치함을 알고 있다. 즉, 어떤 모수의 값 θ_0가 95% 신뢰구간에 포함된다면, 그 모수에 대한 귀무가설 $H_0 : \theta = \theta_0$를 유의수준 5%에서 기각하지 않는 것과 같다. 반대로 θ_0가 그 신뢰구간에 포함되지 않으면 가설검정의 결과는 귀무가설을 기각한다.

이와 마찬가지로, 피벗 (9.15)을 이용했을 때의 양측검정의 p-값이 $\alpha = 0.05$보다 크다면 ($H_0 : \theta = \theta_0$ 기각 실패), 귀무가설의 값 θ_0가 (9.15)이 피벗임을 가정하고 구축한 95% 표준 붓스트랩 신뢰구간에 포함된다. 거꾸로, 모수 θ의 95% 표준 붓스트랩 신뢰구간에 θ_0가 포함된다면 (또는 포함되지 않는다면), 귀무가설 $H_0 : \theta = \theta_0$은 유의수준 5%에서 기각 실패 (또는 기각)하게 된다. 마찬가지로 피벗 (9.16)을 이용한 검정은 붓스트랩-t 신뢰구간과 대응된다.

같은 맥락에서 퍼센타일 신뢰구간 (또는 조정된 퍼센타일 신뢰구간)을 "뒤집는" 방식으로 가설검정을 할 수도 있다. 퍼센타일 신뢰구간이 어떤 단조변환이 존재함을 가정하고 개발되었고, 그 단조변환이 미지의 변환이기 때문에, 퍼센타일 신뢰구간에 대응되는 가설검정 방법이 독립적으로 개발되지는 않았다.

9.4 연습문제

연습 9.1. 정규분포를 따르는 한 모집단에서 표집된 표본에 대해 모수적 붓스트랩 검정을 한다. 귀무가설에서의 재표집을 이용한 붓스트랩 복제값 (9.6)의 분포가 피벗 통계량 T^*의 분포 t_{n-1} (9.3)과 같음을 증명하여라.

연습 9.2. 관측값 $X_i \sim_{i.i.d.} N(\theta, 1)$을 이용하여 모집단의 모수 θ에 대한 추론을 하고자 한다. 이때 모집단의 분포를 알 수 없다고 가정하자. 귀무가설 $H_0 : \theta = \theta_0$와 대립가설 $H_1 : \theta > \theta_0$를 비교하는 붓스트랩 검정을 할 때, $S = S(\bar{X}_n, \theta_0) = \bar{X}_n - \theta_0$의 (비모수적) 붓스트랩 복제값들 $S^* = \bar{X}_n^* - \theta_0$의 분포를 G^*라고 부르자. 컴퓨터 시뮬레이션을 이용하여 다음을 밝혀라.

a) 귀무가설이 사실일 때, G^*의 분포가 영분포를 잘 근사한다.

b) 따라서 $p = 1 - G^*(S_{obs})$를 p-값으로 정하고 $p \leq 0.05$일 때 귀무가설을 기각을 한다면, 이 검정의 제1종의 오류율은 5%로 (근사적으로) 통제된다.

c) 귀무가설이 사실이 아닐 때, 즉 모수의 실제 값이 $\theta = \theta_1 > \theta_0$일 때 이 검정의 검정력은 얼마가 될까? ($\theta_1 \to \infty$이면 어떻게 될까?)

연습 9.3. 백혈병 환자 데이터에서 두 모집단의 위치의 차 Δ의 95% 신뢰구간을 붓스트랩 근사 (9.14)를 이용해서 구하고, 마찬가지로 (9.14)를 이용하여 유의수준 5%에서 가설 $H_0 : \Delta = 0$, $H_1 : \Delta \neq 0$을 검정하여라. 두 결과가 일치하는가?

연습 9.4. 한 모집단의 위치에 대한 비모수적 붓스트랩 검정에서 (9.16)이 사실임을 가정할 때의 p-값이 $\hat{p}_2 = [1 + \sum_{i=1}^{B} I\{(\hat{\theta}_n^* - \hat{\theta}_{obs})/\hat{\text{se}}^* \geq (\hat{\theta}_{obs} - \theta_0)/\hat{\text{se}}\}]/(B+1)$로 근사됨을 보여라. [힌트: 식 (9.17)의 근사를 그대로 반복하여라.]

제 10 장

선형회귀분석

이 장에서는 선형회귀분석에서의 비모수적 추론에 대해 다룬다. 선형회귀분석은 변수들 간의 관계를 모형화하여 변수들 사이의 관계를 추론하거나 설명변수의 값에 따른 반응변수의 값을 예측할 때 이용하는 가장 기본적인 방법이다. 선형회귀분석에서의 가장 기본적인 추정방법인 최소제곱추정법을 이용한 회귀계수의 모수적, 비모수적 추론에 대해 먼저 알아본다. 선형회귀분석의 모형은 맞지만 관측값 중에 이상점이 있거나 오차의 분포가 심하게 정규분포 가정에서 어긋난 경우에 이용할 수 있는 로버스트 추정량에 대해서도 간단히 설명한다. 선형회귀직선이 아닌 일반적인 형태의 회귀곡선을 가정한 비모수적 회귀분석에 대해서는 제12장에서 다루도록 한다.

10.1 단순선형회귀분석

단순선형회귀모형 (simple linear regression model)은 이변량 관측값 $(x_1, y_1), \ldots, (x_n, y_n)$ 이 있을 때, 설명변수 ("X" 변수)로 응답변수 ("Y" 변수)를 설명하고 예측하는 가장 간단한 모형으로서 두 변수의 관계가 "선형"임을 가정한다.

$$y_i = \alpha + \beta x_i + \epsilon_i, \quad i = 1, \ldots, n. \tag{10.1}$$

오차 ϵ_i를 제외하면, y_i를 x_i의 선형함수 $\alpha + \beta x_i$로 표현할 수 있으며, 이때의 오차 ϵ_i는 서로 상관관계가 없으며 (uncorrelated), 모두 평균이 0, 분산이 σ^2인 분포 F_ϵ을 따름을 가정한다. 설명변수의 값들 $x_1, \ldots, x_n$은 어떤 모집단에서 랜덤하게 표집되었거나 우연히 관측된 값들인 경우, 또는 데이터를 모은 주체가 미리 정한 고정된 값들인 경우가 있다. (후자의 경우에는 "X"변수를 재표집하는 것이 옳지

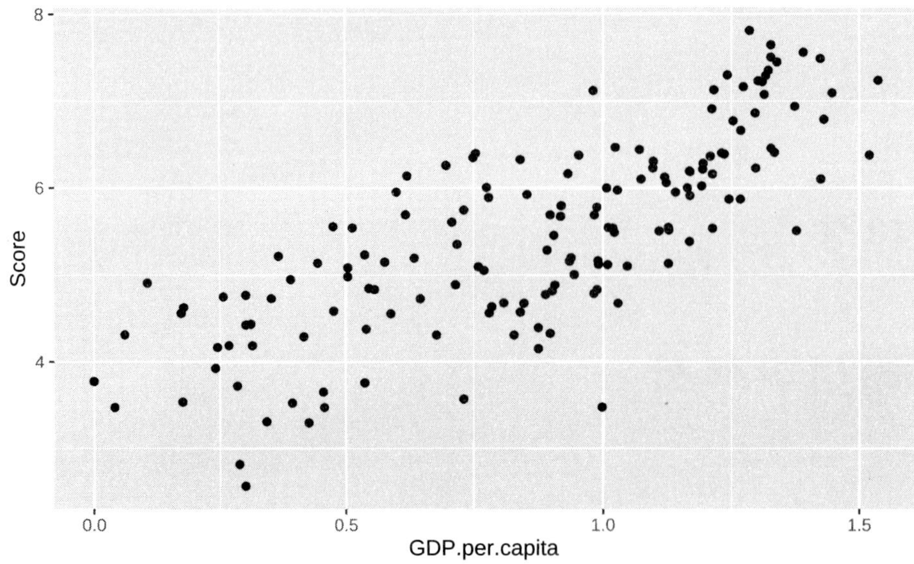

그림 10.1: 예 10.1 데이터의 산점도 행렬.

않은 방법일 수 있다.) 어떤 경우라도, 통상적인 선형회귀분석의 추론에서는 관측값 $x_1, \ldots, x_n$ 이 고정되어 있다는 조건부로 추론을 한다.

단순선형회귀의 모형 (10.1)의 오차에 평균, 분산에 대한 가정 (특히 분산이 같다는 가정)만이 있고, 분포의 형태는 특정되지 않았음을 유의하자. 오차의 분포가 정규분포임을 가정하면 (10.1)은 모수적인 모형이 되지만, 오차의 분포 $\epsilon_i \sim F_\epsilon$ 에 대한 가정을 하지 않으면 준모수모형이라고 부를 수 있다. 선형의 회귀모형이 모수적 모형이며, 오차의 분포 부분이 비모수적인 모형에 해당한다.

예 10.1

월드뱅크에서 수집한 2020년의 세계 153개 국가에 대한 데이터를 이용하여, 행복도 점수를 국내총생산 (GDP)과의 선형관계로 모형화하려 한다. (`worldbank2020.csv`) 설명변수를 국내총생산으로, 반응변수를 행복도 점수 (Score)로 둘 때 두 변수의 관계가 단순선형회귀의 모형 (10.1)으로 대략 잘 설명될 것을 산점도 행렬 (그림 10.1)을 보아 알 수 있다.

10.1.1 최소제곱추정량

단순선형회귀분석의 회귀계수 α와 β의 가장 기본적인 추정량은 최소제곱추정량이다:

$$\hat{\beta} = \frac{S_{XY}}{S_{XX}} = \frac{\sum_{i=1}^{n}(x_i - \bar{x})(y_i - \bar{y})}{\sum_{i=1}^{n}(x_i - \bar{x})^2}, \quad \hat{\alpha} = \bar{y} - \hat{\beta}\bar{x}.$$

이를 이용한 회귀직선 $y = \alpha + \beta x$의 추정값은 $\hat{y} = \hat{\alpha} + \hat{\beta}x$이며, 각 관측값 (x_i, y_i)에서의 잔차를

$$e_i = y_i - \hat{y}_i \equiv y_i - (\hat{\alpha} + \hat{\beta}x_i), \quad i = 1, \ldots, n$$

으로 두면 오차의 분산 σ^2의 추정량은

$$\hat{\sigma}^2 = s^2 = \frac{\sum_{i=1}^{n} e_i^2}{n-2}$$

이다. 우리는 보통 "기울기"의 추정값 $\hat{\beta}$를 이용하여 그의 모수인 미지의 회귀계수 β에 대한 추론을 한다.

단순선형회귀의 모형 (10.1)이 사실일 때, $\hat{\beta}$의 기댓값과 분산은 $E(\hat{\beta}) = \beta$, $\text{Var}(\hat{\beta}) = \sigma^2/S_{XX}$이다. 어떤 확률변수의 기댓값과 분산만을 알 때, 다음과 같이 표시하기로 한다.

$$\hat{\beta} \sim (\hat{\beta}, \sigma^2/S_{XX}). \tag{10.2}$$

추정량 $\hat{\beta}$의 표준오차 $\text{se}(\hat{\beta}) = \sigma/\sqrt{S_{XX}}$를 근사하기 위해 추정된 표준오차

$$\widehat{\text{se}}(\hat{\beta}) = \frac{s}{\sqrt{S_{XX}}} \tag{10.3}$$

를 사용한다. 식 (10.2)에서는 $\hat{\beta}$의 분포에 대해서는 밝히지 않았다. 만약 오차의 분포가 정규분포라면, $\hat{\beta}$의 분포가 정규분포 $\hat{\beta} \sim N(\hat{\beta}, \sigma^2/S_{XX})$를 따름이 알려져 있다.

오차와 잔차

단순선형회귀모형의 오차 ϵ_i는 모형 (10.1)이 사실일 때,

$$\epsilon_i \sim (0, \sigma^2), \text{서로 무상관},$$

이지만 잔차 e_i는

$$e_i \sim (0, \sigma^2(1-h_i)), \text{ 서로 약하게 상관},$$

인 성질이 있다. 이때 $h_i = n^{-1} + (x_i - \bar{x})^2/S_{XX}$는 i번째 관측값의 "지렛대값 (leverage)[1]"이다. 표본의 개수가 작거나 관측값들이 고르게 퍼져 있지 않을 때에서는 h_i 값들이 서로 많이 다를 수 있으므로, **조정된 잔차**

$$r_i = e_i/\sqrt{1-h_i}, \quad i = 1, \ldots, n$$

를 이용하기도 한다.

10.1.2 정규분포 가정을 했을 때의 회귀계수에 대한 추론

모형 (10.1)이 (근사적으로) 사실이며, 오차 ϵ_i의 분포가 (근사적으로) 정규분포를 따를 때, 또는 표본의 개수가 커서 중심극한정리에 의한 정규이론 근사가 가능한 경우에는 다음과 같이 정규분포 이론에 의한 회귀계수 β에 대한 통계적 추론을 할 수 있다. 단순선형회귀의 모형이 맞고, 오차의 분포가 정규분포임을 가정하면,

$$\hat{\beta} \sim N(\beta, \sigma^2/S_{XX}), \quad t = \frac{\hat{\beta}-\beta}{\hat{\text{se}}(\hat{\beta})} = \frac{\hat{\beta}-\beta}{s/\sqrt{S_{XX}}} \sim t_{n-2} \tag{10.4}$$

임을 이용하여 회귀계수 $\hat{\beta}$의 $1-\alpha$ 신뢰구간이 정확히

$$\beta \in \hat{\beta} \pm t_{\alpha/2, n-2} \frac{s}{\sqrt{S_{XX}}} \tag{10.5}$$

---

[1]지렛대값 h_i는 i번째 관측값 x_i가 평균 $\bar{x}$에서 멀수록 값이 크며 이 값이 클 때에는 지레의 받침점에서 멀리 있는 힘점에 힘을 가할 때처럼 지레(회귀직선)가 많이 변할 수 있다. 지렛대값이 크면 이상점이거나 영향점일 수 있으므로 적합된 회귀모형의 해석에 주의를 기울여야 한다.

이다. 귀무가설 $H_0 : \beta = 0$ 과 대립가설 $H_1 : \beta > 0$을 검정할 때의 p-값은 정확하게

$$p = P(T_{n-2} \geq t_0), \quad t_0 = \frac{\hat{\beta} - 0}{\hat{\text{se}}(\hat{\beta})}$$

으로 주어진다.

예 10.2

예 10.1의 국내총생산과 행복도 점수 회귀분석에서 $H_0 : \beta = 0$를 검정한다. 데이터로부터, $\hat{\beta} = 2.31$, $\hat{\text{se}}(\hat{\beta}) = 0.15$, 그리고 $t_0 = 15.08$를 구할 수 있으며, 이 값이 매우 크기 때문에 굳이 t_{n-2}분포 ($n = 153$)와 비교해보지 않아도 매우 작은 p-값을 가질 것을 예상할 수 있다. 이 p-값이 정확하려면, 설명변수 (국내총생산)의 값에 따라 오차의 분포가 달라지지 않으면서 근사적으로 정규분포를 따라야 한다. 이를 확인하기 위해 조정된 잔차 (adjusted residual)을 다음과 같이 구한 뒤, 이들의 분포를 산점도와 히스토그램으로 시각화한다.

```
h = read.csv("data/worldbank2020.csv")
y = h$Score
x = h$GDP.per.capita

(lm.out = lm(y ~ x))
adjusted.res = lm.out$residuals / sqrt(1 - hatvalues(lm.out))
```

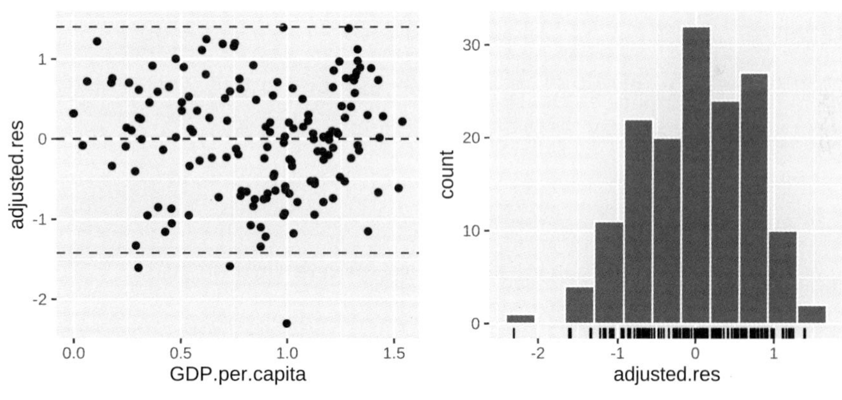

오차의 등분산성을 대략 만족하지만, 오차의 분포가 왼쪽으로 꼬리가 조금 긴 분포임을 알 수 있다. 정규분포 가정을 대략 만족한다고 볼 수 있다.

모형 (10.1)이 (근사적으로) 사실이지만, 오차의 분포가 정규분포와 매우 다를 때에는 정규분포 이론에 근거한 신뢰구간과 검정절차의 정확도를 담보할 수 없다.

이때 대안으로 쓰일 수 있는 통계적 추론 방법이 곧 재표집을 이용한 순열검정과 붓스트랩을 이용한 방법이다.

10.1.3 회귀계수의 순열검정

단순선형회귀모형에서 기울기의 회귀계수 β에 대한 가설 $H_0 : \beta = 0$ 과 $H_1 : \beta > 0$ 을 순열검정의 방법으로 검정할 수 있다. 이때 오차 $\{\epsilon_1, \ldots, \epsilon_n\}$들이 서로 교환가능하다는 가정을 추가하며 (오차들이 서로 독립일 때는 모두 같은 분포를 따르므로 이 가정을 만족한다), 검정통계량은 간단히 $\hat{\beta}$를 쓰기로 하자. 정규분포 가정을 할 수 없을 때에는 정규분포 이론 (10.4)에 근거한 $\hat{\beta}$의 영분포를 구할 수 없다.

단순선형회귀모형과 그의 최소제곱추정량은 상관관계, 특히 표본상관계수와 밀접한 관련이 있다 (제5장 참조). 다만, 설명변수 "X"의 값이 미리 선택된, 고정된 값일 때에는 표본상관계수가 추정하는 모수인 상관계수 ρ를 정의하기가 어렵다. 하지만, 회귀분석의 모형 (10.1)에서 설명변수가 랜덤일 때와 고정되어 있을 때 모두 귀무가설 $H_0 : \beta = 0$이 사실이면

$$y_i = \alpha + \epsilon_i, \quad i = 1, \ldots, n \tag{10.6}$$

로서 설명변수와 반응변수가 아무 관계도 없게 된다. 오차 $\{\epsilon_1, \ldots, \epsilon_n\}$들이 서로 교환가능하므로, 반응변수의 관측값들 $\{y_1, \ldots, y_n\}$도 교환가능하다. 이변량 관측값들로 본다면 (x_1, y_1)과 (x_1, y_2)의 분포가 같으므로, "X" 관측값들은 고정시켜놓고 "Y" 관측값들만 뒤섞는 방법으로 검정통계량 $\hat{\beta}$의 순열분포를 생성할 수 있다. (같은 방법의 뒤섞기를 상관관계에 대한 순열검정에서 이용하였다.) 이와 같은 뒤섞기의 개수는 $n!$개로서 매우 많으므로, 뒤섞기를 랜덤하게 생성하는 랜덤순열검정을 이용하는 것이 권장된다.

회귀계수 β에 대한 랜덤순열검정 방법을 정리하면 다음과 같다.

1. 관측값 $\{(x_1, y_1), \ldots, (x_n, y_n)\}$으로부터 모형 (10.1)의 회귀계수 β의 최소제곱추정량 $\hat{\beta}_{obs}$를 계산한다.

2. 반응변수의 순서를 랜덤하게 뒤섞어 뒤섞인 표본 $\{(x_1, y_1^*), \ldots, (x_n, y_n^*)\}$을 구한다. 이때 $(y_1^*, \ldots, y_n^*)$는 $\{y_1, \ldots, y_n\}$을 순차적으로 **단순비복원추출**하여 구할 수 있다.

3. 뒤섞인 표본으로부터 검정통계량 $\hat{\beta}^*$를 계산한다.

4. 위의 2-3단계를 $M = 1999$번 반복하여 $\hat{\beta}$의 영분포인 순열분포를 $\{\hat{\beta}^{*(0)}, \hat{\beta}^{*(1)}, \ldots, \hat{\beta}^{*(M)}\}$의 경험적 분포로 생성한다. (이때 $\hat{\beta}^{*(0)} := \hat{\beta}_{obs}$이다.)
5. $H_1 : \beta > 0$의 우측검정인 경우 p-값은 $p \approx \sum_{i=1}^{M} I(\hat{\beta}^{*(i)} \geq \hat{\beta}_{obs})/(M+1)$이다.

좌측검정 또는 양측검정의 경우, 극단값의 정의만 바꾸면 된다. 랜덤 순열의 생성 수 M은 일반적으로 $M = 1999$로 정한다. (정확성을 높이기 위해 더 많이 반복할 수 있다.)

귀무가설이 사실일 때 반응변수의 관측값이 교환가능함을 이용하였으므로, 이 순열검정은 관측값에 조건부로 정확한 검정이다.

위의 방법에서는 검정통계량을 $\hat{\beta}^* = S_{XY^*}/S_{XX}$로 정했다. (윗첨자 "$*$"는 뒤섞기를 한 값이라는 뜻이다.) 이 순열검정은 다음의 여러 가지 검정통계량을 이용한 순열검정과 모두 같다.

- $S_{XY^*} = \sum_{i=1}^{n}(x_i - \bar{x})(y_i^* - \bar{y})$ 또는 $\sum_{i=1}^{n} x_i y_i^*$.
- $t^* = \hat{\beta}^*/\hat{\text{se}}(\hat{\beta}^*)$, 여기서 $\hat{\text{se}}(\hat{\beta}^*) = [\sum_{i=1}^{n}(e_i^*)^2/\{(n-2)S_{XX}\}]^{1/2}$, $e_i^* = y_i^* - \hat{\alpha}^* - \hat{\beta}^* x_i$.

이표본 비교의 순열검정에서 한 표본의 합, 두 표본평균의 차이, 또는 이표본 t-검정통계량을 이용한 순열검정이 모두 동일했듯이, 여기에서도 S_{XY^*}, 그리고 t^*가 $\hat{\beta}^*$의 단조증가함수이기 때문에, 위에 나열된 어떤 검정통계량을 이용해도 동일한 검정이 된다.

예 10.3

행복도와 국내총생산의 회귀분석에서 회귀계수 β에 대한 가설 $H_0 : \beta = 0$과 $H_1 : \beta > 0$의 순열검정을 검정통계량 $\hat{\beta}$를 이용하여 시행하였다. 다음의 R 코드를 이용하여 랜덤순열검정을 시행하였을 때의 p-값은 1/2000이었으며, 검정통계량 $\hat{\beta}$의 영분포(순열분포)와 관측된 값 $\hat{\beta}_{obs} = 2.31$를 비교해 보면 (그림), 귀무가설이 사실일 때 이 값이 거의 관측되지 않을 것임을 알 수 있다. 즉 두 변수 사이의 선형관계가 매우 유의하다.

```
> n = length(x)
> Sxx = sum( (x - mean(x))^2 )
> Sxy = sum( (x - mean(x)) * (y - mean(y)) )
> beta.hat = Sxy / Sxx
```

```
>
> M = 1999
> beta.hat.perm = replicate(M, {
+   yperm = sample(y,n, replace = FALSE)
+   sum( (x - mean(x)) * (yperm - mean(yperm))) / Sxx
+ })
> (p = mean( c(beta.hat, beta.hat.perm) >= beta.hat ))
[1] 5e-04
```

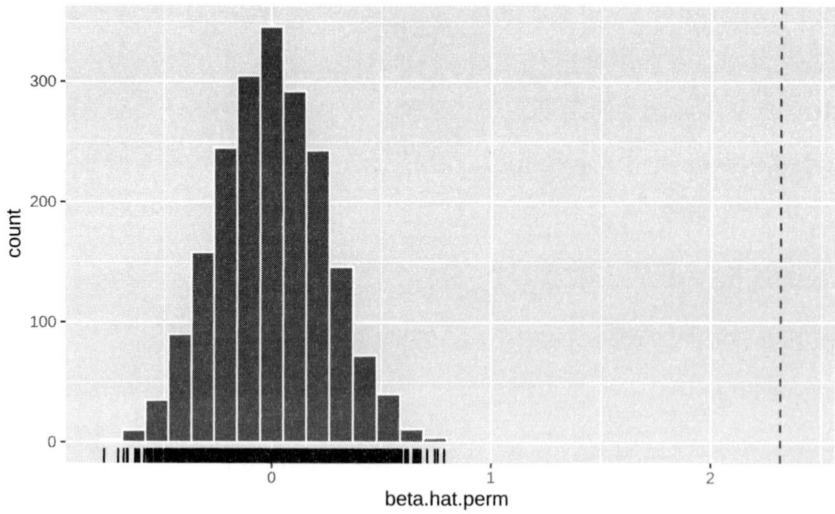

10.1.4 회귀계수의 붓스트랩 신뢰구간

관측값을 뒤섞는 순열검정은 정확한 추론법이지만, 신뢰구간의 추정에는 그 계산량이 매우 많아 쓰이기 어렵다. 회귀계수 β의 신뢰구간의 비모수적 추정을 위해서 붓스트랩을 이용한다. 제7장에서 이변량 데이터의 붓스트랩을 두 가지 방법으로 할 수 있음을 보았다. 관측값 $(x_1, y_1), \ldots, (x_n, y_n)$에 선형모형 $y_i = \alpha + \beta x_i + \epsilon_i$를 가정했을 때, 이 두 가지 방법은 다음과 같다.

- 관측값 붓스트랩: n개의 관측값 $\{(x_1, y_1), \ldots, (x_n, y_n)\}$을 단순복원추출하여 재표집한다. 순열검정에서의 뒤섞기가 "X"변수와 "Y"변수 사이의 상관관계를 뒤섞기로 파괴시키는 것과 다르게, 붓스트랩에서는 관측값의 쌍(x_i, y_i)을 항상 같이 표집하므로 두 변수의 선형관계가 보존된다.

- 잔차 붓스트랩: 선형모형이 사실임을 가정한다면, $y_i = \alpha + \beta x_i + \epsilon_i$의 회귀식에서 오차 $\epsilon_i \sim F_\epsilon$가 모집단에서의 표집의 임의성을 대표한다. 데이터로부터 이 모집단 F_ϵ을 근사하기 위해서 계수의 추정량 $\hat{\alpha}$와 $\hat{\beta}$를 이용한 잔차 $\{e_1, \ldots, e_n\}$를 단순복원추출하여 재표집한다. 이때, 이 잔차들의 분산이 $\sigma^2(1-h_i)$으로 지렛대값에 따라 조금씩 다르므로, 조정된 잔차 $\{r_1, \ldots, r_n\}$를 단순복원추출하여 재표집하는 방법이 더 선호된다. 붓스트랩 재표집된 잔차들이 $r_1^*, \ldots, r_n^*$일 때, 붓스트랩 재표집된 표본 (x_i^*, y_i^*)은

$$(x_i^*, y_i^*) = (x_i, \hat{\alpha} + \hat{\beta} x_i + r_i^*) \tag{10.7}$$

 이다. 잔차 붓스트랩에서는 설명변수들은 재표집하지 않으므로, 각 붓스트랩 표본의 "X"변수의 값은 원 표본의 값과 동일하다.

어떤 붓스트랩 재표집 방법을 이용하던, 다음과 같은 절차를 이용하여 통계량 $\hat{\beta}$의 붓스트랩 복제값을 구할 수 있다.

1. 관측값 붓스트랩 또는 잔차 붓스트랩을 이용하여 붓스트랩 표본 $D^* = \{(x_1^*, y_1^*), \ldots, (x_n^*, y_n^*)\}$을 구한다.
2. 붓스트랩 표본 D^*로부터 통계량 $\hat{\beta}^* = S_{X^*Y^*}/S_{X^*X^*}$과 $t^* = (\hat{\beta}^* - \hat{\beta})/\hat{\text{se}}(\hat{\beta}^*)$, $\hat{\text{se}}(\hat{\beta}^*) = [\sum_{i=1}^n (e_i^*)^2/\{(n-2)S_{X^*X^*}\}]^{1/2}$ 를 구한다.
3. 1,2번 과정을 B번 반복하여 붓스트랩 복제값들 $\{(\hat{\beta}^{*b}, \hat{\text{se}}(\hat{\beta}^{*b}), t^{*b}) : b = 1, \ldots, B\}$을 계산한다.

참고로, 잔차 붓스트랩 재표집을 할 때에서는 $S_{X^*X^*} = S_{XX}$이므로 계산을 더 적게 할 수 있다.

붓스트랩 복제값들 $\{\hat{\beta}^{*b} : b = 1, \ldots, B\}$의 경험분포가 곧 $\hat{\beta}$의 붓스트랩 표본분포가 되며, 이를 이용하여 $\hat{\beta}$의 편향, 표준오차의 붓스트랩 추정값을 구할 수 있다. 선형회귀모형에서 최소제곱법으로 구한 $\hat{\beta}$는 편향이 없음을 알고 있으며, 그 표준오차의 추정량도 (10.3)으로 주어져 있음을 알고 있으므로, 편향과 표준오차의 추정은 사실 필요하지 않다. 다만 오차의 분포가 정규분포임을 가정하기 어렵거나 표본의 수가 적은 경우에는 정규분포 이론으로 구한 신뢰구간보다는 붓스트랩으로 추정한 신뢰구간이 더 정확하다.

붓스트랩 복제값 $\hat{\beta}^{*b}$ 들을 이용하여 제8장에서 살펴본 표준 붓스트랩 신뢰구간, 붓스트랩-t 신뢰구간, 그리고 (조정된) 퍼센타일 신뢰구간 등을 구할 수 있다. 회귀분석의 계수 β에 대한 추론에서는 이차 정확도를 가지는 두 신뢰구간 (붓스트랩-t 신뢰구간과 BCa 퍼센타일 신뢰구간) 중 붓스트랩-t 신뢰구간을 이용하는 것이 권장된다. 붓스트랩-t 신뢰구간이 일반적으로 자주 이용되지 않는 이유는 통계량의 표준오차를 구하기 위해 두 번째 단계의 붓스트랩을 시행하는 번거로움이 있기 때문인데, 회귀분석에서는 추정량 $\hat{\beta}$의 표준오차를 공식을 이용하여 표현할 수 있으므로, 두 번째 단계의 붓스트랩을 할 필요가 없다. 위의 붓스트랩 재표집 과정에서 $\hat{\beta}^*$ 뿐만 아니라 그의 표준오차 $\hat{\text{se}}(\hat{\beta}^*)$ 그리고 t^*를 같이 계산한 이유는 바로 이 신뢰구간의 계산을 염두에 두었기 때문이다.

예 10.4

행복도와 국내총생산의 회귀분석에서 회귀계수 β에 대한 95% 붓스트랩-t 신뢰구간을 구한다. 붓스트랩 재표집된 $t^{*1}, \ldots, t^{*B}$의 2.5%, 97.5% 분위수를 $Q_H^*(\alpha/2)$, $Q_H^*(1-\alpha/2)$로 표기하면 붓스트랩-t 신뢰구간은

$$\beta \in (\hat{\beta} - \hat{\text{se}}(\hat{\beta})Q_H^*(1-\tfrac{\alpha}{2}), \hat{\beta} - \hat{\text{se}}(\hat{\beta})Q_H^*(\tfrac{\alpha}{2})) \tag{10.8}$$

으로 표현할 수 있다. 다음 R 코드에서는 $B = 1999$번의 **관측값** 붓스트랩 재표집을 통해 t^{*b}만을 기록한 뒤 붓스트랩-t 신뢰구간을 구한다. 붓스트랩 재표집 후 구하는 통계량 t^*의 계산이 길기 때문에 따로 함수 `t.pivot()`을 만들었다.

```
t.pivot = function(x,y, beta0){
    n = length(x)
    Sxx = sum( (x - mean(x))^2 )
    Sxy = sum( (x - mean(x)) * (y - mean(y)) )
    beta.hat = Sxy / Sxx
    res = y - mean(y) - beta.hat * ( x - mean(x))
    se.beta.hat = sqrt( sum( res^2 ) / (n - 2) ) / sqrt(Sxx)
    t = (beta.hat - beta0)  / se.beta.hat
    t
}
set.seed(1)
B = 1999
boot.t = replicate(B, {
    boot.id = sample(1:n,n, replace = TRUE) # case resampling
    xboot = x[boot.id]
```

```
    yboot = y[boot.id]
    t.pivot(xboot, yboot, beta.hat)
})

res = y - mean(y) - beta.hat * ( x - mean(x))
s = sqrt( sum( res^2 ) / (n - 2) )
se.beta.hat = s / sqrt(Sxx)

boot.t.ci = beta.hat - se.beta.hat * quantile(boot.t, probs = c
    (1-0.025, 0.025))
```

이 결과를 정규분포 이론을 이용하여 구한 신뢰구간 (10.5) 와 비교하면 다음과 같다.

```
> boot.t.ci
   97.5%     2.5%
2.024506 2.597004
> (norm.appr.ci = beta.hat + se.beta.hat * qt(c(0.025, 1-0.025),
    df = n-2))
[1] 2.012202 2.618830
```

붓스트랩-t 신뢰구간과 정규분포 이론을 이용한 표준적인 신뢰구간이 조금 차이가 있음을 알 수 있다.

만약 잔차 붓스트랩을 이용한다면, 더 효율적인 코딩이 가능하다. 위의 코드에서 정의한 함수 `t.pivot()`의 계산 중 Sxx는 모든 붓스트랩 표본에 대해 공통이기 때문이다. 이 효율적인 코딩을 잠시 무시한다면 다음과 같이 잔차 붓스트랩 재표집을 이용한 신뢰구간을 계산할 수 있다. 예제 10.2의 계산결과를 계속 이용한다.

```
> set.seed(1)
> boot.t.res = replicate(B, {
+    boot.res = sample(adjusted.res,n, replace = TRUE) # residual
     resampling
+    yboot = lm.out$fitted.values + boot.res
+    t.pivot(x,yboot, beta.hat)
+ })
> (res.boot.t.ci = beta.hat - se.beta.hat * quantile(boot.t.res,
     probs = c(1-0.025, 0.025)))
   97.5%     2.5%
2.024342 2.611618
```

잔차를 이용한 붓스트랩을 했을 때의 신뢰구간 $\beta \in (2.02, 2.61)$은 정규분포 이론을 이용한 신뢰구간과 거의 유사하다.

위의 예제에서 관측값 붓스트랩과 잔차 붓스트랩의 결과가 서로 다르며, 그중 잔차 붓스트랩을 이용한 신뢰구간이 정규분포 이론을 이용한 신뢰구간과 더 유사함을 보았다. 정규분포 이론을 이용한 신뢰구간 (10.5)의 유도 과정을 상기해보면, 설명변수는 랜덤이 아닌 고정된 값으로 간주하고 있으며, 주어진 선형회귀모형이 사실일 때 유효하다는 것을 알 수 있다. 즉, 이 신뢰구간은 선형모형이 사실일 때, 설명변수의 관측된 바로 그 값에 조건부로 이루어지는 통계적 추론의 일종이다. 잔차 붓스트랩 역시 선형모형이 사실일 때, 설명변수의 관측된 값들을 고정한 뒤 재표집을 하므로, 일반적인 정규분포 이론을 이용한 신뢰구간과 더 가까운 결과를 준다. 예 10.1의 데이터는 오차의 분포가 근사적으로 정규분포를 따랐으므로, 두 신뢰구간의 차이가 거의 없는 것을 예상할 수 있다. 하지만, 오차의 분포가 정규분포와 멀 때는 붓스트랩 신뢰구간이 더 정확하다.

관측값 붓스트랩은 주어진 선형모형의 가정이 맞지 않아도 (즉, 두 변수의 관계가 선형이 아닐 때에도) 모수 β에 대한 정확한 추정을 할 수 있는 장점이 있다. 이때 모수 β는 더 이상 선형회귀모형의 계수로 볼 수 없지만 평균제곱오차 $E(Y - \alpha - \beta X)^2$를 가장 작게 하는 값 β로 이해할 수 있다. 관측값 붓스트랩을 이용할 때는 모형의 잘못된 선택에 대해 더 로버스트한 추론을 할 수 있는 장점이 있지만, 모형이 사실일 때에는 잔차 붓스트랩의 결과에 비해 효율이 떨어지는 단점이 있다. 또한 정밀한 실험계획으로 구한 이변량 데이터에서 관측값 붓스트랩을 이용하면, 고정되어야 할 디자인의 정보인 설명변수의 값들이 재표집마다 달라지는 점이 단점으로 생각되기도 한다 (Davison and Hinkley, 1997).

10.1.5 회귀계수의 붓스트랩 검정

제9장에서 모수 θ에 대한 가설검정을 그 모수의 추정값 $\hat{\theta}_n$의 붓스트랩 재표집을 이용하여 검정하는 방법을 살펴보았다. 회귀분석에서의 회귀계수에 대한 검정 역시 마찬가지로 진행할 수 있다. 단순선형회귀모형 (10.1)을 가정하고 가설 $H_0 : \beta = 0$과 $H_1 : \beta > 0$을 검정할 때, 검정통계량은

$$t_0 = \frac{\hat{\beta} - 0}{\hat{\text{se}}(\hat{\beta})} \tag{10.9}$$

를 이용한다. 검정통계량 t_0의 값이 클 때 귀무가설을 기각한다. 붓스트랩 검정을 위한 붓스트랩 재표집은 귀무가설에서의 재표집 또는 피벗 재표집의 두 가지 방법으로 접근할 수 있다. 하나씩 살펴보도록 한다.

귀무가설에서의 비모수적 붓스트랩 재표집. 이 붓스트랩 재표집은 귀무가설의 가정이 사실일 때의 붓스트랩 표본을 구한다. 귀무가설 $\beta = 0$이 사실일 때는

$$y_i = \alpha + \epsilon_i, \quad i = 1, \ldots, n \tag{10.10}$$

의 식이 성립하고, 두 변수 x와 y의 관계가 없으므로, 즉 독립이다. 두 가지 방법의 붓스트랩 재표집이 가능하다.

1. 관측값 붓스트랩. 설명변수의 붓스트랩 표본 $x_1^*, \ldots, x_n^*$을 $\{x_1, \ldots, x_n\}$에서 단순복원추출하고, 이와 **독립적으로** 반응변수의 붓스트랩 표본 $y_1^*, \ldots, y_n^*$을 $\{y_1, \ldots, y_n\}$에서 단순복원추출한다. 붓스트랩 표본은 $\{(x_1^*, y_1^*), \ldots, (x_n^*, y_n^*)\}$이며, 이 붓스트랩 표본으로부터 검정통계량의 붓스트랩 복제값 $t^* = \hat{\beta}^*/\hat{\text{se}}(\hat{\beta}^*)$를 구한다. 이 과정을 B번 반복하여 구한 $\{t^{*1}, \ldots, t^{*B}\}$의 경험분포가 곧 검정통계량 t_0 (10.9)의 영분포가 된다. (귀무가설 아래에서 두 변수가 독립이므로, 관측값 (X, Y)의 분포가 X의 분포 F_X와 Y의 분포 $F_Y(y) = F_\epsilon(y - \alpha)$의 독립적인 곱으로 나타난다. 이 분포를 붓스트랩 복제값들로 근사한다.)

2. 잔차 붓스트랩. 설명변수의 값들이 고정되어 있을 경우, 또는 그 관측값에 조건부로 추론을 하는 경우에는 잔차 붓스트랩을 실시한다. 귀무가설의 모형 (10.10)에서도 미지의 모수인 α가 있으므로 귀무가설에서의 추정값 $\hat{\alpha}^0 = \bar{y}$를 대입하면, 잔차
$$e_i^0 = y_i - \bar{y}, \quad i = 1, \ldots, n \tag{10.11}$$
와 조정된 잔차 $r_i^0 = e_i^0/\sqrt{1 - \frac{1}{n}}$을 구할 수 있다. 위 첨자 "0"은 귀무가설 모형에서의 값이라는 뜻이다. 조정된 잔차 $\{r_1^0, \ldots, r_n^0\}$를 단순복원추출한 $r_1^{0*}, \ldots r_n^{0*}$들로 붓스트랩 재표집된 표본 $(x_i^*, y_i^*) = (x_i, \hat{\alpha} + \hat{\beta}x_i + r_i^{0*})$ $(i = 1, \ldots, n)$을 생성한 뒤 이 붓스트랩 표본으로부터 붓스트랩 복제값들 $t^* = \hat{\beta}^*/\hat{\text{se}}(\hat{\beta}^*)$을 구한다. 이 과정을 B번 반복하여 구한 $\{t^{*1}, \ldots, t^{*B}\}$의 경험분포가 곧 검정통계량 t_0 (10.9)의 영분포가 된다.

예 10.5

행복도와 국내총생산의 회귀분석에서 회귀계수 β가 0인지 0보다 큰지를 검정하도록 한다. 귀무가설 아래에서의 관측값 붓스트랩, 그리고 잔차 붓스트랩을 각각 이용하여 p-값을 구한다. 먼저 귀무가설 아래에서의 관측값 붓스트랩 재표집을 이용하려면 다음과 같은 코드를 이용하면 된다. 예제 10.4에서 정의한 함수 `t.pivot()`를 계속 이용한다.

```
# 1. 관측값 붓스트랩, 귀무가설에서 재표집
set.seed(1)
t0 = t.pivot(x,y,0)
B = 1999
boot.t = replicate(B, {
  xboot = sample(x,n, replace = TRUE)
  yboot = sample(y,n, replace = TRUE)
  t.pivot(xboot,yboot, 0)
})
p.null.case = mean(c(t0,boot.t ) >= t0)
```

검정통계량 $t_0 = 15.1$이 매우 크며, 붓스트랩 복제값 `boot.t` 중 이보다 큰 값은 없다. (그림 10.2에 t_0의 붓스트랩 분포가 시각화되어 있다.) 따라서 p-값은 $p = 1/2000$이다. 귀무가설 아래에서의 잔차 붓스트랩은 다음과 같이 시행할 수 있으며 이 경우의 p-값도 역시 1/2000이다.

```
# 2. 잔차 붓스트랩, 귀무가설에서 재표집
adjusted.res = (y - mean(y))/ sqrt( 1- 1/n)
boot.t = replicate(B, {
  boot.res = sample(adjusted.res, n, replace = TRUE)
  yboot = mean(y) + boot.res
  t.pivot(x,yboot, 0)
})
p.null.res = mean(c(t0,boot.t ) >= t0)
```

피벗을 이용한 붓스트랩 재표집. 검정통계량 t_0의 일반적인 형태인

$$t = (\hat{\beta} - \beta)/\hat{\text{se}}(\hat{\beta}) \tag{10.12}$$

가 피벗임을 가정한다면, 귀무가설 $\beta = \beta_0 = 0$일 때의 t_0의 분포 (즉 영분포)가 피벗

t의 분포와 같다. 이 피벗의 분포를

$$t^* = (\hat{\beta}^* - \hat{\beta})/\hat{\text{se}}(\hat{\beta}^*) \tag{10.13}$$

의 붓스트랩 분포로 근사하여 이를 검정통계량 t_0 (10.9) 의 영분포로 정한다. 이때의 붓스트랩 재표집은 붓스트랩 신뢰구간을 만들 때와 마찬가지로, 관측값 붓스트랩 (관측값을 쌍으로 재표집) 또는 잔차 붓스트랩 (선형모형의 잔차 $e_i = y_i - \hat{\alpha} - \hat{\beta}x_i$를 재표집) 을 모두 이용할 수 있다. 피벗을 이용한 붓스트랩 재표집 방법은 붓스트랩-t 신뢰구간을 뒤집는 방식의 검정과 동일하다.

예 10.6

행복도와 국내총생산의 회귀분석에서 회귀계수 β가 0인지 0보다 큰지를 검정하도록 한다. 피벗을 관측값 붓스트랩 방법으로 재표집하기 위한 코드는 다음과 같다.

```
# 3. 피벗-관측값 붓스트랩
boot.t = replicate(B, {
  boot.id = sample(1:n,n, replace = TRUE)
  xboot  = x[boot.id]
  yboot  = y[boot.id]
  t.pivot(xboot,yboot, beta.hat)
})
p.pivot.case = mean(c(t0,boot.t ) >= t0)
```

이때의 붓스트랩 복제값들 `boot.t`가 관측값 붓스트랩을 통해 붓스트랩-t 신뢰구간을 구할 때와 정확히 같다. 피벗을 잔차 붓스트랩 방법으로 재표집하여 p-값을 구하는 방법도 마찬가지로 신뢰구간을 구할 때의 잔차 붓스트랩 방법과 동일한 재표집 과정을 거치면 된다. 다음 코드를 참고하자.

```
# 4. 피벗-잔차 붓스트랩
boot.t = replicate(B, {
boot.res = sample(adjusted.res,n, replace = TRUE)
  yboot = lm.out$fitted.values + boot.res
  t.pivot(x,yboot, beta.hat)
})
p.pivot.res = mean(c(t0,boot.t ) >= t0)
```

마지막으로 예 10.5와 예 10.6에서 구한 네 가지 방법의 붓스트랩 영분포들이 그림 10.2에 히스토그램으로 표시되었다. 이 분포들이 모두 비슷하며, 또한 t_{151} 분포 (또는 표준정규분포)와 거의 근사함을 확인할 수 있다.

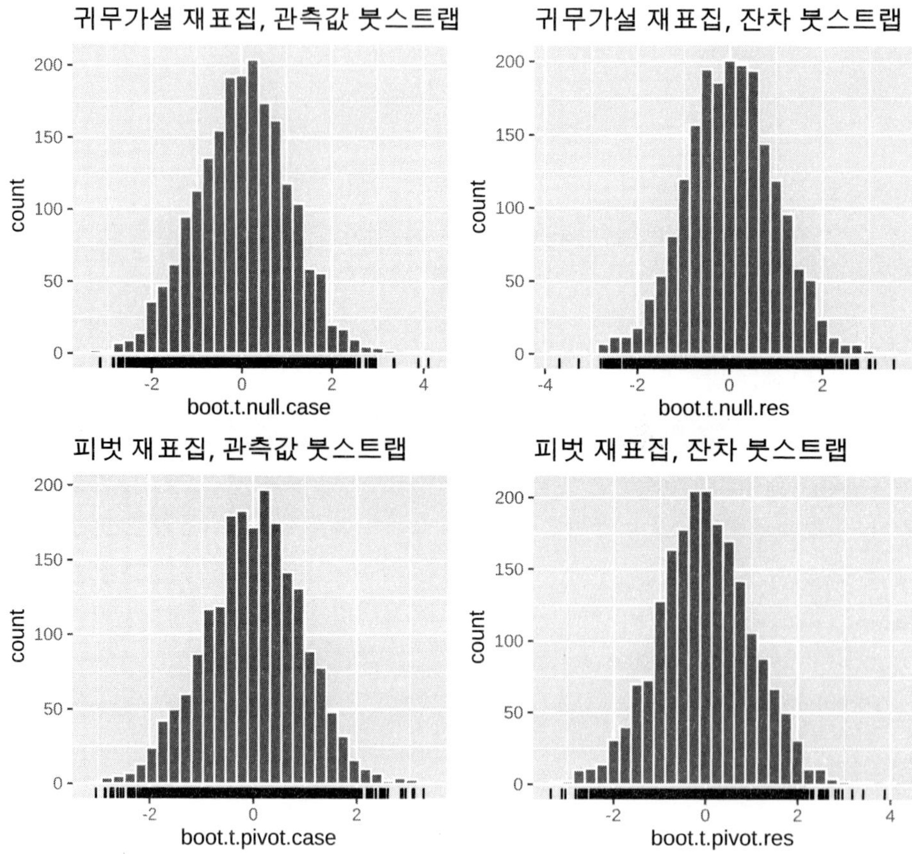

그림 10.2: 예 10.5와 예 10.6에서 네 가지 방법으로 구한 붓스트랩 영분포들

10.2 다중선형회귀모형

다중선형회귀모형 (multiple linear regression model)은 하나의 반응변수 Y를 여러 개의 설명변수 $X_1, \ldots, X_p$의 선형결합으로 설명하는 모형이다. 반응변수-설명변수의 쌍인 관측값이 n개 있을 때,

$$y_i = \beta_0 + \beta_1 x_{i1} + \beta_2 x_{i2} + \cdots + \beta_p x_{ip} + \epsilon_i, \quad i = 1, \ldots, n \tag{10.14}$$

의 모형을 세운다. 오차 ϵ_i는 서로 상관관계가 없으며 모두 평균이 0, 분산이 σ^2인 분포 F_ϵ을 따름을 가정한다. 회귀분석은 회귀계수 β_i $(i = 0, \ldots, p)$를 추정하고 신뢰구간을 구하며, 또한 회귀계수들에 대한 다양한 가설을 검정하는 방법들을 말한다. 단순회귀분석에서와 마찬가지로 설명변수의 관측값들은 고정되었다고 가정

하는 조건부 추론을 하는 것이 일반적이다. 오차의 분포 F_ϵ이 정규분포 $N(0, \sigma^2)$을 따르지 않을 때, 재표집에 의한 통계적 추론 방법을 고려할 수 있으며, 이 방법들은 단순선형회귀분석에서의 재표집에 의한 추론 방법을 자연스럽게 확장하는 것으로 이해할 수 있다.

이 절에서는 다음의 데이터를 예제로 이용한다.

예 10.7

월드뱅크에서 수집한 2020년의 세계 153개 국가에 대한 데이터(`worldbank2020.csv`)를 이용하여, 반응변수인 행복도 점수 (`Score`)를 6개의 설명변수를 이용하여 선형모형을 적합한다. 이 여섯 개의 설명변수들은 (1) `GDP` (국내총생산), (2) `Social`(사회적 지지), (3) `Life` (건강기대수명), (4) `Freedom` (자유), (5) `Generosity` (관용), (6) `Corruption` (부패인식)을 나타내는 사회보건학적으로 정의된 점수들이다. 이 설명변수들과 반응변수의 관계를 간단히 알아보기 위해 각 변수쌍들의 산점도와 표본상관계수가 그림 10.3에 표시되어 있다.

설명변수들을 나열한 순서대로 $X_1, \ldots, X_p$ $(p = 6)$으로 두고 선형회귀모형을 가정할 때, 각 회귀계수들의 신뢰구간과 유의성을 조사하려고 한다. 또한 산점도를 살펴보면 마지막의 두 변수 (관용, 부패인식) 은 행복도 점수와 선형연관성이 약한 것으로 보인다. 모든 변수를 이용한 선형모형과 처음의 네 변수를 이용한 선형모형 중 어떤 모형을 사용해야 할까?

10.2.1 최소제곱추정량

다중선형회귀모형에서도 회귀계수 $\beta_0, \beta_1, \ldots, \beta_p$의 최소제곱추정량을 기본적으로 이용한다. 다중회귀분석에서는 모든 관측값들을 모아 행렬의 형태로 두면 추정값의 표현을 간단히 할 수 있다. 회귀식 (10.14)를 관측 순서 또는 데이터가 입력된 순서 $i = 1, \ldots, n$로 세로로 이어붙이면

$$\begin{pmatrix} y_1 \\ y_2 \\ \vdots \\ y_n \end{pmatrix} = \begin{pmatrix} 1 & x_{11} & x_{12} & \cdots & x_{1p} \\ 1 & x_{21} & x_{22} & \cdots & x_{2p} \\ \vdots & \vdots & \vdots & \ddots & \vdots \\ 1 & x_{n1} & x_{n2} & \cdots & x_{np} \end{pmatrix} \begin{pmatrix} \beta_0 \\ \beta_1 \\ \beta_2 \\ \vdots \\ \beta_p \end{pmatrix} + \begin{pmatrix} \epsilon_1 \\ \epsilon_2 \\ \vdots \\ \epsilon_n \end{pmatrix}$$

또는

$$\mathbf{y} = \mathbf{X}\boldsymbol{\beta} + \epsilon \tag{10.15}$$

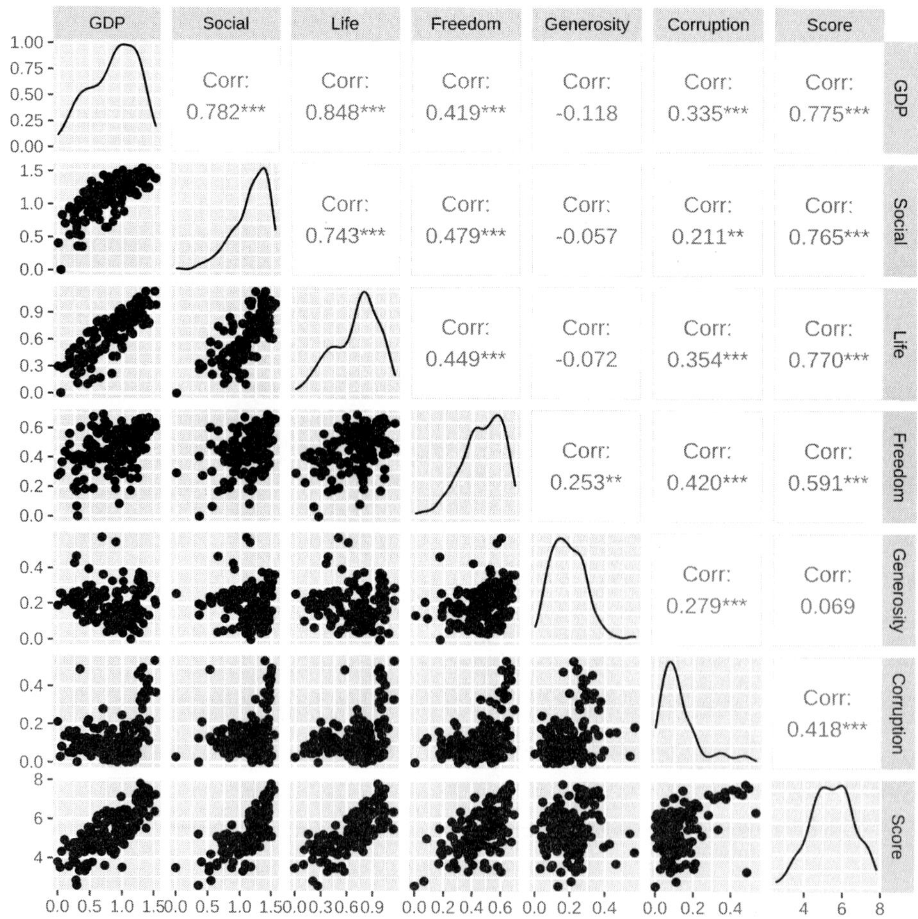

그림 10.3: 예 10.7 데이터의 산점도 행렬

으로 표현할 수 있다. 설명변수값들의 행렬 $\mathbf{X}$를 디자인행렬 (design matrix) 또는 모형행렬(model matrix)로 부르기도 한다. 추정하고자 하는 모수는 $p+1$개의 회귀계수들의 벡터 $\boldsymbol{\beta}$ 와 오차 ϵ_i 의 분산 σ^2 이다. 회귀계수 벡터의 최소제곱추정량은

$$\hat{\boldsymbol{\beta}} = (\mathbf{X}'\mathbf{X})^{-1}\mathbf{X}'\mathbf{y}$$

이며, 이를 이용한 관측값들 $\mathbf{y}$의 예측값 (fitted values)은 길이 n인 벡터 $\hat{\mathbf{y}} = \mathbf{X}\hat{\boldsymbol{\beta}} = \mathbf{X}(\mathbf{X}'\mathbf{X})^{-1}\mathbf{X}'\mathbf{y}$이다. 이때, 크기가 $n \times n$인 행렬

$$\mathbf{H} = \mathbf{X}(\mathbf{X}'\mathbf{X})^{-1}\mathbf{X}'$$

에 관측값의 벡터 $\mathbf{y}$를 곱하면 예측값 $\hat{\mathbf{y}} = \mathbf{H}\mathbf{y}$이 되므로, 이 행렬을 햇 행렬 (hat matrix) 이라고 부른다.

크기가 $n \times n$인 항등행렬(identity matrix)을 $\mathbf{I}_n$으로 표시할 때, 잔차 $e_i = y_i - \hat{y}_i$ 들의 벡터 $\mathbf{e} = (e_1, \ldots, e_n)'$는 다음과 같이 표현된다:

$$\mathbf{e} = \mathbf{y} - \hat{\mathbf{y}} = (\mathbf{I}_n - \mathbf{H})\mathbf{y}.$$

이 잔차들을 이용한 오차의 분산 σ^2의 추정량은

$$\hat{\sigma}^2 = s^2 = \frac{\sum_{i=1}^n e_i^2}{n-p-1} = \frac{\mathbf{e}'\mathbf{e}}{n-p-1} = \frac{\mathbf{y}'(\mathbf{I}_n - \mathbf{H})\mathbf{y}}{n-p-1} \tag{10.16}$$

으로 둘 수 있다. 다중선형회귀모형 (10.14)가 사실일 때, 회귀계수벡터의 추정량 $\hat{\boldsymbol{\beta}}$의 기댓값 벡터와 분산-공분산 행렬은

$$E(\hat{\boldsymbol{\beta}}) = \boldsymbol{\beta}, \quad \mathrm{Var}(\hat{\boldsymbol{\beta}}) = \sigma^2(\mathbf{X}'\mathbf{X})^{-1} \tag{10.17}$$

이며, 미지의 모수 σ^2을 그의 추정량으로 대체하여 $\widehat{\mathrm{Var}}(\hat{\boldsymbol{\beta}}) = s^2(\mathbf{X}'\mathbf{X})^{-1}$를 정의한다. 만약 오차의 분포가 정규분포라면, 회귀계수추정량 $\hat{\beta}$는 (10.17)를 평균과 분산-공분산 행렬로 가지는 다변량정규분포를 그의 표본분포로 가진다.

오차와 잔차

단순선형회귀분석과 마찬가지로 모형 (10.14)이 사실일 때 오차 $\epsilon_i \sim (0, \sigma^2)$는 서로 상관되어 있지 않으며 모두 같은 분포를 따르지만, 잔차 e_i들은 서로 약하게 상관되어 있고 $e_i \sim (0, \sigma^2(1-h_i))$로서 그 분산이 서로 다르다. (이때의 지렛대값 h_i는 햇 행렬 $\mathbf{H}$의 i번째 대각원소의 값이다.) 따라서, 조정된 잔차

$$r_i = e_i/\sqrt{1-h_i}, \quad i = 1, \ldots, n \tag{10.18}$$

를 이용하기도 한다.

10.2.2 정규분포 가정을 했을 때의 회귀계수에 대한 추론

다중선형회귀모형의 회귀계수 β_j, 그리고 그의 추정량 $\hat{\beta}_j$들은 단순히 j번째 설명변수와 반응변수 사이의 선형관계를 반영하지 않고, (j번째를 제외한) 다른 설명변수

들로 설명되지 않는 반응변수의 변동을 j 번째 설명변수의 선형식으로 설명할 때의 계수이다. 따라서, β_j 의 통계적 추론은 단순히 j 번째 설명변수와 반응변수의 관계에 대한 추론이 아니라, 다중선형회귀모형이 사실일 때 j 번째 설명변수의 역할에 대한 추론으로 이해해야 한다. (오래된 논문이나 교과서에서 다중회귀모형의 계수 β_j 들을 편회귀계수 (partial regression coefficient)라고 부르는 이유는 바로 이것 때문이다.) 정규분포 가정을 할 수 있을 때에는 β_j 의 신뢰구간과 그에 대한 검정을 정확하게 할 수 있다.

오차의 분포가 정규분포를 따를 때에는 회귀계수의 추정값 $\hat{\beta}$이 다변량 정규분포 (정규분포의 기댓값 벡터와 분산-공분산 행렬은 (10.17))를 따른다. 관심있는 추정량 $\hat{\beta}_j$ 의 분포는 확률벡터 $\hat{\boldsymbol{\beta}} \sim N(\boldsymbol{\beta}, \sigma^2(\mathbf{X}'\mathbf{X})^{-1})$ 의 주변분포로서

$$\hat{\beta}_j \sim N(\beta_j, \sigma^2(\mathbf{X}'\mathbf{X})^{-1}_{jj}) \tag{10.19}$$

의 분포를 가진다. 여기서 $(\mathbf{X}'\mathbf{X})^{-1}_{jj}$ 는 크기가 $(p+1) \times (p+1)$ 인 행렬 $(\mathbf{X}'\mathbf{X})^{-1}$ 의 $(j+1)$ 번째 대각원소의 값이다. $\hat{\beta}_j$ 의 표준오차를 $\text{se}(\hat{\beta}_j) = \{\sigma^2(\mathbf{X}'\mathbf{X})^{-1}_{jj}\}^{1/2}$, 그의 추정량을 $\widehat{\text{se}}(\hat{\beta}_j) = \{s^2(\mathbf{X}'\mathbf{X})^{-1}_{jj}\}^{1/2}$ 으로 두면, 스튜던트화된 피벗이

$$t_j = \frac{\hat{\beta}_j - \beta_j}{\widehat{\text{se}}(\hat{\beta}_j)} \sim t_{n-p-1} \tag{10.20}$$

임이 알려져 있다. 이를 이용한 회귀계수 β_j 의 $1-\alpha$ 신뢰구간은 정확히

$$\beta_j \in \hat{\beta}_j \pm t_{\alpha/2,n-p-1}\widehat{\text{se}}(\hat{\beta}_j) \tag{10.21}$$

이며, 귀무가설 $H_0 : \beta_j = 0$과 대립가설 $H_1 : \beta_j \neq 0$을 t-검정할 때 관측된 검정통계량 $t_{j(0)} = (\hat{\beta}_j - 0)/\widehat{\text{se}}(\hat{\beta}_j)$ 의 p-값은 $p = P(|T_{n-p-1}| \geq |t_{j(0)}|)$ 으로 정확히 구할 수 있다.

예 10.8

예 10.7의 데이터에서 $p = 6$개의 모든 변수를 이용하여 다중선형회귀모형을 적합해 보자. 회귀분석에 필요한 계산을 다음과 같이 수행한다.

```
h = read.csv("data/worldbank2020.csv")
dat = h %>% dplyr::select(4:9,3)
n = nrow(dat); p = 6
```

```
lm.out = lm(Score ~ . , data = dat)
```

이 회귀분석에 사용한 설명변수의 행렬 (디자인 행렬) $\mathbf{X}$는 `model.matrix()` 함수를 이용하여 구할 수 있다. 이 행렬의 첫번째 열의 값이 모두 1이며 열의 개수가 p가 아닌 $p+1$임에 유의하자.

```
> y = dat$Score
> X = model.matrix(lm.out)
> head(X)
  (Intercept)   GDP Social  Life Freedom Generosity Corruption
1           1 1.285  1.500 0.961   0.662      0.160      0.478
2           1 1.327  1.503 0.979   0.665      0.243      0.495
3           1 1.391  1.472 1.041   0.629      0.269      0.408
```

각 회귀계수 추정량 $\hat{\beta}_j$의 표준오차(추정량)을 구하면 다음과 같다.

```
> s = sqrt( sum ( (lm.out$residuals)^2 ) / (n - p - 1) )
> (se.hat = s *  ( solve(t(X) %*% X) %>% diag() %>% sqrt() ) )
(Intercept)           GDP        Social          Life       Freedom
    Generosity  Corruption
  0.2272244   0.2648616   0.2799800   0.3604369   0.4151976
      0.5095199   0.4878042
```

예를 들어, Generosity (관용) 변수의 회귀계수추정량 $\hat{\beta}_j = 0.6203$의 95% 신뢰구간을 구하면 이 신뢰구간이 0 을 포함하고 있기 때문에 귀무가설 $H_0 : \beta_j = 0$을 기각하지 못한다.

```
> beta.hat = solve(t(X) %*% X) %*% t(X) %*% y
> beta.hat[6] + se.hat[6] * qt(1-0.025, n-p-1) * c(-1,1)
[1] -0.3867092  1.6272659
```

10.2.3 정규분포 가정을 했을 때의 두 선형모형의 비교

다중선형회귀분석에서는 각 회귀계수에 대한 추론뿐만 아니라 더 다양한 추론을 할 수 있다. 예를 들면, 예 10.7에서 Generosity와 Corruption의 두 설명변수를 제외하고 $k = 4$개의 설명변수만으로 세운 선형회귀모형 (축소모형, reduced model)과 $p = 6$개의 모든 설명변수들이 이용한 선형회귀모형 (완전모형, full model) 중 한 모형을 선택하는 문제가 있을 수 있다. 이를 도식화해보면, p개의 모든 설명변수들을 이용한 완전모형을 (10.14)로 표현할 때, 첫번째부터 k번째까지의 k개의 설명변수를 이용한

축소모형은

$$\begin{aligned} y_i &= \beta_0 + \beta_1 x_{i1} + \cdots + \beta_k x_{ik} + \epsilon_i, \qquad (i = 1, \ldots, n) \\ &= \beta_0 + \beta_1 x_{i1} + \cdots + \beta_k x_{ik} + 0 \cdot x_{i,k+1} + \cdots + 0 \cdot x_{ip} + \epsilon_i \end{aligned}$$

로 표현할 수 있으며 완전모형의 특별한 경우 ($\beta_{k+1} = \cdots = \beta_p = 0$)가 축소모형이 됨을 확인할 수 있다[2]. 따라서, 두 모형의 선택에 대한 문제를 다음의 두 가설에 대한 가설검정의 문제로 치환한다.

$$H_0 : \beta_{k+1} = \cdots = \beta_p = 0 \quad \text{vs} \quad H_1 : \beta_{k+1}, \ldots, \beta_p \text{ 중 하나 이상은 0이 아니다.} \tag{10.22}$$

가설 (10.22)의 검정에서 또는 두 모형을 비교할 때의 유의할 점은, 검정의 대상이 아닌 설명변수들 $X_1, \ldots, X_k$은 항상 모형에 포함되어 있다는 점이다. 즉, 우리가 검정하려고 하는 대립가설은 단순히 "설명변수들 $X_{k+1}, \ldots, X_p$와 Y가 관계가 있다"가 아니라,

H_1 : "$X_1, \ldots, X_k$들이 설명하지 못하는 Y의 변동을
$X_{k+1}, \ldots, X_p$의 선형결합으로 설명할 수 있다"

이다. 반대로 귀무가설에서의 가정은

H_0 : "$X_{k+1}, \ldots, X_p$가 설명할 수 있는 Y의 변동은
이미 $X_1, \ldots, X_k$로 설명가능하다"

이다.

논의를 간단히 하기 위해 귀무가설에서의 축소모형을 다음과 같이 표시한다. (아래 첨자 "$_0$"은 귀무가설에서의 모형을 뜻한다.)

$$\mathbf{y} = \mathbf{X}_0 \boldsymbol{\beta}_0 + \epsilon = \begin{pmatrix} 1 & x_{11} & x_{12} & \cdots & x_{1k} \\ 1 & x_{21} & x_{22} & \cdots & x_{2k} \\ \vdots & \vdots & \vdots & \ddots & \vdots \\ 1 & x_{n1} & x_{n2} & \cdots & x_{nk} \end{pmatrix} \begin{pmatrix} \beta_0 \\ \beta_1 \\ \beta_2 \\ \vdots \\ \beta_k \end{pmatrix} + \begin{pmatrix} \epsilon_1 \\ \epsilon_2 \\ \vdots \\ \epsilon_n \end{pmatrix}. \tag{10.23}$$

[2] 회귀계수에 대한 더 일반적인 가설, 예를 들면 $H_0 : \mathbf{C}\boldsymbol{\beta} = 0$에 대한 정규분포에 근거한 검정방법도 잘 개발되어 있다. 이와 같은 일반적인 상황에서도 검정통계량의 영분포를 정규분포 이론, 순열분포 또는 붓스트랩 재표집으로 근사할 수 있다. 그 원칙과 과정이 축소모형과 완전모형을 비교할 때와 같으므로, 여기서는 논의하지 않는다.

축소모형에서의 디자인행렬 $\mathbf{X}_0$과 회귀계수들의 벡터 $\boldsymbol{\beta}_0$를 이용하여 완전모형 (10.15)를 다시 표현하면

$$\mathbf{y} = \mathbf{X}\boldsymbol{\beta} + \epsilon = \mathbf{X}_0\boldsymbol{\beta}_0 + \mathbf{X}_1\boldsymbol{\beta}_1 + \epsilon, \tag{10.24}$$

$$\mathbf{X}_1\boldsymbol{\beta}_1 = \begin{pmatrix} x_{1,k+1} & x_{1,k+2} & \cdots & x_{1p} \\ x_{2,k+1} & x_{2,k+2} & \cdots & x_{2p} \\ \vdots & \vdots & \ddots & \vdots \\ x_{n,k+1} & x_{n,k+2} & \cdots & x_{np} \end{pmatrix} \begin{pmatrix} \beta_{k+1} \\ \vdots \\ \beta_p \end{pmatrix}$$

이 되며, 완전모형에서 추가된 변수의 개수 (또는 검정의 대상이 되는 변수의 개수)를 $q = p - k$로 표기하도록 하자. 완전모형에서의 디자인행렬이 $\mathbf{X} = [\mathbf{X}_0, \mathbf{X}_1]$이다.

완전모형에서의 햇 행렬을 $\mathbf{H} = \mathbf{X}(\mathbf{X}'\mathbf{X})^{-1}\mathbf{X}'$, 축소모형에서의 햇 행렬을 $\mathbf{H}_0 = \mathbf{X}_0(\mathbf{X}_0'\mathbf{X}_0)^{-1}\mathbf{X}_0'$으로 표현하자. 축소모형 (10.23)에서의 회귀계수 벡터 β_0의 추정량과 잔차는

$$\hat{\boldsymbol{\beta}}_{0(0)} = (\mathbf{X}_0'\mathbf{X}_0)^{-1}\mathbf{X}_0'\mathbf{y}, \quad \mathbf{e}_0 = \mathbf{y} - \mathbf{X}_0\hat{\boldsymbol{\beta}}_{0(0)} = (\mathbf{I}_n - \mathbf{H}_0)\mathbf{y}$$

이다. (이때 아래첨자 "$_{(0)}$"는 축소모형에서의 (또는 귀무가설에서의) 추정량이라는 뜻이다.) 완전모형 (10.24)에서의 회귀계수벡터 $\boldsymbol{\beta}$의 최소제곱추정량을

$$\hat{\boldsymbol{\beta}} = (\mathbf{X}'\mathbf{X})^{-1}\mathbf{X}'\mathbf{y} = \begin{pmatrix} \hat{\boldsymbol{\beta}}_0 \\ \hat{\boldsymbol{\beta}}_1 \end{pmatrix} = \begin{pmatrix} \hat{\boldsymbol{\beta}}_0 \\ \{\mathbf{X}_1'(\mathbf{I}_n - \mathbf{H}_0)\mathbf{X}_1\}^{-1}\mathbf{X}_1'(\mathbf{I}_n - \mathbf{H}_0)\mathbf{y} \end{pmatrix}$$

으로 표현할 수 있다. (특수한 경우를 제외하면, 일반적으로 $\hat{\boldsymbol{\beta}}_0 \neq \hat{\boldsymbol{\beta}}_{0(0)}$이다.) 이때의 잔차는 $\mathbf{e} = (\mathbf{I}_n - \mathbf{H})\mathbf{y}$이다. 축소모형은 완전모형에서 $\boldsymbol{\beta}_1 = 0$일 때의 모형이므로 두 모형에서의 잔차의 크기를 비교하는 것으로 회귀계수 벡터 $\boldsymbol{\beta}_1$이 유의하게 0과 다른지를 검정한다. 축소모형인 귀무가설에서의 잔차제곱합은

$$SSE_0 = \sum_{i=1}^{n} e_{i(0)}^2 = \mathbf{e}_0'\mathbf{e}_0 = \mathbf{y}'(\mathbf{I}_n - \mathbf{H}_0)\mathbf{y}$$

이며, 완전모형에서의 잔차제곱합은 $SSE = \mathbf{e}'\mathbf{e} = \mathbf{y}'(\mathbf{I}_n - \mathbf{H})\mathbf{y}$이다. 축소모형에서의 계수들 $\boldsymbol{\beta}_0$ (또는 그에 해당하는 변수들)이 주어졌을 때, 추가적으로 회귀계수 벡터

$\boldsymbol{\beta}_1$을 추정하여 얻는 이득 $SSR_{\boldsymbol{\beta}_1|\boldsymbol{\beta}_0}$을 두 잔차제곱합의 차이

$$SSR_{\boldsymbol{\beta}_1|\boldsymbol{\beta}_0} = SSE_0 - SSE = \mathbf{y}'(\mathbf{I}_n - \mathbf{H}_0)\mathbf{y} - \mathbf{y}'(\mathbf{I}_n - \mathbf{H})\mathbf{y} = \mathbf{y}'(\mathbf{H} - \mathbf{H}_0)\mathbf{y}$$

로 표현할 수 있다. 이를 표준화하기 위해 완전모형에서의 잔차제곱합과 비교하고 각각의 자유도로 나누면, 가설 (10.22)를 검정하기 위한 검정통계량은

$$F = \frac{SSR_{\boldsymbol{\beta}_1|\boldsymbol{\beta}_0}/q}{SSE/(n-p-1)} \tag{10.25}$$

이다. 귀무가설이 사실일 때 (그리고 오차가 정규분포를 따를 때) F의 영분포가 $F \sim F_{q,n-p-1}$임이 알려져 있으므로 이를 F-통계량이라고 부른다. 검정통계량의 관측값이 F_{obs}이라면, 가설 (10.22)를 검정할 때의 p-값은 $p = P(F_{q,n-p-1} \geq F_{obs})$이다.

예 10.9

예 10.8을 이어서, 이번에는 귀무가설 $H_0 : \beta_5 = \beta_6 = 0$ (즉, Generosity와 Corruption의 계수가 0)을 정규분포 가정 아래에서 검정한다. 축소모형의 디자인행렬 $\mathbf{X}_0$는 $\mathbf{X}$의 첫 5개 열로 이루어져 있으며, $\mathbf{X}_1$는 나머지 두 개의 열에 해당한다.

```
> X0 = X[,1:5]
> X1 = X[,6:7]
> q = 2
```

이를 이용하여 F-통계량 (10.25)의 관측값을 다음과 같이 구할 수 있다. (함수 `drop()`은 `F.obs`가 1×1 행렬이 아닌 스칼라값을 가지도록 불필요한 요소를 제거하는 함수이다.)

```
> Hat = X %*% solve(t(X) %*% X) %*% t(X)
> Hat0 = X0 %*% solve(t(X0) %*% X0) %*% t(X0)
> SSR = t(y) %*% (Hat - Hat0) %*% y
> SSE = sum(y^2) - t(y) %*% Hat %*% y
> (F.obs = drop(SSR/SSE * (n-p-1) / q))
[1] 3.599035
```

이 값을 이론적인 영분포인 $F_{2,153-6-1}$ (그림의 밀도함수)과 비교하면 p-값을 구할 수 있다.

```
> (p.theory = 1- pf(F.obs, q, n-p-1))
[1] 0.02980354
```

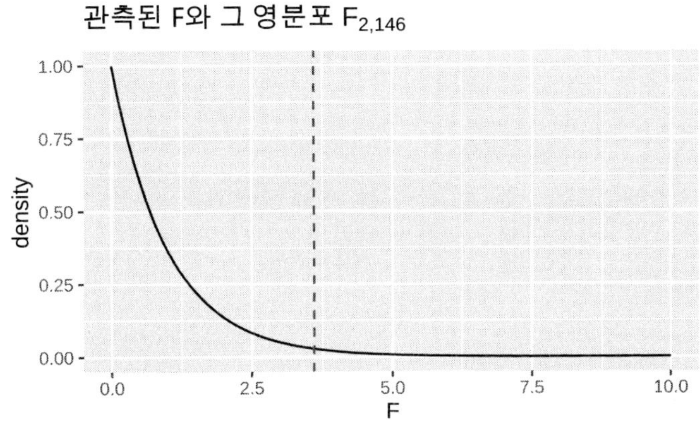

참조

축소모형이 완전모형에서 한 개의 변수만을 생략한 형태일 때는 검정하는 변수가 $q = 1$개만 있으며, 이때의 F-통계량 (10.25)은 t-통계량 $t_{j(0)}$ (10.20)의 제곱과 같다. 거꾸로 생각하면, 회귀계수 β_j에 대한 검정에서의 귀무가설 $H_0 : \beta_j = 0$이 사실일 때의 모형은 j번째 변수를 제외한 $k = p - 1$개의 설명변수들로 이루어진 축소모형과 같다.

10.3 다중선형회귀모형에서의 비모수적 추론

다중선형회귀분석에서는 한 회귀계수 β_j에 대한 신뢰구간과 검정 또는 여러 회귀계수에 대한 가설 $H_0 : \beta_{k+1} = \ldots = \beta_p = 0$을 검정하는 두 가지 종류의 통계적 추론을 한다. 오차의 정규분포 가정을 근사적으로라도 만족시키지 못할 때, 정규분포 이론에 근거한 t-검정, F-검정 대신 재표집을 이용한 순열검정과 붓스트랩을 이용한 신뢰구간과 검정을 이용한다.

10.3.1 순열검정

다중선형회귀분석의 일반적인 가설 (10.22)를 순열검정을 이용하여 검정하고자 한다. 뒤섞기를 통해 그 영분포를 구할 검정통계량은 F (10.25)를 이용한다. 검정하고자 하는 회귀계수의 개수가 $q = p - k = 1$이면, 그 회귀계수에 대한 가설검정이 되며, 이때는 검정통계량으로 t- 통계량 t_j (10.20)을 사용할 수 있다. 한 회귀계수에 대한 양측검정을 할 때에는 F를 이용한 순열검정과 t_j를 이용한 순열검정의 결과가 동일하지만, 단측검정 $H_1 : \beta_j > 0$은 t-통계량을 이용할 때만 가능하다.

회귀모형에서 순열검정을 할 때에는 오차 ϵ_i들이 교환가능하다는 가정이 필수적임을 단순선형회귀분석에서 살펴보았다. 단순선형회귀모형에서는 귀무가설이 사실일 때 반응변수의 관측값들 $y_1, \ldots, y_n$이 서로 교환가능하므로, 이 사실을 이용하여 순열검정을 진행하였다. 다중선형회귀분석에서는 귀무가설 $H_0 : \beta_{k+1} = \ldots = \beta_p = 0$이 사실일 때의 관측값들이

$$y_i = \beta_0 + \beta_1 x_{i1} + \cdots + \beta_k x_{ik} + \epsilon_i \quad (i = 1, \ldots, n) \tag{10.26}$$

로 표현이 되며, 이때 오차 ϵ_i들이 교환가능하지만, 불행하게도 관측값 y_i들은 교환가능하지 않다[3]. 따라서, 순열검정의 장점인 "(조건부로) 정확한 추론"은 불가능하다.

교환가능하지만 관측이 불가능한 오차를 섞는 방법은 불가능하고, 교환가능하지 않은 관측값 y_i을 뒤섞는 방법은 만족스럽지 않아, 여러 가지 다른 방법의 순열검정이 제안되었다. 여기서 소개할 어떤 방법도 정확한 가설검정의 방법은 아니지만, 표본의 크기 n이 클수록 근사적으로 정확한 검정방법이 되며, n이 매우 크면 같은 검정 결과를 주는 방법들이다. 이 방법들은 에프론의 붓스트랩이 알려진 뒤에 개발되어 붓스트랩 검정과 유사한 점이 있다. 이 방법들을 하나씩 알아보도록 하자.

먼저 (1) 관측값들을 뒤섞는 방법과 (2) 귀무가설에서 잔차를 뒤섞는 방법을 알아본다. 이 두 방법은 붓스트랩 검정에서 귀무가설에서의 재표집과 유사하다. 이후 (3) 완전모형에서의 잔차를 뒤섞는 방법도 알아보겠다. 다음의 표기를 쓴다. 모두 p개의 설명변수들이 있는 i번째 관측값을 $(x_{i1}, \ldots, x_{ip}, y_i) = (\mathbf{x}_i, y_i)$ 로 표현한다. 완전모형에서의 관측값은 $\mathcal{D} = \{(\mathbf{x}_1, y_1), \ldots, (\mathbf{x}_n, y_n)\}$이다.

관측값들을 뒤섞는 방법

가장 간단한 방법으로서, (교환가능하지 않은) 반응변수의 관측값 $\{y_1, \ldots, y_n\}$을 마치 교환가능한 것처럼 간주하고 뒤섞어 검정통계량 F의 순열분포를 생성하는 방법을 생각할 수 있다 (Manly, 2006). 이때의 뒤섞인 표본은 반응변수의 순서만을 랜덤하게 뒤섞은 $\mathcal{D}^* = \{(\mathbf{x}_1, y_1^*), \ldots, (\mathbf{x}_n, y_n^*)\}$이며, $(y_1^*, \ldots, y_n^*)$는 $\{y_1, \ldots, y_n\}$를

---

[3] 이 사실을 간단히 보기 위해 $k = 1$, $\beta_1 = 1$이라고 가정하면 $E(y_1) = \beta_0 + x_{11} \neq \beta_0 + x_{21} = E(y_2)$로서 관측값들의 분포의 평균이 설명변수의 값에 따라 다르다. 즉, y_1과 y_2의 분포가 다르므로 교환가능하지 않다.

순차적으로 단순비복원추출하여 구할 수 있다.

이때의 랜덤순열검정은 다음과 같은 절차를 따른다.

1. 관측값 $\mathcal{D}$로부터 검정통계량 F_{obs}를 계산한다.
2. 반복 수 $M = 1999$에 대해, 각 $i = 1, \ldots, M$에서의 랜덤하게 뒤섞인 표본 $\mathcal{D}^{*i}$를 생성한 뒤 이를 이용하여 검정통계량 F^{*i}를 계산한다.
3. 가설 (10.22)의 p-값은 $p \approx \sum_{i=0}^{M} I(F^{*i} \geq F_{obs})/(M+1)$이다. (이때, $F^{*0} := F_{obs}$이다.)

귀무가설에서의 잔차를 뒤섞는 방법

두 번째 방법은 교환가능하지만 관측이 불가능한 오차 대신에 잔차 $e_{i(0)}$ (또는 조정된 잔차 $r_{i(0)}$)을 뒤섞는 방법이다 (Freedman & Lane, 1983) . 귀무가설에서의 축소모형 (10.26)을 가정하고, 축소모형의 계수추정값 $\hat{\boldsymbol{\beta}}_{0(0)} = (\hat{\beta}_{0(0)}, \hat{\beta}_{1(0)}, \ldots, \hat{\beta}_{k(0)})$ 과 잔차 $(e_{1(0)}, \ldots, e_{n(0)})' \equiv \mathbf{e}_0 = (\mathbf{I}_n - \mathbf{H}_0)\mathbf{y}$를 이용하여, 귀무가설에서의 가장 "그럴법한" 모형

$$y_i = \hat{\beta}_{0(0)} + \hat{\beta}_{1(0)}x_{i1} + \cdots + \hat{\beta}_{k(0)}x_{ik} + e_{i(0)}, \quad i = 1, \ldots, n \tag{10.27}$$

을 구축한다. 이 근사모형에서 (근사적으로 교환가능한) 잔차들 $\{e_{1(0)}, \ldots, e_{n(0)}\}$을 단순비복원추출하여 $(e^*_{1(0)}, \ldots, e^*_{n(0)})$를 구하고, 이를 이용하여 "뒤섞인 반응변수값"

$$y^*_i = \hat{\beta}_{0(0)} + \hat{\beta}_{1(0)}x_{i1} + \cdots + \hat{\beta}_{k(0)}x_{ik} + e^*_{i(0)}, \quad i = 1, \ldots, n \tag{10.28}$$

을, 마지막으로 뒤섞인 표본 $\mathcal{D}^* = \{(\mathbf{x}_1, y^*_1), \ldots, (\mathbf{x}_n, y^*_n)\}$을 구한다.

이때의 랜덤순열검정의 절차는 관측값들을 뒤섞을 방법을 이용했을 때의 절차 (1, 2, 3단계)와 동일한데, 랜덤하게 뒤섞인 표본 $\mathcal{D}^*$을 구하는 방법만 다르다.

완전모형에서의 잔차를 뒤섞는 방법

세 번째 방법은 피벗을 이용한 붓스트랩 재표집의 순열검정 버전으로 이해할 수 있다. 앞의 두 방법으로 구한 뒤섞인 표본이 모두 귀무가설에서 나올법한 표본이었다면, 지금부터 소개할 방법으로 재표집된 표본은 (대립가설이 사실인 경우에는) 대립가설에서 나올법한 표본이다. 이 방법은 완전모형에서의 잔차를 뒤섞으므로 그 잔차의

분산이 축소모형에서의 잔차의 분산보다 작다. 따라서, 통계량 F의 영분포의 분산도 작아질 것을 (즉, 검정력이 높아지기를) 기대하고 고안한 방법이다 (Ter Braak, 1992).

먼저 완전모형에서의 잔차를 뒤섞어 재표집하는 방법을 설명한다. 완전모형에서의 잔차 $(e_1, \ldots, e_n)' \equiv \mathbf{e} = (\mathbf{I}_n - \mathbf{H})\mathbf{y}$를 구한다. 조정된 잔차 r_i (10.18)을 잔차 대신 이용해도 된다. 근사적으로 교환가능한 잔차들 $\{e_1, \ldots, e_n\}$을 단순비복원추출하여 $(e_1^*, \ldots, e_n^*)$를 구하고, 완전모형에서의 회귀계수추정값 $\hat{\boldsymbol{\beta}}$를 이용한 예측값 $\hat{y}_i$ 들에 뒤섞인 잔차를 더해 뒤섞인 반응변수값

$$y_i^* = \hat{\beta}_0 + \hat{\beta}_1 x_{i1} + \cdots + \hat{\beta}_p x_{ip} + e_i^* = \hat{y}_i + e_i^*, \quad i = 1, \ldots, n \tag{10.29}$$

을 구한 뒤, 마지막으로 뒤섞인 표본 $\mathcal{D}_{\text{full}}^* = \{(\mathbf{x}_1, y_1^*), \ldots, (\mathbf{x}_n, y_n^*)\}$을 구한다.

이때의 뒤섞인 표본은 완전모형 (또는 대립가설)에서의 표본임을 기억하자. 즉, $\mathcal{D}_{\text{full}}^*$로부터 최소제곱추정량 $\hat{\boldsymbol{\beta}}^*$을 계산하면 이 값이 마치 붓스트랩 복제값처럼 $\hat{\boldsymbol{\beta}}$ "근처"에서 발견된다. (귀무가설에서의 잔차를 뒤섞거나, 관측값들을 뒤섞은 표본에서의 추정량면 $\hat{\beta}_{k+1}^*, \ldots, \hat{\beta}_p^*$는 0 근처의 값이 나온다.) 따라서, 이 방법의 뒤섞기를 이용할 때는 검정통계량이 피벗의 형태로 표현될 수 있어야 한다.

일반적인 F 통계량은 $\boldsymbol{\beta}_1 = 0$일 때만 (정규분포 가정 아래에서) F분포를 따르며, 이를 $\boldsymbol{\beta}_1 \neq 0$일 때의 피벗으로 표현하기가 일견 어려워 보인다. 하지만, F-통계량의 식 (10.25)에서 $SSR_{\boldsymbol{\beta}_1|\boldsymbol{\beta}_0}$과 동치인 표현이 $\hat{\boldsymbol{\beta}}_1'\{\mathbf{X}_1'(\mathbf{I}_n - \mathbf{H}_0)\mathbf{X}_1\}\hat{\boldsymbol{\beta}}_1$ 임을 알고 있다면[4]

$$F = \frac{SSR_{\boldsymbol{\beta}_1|\boldsymbol{\beta}_0}/q}{SSE/(n-p-1)} = \frac{(\hat{\boldsymbol{\beta}}_1 - \mathbf{0})'\{\mathbf{X}_1'(\mathbf{I}_n - \mathbf{H}_0)\mathbf{X}_1\}(\hat{\boldsymbol{\beta}}_1 - \mathbf{0})}{q \cdot s^2}$$

으로 표현된다 (여기서 s^2은 완전모형에서의 오차의 분산 추정량 (10.16)이다). 따라서, $\boldsymbol{\beta}_1 \neq 0$일 때에도 모두 같은 $F_{q,n-p-1}$ 분포를 따르는

$$F_{\boldsymbol{\beta}_1} = \frac{(\hat{\boldsymbol{\beta}}_1 - \boldsymbol{\beta}_1)'\{\mathbf{X}_1'(\mathbf{I}_n - \mathbf{H}_0)\mathbf{X}_1\}(\hat{\boldsymbol{\beta}}_1 - \boldsymbol{\beta}_1)}{q \cdot s^2} \tag{10.30}$$

이 곧 피벗이다. 이 $F_{\boldsymbol{\beta}_1}$의 분포가 $F_{q,n-p-1}$ 임을 받아들일 수 없을 때 (즉, 정규분포 가정을 할 수 없을 때)에도 $F_{\boldsymbol{\beta}_1}$이 피벗이라면, 뒤섞인 표본 $\mathcal{D}_{\text{full}}^* = \{(\mathbf{x}_1, y_1^*), \ldots, (\mathbf{x}_n, y_n^*)\}$을 이용하여 순열검정을 실시한다. 랜덤순열검정은 다음과 같은 절차를 따른다.

[4]이 사실은 이 책의 수준을 감안하여 그냥 받아들이도록 하자. (햇 행렬의 성질과 블록화된 행렬의 역행렬에 대한 표현을 이용하면 쉽게 보일 수 있다.)

1. 관측값 $\mathcal{D}$ 로부터 검정통계량 F_{obs} (10.25)를 계산한다.
2. 반복 수 $M = 1999$ 에 대해, 각 $i = 1, \ldots, M$ 에서의 랜덤하게 뒤섞인 표본 $\mathcal{D}^{*i}_{\text{full}}$ 를 생성한 뒤 이를 이용하여 $\hat{\boldsymbol{\beta}}_1^{*i}$ 와 $(s^{*i})^2$, 그리고 통계량

$$F^{*i}_{\hat{\boldsymbol{\beta}}_1} = \frac{(\hat{\boldsymbol{\beta}}_1^{*i} - \hat{\boldsymbol{\beta}}_1)'\{\mathbf{X}_1'(\mathbf{I}_n - \mathbf{H}_0)\mathbf{X}_1\}(\hat{\boldsymbol{\beta}}_1^{*i} - \hat{\boldsymbol{\beta}}_1)}{q \cdot (s^{*i})^2}$$

   을 계산한다.
3. 가설 (10.22)의 p-값은 $p \approx \sum_{i=0}^{M} I(F^{*i}_{\hat{\boldsymbol{\beta}}_1} \geq F_{obs})/(M+1)$ 이다(이때, $F^{*0}_{\hat{\boldsymbol{\beta}}_1} := F_{obs}$ 이다).

참조

하나의 회귀계수에 대한 가설을 검정할 때도 통계량 F 를 이용하여 검정할 수 있다. 다만

$$H_0 : \beta_j = 0 \quad \text{vs} \quad H_1 : \beta_j > 0 \tag{10.31}$$

의 단측검정을 할 때는 F-통계량 대신 t-통계량 $t_j = (\hat{\beta}_j - \beta_j)/\hat{\text{se}}(\hat{\beta}_j)$ 을 이용하는 것이 더욱 좋은 방법이다. 이때에도 위의 세 가지 순열검정의 방법을 모두 이용할 수 있다. 이해를 돕기 위해, 피벗인 t_j 를 이용한, 완전모형에서의 잔차를 뒤섞는 순열검정의 절차를 서술한다.

1. 관측값 $\mathcal{D}$ 로부터 검정통계량의 관측값 $t_{j(0)} = (\hat{\beta}_j - 0)/\hat{\text{se}}(\hat{\beta}_j)$ 를 계산한다.
2. 반복 수 $M = 1999$ 에 대해, 각 $i = 1, \ldots, M$ 에서의 랜덤하게 뒤섞인 표본 $\mathcal{D}^{*i}_{\text{full}}$ 를 (완전모형에서 잔차를 뒤섞는 방법으로) 생성한 뒤 이를 이용하여 최소제곱추정량 $\hat{\beta}_j^{*i}$ 와 그의 표준오차추정량 $\hat{\text{se}}(\hat{\beta}_j^{*i})$ 을 계산한다. 검정통계량

$$t_j^{*i} = (\hat{\beta}_j^* - \hat{\beta})/\hat{\text{se}}(\hat{\beta}_j^*), \quad i = 1, \ldots, M \tag{10.32}$$

   를 계산한다.
3. 가설 (10.31)의 p-값은 $p \approx \sum_{i=0}^{M} I(t_j^{*i} \geq t_{j(0)})/(M+1)$ 이다(이때, $t_j^{*0} := t_{j(0)}$ 이다).

예 10.10

예 10.9의 귀무가설 $H_0 : \beta_5 = \beta_6 = 0$을 검정하는 세 가지 랜덤순열검정을 시행한다. 검정통계량 F를 피벗의 형태 (10.30)로 계산할 수 있는 함수 `F.pivot()`을 먼저 정의한다.

```
> X10 = X1 - Hat0 %*% X1
> XX10 = t(X10) %*% X10
> XXX10 = solve( t(X10) %*% X10) %*% t(X10)
> F.pivot = function(y.perm, beta1){
+   beta1.hat = XXX10 %*% y.perm
+   SSE = sum(y.perm^2) - t(y.perm) %*% Hat %*% y.perm
+   SSR = t(beta1.hat - beta1) %*% XX10 %*% (beta1.hat - beta1)
+   as.vector(SSR / SSE / q * (n-p-1))
+ }
```

디자인 행렬 $\mathbf{X}$는 어떤 뒤섞기에도 고정되어 있으므로, 계산을 더 빠르게 하기 위해 $\mathbf{H}$ (Hat), $\mathbf{H}_0$ (Hat0), $\mathbf{X}_0$ (X0), $\mathbf{X}_{10} := (\mathbf{I_n} - \mathbf{H}_0)\mathbf{X}_1$ (X10), $\mathbf{X}'_{10}\mathbf{X}_{10} = \mathbf{X}'_1(\mathbf{I_n} - \mathbf{H}_0)\mathbf{X}_1$ (X10), $(\mathbf{X}'_{10}\mathbf{X}_{10})^{-1}\mathbf{X}'_{10}$ (XXX10)를 함수의 바깥에서 한 번만 계산한다.
관측된 F통계량의 값 F_{obs}은 원래의 관측값 벡터 y와 귀무가설에서의 값 $(\beta_5, \beta_6) = (0, 0)$을 대입하여 구한다. 예 10.9와 마찬가지로 3.599 이다.

```
> (F.obs = F.pivot(y, c(0,0)))
[1] 3.599035
```

(1) 관측값들을 랜덤하게 뒤섞는 방법은 다음과 같이 관측값 벡터 y에서 단순비복원 추출하는 것으로 할 수 있다.

```
F.perm.raw = replicate(M, {
  yperm = sample(y,n, replace = FALSE)
  F.pivot(yperm, c(0,0))
})
p.raw = mean(c(F.obs,F.perm.raw) >= F.obs)
```

(2) 귀무가설에서의 잔차를 뒤섞는 방법은 구현하기 위해서는 축소모형에서의 예측값 $\hat{\mathbf{y}}_0$과 잔차 $\mathbf{e}_0$가 필요하다.

```
yhat0 = Hat0 %*% y
res0 = y - yhat0
F.perm.null = replicate(M, {
  yperm = yhat0 + sample(res0,n, replace = FALSE)
  F.pivot(yperm, c(0,0))
```

```
})
p.null = mean(c(F.obs,F.perm.null) >= F.obs)
```

(3) 완전모형에서의 잔차를 뒤섞는 방법을 위해 예측값 $\hat{\mathbf{y}}$과 잔차 $\mathbf{e}$, 그리고 피벗을 계산하기 위해 완전모형에서의 $\hat{\boldsymbol{\beta}}_1$ 이 필요하다.

```
yhat = Hat %*% y
res = y - yhat
beta.hat1 = XXX10 %*% y
F.perm.full = replicate(M, {
  yperm = yhat + sample(res,n, replace = FALSE)
  F.pivot(yperm, beta.hat1)
})
p.full = mean(c(F.obs,F.perm.full) >= F.obs)
```

각각의 p-값들이 모두 비슷하다.

```
> c(p.theory, p.raw, p.null, p.full)
[1] 0.02980354 0.03150000 0.02850000 0.03300000
```

또한 이 데이터의 경우 위에서 구한 세 가지의 순열분포가 거의 비슷하다. 아래 그림에 각각의 순열분포가 히스토그램으로 표시되어 있으며, 이론적인 $F_{q,n-p-1}$ 분포, 그리고 관측된 F_{obs} 와 비교되어 있다.

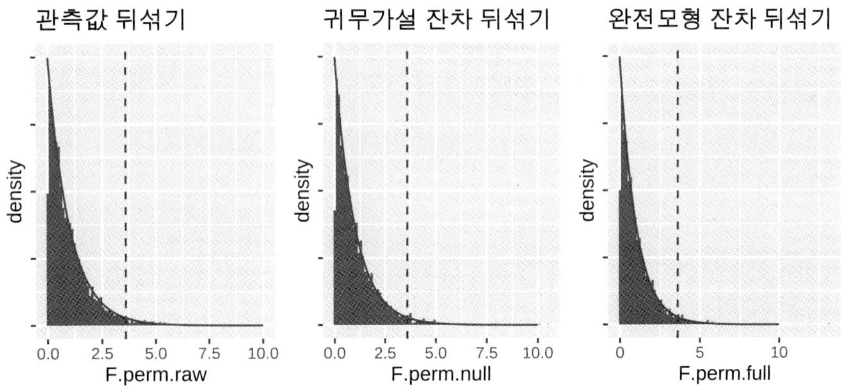

세 가지 방법의 비교

위에서 살펴본 세 가지 순열검정의 방법들 모두 설명변수의 값 $\mathbf{X}$ (특히 축소모형에서의 값 $\mathbf{X}_0$)는 그대로 이용하고 있다. 따라서 세 방법 모두 설명변수의 관측값에 조건부로 이루어지는 검정임을 알 수 있다.

이 중 관측값들을 뒤섞는 방법은 표본의 수가 작을 때 제 1종의 오류를 잘 통제하지 못하는 것으로 알려져 있다 (제1종의 오류율이 주어진 유의수준 α보다 높다). 이 방법은 사실 귀무가설 $H_0 : \beta_{k+1} = \ldots = \beta_p = 0$에서의 순열분포가 아닌 더 구체적인 귀무가설 $H_0 : \beta_1 = \ldots = \beta_p = 0$에서의 순열분포를 생성하므로, 적절한 방법이라고 볼 수가 없다. 귀무가설(축소모형)에서 또는 완전모형에서의 잔차를 뒤섞는 방법은 잔차들을 단순비복원추출하는 방법이므로, 대신 단순복원추출을 이용하면 붓스트랩 재표집이 된다. (10.3.3절에서 살펴볼 회귀계수의 붓스트랩 검정 중 두 가지 방법이 이것과 같다.) 마지막으로, 완전모형에서의 재표집은 피벗의 존재가 핵심적인 조건이라고 할 수 있다.

이 세 방법들은 표본의 개수 n이 클 때는 모두 점근적으로 동일하며, 표본의 개수가 무한히 많지 않은 상황에서는 Freedman and Lane (1983)의 **귀무가설(축소모형)에서의 잔차를 뒤섞는 방법**이 가장 좋음이 시뮬레이션을 통해 밝혀졌다[5].

10.3.2 회귀계수의 붓스트랩 신뢰구간

다중회귀분석의 회귀계수들 β_j의 붓스트랩 신뢰구간을 구하는 과정은 단순회귀분석에서 회귀계수의 붓스트랩 신뢰구간을 구하는 과정과 거의 동일하다. 여기서는 다른 점을 중심으로 간략하게만 설명하도록 한다.

이변량 데이터의 붓스트랩을 관측값 붓스트랩과 잔차 붓스트랩의 두 가지 방법으로 할 수 있음을 알고 있다. 다중회귀분석의 데이터는 변량의 개수가 $p+1$개이지만, p개의 설명변수들 $X_1, \ldots, X_p$이 이변량 데이터의 "X" 변수의 역할을 하므로 자연스럽게 확장이 가능하다.

- 관측값 붓스트랩: n개의 관측값 쌍들을 $\{(\mathbf{x}_1, y_1), \ldots, (\mathbf{x}_n, y_n)\}$에서 단순복원추출하여 재표집한다.
- 잔차 붓스트랩: 다중회귀모형의 잔차 $e_i = y - \hat{y}_i$ 또는 조정된 잔차 $\{r_1, \ldots, r_n\}$ (10.18)에서 단순복원추출한 (붓스트랩 재표집된) 잔차 $r_1^*, \ldots, r_n^*$를 이용하여 붓스트랩 표본 $(\mathbf{x}_i^*, y_i^*) = (\mathbf{x}_i, \hat{y}_i + r_i^*)$을 구한다.

[5] Anderson and Robinson (2001); Anderson and Legendre (1999)를 참조하자.

두 붓스트랩 표집의 장단점은 단순회귀분석에서의 장단점과 같지만, 잔차 붓스트랩을 이용했을 때만 디자인 행렬 **X**가 모든 붓스트랩 표본에서 동일 (햇 행렬 **H**도 동일)하기 때문에 이에 의한 계산적 이점이 단순회귀분석에 비해 훨씬 높다.

어떤 방식으로 붓스트랩 복제값을 만들던지 그를 이용하여 $\hat{\beta}_j$의 편향과 표준오차, 그리고 β_j의 신뢰구간 추정이 가능하다. 다중회귀분석의 변수의 개수 p보다 표본의 수 n이 매우 클 때만 붓스트랩 표본이 모집단의 분포를 잘 근사하므로 붓스트랩 추정값도 표본의 수가 많을 때 신뢰할 수 있다.

다음 R 코드는 잔차 붓스트랩을 이용하여 **X**, $(\mathbf{X}'\mathbf{X}')^{-1}$ (XX), **H** (Hat)를 한번만 계산한 뒤 모든 계수들 β_j의 95% 붓스트랩-t 신뢰구간을 구한다. 붓스트랩-t 신뢰구간에서 필요한 피벗은 $t_j = (\hat{\beta}_j - \beta_j)/\hat{\text{se}}(\hat{\beta}_j)$ (10.20)이다.

예 10.11 (잔차 붓스트랩, 붓스트랩-t 신뢰구간)

예 10.10의 계산에 이어, 회귀계수들에 대한 붓스트랩 신뢰구간을 구하기 위해 붓스트랩 표본에서 t-통계량을 $t_j^* = (\hat{\beta}_j^* - \hat{\beta}_j)/\hat{\text{se}}(\hat{\beta}_j^*)$을 (모든 $j = 0, 1, \ldots, p$에 대해) 계산할 함수 `t.pivot()`을 먼저 정의한다.

```
XX = solve(t(X) %*% X)
Hat = X %*% XX %*% t(X)
t.pivot = function(yboot, beta){
        yhat = Hat %*% yboot
        res = yboot - yhat
        beta.hat  = XX %*% t(X) %*% yboot
        se.beta.hat = sqrt( sum(res^2) / (n-p-1) * diag(XX))
        as.vector( (beta.hat - beta)  / se.beta.hat )
}
```

다음의 코드로 붓스트랩 복제값 t_j^*를 계산한다. 조정된 잔차를 이용한 점을 제외하면 (완전모형에서 잔차를 뒤섞는) 순열검정에서의 재표집과 거의 같다. 다른 점이라고는 단 하나, `sample()` 함수의 `replace` 인자의 값이다. 붓스트랩은 복원추출이므로 `replace = TRUE`, 순열검정에서는 비복원추출을 하므로 `replace = FALSE`이다.

```
yhat = lm.out$fitted.values
adjusted.res = lm.out$residuals / sqrt(1 - hatvalues(lm.out))
beta.hat = lm.out$coefficients
B = 1999
t.boot.res = replicate(B, {
        yboot = yhat + sample(adjusted.res, n, replace = TRUE)
        t.pivot(yboot, beta.hat)
```

```
}) %>% t()
```

변수 Generosity의 회귀계수 (β_5)에 대한 95% 붓스트랩-t 신뢰구간은 다음과 같다. 이 데이터는 정규분포 가정이 대략 맞기 때문에, 이 붓스트랩 신뢰구간과 예 10.8의 정규근사 신뢰구간이 거의 같다.

```
> ci.beta5 = beta.hat[6] - se.hat[6] * quantile(t.boot.res[,6],
    probs = c(1-0.025,0.025))
> ci.beta5
     97.5%       2.5%
-0.3737554  1.6320302
```

10.3.3 붓스트랩 검정

단순선형회귀모형에서의 회귀계수 β에 대한 붓스트랩 검정에 네 가지 서로 다른 방법이 있음을 앞에서 알아보았다. 두 개의 서로 다른 재표집 (관측값 붓스트랩과 잔차 붓스트랩)을 두 개의 다른 시나리오 (귀무가설에서의 재표집, 피벗을 이용한 재표집)에서 시행할 수 있으므로 모두 네 가지 다른 방법이 있었다. 다중선형회귀분석에서의 가설 검정 역시 같은 방식으로 시행할 수 있다.

일반적인 가설 $H_0 : \beta_{k+1} = \ldots = \beta_p = 0$을 검정할 때는 피벗인 F-통계량 (10.30)을, 한 회귀계수에 대한 가설 $H_0 : \beta_j = 0$을 검정할 때는 역시 피벗인 t-통계량 (10.20)을 이용한다. 관측된 검정통계량의 값은

$$F_{obs} = \frac{SSR_{\boldsymbol{\beta}_1|\boldsymbol{\beta}_0}/q}{SSE/(n-p-1)} = \frac{(\hat{\boldsymbol{\beta}}_1 - \mathbf{0})'\{\mathbf{X}_1'(\mathbf{I}_n - \mathbf{H}_0)\mathbf{X}_1\}(\hat{\boldsymbol{\beta}}_1 - \mathbf{0})}{q \cdot s^2} \tag{10.33}$$

또는

$$t_{j(obs)} = (\hat{\beta}_j - 0)/\hat{\text{se}}(\hat{\beta}_j) \tag{10.34}$$

이다.

먼저 귀무가설에서의 재표집을 통해 이 검정통계량들의 영분포를 근사하려면 다음과 같은 방법을 이용한다.

- **귀무가설에서 재표집, 관측값 붓스트랩.** 설명변수의 붓스트랩 표본 $\mathbf{x}_1^*, \ldots, \mathbf{x}_n^*$을 $\{\mathbf{x}_1, \ldots, \mathbf{x}_n\}$에서 단순복원추출하고 이와 독립적으로 반응변수의 붓스트랩

표본 $y_1^*, \ldots, y_n^*$ 을 $\{y_1, \ldots, y_n\}$ 에서 단순복원추출하여, 귀무가설에서의 붓스트랩 표본 $\{(\mathbf{x}_1^*, y_1^*), \ldots, (\mathbf{x}_n^*, y_n^*)\}$ 을 재표집한다.

- **귀무가설에서 재표집, 잔차 붓스트랩.** 귀무가설 (축소모형)에서의 예측값 $\hat{\mathbf{y}}_0$, 그리고 잔차 $r_{i(0)}$ 가 있을 때, 잔차들을 단순복원추출하여 붓스트랩 재표집된 관측값 $y_i^* = \hat{y}_{i(0)} + r_{i(0)}^*$ 을 이용한다. (이 재표집된 관측값은 귀무가설의 잔차를 뒤섞는 순열검정에서의 재표본 (10.28)과 거의 같다. 비복원추출 대신 복원추출을 한다.) 이를 이용해 붓스트랩 표본 $\{(\mathbf{x}_1, y_1^*), \ldots, (\mathbf{x}_n, y_n^*)\}$ 을 재표집한다.

각 붓스트랩 재표집 $(b = 1, \ldots, B)$에서 검정통계량

$$F^{*b} = \frac{(\hat{\boldsymbol{\beta}}_1^{*b} - \mathbf{0})'\{\mathbf{X}_1'(\mathbf{I}_n - \mathbf{H}_0)\mathbf{X}_1\}(\hat{\boldsymbol{\beta}}_1^{*b} - \mathbf{0})}{q \cdot (s^{*b})^2}$$

또는

$$t_j^{*b} = (\hat{\beta}_j^{*b} - 0)/\hat{\text{se}}(\hat{\beta}_j^{*b})$$

를 구해 양측검정에서의 p-값을 다음과 같이 계산한다. 이때, $F^{*0} := F_{obs}$, $t_j^{*0} = t_{j(obs)}$ 이다.

$$\begin{aligned} p_F^* &= \sum_{b=0}^{B} I(F^{*b} \geq F_{obs})/(B+1), \\ p_t^* &= \sum_{b=0}^{B} I(|t_j^{*b}| \geq |t_{j(obs)}|)/(B+1). \end{aligned} \tag{10.35}$$

다음으로, 피벗을 이용한 재표집으로 영분포를 근사하는 방법은 다음과 같다.

- **피벗을 이용한 재표집, 관측값 붓스트랩.** n개의 관측값 쌍들 $\{(\mathbf{x}_1, y_1), \ldots, (\mathbf{x}_n, y_n)\}$ 에서 단순복원추출하여 재표집한다. (붓스트랩 신뢰구간을 구할 때의 관측값 붓스트랩 재표집과 같다.)
- **피벗을 이용한 재표집, 잔차 붓스트랩.** 중회귀모형의 잔차 $e_i = y - \hat{y}_i$ 또는 조정된 잔차 $\{r_1, \ldots, r_n\}$ (10.18)에서 단순복원추출한 (붓스트랩 재표집된) 잔차 $r_1^*, \ldots, r_n^*$ 를 이용하여 붓스트랩 표본 $(\mathbf{x}_i^*, y_i^*) = (\mathbf{x}_i, \hat{y}_i + r_i^*)$을 구한다.

(붓스트랩 신뢰구간을 구할 때의 잔차 붓스트랩 재표집과 같으며, 동시에 완전모형에서의 잔차를 뒤섞는 순열검정에서의 재표본 (10.29) 에서 비복원추출 대신 복원추출을 하는 것과도 같다.)

각 붓스트랩 재표집 $(b = 1, \ldots, B)$에서 계산하는 검정통계량은

$$F^{*b} = \frac{(\hat{\boldsymbol{\beta}}_1^{*b} - \hat{\boldsymbol{\beta}}_1)'\{\mathbf{X}_1'(\mathbf{I}_n - \mathbf{H}_0)\mathbf{X}_1\}(\hat{\boldsymbol{\beta}}_1^{*b} - \hat{\boldsymbol{\beta}}_1)}{q \cdot (s^{*b})^2}$$

또는

$$t_j^{*b} = (\hat{\beta}_j^{*b} - \hat{\beta}_j)/\hat{\text{se}}(\hat{\beta}_j^{*b})$$

이다. 이때의 양측검정에서의 p-값은 (10.35) 로 계산한다. 귀무가설 $H_0 : \beta_j = 0$에 대한 피벗을 이용한 붓스트랩 검정방법은 β_j에 대한 붓스트랩-t 신뢰구간을 뒤집는 것과 같다.

예 10.12

예 10.11에서 변수 Generosity의 회귀계수 (β_5)에 대한 95% 붓스트랩-t 신뢰구간이 0을 포함하고 있는 것을 확인하였다. 이 회귀계수에 대해 귀무가설 $H_0 : \beta_5 = 0$과 대립가설 $H_1 : \beta_5 \neq 0$을 피벗을 이용한 재표집, 잔차 붓스트랩을 이용하여 붓스트랩 검정을 한다. 이를 위해서는 붓스트랩 복제값들 (10.3.3) 이 필요한데, 예 10.11에서 이미 이 붓스트랩 복제값들을 생성하여 벡터 `t.boot.res`에 저장해 놓았다. 따라서, 이때의 p-값은 다음과 같이 계산한다.

```
> t5 = t.pivot(y, rep(0,p+1))[6]
> (pvalue = mean(abs( c(t5, t.boot.res[,6])) >= abs(t5)))
[1] 0.215
```

예 10.11의 `ci.beta5`에 계산된, 신뢰수준 95%의 붓스트랩-t 신뢰구간 (-0.39, 1.614) 과 비교하여 보자. 귀무가설의 값 0이 신뢰구간에 포함되어 있기 때문에, 유의수준 5%에서 귀무가설을 기각하지 못한다.

10.4 로버스트 선형회귀분석

지금까지 단순선형회귀 그리고 다중선형회귀에서의 비모수적 추론법으로서 순열검정과 붓스트랩 재표집 방법을 알아보았다. 이 두 방법 모두 회귀계수의 추정을 위해 최소제곱추정법을 이용함을 가정하였다. 최소제곱추정량은 오차의 분포가 서로

독립이며 모두 동일한 정규분포를 따를 때의 최대가능도추정량과 일치하기 때문에, 다음의 두 상황

- 오차의 분포가 정규분포보다 꼬리가 매우 두텁거나 치우친 경우,
- 관측값에 이상점이 있는 경우

에서는 최소제곱추정량의 효율이 떨어진다[6]. 이와 같은 경우에 비모수적인 추정량 또는 로버스트한 추정량을 선호할 수 있다.

이 절에서는 선형회귀분석에서의 회귀 계수에 대한 비모수적, 로버스트 추정량을 알아본다. 여기서, "비모수적"이란 전통적인 의미의 순위와 부호를 이용한 추정량을 말한다. 로버스트한 성질을 가진 추정량은 중앙값, 절사평균 등 관측값의 일부가 "오염"되더라도 그 추정값이 크게 변하지 않는, 즉 강건한 성질을 가진 추정량을 말한다. 순위와 부호를 이용한 추정량은 가장 큰 관측값 (예를 들어 10)이 오염되어 10^{100} 이 되어도 모두 같은 순위 또는 부호를 가지므로, 로버스트한 추정량의 일종으로 생각할 수 있다.

먼저 회귀분석의 상황이 아닌, 한 모집단의 위치 모수를 추정하는 문제에서 위치의 로버스트 추정량를 소개하여, 로버스트 추정량의 개념을 이해한 뒤, 선형회귀분석에 응용한다.

10.4.1 평균의 로버스트 추정량

순열검정을 처음 소개할 때, 두 모집단의 위치 차이에 대한 검정통계량으로 표본평균의 차이 뿐만 아니라, 중앙값의 차이 또는 절사평균들의 차이도 이용했으며, 검정통계량의 선택에 따라 검정의 효율 (검정력)이 다름을 살펴보았다. 모집단의 분포가 대칭이 아니거나 꼬리가 두터울 때에는 표본평균보다 중앙값과 절사평균을 이용했을 때에 더 검정력이 높았다. 꼬리가 두터운 분포는 분포의 중앙으로부터 매우 먼 값이 종종 관측이 되며, 이러한 값을 종종 이상점으로 보기도 한다. (거꾸로

[6]최소제곱추정량 $\hat{\beta}$의 효율이 떨어진다는 뜻은 다음의 세 가지를 모두 의미한다. (1) 추정량 $\hat{\beta}$의 MSE, 분산, 또는 표준오차가 크다, (2) $\hat{\beta}$를 이용하여 만든 β의 신뢰구간의 길이가 길다, 그리고 (3) 가설검정에서 검정력이 작다. 정규분포 가정이 사실이 아닐 때, 정규분포이론에 의한 검정을 하면 제1종의 오류율을 통제하지 못하지만, 추정량 $\hat{\beta}$를 이용한 순열검정 (또는 붓스트랩 검정)을 하면 제1종의 오류는 정확히 (다중회귀분석의 경우는 근사적으로) 통제한다. 다만 이때에도 검정력은 낮을 수 있다. (두 모집단의 비교에서 이표본 t-통계량을 이용한 순열검정의 검정력이 중앙값의 차이를 검정통계량으로 정한 순열검정보다 검정력이 낮은 것과 같은 이치이다.) 마찬가지로, 모수 β의 신뢰구간을 구할 때, 정규분포 가정을 만족하지 않으면 $\hat{\beta}$를 이용한 붓스트랩 신뢰구간의 길이가 길지만 (근사적으로) 정확한 신뢰구간이다.

이야기하면, 이상점을 포함한 데이터는 꼬리가 매우 두터운 분포에서 표집되었다고 볼 수 있다.) 한 모집단의 위치 (평균이 정의가 되는 경우는 모평균)에 대한 추정에서 표본평균은 이상점에 매우 민감한, "로버스트하지 않은" 통계량이며, 이와 대비되는 개념인 중앙값과 절사평균은 대표적인 로버스트 통계량이다. 로버스트함에 대한 척도는 다양하지만, 여기서는 간단하게 높은 붕괴점 (breakdown point)을 로버스트 통계량의 기준으로 삼기로 한다.

붕괴점

표본 $\mathbb{X}_n = \{x_1, \ldots, x_n\}$로부터 계산되는 통계량 $T = T(\mathbb{X}_n)$의 붕괴점에 대해 알아보자. 1개의 아무 관측값 x_i를 골라 그 값을 무한대로 보낼 때의 통계량의 값도 무한히 바뀌면 (즉 $\lim_{x_i \to \infty} T(\mathbb{X}_n) = \infty$이면) 이 통계량이 "붕괴"한다, 즉 "쓸모없어진다"고 말한다. 만약 $b-1$개의 관측값을 무한대로 보낼 때는 붕괴하지 않지만, b개의 어떤 관측값 $x_{i_1}, \ldots, x_{i_b}$을 골라 그 값들을 전부 무한대로 보낼 때, 통계량의 값이 무한대가 되면, 이 통계량은 표본 b개 이상이 오염되었을 때 붕괴한다. 통계량 T의 표본붕괴점은 이 통계량을 붕괴시키기 위한 최소한의 표본의 비율이다. 표본의 오염 개수를 1개부터 순차적으로 늘려가면서 조사했을 때, $b-1$개의 오염에 대해서는 붕괴하지 않고, 즉 어떤 $b-1$개의 관측값에 대해서도

$$\lim_{x_{i_1}, \ldots, x_{i_{b-1}} \to \infty} |T(\mathbf{X}_n)| < \infty$$

이면서, 어떤 b개의 관측값들이 오염되었을 때

$$\lim_{x_{i_1}, \ldots, x_{i_b} \to \infty} |T(\mathbf{X}_n)| = \infty,$$

와 같이 붕괴하면, 이 통계량 T의 붕괴점은

$$\mathrm{BP}(T) = \frac{b}{n}$$

이다. 표본평균, 중앙값, 10%-절사평균의 붕괴점은 대략

$$\mathrm{BP}(\bar{X}_n) = \frac{1}{n} \approx 0, \quad \mathrm{BP}(\mathrm{median}\{X_i\}) = \frac{1}{2}, \quad \mathrm{BP}(10\% \text{ trimmed mean}) = 10\%$$

임을 쉽게 알 수 있다. 붕괴점이 50%인 중앙값이 가장 로버스트한 추정량이다. (세상에 공짜는 없기 때문에, 대부분의 로버스트한 추정량은 추정의 효율이 떨어진다. 제 2장의 예 2.16에서 표본평균 대비 표본 중앙값의 점근상대효율 (ARE)이 63.7%임을 보았다.)

로버스트한 추정량을 고안하는 가장 간단한 방법은 “중심”으로부터 먼 관측값들을 “무시”하는 방법이다. 중앙값은 가장 가운데의 한 개 또는 두 개의 관측값들로부터만 계산이 되므로, 이 외의 모든 관측값들은 무시한다고 볼 수 있다. 10% 절사평균은 양 극단의 각 10%에 해당하는 관측값들을 제거한 뒤 나머지 80%의 관측값들로 표본평균을 구한다. 관측값들을 제거하는 대신 양 극단의 각 10%에 해당하는 관측값들을 10%와 90%의 표본분위수로 대체한 뒤 표본평균을 구하는 것을 윈저화 평균 (Winsorized mean)이라고 부르며, 10% 윈저화 평균은 10%의 붕괴점을 가진다.

예 10.13

한 모집단에서 표집된 $n = 11$개의 관측값이 $-5, -3, -3, -3, -1, 0, 1, 2, 3, 4, 1000$이라고 가정해보자. 마지막 관측값 $x_{11} = 1000$이 오염된 이상점이다. 윈저화 평균을 계산하기 위해 R 패키지 WRS2를 사용하여 표본평균, 10% 절사평균, 10% 윈저화 평균을 계산하면 다음과 같다.

```
> x = c(-5,-3,-3,-3,-1,0,1,2,3,4,1000)
> c(mean(x), mean(x, tr = 0.1), WRS2::winmean(x, tr = 0.1))
[1] 90.45454545  0.00000000  0.09090909
```

절사평균은 양쪽의 극단값 -5와 1000을 제외하고 남은 가운데 9개의 표본의 평균이며, 윈저화 평균은 -5 대신 10% 표본분위수 -3, 1000 대신 90% 표본분위수 4를 관측값으로 대체한 뒤의 전체 11개 (윈저화된) 표본의 평균과 같다. 이상점의 값 1000 대신 10^{100}을 대입해도 절사평균과 윈저화 평균의 값은 변하지 않는다.

M-추정량

절사평균 또는 윈저화 평균은 양 극단에서 같은 비율의 관측값들을 제거하는 방법이다. 만약 예 10.13에서와 같이 이상점이 양 극단이 아닌 오른쪽에만 있을 때에는 정상적인 관측값 -5를 제외하거나 대체할 이유가 없다. 여기서 소개할 M-추정량은 관측값의 분포를 감안하여, 이상점이 어디에 있든, 그 이상점의 영향만을 제거 또는 조정하는 방법이다.

M-추정량을 소개하기 위해 먼저 표본평균 $\bar{x}_n$에 대한 다른 표현을 보도록 한다.

관측값들 x_i가

$$x_i = \mu + \epsilon_i, \quad i = 1, \ldots, n,$$

의 모형을 따르고, 오차항 $\epsilon_i \sim_{i.i.d.} F_\epsilon$의 평균이 0이라면, μ의 추정값인 $\bar{x}_n$는 최소제곱추정량으로 이해할 수 있다. 즉,

$$\bar{x}_n = \arg\min_\mu \sum_{i=1}^n (x_i - \mu)^2 = \arg\min_\mu \sum_{i=1}^n \epsilon_i^2 \tag{10.36}$$

이다. (여기서 $\arg\min_\mu$은 제곱오차의 합 $\sum_{i=1}^n (x_i - \mu)^2$의 최솟값을 주는 μ의 값이다.) 최솟값을 구하기 위해 위 식을 μ에 대해 미분하면, 방정식

$$\sum_{i=1}^n (x_i - \mu) = 0$$

의 해인 $\hat{\mu}$가 곧 $\bar{x}_n$이다.

절사평균과 윈저화 평균은 위 식 (10.36)에서 오차 $|x_i - \mu|$의 값이 큰 일부 관측값들을 제거하거나 (절사평균), 일부의 x_i를 다른 값으로 대체한 뒤에 (윈저화 평균) 계산한 최소제곱추정량이다. 이때 $|x_i - \mu|$가 클수록 관측값 x_i가 이상점일 것이라는 이유로 제외한다. 표본평균이 로버스트하지 않은 이유는 큰 이상점 x_i가 있을 때, 그의 오차 $(x_i - \mu)^2$의 값이 (제곱을 했기 때문에) 매우 크므로, 이 오차를 줄이기 위해서는 $\bar{x}_n$이 이상점 x_i 쪽으로 많이 이동해야 하기 때문이다. 평균 μ의 로버스트한 추정량인 M-추정량을 구하는 핵심 아이디어는 $|x_i - \mu|$이 클 때 적절히 그 관측값을 "무시"할 수 있도록 그 오차의 가중값을 조정하는 형태의 함수를 $(x_i - \mu)^2$ 대신 이용하는 것이다.

참조

만약, 오차항이 정규분포를 따른다면, $X_i \sim_{i.i.d.} N(\mu, \sigma^2)$이 된다. 모수모형이므로, 로그-가능도함수 $\ell(\mu)$를 계산하면

$$\ell(\mu; \mathbb{X}_n) = -\frac{1}{2} \sum_{i=1}^n \left(\frac{x_i - \mu}{\sigma} \right)^2 + \text{const} \tag{10.37}$$

의 형태가 된다. 분산 σ^2이 알려져 있다면, μ의 최대가능도추정량은

$$\bar{x}_n = \arg\max_{\mu} \ell(\mu; \mathbb{X}_n) = \arg\min_{\mu} \sum_{i=1}^{n} \left(\frac{x_i - \mu}{\sigma}\right)^2 \tag{10.38}$$

으로 최소제곱추정량과 같다. M-추정량의 "M"은 최대가능도추정량(MLE)-형태의 추정량이라는 뜻에서 붙여진 이름이다. 이 "M"을 최솟값 (Minimum) 또는 최댓값 (Maximum) 형태의 추정량이기 때문에 붙여진 이름으로 이해해도 무방하다.

M-추정량은 제곱함수 $y = x^2$을 대체하는 어떤 함수 $y = \Psi(x)$를 이용하여

$$\hat{\mu}^{\Psi} = \arg\min_{\mu} \sum_{i=1}^{n} \Psi\left(\frac{x_i - \mu}{\tau}\right)$$

로 정의한다. 여기서 τ는 데이터로부터 추정해야 할 수도 있는 모표준편차 σ의 추정량이다. 이와 동치인 표현으로 M-추정량 $\hat{\mu}^{\Psi}$을 다음 방정식의 해로 정의할 수도 있다. 제곱함수의 도함수 $y = \frac{d}{dx}x^2 = 2x$를 대체하는 함수 $y = \psi(x) = \frac{d}{dx}\Psi(x)$를 이용하여

$$\sum_{i=1}^{n} \psi\left(\frac{x_i - \mu}{\tau}\right) = 0.$$

M-추정량은 함수 Ψ (또는 ψ)에 의해 결정된다. 이 함수의 몇 가지 대표적인 예를 들어보겠다.

1. 표본평균. $\Psi(x) = x^2/2$, 또는 $\psi(x) = x$으로 정한 M-추정량.

2. 표본중앙값. $\Psi(x) = |x|$로 정한 M-추정량. 이때, $\psi(x) = \text{sign}(x)$이다.

3. 후버 (Huber 1964)의 Ψ. 어떤 $k > 0$에 대해 $\psi(x) = \max\{-k, \min\{k, x\}\}$이며,

$$\Psi(x) = \begin{cases} x^2/2, & |x| \le k; \\ k|x| - \frac{k^2}{2}, & |x| > k. \end{cases}$$

   후버의 Ψ 함수에 쓰이는 상수 k는 여러 가지 다른 값으로 정할 수 있지만, 일반적으로는 표준정규분포의 90% 분위수인 $k = 1.28$을 이용한다.

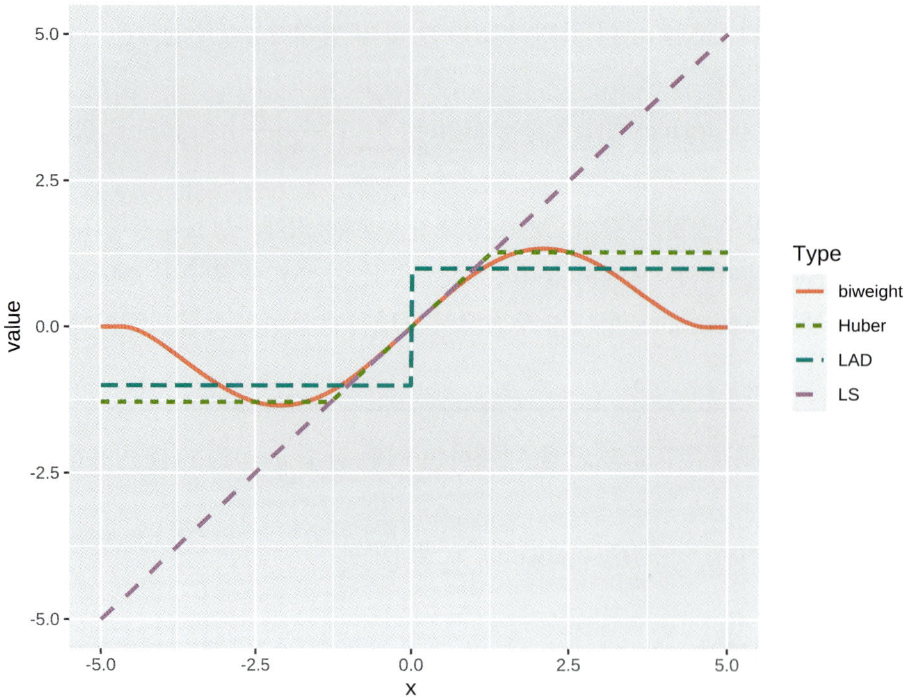

그림 10.4: M-추정량의 함수 ψ의 대표적인 형태. (튜키의 biweight 함수, 후버의 ψ 함수 (Huber), 표본중앙값을 주는 LAD (Least Absolute Deviation), 표본평균을 주는 LS (Least Squares).

4. 튜키(Tukey)의 "biweight" 함수. 어떤 $c > 0$에 대해

$$\psi(x) = \begin{cases} x(1 - (\frac{x}{c})^2)^2, & |x| \le c; \\ 0, & |x| > c. \end{cases}$$

그림 10.4를 참조하자. 표본평균을 제외하면 모두 $|\psi(x)|$의 값이 고정된 상수보다 항상 작다. 이 함수 $\psi(x)$의 입력값인 x가 표준화된 오차인 $(x_i - \mu)/\tau$임을 감안하면, 이 오차가 커도 $|\psi(x)|$의 값이 커지지 않아, 매우 큰 오차를 적절히 무시하는 역할을 한다. 후버의 Ψ 함수는 데이터의 "중앙" ($|x| \le k$)에서는 Ψ 함수의 형태가 표본평균을 구할 때와 같고, "주변"에서는 표본중앙값을 구할 때와 같다. 이와 같은 형태는 표본평균과 같은 추정의 높은 효율과 중앙값과 같은 높은 강건성을 가지기 위해 특별히 고안되었다. 후버의 Ψ 함수를 쓰는 M-추정량은 다음 방정식의 해 (미지수

μ에 대해 풀었을 때의 해)로 정의된다. $\psi(x) = \max\{-k, \min\{k, x\}\}$에 대해,

$$\sum_{i=1}^{n} \psi\left(\frac{x_i - \mu}{\hat{\tau}}\right) = 0. \tag{10.39}$$

여기서 $\hat{\tau} = \text{MAD}\{x_1, \ldots, x_n\} \times 1.4826$ 는 정규분포 $N(\mu, \sigma^2)$을 가정했을 때 σ의 로버스트한 추정량이다[7]. 방정식 (10.39)은 해석적 해가 존재하지 않아, 수치적으로 후버의 M-추정량 $\hat{\mu}^{\Psi}$를 구해야 한다. 후버의 Ψ 함수를 이용한 M-추정량이 가장 대표적인 로버스트 위치 추정량이다.

예 10.14

예 10.13의 데이터는 마지막 관측값 1000이 이상점인 것으로 보인다. 이 모집단의 위치에 대한 후버의 M-추정량 계산을 위해 `WRS2` 패키지의 `mest()`함수 ("M-estimation"의 줄임말)를 이용한다. 이 함수의 인자 `bend = 1.28`로 $k = 1.28$을 지정해준다.

```
> WRS2::mest(x,bend = 1.28)
[1] 0.0693184
```

마지막 관측값의 표준화된 형태 $(1000 - \hat{\mu}^{\Psi})/\hat{\tau}$가 윈저화되었다. 다른 관측값들은 그대로 평균의 계산에 이용되었다.

M-추정량의 붕괴점은 $|\psi(x)|$의 값이 유계일 때 항상 50%이다. 후버의 M-추정량에서 사용한 MAD의 붕괴점도 50%이므로, $\text{BP}(\hat{\mu}^{\Psi}) = 50\%$이다. 후버의 M-추정량의 효율은 k의 선택과 관련이 있다. 정규분포 모집단에서는 k의 값이 클수록 효율이 높아지며, $k = 1.35$일 때, 후버 M-추정량의 표본평균에 대한 점근상대효율은 약 90%인 것으로 알려져 있다.

10.4.2 이상점이 있을 때의 위치에 대한 추론

이상점이 있음이 의심되는 상황에서 위치모수의 신뢰구간은 어떻게 추정해야 할까? 또 만약 위치모수에 대한 가설검정은 어떻게 해야 할까? 관측값 X_i가 $X_i = \mu + \epsilon_i$, $E(\epsilon_i) = 0$임을 가정하지만, 데이터가 오염되어 있을 때의 통계적 추론에 대해 알아보자.

---

[7]참고로, `R`의 `mad()` 함수는 $\text{MAD}\{x_1, \ldots, x_n\}$가 아닌 $\text{MAD}\{x_1, \ldots, x_n\} \times 1.4826$의 값을 계산한다.

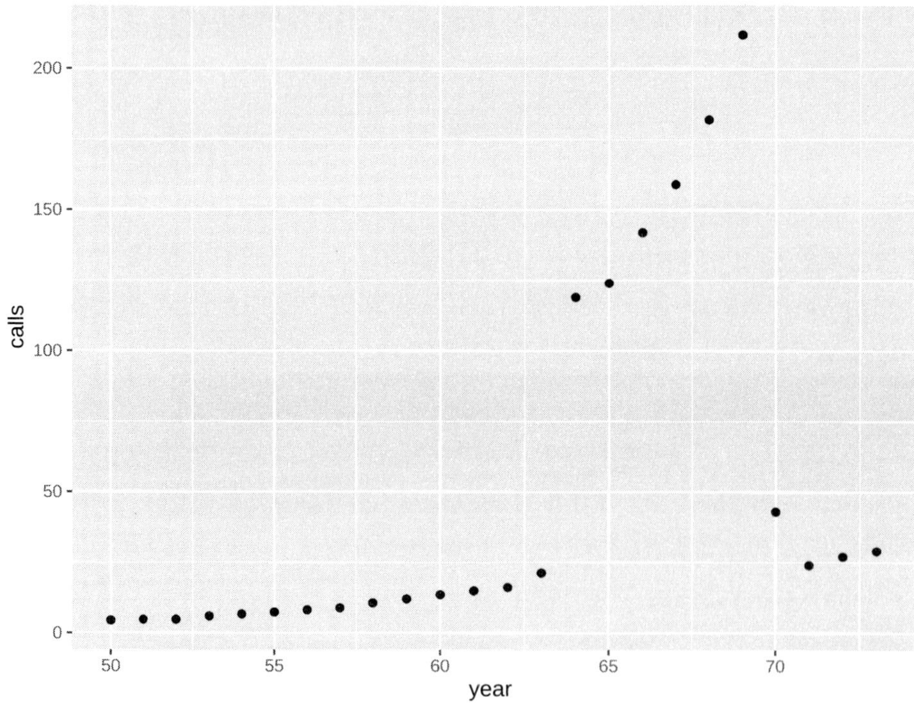

그림 10.5: `MASS::phones` 데이터. 예 10.15를 참조하자.

예 10.15

R의 MASS 패키지 내 phones 데이터에는 1950년부터 1973년까지 24년 동안의 전화통화건수 (백만 단위)가 기록되어 있다. 이 데이터가 그림 10.5에 표시되어 있다. 모두 24개의 관측값 중 적어도 6개는 이상점인 것으로 보인다. 이 데이터를 이용하여 50-70년대의 전화통화건수의 평균에 대한 신뢰구간을 구하고 전화통화건수의 평균이 15(백만) 인지에 대한 검정을 수행하고자 한다.

예 10.15의 가설을 $H_0 : \mu = 15$와 $H_1 : \mu \neq 15$로 표시할 수 있다. 그림 10.5를 조사하면, 이상점으로 보이는 6개의 관측값을 제거할 때 가설 $\mu = 15$을 기각하지 못할 것으로 예측할 수 있다. 오염되지 않은 관측값 X_i가 대칭인 분포를 모집단으로 갖는다고 가정한다면, 제2장에서 소개한 부호검정, 그리고 부호순위검정을 이용하는 것이 좋은 방법이다. 전통적인 분포무관 방법이 오염된 데이터에서의 추론에서도 쓰일 수 있음을 다음 예제에서 확인한다.

예 10.16

예 10.15의 데이터를 이용하여 t-검정을 하면, t-통계량 $\sqrt{n}(\bar{X}_n - \mu_0)/s$의 표본평균 $\bar{X}_n$이 이상점의 영향으로 매우 커져 귀무가설 $H_0 : \mu = 15$를 유의수준 5%에서 기각한다. t-통계량이 이상점의 영향에서 자유롭지 못하므로, 좋지 않은 검정방법이다.

```
> x = MASS::phones$calls
> mean(x)
[1] 49.99167
> t.test(x, mu = 15)$p.value
[1] 0.0154505
```

부호순위검정 (2.2절 참조)의 대표본근사 p값은 0.1573으로 5% 유의수준에서 유의하지 않고 μ의 대표본근사 신뢰구간은 $(12.7, 81.6)$으로 15를 포함한다. 따라서, 부호순위검정을 이용할 때에는 가설 $H_0 : \mu = 15$를 기각하지 못한다.

```
> wilcox.test(x,mu = 15, alternative = "two.sided",
+             exact = F, conf.int = T)

        Wilcoxon signed rank test with continuity correction

data:  x
V = 200, p-value = 0.1573
alternative hypothesis: true location is not equal to 15
95 percent confidence interval:
 12.74998 81.59997
sample estimates:
(pseudo)median
        24.306
```

부호검정 (2.1절 참조)의 정확한 p-값은 0.84, 부호검정으로 구한 신뢰구간은 $(8.1, 43)$으로 역시 부호순위검정과 같은 결론을 준다.

```
> s = sign(x-15)
> n = sum(s != 0)
> (Sobs = sum(s > 0))
[1] 12
> (pvalue.sign.test = 2*(1- pbinom(Sobs,n,1/2)))
[1] 0.8388197
>
> alpha = 0.05
```

```
> l = qbinom(alpha/2, size = n, prob = 1/2); u = n+ 1 - l
> (ci.sign.test.x = sort(x)[c(l,u)]) # CI by sign test
[1]  8.1 43.0
```

윌콕슨의 부호순위검정의 핫지스-레만 추정량인 왈시 평균들의 중앙값 24.306은 부호검정의 핫지스-레만 추정량인 표본중앙값 15.5에 비해 더 (오염된) 표본평균 49.99에 가깝다. 표본평균의 붕괴점은 0, 왈시 평균들의 중앙값의 붕괴점은 대략 29%, 중앙값의 붕괴점은 50%로 붕괴점이 낮을 수록 덜 로버스트하며, 낮은 붕괴점을 가진 통계량으로 구한 신뢰구간의 너비가 더 넓다.

다음으로 후버의 M-추정량을 이용하여 신뢰구간을 구한다. 후버의 M-추정량을 포함한 일반적인 M-추정량은 표본의 크기가 클 때 점근적으로 정규분포를 따르므로, 표준오차를 추정할 수 있다면 정규근사를 이용한 신뢰구간을 추정할 수 있고, 마찬가지 방법으로 가설검정도 시행할 수 있다[8]. 다음 예에서는 후버의 M-추정량으로부터 위치모수 μ의 95% 신뢰구간을 (1) 붓스트랩 표준오차 추정값와 붓스트랩 편향 추정값을 이용하여 구하는 정규근사 붓스트랩 신뢰구간 (8.1절), 그리고 (2) 퍼센타일 붓스트랩 신뢰구간 (8.4절)으로 구한다.

예 10.17

예 10.15의 데이터로부터 후버의 M-추정량을 계산하면 $\hat{\mu}^{\Psi} = 20.84$ 이다.

```
> (mest.obs = WRS2::mest(x))
[1] 20.84105
```

후버의 M-추정량의 편향과 표준오차를 붓스트랩 근사하면 다음과 같다.

```
> set.seed(1)
> B = 1999
> mest.boot = replicate(B,WRS2::mest(sample(x, length(x),
    replace = T)))
> (se.est = sd(mest.boot))
[1] 11.46062
> (bias.est = mean(mest.boot) - mest.obs)
[1] 2.514652
```

[8]M-추정량의 표준오차의 추정에는 이 책에서 소개하지 않는 개념인 influence function에 대한 논의가 필요하므로, 이를 자세히 다루지 않는다. 대신, 표준오차를 추정하기 위해 붓스트랩을 이용할 수 있다.

M-추정량이 표본의 크기가 클 때 다음과 같이 정규분포를 따름을 이용하여 신뢰구간을 구한다.

$$\frac{\hat{\mu}^{\Psi} - \text{bias}(\hat{\mu}^{\Psi}) - \mu}{\text{se}(\hat{\mu}^{\Psi})} \dot{\sim} N(0,1)$$

편향과 표준오차를 붓스트랩 추정값으로 대체하면 다음과 같이 95% 정규근사 붓스트랩 신뢰구간을 계산할 수 있다.

```
> (norm.app.boot.CI = mest.obs - bias.est + se.est * qnorm
    (0.025) *c(1,-1))
[1] -4.136005 40.788792
```

항상 양수이어야 하는 μ의 신뢰구간인데, 음수를 포함하는 구간이 나왔다. 표본의 수가 작아, 정규근사가 잘 되지 않음을 알 수 있다. 퍼센타일 붓스트랩 신뢰구간은 더욱 정확할 것으로 보인다.

```
> (boot.perc.ci.mest = quantile(mest.boot, probs = c
    (0.025,1-0.025)))
    2.5%     97.5%
11.24107 53.34024
```

참고로, 같은 붓스트랩 재표집을 이용한 μ의 95% BCa 신뢰구간은 $(12.1, 67.1)$이다.

10.4.3 회귀계수의 로버스트 추정량

오염된 데이터에서 위치 모수에 대한 로버스트 추정량이 개발된 것과 같은 원리를 이용하여, 선형회귀분석의 계수 추정에서도 다양한 로버스트 추정량이 개발되었다.

회귀계수의 순위검정과 타일-센 추정량

회귀계수의 로버스트 추정량 중 가장 전통적인 추정량은 순위와 부호를 이용한 타일-센 추정량 (Theil, 1950; Sen, 1968)이다. 타일-센 추정량은 단순선형회귀분석의 모형

$$y_i = \alpha + \beta x_i + \epsilon_i, \quad \epsilon_i \sim_{i.i.d.} F_\epsilon \tag{10.40}$$

의 회귀계수들 α와 β에 대해 정의된다. 타일은 순위를 이용해 이 추정량을 정의하였지만 센은 타일의 이 추정량이 켄달의 타우 통계량과 관련있음을 밝혔다. 데이터

$\{(x_1, y_1), \ldots, (x_n, y_n)\}$ 중 두 쌍 (x_i, y_i)와 (x_j, y_j)로부터 "기울기"

$$\beta_{ij} := \frac{y_i - y_j}{x_i - x_j}, \quad 1 \le i < j \le n \tag{10.41}$$

를 구한다면, 이 기울기들의 중앙값

$$\hat{\beta}^{TS} = \text{median}\{\beta_{ij} : 1 \le i < j \le n\} \tag{10.42}$$

이 곧 타일-센의 β 추정량이다. ($x_i = x_j$인 쌍은 제외한다.) 이 방법은 마치 윌콕슨의 (한 모집단의 위치에 대한 부호순위검정에서 유래한) 왈시 평균들의 중앙값, 또는 맨-위트니-윌콕슨 순위합검정에서 유래한 차이값들의 중앙값을 추정량으로 쓰는 방법과 유사하다. 타일-센의 α 추정량은

$$\hat{\alpha}^{TS} = \text{median}\{y_i - \hat{\beta}^{TS} x_i\} \tag{10.43}$$

또는 $y_i - \hat{\beta}^{TS} x_i$들의 왈시 평균들의 중앙값으로 정의된다. (여기서는 간단히 (10.43)를 이용한다.)

타일-센의 기울기 추정량이 켄달의 타우 통계량과 관련있음을 알아보기 위해, 먼저 켄달의 타우 통계량을 이용한 가설검정 절차를 기억해보자. 회귀모형 (10.40)가 사실일 때 다음의 가설

$$H_0 : \beta = 0 \quad \text{vs} \quad H_1 : \beta \ne 0$$

을 검정한다면, 귀무가설에서 두 변수가 서로 독립이므로, 켄달의 타우 통계량 τ_n을 이용한 검정 (정확한 순열검정 또는 대표본근사 검정)이 가능하다. 켄달의 타우 통계량의 영분포를 $K_n(\cdot)$ (누적분포함수)로 표시하면 p-값이 $p = 2\min\{1 - K_n(\tau_n), K_n(\tau_n)\}$이다. 만약 기울기의 어떤 주어진 값 β_0에 대해 가설

$$H_0 : \beta = \beta_0 \quad \text{vs} \quad H_1 : \beta \ne \beta_0 \tag{10.44}$$

를 검정한다면 어떻게 해야 할까? 귀무가설에서 $y_i = \alpha + \beta_0 x_i + \epsilon_i$이 사실이므로,

$$(\alpha + \epsilon_i, x_i) = (y_i - \beta_0 x_i, x_i)$$

의 쌍이 서로 독립이며, 이때의 켄달의 타우 통계량은 $\tau_n(\beta_0) = \sum_{i<j} U_{ij}(\beta_0)/\binom{n}{2}$,

$$\begin{aligned} U_{ij}(\beta_0) &= \text{sign}\left[(x_i - x_j)\{(y_i - \beta_0 x_i) - (y_j - \beta_0 x_j)\}\right] \\ &= \text{sign}\left[(x_i - x_j)\{(y_i - y_j) - \beta_0(x_i - x_j)\}\right] \\ &= \text{sign}\left[(x_i - x_j)^2(\beta_{ij} - \beta_0)\right], \\ &= \text{sign}(\beta_{ij} - \beta_0) \end{aligned}$$

이 된다. 여기서 β_{ij}는 (10.41)에 정의되어 있다.

두 가지 사실을 주목하자. 첫째, 귀무가설 $H_0 : \beta = \beta_0$가 사실일 때, $\tau_n(\beta_0)$의 영분포도 역시 K_n 임을 이용하여 주어진 유의수준에서의 가설검정을 할 수 있다. 둘째, 켄달의 타우 통계량 $\tau_n(\beta_0)$는 곧

$$\tau_n(\beta_0) = \frac{1}{\binom{n}{2}}\left[\#\{\beta_{ij} - \beta_0 > 0\} - \#\{\beta_{ij} - \beta_0 < 0\}\right] \tag{10.45}$$

으로서 β_0와 쌍별 기울기들 $\{\beta_{ij} : 1 \le i < j \le n\}$의 상대적인 위치에 따라 검정의 결과가 달라진다. 윌콕슨의 부호순위검정에 대응되는 신뢰구간이 왈시 평균들의 순서통계량을 이용하여 구할 수 있었던 것과 같은 논리로 켄달의 타우 통계량 $\tau_n(\beta_0)$을 이용한 신뢰구간은 기울기들의 순서통계량 $\beta_{(1)} < \cdots < \beta_{(N)}$, $N = \binom{n}{2}$으로 구할 수 있다. 귀무가설이 사실일 때 $\tau_n(\beta_0)$의 영분포는 항상 켄달의 타우 분포이므로 이 분포의 p-분위수를 $Q_K(p;n)$으로 표시한다면, β의 $1-\alpha$ 신뢰구간은 $(\beta_{(l)}, \beta_{(u)})$,

$$l = \binom{n}{2} \cdot \frac{Q_K(\alpha/2, n) + 1}{2}, \quad u = \binom{n}{2} \cdot \frac{Q_K(1-\alpha/2, n) + 1}{2}, \tag{10.46}$$

으로 정의된다[9]. 이 신뢰구간의 신뢰수준을 낮출 때 마지막으로 남게되는 쌍별 기울기들의 표본중앙값이 곧 타일-센의 기울기 추정량 $\hat{\beta}^{TS}$ (10.42)이다.

타일-센 추정량은 직관적이며 설명하기 쉽고 붕괴점이 BP($\hat{\beta}^{TS}$) = 29.3%로 높은 로버스트성을 가지는 추정량임과 동시에 정규분포 오차를 가정할 때 최소제곱추정량 대비 약 96%의 점근상대효율을 가지는 추정량임이 알려져 있다 (Wilcox, 2011; Peng et al., 2008).

---

[9]검정의 결과를 뒤집는 방식으로 구할 수 있다. 연습문제 10.6을 참조하자.

예 10.18 (단순회귀분석에서의 타일-센 추정량)

제5장의 예 5.2에서 살펴본 13개 국가의 행복도와 국내총생산에 대한 데이터에 대해 최소제곱추정량을 구하면 $\hat{\alpha} = 6.5$, $\hat{\beta} = 0.6$으로 국내총생산과 행복도의 관계가 강하지 않은 것처럼 보인다. 또한, 정규분포를 가정했을 때 $H_0 : \beta = 0$의 일반적인 t-검정의 p-값은 0.311로 두 변수의 관계가 유의하지 않다. 이 데이터에는 국내총생산의 값이 특별히 큰 데이터값이 하나 있어 전체적인 추세가 왜곡되었음을 감안하여, 켄달의 타우 통계량을 이용한 독립성 검정을 하면 대표본근사 p-값이 0.02로서 서로 유의한 관계에 있음을 알 수 있다. 만약 타일-센의 검정을 같은 귀무가설에 대해 시행하면 p-값이 0.02로 동일하게 나올 것은 자명하다.

다음의 R 코드는 켄달의 타우를 이용한 두 변수의 독립성 검정을 시행한다.

```
> wh = read.csv("data/whappiness.csv")
> x = wh$GDP.per.capita
> y = wh$Score
> cor.test(x,y, method = "k")$p.value
[1] 0.01713551
```

이제 최소제곱추정된 회귀직선과 타일-센 추정량을 이용한 회귀직선을 비교하도록 한다. 다음의 R 코드를 이용하여 타일-센 추정량을 계산할 수 있다.

```
> n = length(x)
> pairids = gtools::combinations(n,2)
> pairbetas = data.frame(i = pairids[,1], j = pairids[,2],
+                        betaij = rep(0,nrow(pairids)))
> for (i in 1:nrow(pairids)){
+   betaijs = (y[pairids[i,1]] - y[pairids[i,2]]) /
+     (x[pairids[i,1]] - x[pairids[i,2]])
+   pairbetas[i,3] = betaijs
+ }
> pairbeta_rm = pairbetas %>% filter(betaij != Inf)
> (betaTS = median(pairbeta_rm$betaij))
[1] 2.113208
> (alphaTS = median(y - betaTS * x))
[1] 4.55934
```

13개 국가들의 모두 $\binom{13}{2} = 78$개 쌍에 대해 쌍별 기울기를 구하면, 국내총생산 (X 변수의 값)이 동일한 두 관측값이 있음을 확인할 수 있다. 이 쌍을 제외하고 기울기들의 중앙값을 구하면 $\hat{\beta}^{TS} = 2.11$, $\hat{\alpha}^{TS} = 4.55$로서 최소제곱회귀직선보다 훨씬 기울기가 크다. 그림 10.6에서 두 회귀직선을 비교한다.

참고로, `mblm` 패키지의 `mblm()` 함수, `zyp` 패키지의 `zyp.sen()` 함수, `WRS` 패키지의 `tsreg()`함수로도 단순선형회귀계수의 타일-센 추정값을 계산할 수 있다. 예를 들어 다음과 같이 `mblm::mblm()`을 이용하여 계산하면, 위에서 구한 값과 같은 계수 추정량을 얻을 수 있다.

```
> mblm::mblm(y ~ x, repeated = FALSE)

Call:
mblm::mblm(formula = y ~ x, repeated = FALSE)

Coefficients:
(Intercept)            x
      4.559        2.113
```

마지막으로, 타일-센 추정량을 이용한 β의 95% 신뢰구간을 (10.46)을 이용하여 구한다. 먼저 켄달의 타우 τ_n 분포를 이용하여 순서 l, u를 계산한 뒤, 신뢰구간을 $(\beta_{(l)}, \beta_{(u)})$으로 계산한다.

```
> (l = (1 + SuppDists::qKendall(0.025,n)) * choose(n,2)/2)
[1] 23
> (u = (1 + SuppDists::qKendall(1-0.025,n)) * choose(n,2)/2)
[1] 55
> (TS.CI = sort(pairbeta_rm$betaij)[c(l,u)])
[1] 0.3395639 4.1333333
```

켄달의 타우에 대한 검정 결과 ($\tau = 0$ 기각 또는 $\beta = 0$ 기각)와 마찬가지로, β의 신뢰구간이 0을 포함하고 있지 않다.

타일-센 추정량은 다중선형회귀분석에서는 쉽게 정의되지 않아, 여러 가지의 서로 다른 추정방법이 제시되었다. 이 중 백피팅 (backfitting)을 이용한 방법을 간단히 소개한다. 다음의 다중선형회귀모형을 가정하자.

$$y_i = \mathbf{x}_i'\boldsymbol{\beta} + \epsilon_i = \beta_0 + \beta_1 x_{i1} + \beta_2 x_{i2} + \cdots + \beta_p x_{ip} + \epsilon_i, \quad i = 1, \ldots, n. \tag{10.47}$$

백피팅을 간단히 설명하면, β_j를 추정할 때, $\hat{\beta}_0, \ldots, \hat{\beta}_{j-1}, \hat{\beta}_{j+1}, \ldots, \hat{\beta}_p$는 이미 주어졌다고 가정하는 방법이다. 물론 아무 추정값도 주어져 있지 않으므로, 백피팅 알고리즘의 초깃값이 필요하며, 이 초깃값이 주어졌다고 가정하고 β_j를 $j = 0, 1, \ldots, p$까지 순차적으로, 그리고 반복적으로 추정한다.

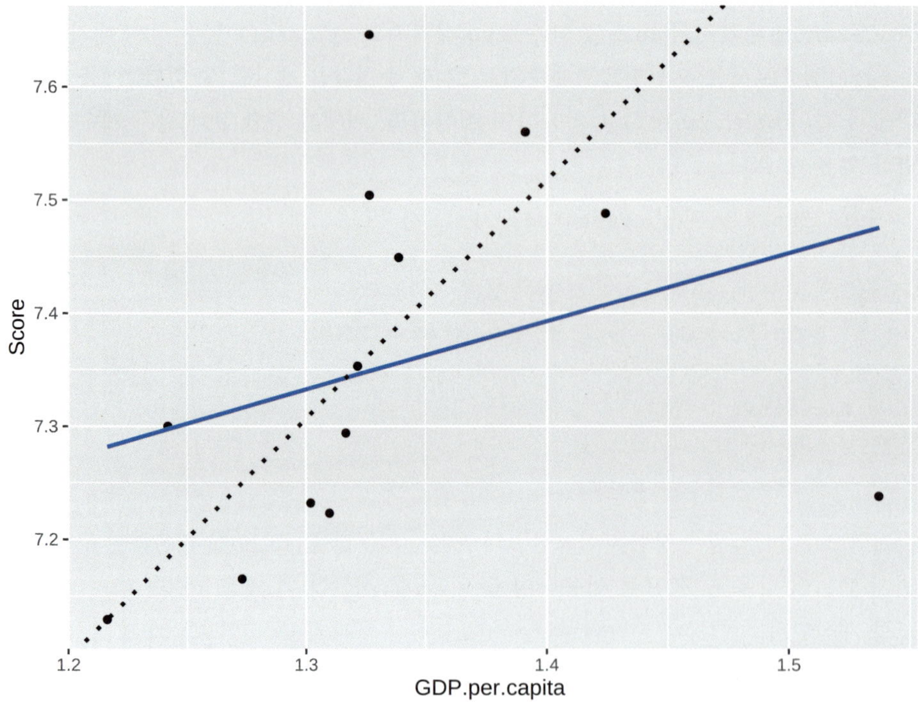

그림 10.6: 타일-센 추정된 회귀직선(점선)과 최소제곱회귀직선(직선)의 비교

1. $j = 1, \ldots, p$에 대해 단순회귀모형 $y_i = \beta_0 + \beta_j x_{ij} + \epsilon_i$ 에서의 타일-센 추정량 $\hat{\beta}_j^{(0)}$을 구한다. (위첨자 "(0)"은 초깃값임을 뜻한다.) 절편의 추정값은 $\hat{\beta}_0^{(0)} = \text{median}\{y_i - \sum_{j=1}^{p} \beta_j^{(0)} x_{ij}\}$로 정한다.

2. 반복 수 $k = 1, 2, 3, \ldots$를 증가시키면서, 각 $j = 1, \ldots, p$ 에 대해 반응변수가 $z_i^{(k)} := y_i - \sum_{l \neq j} \beta_l^{(k-1)} x_{il}$, 설명변수는 x_{ij} 인 단순회귀모형 $z_i^{(k)} = \beta_0 + \beta_j x_{ij} + \epsilon_i$ 의 타일-센 추정량을 구해 $\hat{\beta}_j^{(k)}$로 둔다. 마지막으로 $\hat{\beta}_0^{(k)} = \text{median}\{y_i - \sum_{j=1}^{p} \beta_j^{(k)} x_{ij}\}$이다.

3. 2번 과정을 모든 j에 대해 $\hat{\beta}_j^{(k)} - \hat{\beta}_j^{(k-1)}$이 매우 작을 때까지 반복한다.

예 10.19

다중회귀분석에서의 타일-센 추정량은 위의 백피팅 알고리즘을 이용하여 구해야 한다. 여기서는 예 10.7에서 소개한 월드뱅크의 세계 153개 국가에 대한 행복도를 6개 설명변수로 설명하는 회귀모형의 타일-센 추정량을 구한다. R 패키지 WRS[10]의 `tsreg()` 함수에 위의 백피팅 알고리즘이 구현되어 있으므로 이를 이용한다.

```
> h = read.csv("data/worldbank2020.csv")
> dat = h %>% dplyr::select(3:9)
> colnames(dat) = c("Score", "GDP", "Social",
+                   "Life", "Freedom", "Generosity", "Corruption
    ")
>
> ts.out = WRS::tsreg(as.matrix(dat[,2:7]), dat$Score,iter =
    100)
> ts.out$coef
[1] 1.5819695 0.7203707 1.4465492 1.0861433 1.0267905 1.2907304
    1.1652263
```

iter = 30으로 백피팅 알고리즘의 반복을 30번만 하도록 강제했다. 이 추정값들을 최소제곱추정값과 비교해보자.

```
> lm(Score ~ ., data = dat)$coefficients
(Intercept)          GDP       Social          Life       Freedom
    Generosity  Corruption
  1.8870774    0.7380488    1.1529984    0.9821926    1.4832835
      0.6202784    0.9719126
```

큰 차이는 없지만, 대부분의 변수의 계수 추정값이 조금씩 상승했음을 알 수 있다. 그림 10.3에서 본 산점도를 잘 살펴보면 이상점으로 의심되는 몇 개의 관측값들이 있다. 타일-센 추정량에서는 이 이상점들의 영향이 제거되었다.

다중회귀분석에서의 타일-센 추정량을 이용한 회귀계수에 대한 추론은 딱히 좋은 방법이 없지만, 재표집 (붓스트랩 또는 뒤섞기)을 통한 추론을 이용할 수 있다. 다만, 붓스트랩 재표집이 인위적으로 동점인 관측값을 다량 생산하므로, 붓스트랩 표본분포의 근사가 정확하다고 보장할 수 없다. 순열 검정은 이와 같은 동점의 문제 없이 시행할 수 있다.

[10]WRS 패키지는 CRAN에서 찾을 수 없으므로 https://github.com/nicebread/WRS에서 직접 설치하여야 한다.

최소절사오차제곱 추정량

다중선형회귀모형 (10.47)에서의 회귀계수의 최소제곱추정량은

$$\hat{\boldsymbol{\beta}} = \arg\min_{\boldsymbol{\beta}} \sum_{i=1}^{n} (y_i - \mathbf{x}_i'\boldsymbol{\beta})^2 = \arg\min_{\beta} \sum_{i=1}^{n} \left(e_i(\boldsymbol{\beta})\right)^2 \tag{10.48}$$

이다. 절사평균을 계산할 때 양 극단의 오차가 큰 값들을 제외하고 평균을 구하는 것과 비슷하게 회귀분석에서의 오차제곱 $e_i^2(\boldsymbol{\beta})$이 큰 값들을 제외하였을 때 가장 작은 제곱오차를 주는 회귀계수 벡터 $\boldsymbol{\beta}$의 값을 추정량으로 정하면 최소절사오차제곱 추정량 (Least Trimmed Squares estimator)이 된다. 조금 구체적으로 정의하기 위해 각 $\boldsymbol{\beta}$에 대해 오차제곱들의 순서 통계량을 $e_{(i)}^2(\boldsymbol{\beta})$로 두면, 10%-LTS 추정량은

$$\hat{\boldsymbol{\beta}}^{LTS} = \arg\min_{\boldsymbol{\beta}} \sum_{i=1}^{h} e_{(i)}^2(\boldsymbol{\beta}), \quad h = \lfloor n - 0.1n \rfloor \tag{10.49}$$

으로 정의된다. 절사할 관측값의 개수를 $h = \lfloor n/2 \rfloor + \lfloor (p+1)/2 \rfloor$로 정한 LTS-추정량을 사용할 것이 종종 권장된다 (Wilcox, 2011).

최소절사오차제곱 추정량과 비슷하게 오차제곱을 이용한 로버스트 추정량들이 여러 개 제시되었다. 예를 들면, 오차제곱의 중앙값을 가장 작게 하는 $\boldsymbol{\beta}$의 값을 추정량으로 정한 Least Median of Squares (LMS) 추정량이 있다. 이러한 방법들은 높은 붕괴점을 가지는 장점이 있지만, 효율이 낮아 자주 사용되지 않는다.

회귀분석에서의 후버의 M-추정량

다중선형회귀모형의 최소제곱추정량 (10.48)에서 이용한 오차의 "제곱" 대신 후버의 Ψ 함수를 이용한

$$\hat{\boldsymbol{\beta}}^{\Psi} = \arg\min_{\boldsymbol{\beta}} \sum_{i=1}^{n} \Psi\left(\frac{y_i - \mathbf{x}_i'\boldsymbol{\beta}}{\hat{\tau}(\boldsymbol{\beta})}\right) \tag{10.50}$$

이 곧 회귀분석에서의 후버의 M-추정량이다. 여기서 오차의 표준편차 추정량인 $\hat{\tau}(\boldsymbol{\beta})$는

$$\hat{\tau}(\boldsymbol{\beta}) = \text{median}\{|y_i - \mathbf{x}_i'\boldsymbol{\beta}|\} \times 1.4826 \tag{10.51}$$

으로 정의한다. 이 값은 $\{y_i - \mathbf{x}_i'\boldsymbol{\beta}\}$들의 중앙값이 0임을 가정했을 때의 MAD와 같다.

후버의 M-추정량은 로버스트하면서 동시에 높은 효율을 가진 추정량이다. 함수 Ψ의 경계값 k의 선택에 따라 (정규분포에서의) 최소제곱추정량에 대한 상대효율이

다르지만, $k = 1.28$일 때 대략 90%의 상대효율을 가짐이 알려져 있다. 다만 이 M-추정량의 로버스트성에 대해서는 다른 해석을 할 수 있다. 후버의 M-추정량은 반응변수의 값이 이상점일 때는 로버스트하지만, 설명변수에 이상점이 있으면 (회귀분석에서는 이를 지렛대점이라고도 한다) 로버스트하지 않다. 이 사실을 이해하기 위해 간단히 $p = 1$, $\hat{\tau} = 1$이라고 두고, $\Psi(y_i - \alpha - \beta x_i)$의 β에 대한 도함수를 구하면

$$\frac{d}{d\beta}\Psi(y_i - \alpha - \beta x_i) = -x_i\psi(y_i - \alpha - \beta x_i) \tag{10.52}$$

가 되어, y_i를 무한대로 보내도 이 도함수의 값은 안정되어 있지만, x_i가 커지면 도함수의 값이 무한대로 발산한다. $|\psi(x)|$가 유계이기 때문에 발생하는 로버스트한 성질이 x_i에 대해서는 성립하지 않음을 알 수 있다. 다음에 소개할 요하이의 MM-추정량은 튜키의 biweight 함수를 $\psi(x)$로 이용하여 설명변수에 대해서도 로버스트한 성질을 가지도록 한 회귀계수의 추정량이다.

요하이의 MM-추정량

요하이 (Yohai, 1987)는 M-추정량의 장점 (높은 효율)을 담보하면서 설명변수, 반응변수의 어떤 이상점에도 강건한 추정량을 고안하였다. 먼저 x의 값이 클 때 $\psi(x) = \pm k$인 후버의 함수 대신 튜키의 biweight 함수를 $\psi(x)$로 이용한다. 튜키의 biweight 함수는 0을 지나 증가하다가 다시 감소하는 특징을 가지고 있다. (그림 10.4에서 확인하자.) 이런 형태의 함수를 재감소 (redescending) 하는 함수라고 부르기도 한다. 식 (10.52)를 살펴보면, x_i의 값이 커져도 오차 $|y_i - \alpha - \beta x_i|$가 크게 되어 $\psi(y_i - \alpha - \beta x_i)$가 0이 되기 때문에, x_i가 이상점일 때 그 관측값을 제거하는 효과가 있다.

다중선형회귀분석에서 요하이의 MM-추정량은 다음 연립방정식의 해로 정의된다.

$$\sum_{i=1}^{n} \psi^{\text{biweight}}\left(\frac{y_i - \mathbf{x}_i'\boldsymbol{\beta}}{\hat{\tau}}\right) x_{ij} = 0, \quad j = 0, \ldots, p. \tag{10.53}$$

이때 $x_{i0} = 1$이고, $\hat{\tau}$는 오차 표준편차의 로버스트 추정량 중 하나로 정해준다. 요하이는 높은 붕괴점을 가진 어떤 추정량이든 $\hat{\tau}$로 사용할 수 있도록 하였다. 후버의 M-추정량에서처럼 MAD를 $\hat{\tau}$로 정해줄 수도 있고, 다른 로버스트한 추정량, 예를 들어, 산포의 M-추정량 또는 S-추정량을 이용할 수도 있다[11]. 요하이의 MM-추정량

[11]논의가 길어지므로, 산포의 로버스트 추정량 그리고 S-추정량에 대해서는 다루지 않도록 한다.

역시 해석적 해가 존재하지 않아 수치적으로 계산해야 하는데, 이 알고리즘이 구현되어 있는 R의 `MASS::rlm()`함수에서는 S-추정량을 $\hat{\tau}$로 정한다. 튜키의 biweight 함수에도 역시 경계값 c를 정해주어야 하는데, $c = 4.685$가 정규분포에서의 상대효율이 95%임이 알려져 있으므로 (Yu and Yao, 2017) 이 값을 이용한다. 요하이의 MM-추정량은 붕괴점이 50%로 가장 로버스트한 추정량 중 하나이다.

후버의 M-추정량과 요하이의 MM-추정량 모두 다중선형회귀분석에도 적용될 수 있지만, 두 추정량의 차이를 명확히 보기 위해 단순선형회귀분석에서의 예를 보도록 한다.

예 10.20

13개 국가의 행복도와 국내총생산의 단순회귀분석에서 후버의 M-추정량과 요하이의 MM-추정량을 구한다. MASS 패키지의 `rlm()` 함수를 이용하기로 한다.

```
> wh = read.csv("data/whappiness.csv")
> x = wh$GDP.per.capita; y = wh$Score
> MASS::rlm(y ~ x, method = "M")$coefficients
(Intercept)           x
  6.4250015   0.6929371
> MASS::rlm(y ~ x, method = "MM")$coefficients
(Intercept)           x
  6.3118128   0.7783051
```

타일-센 추정량에 비하면 기울기의 추정값이 최소제곱법으로 구한 기울기와 많이 다르지 않다. "이상점"으로 판단했던 관측값이 M-추정량의 관점에서는 이상점이 아니며, MM-추정량의 관점에서도 다른 관측값으로부터 멀리 있지 않기 때문이다. 두 추정량의 차이를 더 명확하게 보기 위해 이 이상 관측값의 GDP 값을 (매우 크게) 100으로 조정한 뒤 다시 추정량을 구하면 다음과 같다.

```
> x[9] = 100
> MASS::rlm(y ~ x, method = "M")$coefficients
 (Intercept)            x
 7.360972591 -0.001222253
> MASS::rlm(y ~ x, method = "MM")$coefficients
(Intercept)           x
   4.649281    2.056968
```

그림 10.7에 위의 두 가지 경우의 추정된 회귀직선을 최소제곱회귀직선과 비교하였다.

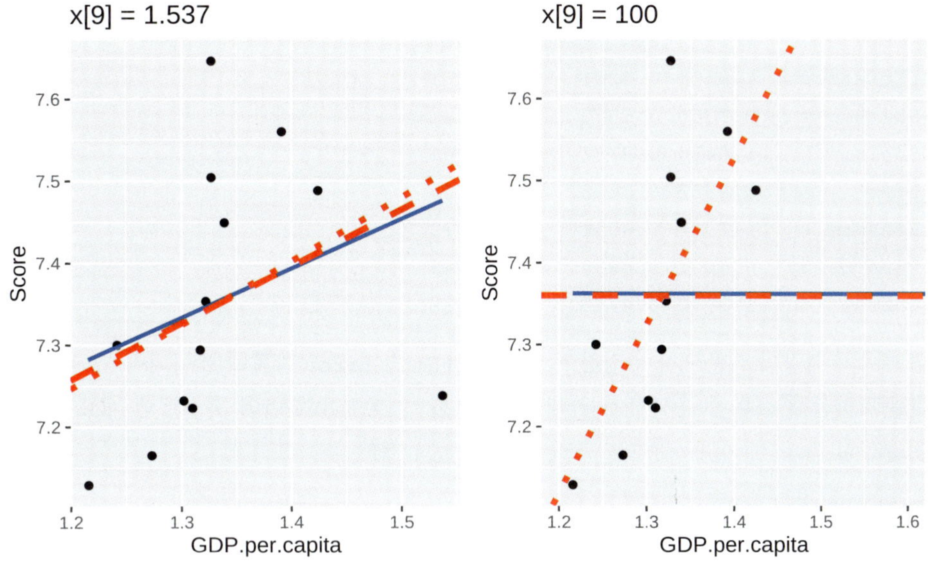

그림 10.7: 최소제곱회귀직선 (파란직선), M-추정량 (대시(---)로 이루어진 선), MM-추정량 (점(···)으로 이어진 선).

10.4.4 M-추정량을 이용한 회귀계수에 대한 추론

회귀분석에서의 로버스트 추정량의 표준오차는 점근적으로만 표현할 수 있으며, 표본의 수가 매우 클 때만 타당하다. 다만 회귀계수의 M-추정값 또는 MM-추정값을 계산할 때 가중제곱을 최소화하는 방식으로 추정하므로, 이 가중최소제곱의 계산의 부산물인 표준오차근삿값을 표준오차의 추정값으로 이용할 수 있다. 다음 예에서 이 표준오차근삿값과 표준오차의 붓스트랩 추정량을 비교한다.

예 10.21

예 10.19의 데이터를 이용하여 다중선형회귀분석을 한다. 먼저 가중최소제곱으로 근사한 표준오차 추정값은 다음과 같이 확인할 수 있다.

```
> MASS::rlm(Score ~ ., data = dat, method = "MM") %>% summary()

Call: rlm(formula = Score ~ ., data = dat, method = "MM")
Residuals:
     Min        1Q    Median        3Q       Max
-1.81988 -0.33616  0.02929  0.32349  1.36173

Coefficients:
```

```
            Value  Std. Error t value
(Intercept) 1.9314 0.2221     8.6961
GDP         0.7363 0.2589     2.8441
Social      1.0480 0.2737     3.8296
Life        0.9553 0.3523     2.7115
Freedom     1.7037 0.4058     4.1979
Generosity  0.5601 0.4980     1.1246
Corruption  1.3417 0.4768     2.8138
```

각 계수추정량의 표준오차 추정값이 위 결과의 `Std. Error` 항목에 표시되어 있다. 이 표준오차를 붓스트랩 근사하기 위해, 다음과 같이 $B = 1999$ 번의 붓스트랩 재표집을 시행한다.

```
> n = nrow(dat)
> set.seed(1)
> B = 1999
> MM.boot = replicate(B, {
+   boot.id = sample(1:n,n,replace = TRUE)
+   dat.boot = dat[boot.id,]
+   MASS::rlm(Score ~ ., data = dat.boot, method = "MM")$
    coefficients}
+ ) %>% t()
> apply(MM.boot,2,sd)
(Intercept)         GDP      Social        Life     Freedom
    Generosity  Corruption
  0.3819560   0.2476741   0.4911845   0.4050225   0.4693110
      0.6501763   0.5714038
```

표준오차의 붓스트랩 추정량이 더욱 정확하지만, 가중최소제곱으로 근사한 표준오차 추정량과 대략 비슷하다고 볼 수 있다.

회귀계수의 M-추정량, 또는 MM-추정량 모두 근사적으로 계산할 수 있는 표준오차추정값이 있으므로, 앞 10.3절에서 설명한 대로 근사적인 피벗을 이용한 순열검정과 붓스트랩-t 신뢰구간을 원칙적으로 이용할 수 있다.

예 10.22 (요하이의 MM-추정량을 이용한 붓스트랩-t 신뢰구간, 관측값 붓스트랩)

예 10.19의 데이터에 대한 다중선형회귀분석의 MM-추정량 $\hat{\beta}_i$ 을 이용하여 회귀계수

β_i 의 95% 신뢰구간을 구한다. 신뢰수준 $1-\alpha$ 의 붓스트랩-t 신뢰구간은

$$\left(\hat{\beta}_i - \hat{\text{se}}(\hat{\beta}_i)Q^*(1-\alpha/2), \hat{\beta}_i - \hat{\text{se}}(\hat{\beta}_i)Q^*(\alpha/2)\right) \tag{10.54}$$

이며, 이때 Q^* 는 붓스트랩 복제값들 $(\hat{\beta}_i^* - \hat{\beta}_i)/\hat{\text{se}}(\hat{\beta}_i^*)$ 들의 분위수함수이다. 모든 $i = 0, \ldots, p$에 대해 다음과 같이 계산한다.

```
> MM.out = summary(rlm(Score ~ ., data = dat, method = "MM"))
    [[4]]
> beta.hat = MM.out[,1]
> beta.hat.se = MM.out[,2]
```

먼저 MM-추정값인 $\hat{\beta}_i$ 과 그의 표준오차 추정값 $\hat{\text{se}}(\hat{\beta}_i)$ 을 계산하였다. 다음의 코드로 Q^* 를 구한다.

```
> B = 1999
> set.seed(1)
> # resampling t
> MM.boot = replicate(B, {
+    boot.id = sample(1:n,n,replace = TRUE)
+    dat.boot = dat[boot.id,]
+    MM.out.boot = summary(rlm(Score ~ ., data = dat.boot, method
      = "MM"))[[4]]
+    (MM.out.boot[,1] - beta.hat)/MM.out.boot[,2]}
+ ) %>% t()
> ci = matrix(NA, nrow = 7, ncol = 2); colnames(ci) = c("2.5%","
    97.5%")
> row.names(ci) = colnames(MM.boot)
> for (i in 1:7){
+    ci[i,] = beta.hat[i] -  beta.hat.se[i] * quantile(MM.boot[,i
    ],probs=c(1-0.025,0.025))
+ }
> ci
                   2.5%    97.5%
(Intercept)  1.26065294 2.816903
GDP          0.25383080 1.249724
Social       0.00938614 1.975257
Life         0.07427750 1.761928
Freedom      0.68511127 2.634962
Generosity  -0.82880966 1.785123
```

```
Corruption    0.34732311  2.611980
```

변수 Generosity 의 계수 β_5를 제외하면 모두 95% 신뢰구간이 0을 포함하고 있지 않다.

예 10.23 (요하이의 MM-추정량을 이용한 회귀계수의 순열검정, 관측값 뒤섞기)

예 10.19의 데이터에 대한 다중선형회귀분석의 MM-추정량을 이용하여 유의수준 5%에서 각 회귀계수 β_i $(i = 0, \ldots, p)$에 대한 가설

$$H_0 : \beta_i = 0 \quad \text{vs} \quad H_1 : \beta_i \neq 0 \tag{10.55}$$

에 대한 랜덤순열검정을 실시한다. 다음의 R 코드에서는 관측값 뒤섞기를 이용하여, 검정통계량 $T_i = (\hat{\beta}_i - 0)/\hat{\text{se}}(\hat{\beta}_i)$의 영분포를 근사한 뒤 p-값을 구한다.

```
> (t.stats = beta.hat / beta.hat.se)
(Intercept)        GDP       Social         Life      Freedom
    Generosity   Corruption
   8.696273     2.844139     3.829285     2.711510     4.198152
      1.124606     2.814131
> set.seed(1)
> M = 1999
> MM.perm = replicate(M,{
+   perm.id = sample(1:n,n, replace = FALSE)
+   dat.perm = dat
+   dat.perm$Score = dat$Score[perm.id]
+   MM.out.perm = summary(rlm(Score ~ ., data = dat.perm, method
     = "MM"))[[4]]
+   (MM.out.perm[,1])/MM.out.perm[,2]}
+ ) %>% t()
> perm.pvalues = vector(length = 7)
> for (i in 1:7){
+   perm.pvalues[i] = mean( abs(c(t.stats[i],MM.perm[,i])) >=
    abs(t.stats[i]))
+ }
> perm.pvalues
[1] 1.0000 0.0070 0.0010 0.0110 0.0005 0.2480 0.0060
```

변수 Generosity 의 계수 β_5에 대한 가설만 p-값이 0.248로 기각하지 못하고, 다른 계수들은 모두 5% 유의수준에서 유의하게 0과 다르다. 이 결과는 예 10.22의 결론과

같다.

10.5 연습문제

연습 10.1. 단순선형회귀모형 $y_i = \alpha + \beta x_i + \epsilon_i$에서 기울기의 어떤 값 $\beta_0 \neq 0$에 대해 귀무가설 $H_0 : \beta = \beta_0$를 대립가설 $H_1 : \beta \neq \beta_0$에 대비하여 검정하려 한다. 이를 검정하기 위한 순열검정의 절차를 기술하고 이 검정방법이 정확함을 보여라.

연습 10.2. 단순선형회귀분석에서의 조정된 잔차 $r_i = e_i/\sqrt{1-h_i}$의 평균 $E(r_i) = 0$, 분산은 $\text{Var}(r_i) = \sigma^2$ 임을 보여라.

연습 10.3. (Davison and Hinkley, 1997, Exercise 6.4) 단순선형회귀모형의 기울기 추정량 $\hat{\beta}$의 분산추정량은 $\hat{\text{se}}^2(\hat{\beta}) = s^2/S_{XX}$ 이다.

a) 이 분산추정량이 다음과 같이 표현됨을 보여라.

$$\hat{\text{se}}^2(\hat{\beta}) = \frac{S_{YY} - \hat{\beta}^2 S_{XX}}{(n-2)S_{XX}}. \tag{10.56}$$

b) 만약 순열검정에서와 같이 Y^*가 Y를 랜덤뒤섞기한 값이고, X^*가 X를 랜덤뒤섞기한 값일 때의 최소제곱추정량을 $\hat{\beta}^*$ 라고 하자. 이 $\hat{\beta}^*$의 분산추정량은

$$\hat{\text{se}}^2(\hat{\beta}^*) = \frac{S_{YY} - (\hat{\beta}^*)^2 S_{XX}}{(n-2)S_{XX}} \tag{10.57}$$

임을 보여라.

c) 위의 결과를 이용하여, 어떤 뒤섞기에 대해서도 $\hat{\beta}^* \geq \hat{\beta}$인 사건과 $\hat{\beta}^*/\hat{\text{se}}(\hat{\beta}^*) \geq \hat{\beta}/\hat{\text{se}}(\hat{\beta})$이 동치임을 보여라. (따라서, $\hat{\beta}$를 검정통계량으로 정한 순열검정과 $t = \hat{\beta}/\hat{\text{se}}(\hat{\beta})$를 검정통계량으로 정한 순열검정은 같은 검정방법이다.)

연습 10.4. 다중선형회귀분석에서 축소모형 (10.23)과 완전모형 (10.24)를 비교하는 다른 방법은 편회귀분석(partial regression analysis)이다. 검정하고자 하는 설명변수 $X_{k+1}, \ldots, X_p$의 Y에 대한 편회귀분석에서의 "반응변수"는 축소모형에서의 잔차 $\mathbf{e}_0 = \mathbf{y} - \hat{\mathbf{y}}_0 \equiv \mathbf{y}_{|1:k}$이며, 설명변수들은 $X_{k+1|1:k}, \ldots, X_{p|1:k}$이다. 이때, $X_{i|1:k}$의 관측값들은 i번째 변수의 관측값 $\mathbf{x}_i = (x_{1i}, \ldots, x_{ni})'$을 반응변수로

첫 번째부터 k 번째까지의 설명변수를 설명변수로 둔 회귀분석에서의 잔차들, 즉, $\mathbf{x}_{i|1:k} = \mathbf{x}_i - \mathbf{X}_0(\mathbf{X}_0'\mathbf{X}_0)^{-1}\mathbf{X}_0'\mathbf{x}_i$ 이다. 다음을 보여라.

a) 이 편회귀분석 $\mathbf{y}_{|1:k} = \gamma_1\mathbf{x}_{k+1|1:k} + \cdots + \gamma_q\mathbf{x}_{p|1:k} + \epsilon$ 에서의 최소제곱추정량이 $\hat{\beta}_1$ 과 동일하다.

b) 편회귀분석에서 귀무가설 $H_0 : \gamma_1 = \cdots = \gamma_q = 0$ 을 검정하는 F-통계량이 (10.25)와 동일하다.

(Davison and Hinkley (1997), Anderson and Robinson (2001) 등에서는 편회귀분석을 이용하여 순열검정과 붓스트랩 검정을 설명하였다. 이 연습문제는 우리가 이용한 완전모형, 축소모형을 이용한 검정방법이 Davison and Hinkley (1997)과 Anderson and Robinson (2001) 의 검정방법과 같음을 확인한다.)

연습 10.5. 예 10.17에서, 위치모수 μ 의 (1) 편향 조정 및 가속 붓스트랩 퍼센타일 신뢰구간과 (2) 붓스트랩-t 신뢰구간을 이용하여 신뢰수준 95%에서 구하여라. (붓스트랩-t 신뢰구간을 구하기 위한 표준오차에 대한 공식은 사용할 수 없으므로, 중앙값 절대 편차 (MAD)를 표준오차의 추정량으로 정한다. 이렇게 구한 붓스트랩-t 신뢰구간은 MAD의 변동이 너무 크기 때문에 좋은 신뢰구간이라고 볼 수 없다.)

연습 10.6. 타일-센 회귀분석의 데이터에 동점이 없음을 가정한다.

a) 가설 (10.44)을 검정하기 위한 타일-센 검정은 켄달의 타우 통계량 $\tau_n(\beta_0)$ (10.45)을 이용하여 유의수준 α 에서

$$|\tau_n(\beta_0)| > Q_K(1-\alpha/2, n) \tag{10.58}$$

일 때 귀무가설 $\beta = \beta_0$ 를 기각한다. ($Q_K(p; n)$는 켄달의 타우 분포의 p-분위수이다.) 이 검정의 제1종의 오류가 α 로 통제됨을 보여라.

b) (10.45)에 정의된 켄달의 타우 통계량이 $\binom{n}{2}\tau_n(\beta_0) = 2\#\{\beta_{ij} > \beta_0\} - \binom{n}{2}$ 를 만족함을 보여라.

c) 타일-센 검정의 기각역 (10.58)의 여집합은

$$-Q_K(1-\alpha/2, n) \le \tau_n(\beta_0) \le Q_K(1-\alpha/2, n) \tag{10.59}$$

이다. 이 표현이 $l \leq \#\{\beta_{ij} > \beta_0\} \leq u$와 동치임을 보여라. 여기서 l, u는 β의 $1-\alpha$ 신뢰구간에 쓰였으며, (10.46) 에 정의되어 있다.

연습 10.7. 튜키의 biwieght 함수 ψ에 해당하는 함수 Ψ를 구하여라.

제 11 장

평활법과 비모수적 함수 추정: 밀도함수의 추정

이 장과 제12장에서는 평활법 (smoothing)을 이용한 비모수적 함수 추정 (nonparametric function estimation)에 대해 논의한다. 지금까지의 논의에서는 추정과 가설검정의 대상이 되는 모수가 한 값 (위치모수, 척도모수, 회귀계수 등) 또는 벡터 (다중회귀분석에서의 회귀계수 벡터)였다면, 이 장에서 다루는 모수는 무한차원의 함수의 형태이다. 통계적 추론에서 함수가 추정의 대상인 가장 대표적인 경우는 밀도함수 추정과 비모수적 회귀분석이다.

11.1 밀도함수 추정과 히스토그램

어떤 확률밀도함수 f를 가지는 모집단으로부터 표집된 데이터 $X_1, \ldots, X_n$가 있을 때, 밀도함수 f를 추정하는 문제를 밀도함수 추정이라고 부른다. 분포 그 자체를 추정할 때, 경험분포 F_n을 이용하여 누적분포함수 F를 추정할 수 있지만, 누적분포함수의 도함수인 밀도함수 f를 조사하는 방법이 더 직관적이다. 경험분포함수 F_n은 도함수가 존재하지 않는 계단형 함수이기 때문에, 경험분포함수를 직접 이용하여 밀도함수를 추정하기는 어렵다.

밀도함수 추정의 문제를 해결하기 위해 여러 방법들이 개발되었다. 데이터로부터 그 데이터의 경험분포를 밀도함수의 형태로 시각화하는 가장 간단한 방법은 히스토그램이므로, 지금까지는 히스토그램을 이용하여 분포를 시각화하였다. 이 히스토그램을 부드럽게 만들어 (이를 평활한다(smoothing)고 표현할 수 있다) 밀도함수의 형태로 변환하는 것이 밀도함수 추정의 기본적인 아이디어이다.

예 11.1

멕시코의 한 지역인 이달고 (Hidalgo)에서 1872년에 생산된 우표 485개의 두께를 조사한 데이터 (`stamp.csv`)로부터, 이달고 지역의 우표 공장의 개수를 추정하려 한다. 한 공장으로부터 생산된 우표들은 그 두께가 일정할 것이라는 가정 아래에서, 이 질문은 1872년 이달고 지역의 우표 두께들의 확률밀도함수 f에 몇 개의 봉우리(mode)가 있는지에 대한 문제로 귀결된다.

이달고 우표 두께 데이터의 밀도함수 형태를 대략 알아보기 위해, 히스토그램을 이용할 수 있다. 히스토그램은 데이터의 범위 (여기서는 $(x_{\min}, x_{\max}) = (0.06, 0.131)$)를 몇 개의 구간으로 나누어 각 구간에 해당하는 관측값의 개수를 시각화한 것이므로, 구간의 크기와 구간의 위치에 따라 다른 그림이 된다. 그림 11.1은 모두 같은 데이터에 대해 구간의 크기 h를 점점 작게 하면서 히스토그램을 생성한 것이다. "봉우리"의 개수가 몇 개인 것으로 보이는가?

구간의 크기에 따라 히스토그램에서 보이는 봉우리의 개수가 달라지므로, 매우 다양한 결론을 내릴 수 있다. 사람의 눈과 뇌는 매우 작은 봉우리를 쉽게 무시할 수 있으므로 (즉, 자연스럽게 평활을 할 수 있으므로), 작은 구간의 크기를 이용하는 것이 데이터 탐색에는 더 적합하다. 예를 들어, $h = 0.002$의 작은 구간 크기를 이용했을 때, $x = 0.07$과 $x = 0.08$ 사이의 매우 작은 봉우리는 쉽게 무시할 수 있다.

히스토그램은 구간의 크기뿐만 아니라, 구간의 위치도 중요하다. 그림 11.2는 구간의 크기는 고정하고, 구간의 "시작점"만을 왼쪽으로 조금씩 이동했을 때의 히스토그램을 보여준다. 구간의 위치에 따라 분포의 모양이 조금씩 바뀌는 것을 볼 수 있다. 구간의 위치에 따른 변화는 구간의 크기가 작을 때는 두드러지지 않는다.

이 예제는 만약 (합이 1이 되도록 수정된) 히스토그램을 밀도함수의 추정량으로 정할 때, 구간의 크기와 위치에 따라 매우 다양한 추정값을 산출할 수 있음을 뜻한다. 구간 위치에 따른 히스토그램의 차이를 무시할 수 있는 좋은 방법으로 히스토그램들의 "평균"을 이용하여 평탄하게 만드는 방법을 생각할 수 있다. 다음에 소개할 커널 밀도함수 추정량(kernel density estimate)은 종종 평활된 (smoothed) 히스토그램이라고 불리기도 한다.

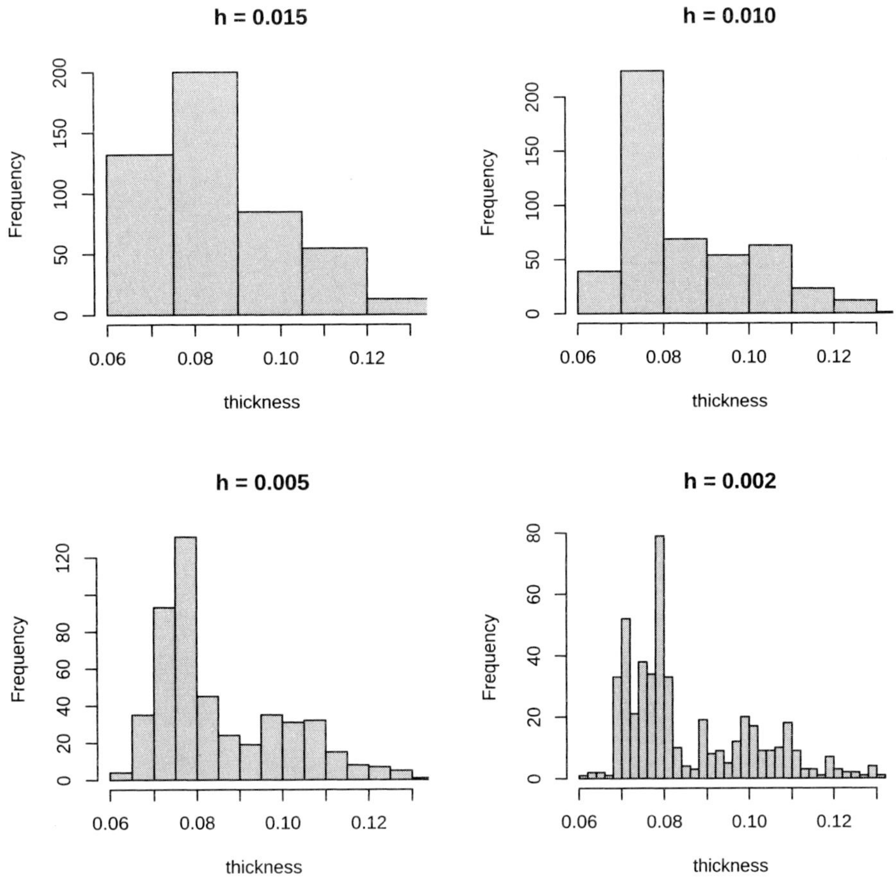

그림 11.1: 이달고 우표 데이터의 히스토그램들. 구간의 크기 h가 다르다.

11.2 커널 밀도함수 추정량

커널 밀도함수 추정은 밀도함수 추정의 가장 대표적인 방법이다. 커널 밀도함수 추정을 설명하기 전에 보다 간단한 다른 상황에서 "분포의 추정"을 어떻게 하는지를 먼저 살펴 보자.

- 비모수적 확률질량함수 추정: 관측값 $X_1, \ldots, X_n$이 이산형 확률분포 $f(x)$ $(x \in \mathcal{X} = \{0, 1, 2, \ldots, 10\})$를 따른다고 가정할 때, 확률질량함수 $f(x)$는 $\mathcal{X}$에 속하는 11개의 x에 대해서만 조사하면 충분하며, 각 $x \in \mathcal{X}$에 대해 질량함수의

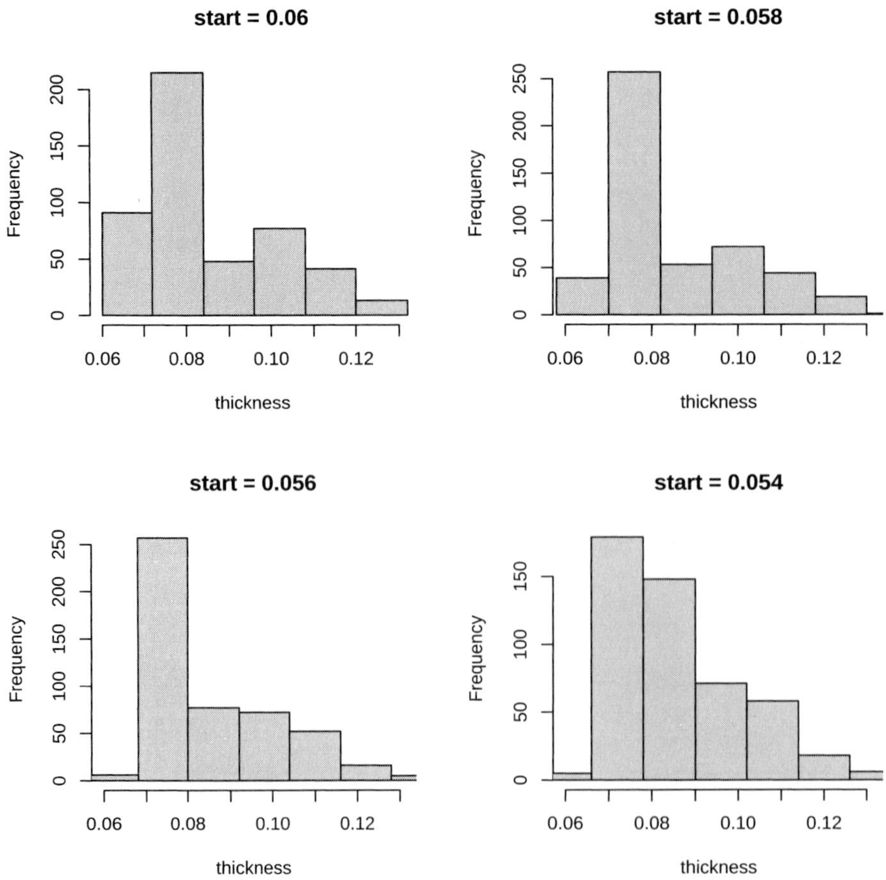

그림 11.2: 이달고 우표 데이터의 히스토그램들. 구간의 시작점이 서로 다르다.

값 $f(x) = P(X = x)$는

$$\hat{p}(x) = \widehat{P}(X = x) = \frac{1}{n}\sum_{i=1}^{n} I(X_i = x) \tag{11.1}$$

로 추정할 수 있다. 이 추정량 $\hat{p}(x)$는 비모수적인 추정량이며, 유한개의 모수 $\{p_x = p(x) : x \in \mathcal{X}\}$만 존재하므로 매우 간단한 추정임을 알 수 있다.

- 비모수적 누적분포함수 추정: 특정한 모수모형을 가정하지 않을 때, 경험분포함수 F_n는 누적분포함수의 F의 자연스러운 추정량이다. 이 경험분포함수는 각 관측값의 위치에서 $1/n$의 크기로 증가하는 계단형의 함수이다.

어떤 위치 x에서 확률밀도함수의 값 $f(x)$를 추정하려 할 때는 그 위치에서의 관측값이 없거나 (연속분포이므로 $P(X = x) = 0$이다), 많아야 하나의 관측값이 존재한다. 따라서, 질량함수 추정에서처럼 관측값의 개수를 조사할 수는 없다. 다만 밀도함수가 매끈하다고 가정한다면, 밀도함수 값 $f(x)$에서 x를 Δ_x만큼 조금씩 증가시키거나 감소시켜도

$$f(x - \Delta_x) \approx f(x) \approx f(x + \Delta_x)$$

로 밀도함수의 값은 크게 변하지 않는다. 커널 밀도함수 추정에서는 어떤 주어진 위치 x에서의 $f(x)$를 추정할 때, $X_i = x$인 관측값뿐만아니라 (이러한 관측값이 없을 수도 있다), $X_i \in (x - \Delta_x, x + \Delta_x)$인 x 주변의 관측값들도 모두 이용한다. "커널(kernel)"이란, 주어진 위치 x 주변의 관측값을 "어떻게" 이용할지를 정해놓은 함수라고 생각할 수 있다. 예를 들어, 가우스 커널[1]은

$$K(\Delta_x) = \frac{1}{\sqrt{2\pi}} \exp(-\tfrac{\Delta_x^2}{2}) \tag{11.2}$$

의 형태로서, Δ_x가 작아, X_i가 x에서 가까울 때는 커널의 값이 크므로 높은 영향을, 멀 때는 커널의 값이 작아 미미한 영향을 미치도록 고안된 커널이다.

주어진 커널 $K(\cdot)$과 주어진 너비 (bandwidth; 히스토그램 구간의 크기와 같은 개념이다) $h > 0$에 대해 커널 밀도함수 추정량은 다음과 같이 정의된다.

$$\hat{f}(x) = \frac{1}{n} \sum_{i=1}^{n} \frac{1}{h} K\left(\frac{x - X_i}{h}\right), \quad x \in (-\infty, \infty) \tag{11.3}$$

밀도함수 $f(x)$가 모든 $x \in (\infty, \infty)$에 대해 정의되듯이 그 추정량도 모든 x에 대해 정의할 수 있지만, 일반적으로 데이터의 범위에 속하는 x에 대해 추정량 $\hat{f}(x)$를 구한다.

예 11.2

제2장의 예 2.2에서 이용한 소듐 섭취량 데이터로부터 그 모집단의 밀도함수를 추정하기 위해 커널 밀도함수 추정량을 계산한다. 가우스 커널(11.2)를 이용하고, $h = 500$

[1]가우스 커널 (Gaussian kernel)은 함수의 형태가 표준정규분포의 밀도함수와 같다. (정규분포의 다른 이름이 가우스의 분포이다.) 커널함수 그 자체가 분포로서 사용되지는 않으므로 혼동을 피하기 위해 가우스 커널이라는 용어를 쓴다.

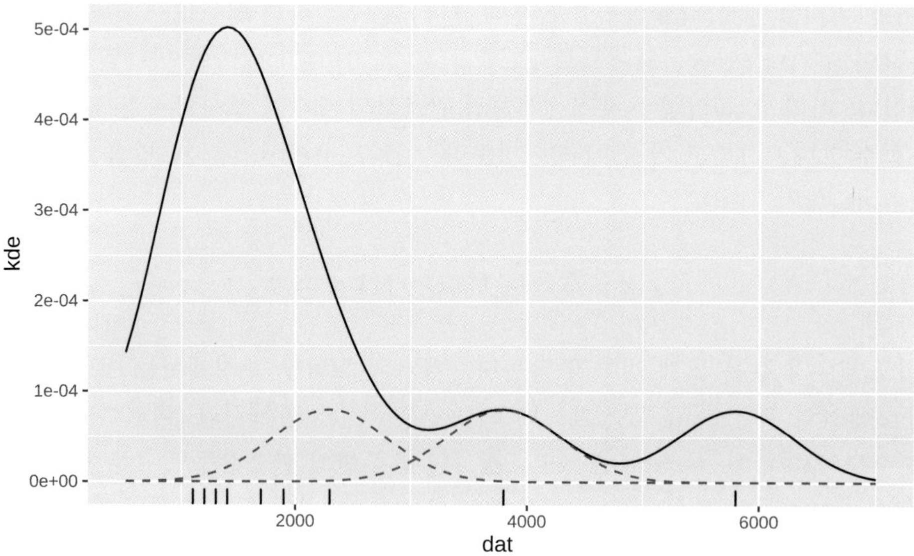

그림 11.3: 예 2.2에서 이용한 소듐 섭취량 데이터, 가우스 커널함수와 커널 밀도함수 추정량

으로 정했다. 그림 11.3의 실선의 그래프는 커널 밀도함수 추정량 $\hat{f}(x)$ (11.3)의 $x \in (500, 7000)$에서의 그래프이다. 이 밀도함수 추정량은 크기 조정된 가우스 커널함수

$$\frac{1}{nh}K\left(\frac{x - X_i}{h}\right), \quad i = 1, \ldots, n$$

의 합이다. 그림 11.3에서 $X_i = 3800, 2300$일 때의 커널함수 그래프 (점선)를 찾을 수 있다. 이 커널함수들은 $x = X_i$일 때 그 값이 가장 크고 x가 그 관측값 X_i에서 멀어질수록 점점 그 높이가 낮아진다. 커널함수 K의 선택으로 형태를 지정하고, 너비 h를 지정하여 얼마나 멀리 있는 관측값까지 $f(x)$의 추정에 이용할지를 정한다. 예를 들어, $f(4000)$의 추정에 관측값 $X_i = 2300$의 영향이 매우 작음을 그 관측값에서 정의된 커널함수의 높이가 $x = 4000$에서 매우 낮음으로 판단할 수 있다.

예 11.3

이달고 우표 데이터에서 커널 밀도함수 추정량을 구하면 다음과 같다. 이번에도 가우스 커널을 이용하되 너비 $h = 0.001, 0.004$의 두 값을 이용한 추정량을 비교해 보도록 한다. R에서 커널 밀도함수 추정량을 계산할 수 있는 가장 간단한 함수는 `density()`이다. 벡터 `thickness`에 데이터가 있을 때,

```
density(thickness)
```

로 계산할 수 있다. (이때, 너비 $h \approx 0.004$는 "어림짐작"으로 대충 정해주었다. 더 정확히는 식 (11.12)를 이용했지만, 너비의 선택에 대한 논의는 잠시 미루도록 한다.) 이 너비를 기본값보다 네 배 작게 하려면

```
density(thickness, adjust = 1/4)
```

를 이용한다. 두 개의 커널 밀도함수 추정량을 히스토그램과 비교하면 다음 그림과 같다.

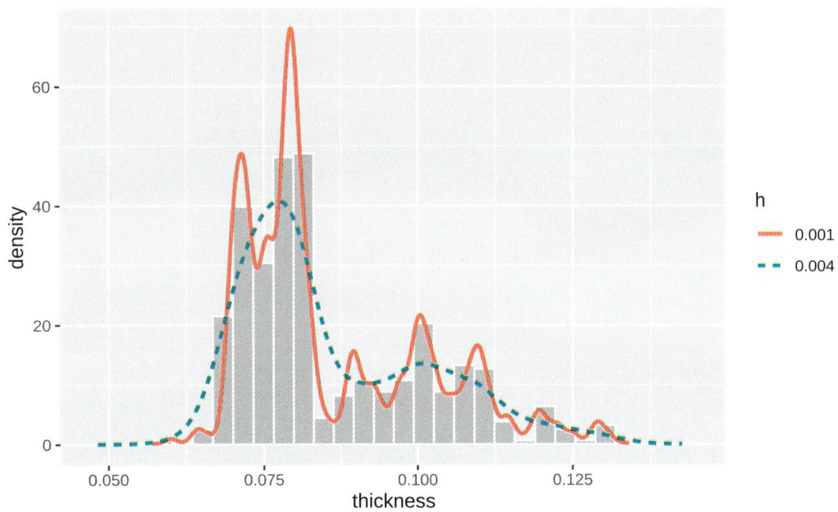

커널 밀도함수 추정에서는 너비 h의 선택에 따라 추정값의 형태가 매우 다르다. h가 클 때에는 부드러운 형태의 함수 추정값을 얻고, h가 작을 때에는 매우 거칠고 뾰족한 형태의 함수 추정값을 구할 수 있다. 너비 h의 선택에 대해 설명하기 위해서는 h의 각 값에 따라 결정되는 추정량의 성질을 먼저 이해해야 한다. 그에 앞서, 먼저 커널함수에 대해 알아본다.

11.2.1 커널

위의 예제에서는 가우스 커널을 이용했지만, 다른 형태의 커널함수를 이용하여 커널 밀도함수 추정량을 정할 수도 있다. 밀도함수의 추정에서는 다음의 성질을 만족하는 함수 $K : (-\infty, \infty) \to (0, \infty)$를 커널함수로 이용한다.

1. $K(x) \geq 0$, $\int K(x)dx = 1$.
2. $\lim_{|x|\to\infty} K(x) = 0$.

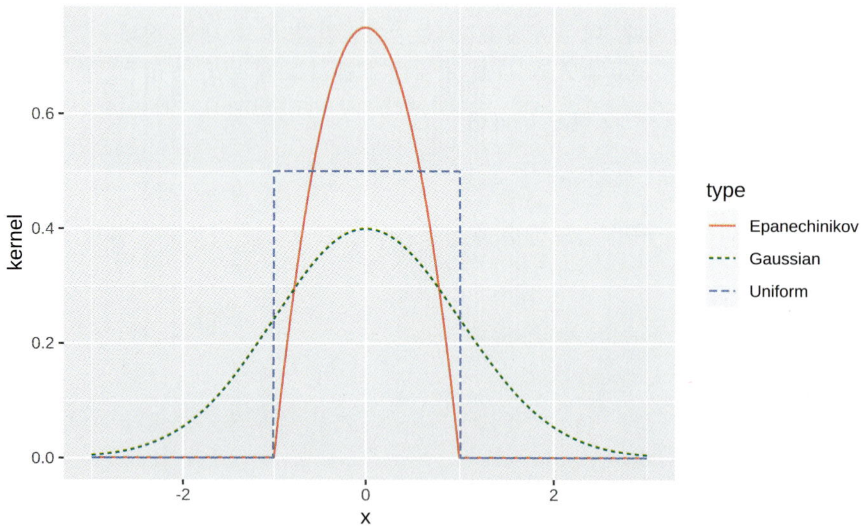

그림 11.4: 대표적인 커널함수들

3. $K(x) = K(-x)$.

첫 번째 성질은 밀도함수를 추정할 때 사용하는 모든 커널함수가 만족해야 하며, 이 성질 때문에 밀도함수의 추정량 $\hat{f}(\cdot)$이 $\hat{f}(x) \geq 0$이며

$$\int \hat{f}(x)dx = 1$$

로서 밀도함수가 된다. 두 번째 성질은 커널이 중심 또는 원점 $(x = 0)$에서 그 값이 크고, 중심에서 멀어질수록 그 값이 작아지도록 하는 성질이며, 세 번째 성질은 커널이 원점에 대해 대칭의 형태임을 뜻한다[2]. 커널의 종류는 매우 많지만, 다음의 커널함수가 자주 사용된다.

- 가우스 (Gaussian) 커널: $K(x) = \frac{1}{\sqrt{2\pi}} \exp(-\frac{x^2}{2})$,
- Epanechinikov 커널: $K(x) = \frac{3}{4}(1 - x^2)I(|x| \leq 1)$,
- 균등 (Uniform) 커널: $K(x) = \frac{1}{2}I(|x| \leq 1)$.

---

[2]커널함수의 세 가지 성질을 꼭 만족시켜야만 커널로 쓸 수 있는 것은 아니다. 예를 들어, 밀도함수의 "도함수"를 추정할 때는 음수의 값을 가지는 $(K(x) < 0)$ 커널도 사용할 수 있으며, 모분포의 형태에 따라 대칭의 형태가 아닌 $(K(x) \neq K(-x))$ 커널도 사용할 수 있다.

이 세 커널함수의 형태를 그림 11.4에서 확인하자. 모든 커널의 형태가 중심에서 가장 큰 값을 가지고, 중심으로부터 멀어지면 더 작은 값을 가진다. 커널의 값 또는 커널함수의 높이가 "가중값"이 되어 $\hat{f}(x)$의 계산에서 x에 가까운 관측값들이 높은 가중값을, 먼 관측값들은 작은 가중값 (또는 0의 가중값)을 가지게 된다. 멀고 가까움을 판단하는 커널의 너비 h가 추정량에 미치는 영향이 커널의 형태가 미치는 영향보다 훨씬 크다[3]. 따라서, 앞으로는 간단히 가우스 커널을 이용함을 가정한다.

11.2.2 커널 밀도함수 추정량이 좋은 추정량인가?

커널 밀도함수 추정량 $\hat{f}(\cdot)$ (11.3)이 좋은 추정량인가를 알아보기 위해 기존의 (함수가 아닌 숫자로 표현되는) 추정량의 성질을 판단하는 기준을 그대로 적용할 수 있다. 예를 들어 $X_i \sim_{i.i.d.} (\theta, \sigma^2)$에서 모수 θ의 추정량인 $\hat{\theta}_n = \bar{X}_n$의 성질은 편향 $\text{bias}(\hat{\theta}_n) = E(\hat{\theta}_n) - \theta$과 분산 $\text{Var}(\hat{\theta}_n)$ (또는 표준오차 $\text{se}(\hat{\theta}_n) = \sqrt{\text{Var}(\hat{\theta}_n)}$를 통해 보았고, 이들을 한번에 보기 위해서는 평균제곱오차 $MSE(\hat{\theta}_n) = E(\hat{\theta}_n - \theta)^2$를 이용하였다[4]. 일반적인 추정량 $\hat{\theta}_n$에 대해 평균제곱오차는 편향과 분산으로 나누어 진다:

$$MSE(\hat{\theta}_n) = E(\hat{\theta}_n - \theta)^2 = \{\text{bias}(\hat{\theta}_n)\}^2 + \text{Var}(\hat{\theta}_n). \tag{11.4}$$

표본의 개수가 증가할 때 ($n \to \infty$), 편향과 표준오차가 모두 작아진다면, 평균제곱오차도 작아진다. $\lim_{n\to\infty} MSE(\hat{\theta}_n) = 0$일 때, 추정량 $\hat{\theta}_n$은 모수 θ에 대해 일치성 (consistency)를 가진다고 말하며, $\hat{\theta}_n$은 θ의 일치추정량이라고 부른다. 예를 들어, $\hat{\theta}_n = \bar{X}_n$이면, 편향이 0, 분산이 $\frac{\sigma^2}{n}$이고,

$$\lim_{n\to\infty} MSE(\bar{X}_n) = 0^2 + \sigma^2 \lim_{n\to\infty} \frac{1}{n} = 0$$

이므로, $\bar{X}_n$은 $\theta = E(X_1)$의 일치추정량이다.

주어진 위치 x에서의 커널 밀도함수 추정량 $\hat{f}(x)$는 x에서의 밀도함수의 값 $f(x)$의 추정량이다. 따라서, (어떤 x를 고정했을 때) $\hat{f}(x)$의 추정량으로서의 성질은 편향 $\text{bias}(\hat{f}(x))$과 분산 $\text{Var}(\hat{f}(x))$의 크기 및 $MSE(\hat{f}(x))$가 표본의 개수가 증가할 때 얼

---

[3] 표본의 크기가 충분히 클 때, 너비 h의 영향과 커널의 종류에 따른 영향에 대한 비교는 앞으로 소개할 정리 11.1, 11.2, 11.3에서 확인할 수 있다.

[4] 평균제곱오차는 손실함수를 $L(\hat{\theta}, \theta) = (\hat{\theta} - \theta)^2$으로 두었을 때의 손실의 기댓값 또는 risk와 같다: 즉, $MSE(\hat{\theta}) = R(\hat{\theta}, \theta) = E\{L(\hat{\theta}, \theta)\}$. 평균제곱오차 대신 "risk"라고 표현하는 논문과 책도 종종 있다.

마나 빨리 0으로 수렴하는지를 조사하여 알 수 있다. "함수"인 커널 밀도함수 추정량 $\hat{f}(\cdot)$이 역시 함수인 밀도함수 $f(\cdot)$을 얼마나 잘 추정하지는 보기 위해, $(\hat{f}(x) - f(x))^2$를 모든 x에 대해 "합"하여 보는 방법을 이용한다. 이를 평균적분제곱오차 (MISE; Mean Integrated Squared Error)라고 부른다.

$$MISE(\hat{f}) = E\left(\int (\hat{f}(x) - f(x))^2 dx\right).$$

커널 밀도함수 추정량의 편향과 분산 먼저 주어진 어떤 점 x에서의 밀도함수의 값 $f(x)$를 $\hat{f}(x)$가 얼마나 잘 추정하는지를 알아본다. 이를 위해 $\hat{f}(x)$의 편향과 분산을 알아보려 하는데, 이 두 값들이 간단히 표현되지 않는다. 따라서, $n \to \infty$인 상황, 그리고 동시에 너비 $h \to 0$인 상황을 가정하고 근사적인 편향과 분산의 표현을 구한다. 여기서, 표본 수가 늘어나는 대표본근사를 할 때, 왜 너비 h가 줄어들도록 가정을 할까? 커널 밀도함수 추정량 $\hat{f}(\cdot)$ (11.3)은 너비 h의 선택에 따라 그 값이 매우 다르다. 너비 h가 크면, 주어진 어떤 x에서 $\hat{f}(x)$를 계산할 때 "포함"되는 관측값의 개수가 많아지고, 너비 h가 작으면 적은 수의 관측값들만을 이용하기 때문이다. 만약 표본의 개수 n이 늘어난다면, 고정된 같은 너비의 커널에 포함되는 관측값의 개수도 늘어나게 되므로, 너비 h는 n이 증가할 때 작아지도록 설계한다.

먼저 모집단의 밀도함수 $f(x)$가 매끄러운 함수임을 가정한다.

> 가정 1. 밀도함수의 이차 도함수 f''는 절대 연속이며, 삼차 도함수 f'''에 대해 $\int (f'''(x))^2 dx < \infty$이다.

가정 1이 사실일 때, 점 x의 근방에서 밀도함수 f를 이차함수로 근사할 수 있다. 테일러 시리즈 확장을 통해 x와 가까운 t에 대해

$$f(t) = f(x) + f'(x)(t-x) + \frac{f''(x)}{2}(t-x)^2 + R(t-x)$$

로 표현할 수 있고, 마지막의 $R(t-x) = o((t-x)^2)$, 즉 $\lim_{t \to x} R(t-x)/(t-x)^2 = 0$인 오차항이다.[5] 점 x 주변의 t를 $t = x - hu$로 표현한다면,

$$f(x - hu) = f(x) - hf'(x)u + \frac{h^2 f''(x)}{2}u^2 + o((hu)^2) \tag{11.5}$$

[5] 어떤 수열 a_n이 $a_n = o(n^{-1})$ ("little o"라고 읽는다)이면, $\lim_{n\to\infty} \frac{a_n}{n^{-1}} = 0$, 즉 a_n이 n^{-1}보다 빠른 속도로 0으로 수렴한다. 더 일반적으로, 함수 g와 h에 대해 $x \to \infty$일 때 $g(x) = o(h(x))$이라면 $\lim_{x\to\infty} \frac{g(x)}{h(x)} = 0$이다.

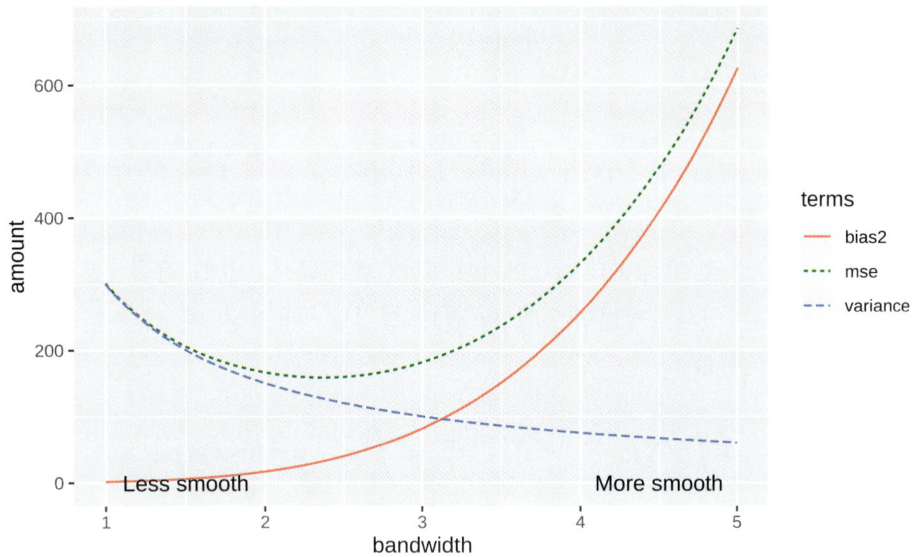

그림 11.5: 편향-분산 상충.

으로 다시 쓸 수 있다.

정리 11.1

관측값 $X_1, \ldots, X_n \sim_{i.i.d.} f$가 있고, 모집단의 밀도함수 f가 가정 1을 만족할 때, $f(x) > 0$인 x에서 커널 밀도함수 추정량 $\hat{f}(x)$의 편향과 분산은 다음과 같다. $n \to \infty$, $h \to 0$임을 가정할 때,

$$\text{bias}(\hat{f}(x)) = \frac{f''(x)\sigma_K^2}{2}h^2 + o(h^2), \tag{11.6}$$

$$\text{Var}(\hat{f}(x)) = \frac{1}{nh}f(x)\int K^2(u)du + o(\tfrac{1}{nh}). \tag{11.7}$$

추정량의 편향은 밀도함수 f가 매우 복잡할 때, 즉 $|f''(x)|$가 클 때 크다. 편향을 줄이기 위해서는 간단하게 너비 h를 작게 하면 되지만, 그렇게 했을 때는 분산이 커지게 된다. 반대로 너비 h를 키워 추정량을 더욱 평탄하게 하면, 분산이 줄어들지만 편향이 커진다. 이 현상은 편향-분산 상충 (bias-variance trade-off)이라고 불리우며 밀도함수 추정뿐만 아니라 여러 추정의 문제에서도 공통적으로 발생하는 현상이다. 식 (11.4)에서와 같이 편향의 제곱과 분산의 합이 평균제곱오차가 됨을 기억하고, 편향-분산 상충을 도식화한 그림 11.5를 살펴보자.

정리 11.1은 간단한 수리통계적 계산으로 확인해 볼 수 있다.

정리 11.1의 증명

먼저 편향을 계산한다.

$$\text{bias}(\hat{f}(x)) = E(\hat{f}(x)) - f(x) = \frac{1}{n}\sum_{i=1}^{n} E\left[\frac{1}{h}K\left(\frac{x-X_i}{h}\right)\right] - f(x). \quad (11.8)$$

커널을 밀도함수로 이해한다면 그 분포의 첫 번째와 두 번째 적률 (평균과 분산)을 구할 수 있다. 커널함수의 세 번째 성질인 “대칭성”에 의해 다음과 같이 표현할 수 있다.

$$\mu_K = \int xK(x)dx = 0, \quad \sigma_K^2 = \int (x-0)^2 K(x)dx.$$

이 사실과 밀도함수의 근삿값 (11.5)를 이용하면,

$$\begin{aligned}
E\left[\frac{1}{h}K\left(\frac{x-X_i}{h}\right)\right] &= \int \frac{1}{h}K\left(\frac{x-t}{h}\right) f(t)dt \\
&= \int K(u)f(x-hu)du \\
&= \int K(u)\left[f(x) - hf'(x)u + \frac{h^2 f''(x)}{2}u^2 + o((hu)^2)\right] du \\
&= f(x) + \frac{f''(x)\sigma_K^2}{2}h^2 + o(h^2)
\end{aligned}$$

를 보일 수 있으며, 이를 (11.8)에 다시 대입하면 (11.6)이 된다.[6]
추정량의 분산도 비슷한 방법으로 구할 수 있다. 표현을 간단히 하기 위해 $n \to \infty, h \to 0$에서의 “big O” 표기를 쓰기로 한다. 예를 들어 $h^2 + o(h^2) = O(h^2)$, $\frac{1+h+h^2}{n} = O(\frac{1}{n})$로 표현할 수 있다.

$$\begin{aligned}
\text{Var}(\hat{f}(x)) &= \frac{1}{n}\text{Var}\left[\frac{1}{h}K\left(\frac{x-X_i}{h}\right)\right] \\
&= \frac{1}{n}\left[E\left\{\frac{1}{h}K\left(\frac{x-X_i}{h}\right)\right\}^2 - f^2(x) + O(h^2)\right] \\
&= \frac{1}{nh}f(x)\int K^2(u)du + O(\tfrac{1}{n}).
\end{aligned}$$

너비 $h \to 0$일 때, $O(\frac{1}{n})$는 $o(\frac{1}{nh})$이므로 (11.7)이 된다.

평균제곱오차를 줄이기 위해서는 편향과 분산 모두 작아져야 한다. 즉, 표본의 수가 커질 때 ($n \to \infty$), 너비는 동시에 좁아져야 하며 ($h \to 0$), 이때, 표본의 개수가 늘어나는 속도보다 너비가 줄어드는 속도가 더 빠르지 않게 해야 ($nh \to \infty$) 한다.

정리 11.2

$n \to \infty$, $h \to 0$, $nh \to \infty$일 때, 커널 밀도함수 추정량 $\hat{f}(x)$의 평균제곱오차와 평균적분제곱오차는 다음과 같다.

$$\begin{aligned} MSE(\hat{f}(x)) &= \frac{(f''(x)\sigma_K^2)^2}{4}h^4 + \frac{f(x)}{nh}\int K^2(u)du + o(h^4) + o(\tfrac{1}{nh}), \\ MISE(\hat{f}) &= \frac{\sigma_K^4 \int (f''(x))^2 dx}{4}h^4 + \frac{1}{nh}\int K^2(u)du + o(h^4) + o(\tfrac{1}{nh}). \end{aligned} \tag{11.9}$$

정리 11.2에 따르면, $n \to \infty$, $h \to 0$, $nh \to \infty$의 세 가지 조건이 모두 만족할 때 $MSE(\hat{f}(x)) \to 0$이 되어 $\hat{f}(x)$가 $f(x)$의 일치추정량이며, 또한 $MISE(\hat{f}) \to 0$이므로 커널 밀도함수 추정량 $\hat{f}$는 밀도함수 f의 일치추정량이다.

11.2.3 너비 (bandwidth)의 선택

평균적분제곱오차 (11.9)의 표현에서 커널 K와 추정의 대상이 되는 밀도함수 f, 표본의 크기 n이 주어지면, $MISE(\hat{f})$를 가장 작게 하는 h의 값을 찾을 수 있다. 점근적으로 무시되는 두 항 $o(h^4) + o(\frac{1}{nh})$는 무시하고, $MISE(\hat{f})$를 h의 함수로 보아 그의 도함수가 0이 되는 점 (그림 11.5의 MSE의 값이 가장 작게 되는 h의 값)을 찾으면,

$$\frac{d}{dh}MISE(\hat{f}) = 0 \iff h^* = \left(\frac{\int K^2(u)du}{\sigma_K^4 \int (f''(x))^2 dx} \cdot \frac{1}{n}\right)^{\frac{1}{5}}.$$

[6]"little O" 또는 "big O"를 적분해도 다시 같은 항이 항상 나오지는 않다. 즉, $\int o(h^2u^2)du = o(h^2)$이 항상 사실인 것은 아니다. 더 정확하게 하려면 테일러의 정리를 이용해 $f(x)$의 이차근사의 오차항을 정확하게 표현한 뒤 lim과 $\int$의 순서를 Dominated Convergence Theorem 등을 이용하여 바꾸어주어야 한다.

이 너비 h^*를 점근적으로 최적인 너비 (optimal bandwidth)라고 부른다. 이 이론적인 너비는 커널 K와 모수인 밀도함수 f의 이차도함수 f''에 따라 달라지지만, 표본크기 n이 증가할 때, 대략 $h^* \approx n^{-1/5}$의 크기로 줄어드는 성질이 있음을 알 수 있다[7].

만약 K가 가우스 커널이면,

$$\int K^2(u)du = \frac{1}{2\sqrt{\pi}}, \quad \sigma_K^2 = 1$$

이므로

$$h^* = \left(\frac{1}{2\sqrt{\pi}\int (f''(x))^2 dx} \cdot \frac{1}{n} \right)^{\frac{1}{5}} \tag{11.10}$$

가 되지만, 이 값은 여전히 미지의 모수인 f를 알아야 알 수 있는 값이다. $\int (f''(x))^2 dx$를 어떻게 추정해서 대체할지에 따라 여러 가지 다른 방법들이 제안되었으며, 여기서는 대표적인 세 가지 방법을 소개하기로 한다.

정규분포-참조 법칙. 만약 $f(x) = \frac{1}{\sigma}\phi\left(\frac{x-\mu}{\sigma}\right)$, 즉 모집단이 정규분포 $N(\mu, \sigma)$이면,

$$\int (f''(x))^2 dx = \frac{3}{8\sqrt{\pi}\sigma^5} \tag{11.11}$$

임이 알려져 있다. (11.11)를 (11.10)에 대입하면, $h^* = (4/3)^{1/5} n^{-1/5}\sigma$이며, 모분산 σ^2를 추정값으로 대체하여 스캇(Scott, 2015)의 정규분포-참조 법칙(normal reference decision; nrd)을 이용할 수 있다:

$$h_n^{\text{nrd}} = 1.06 n^{-\frac{1}{5}}\hat{\sigma}, \quad \hat{\sigma} = \min\{s, \frac{\text{IQR}}{1.34}\}.$$

여기서 모표준편차의 추정량 $\hat{\sigma}$은 표본표준편차 s와 로버스트 추정량 IQR/1.34 중 더 작은 값을 이용한다. IQR은 데이터의 75% 분위수 $Q_n(3/4)$와 25% 분위수 $Q_n(1/4)$ 사이의 거리, IQR $= Q_n(3/4) - Q_n(1/4)$이다. 모집단이 정규분포 $N(\mu, \sigma)$이면 IQR/1.34가 σ의 일치추정량이다.

"어림짐작" 방법. 정규분포를 따르지 않는 모집단에 대해서는 정규분포-참조 법칙으로 구한 h_n^{nrd}가 조금 큰 경향이 있어 일반적으로 효율이 떨어지므로, 너비를

[7] $n = 100$일 때, $n^{-1/5} = 0.39$, $n = 10000$일 때, $n^{-1/5} = 0.16$으로 표본크기의 증가 속도에 비해 너비는 더 천천히 줄어든다.

더 작게 조정하여

$$h_n^{\mathtt{nrd0}} = 0.9n^{-\frac{1}{5}}\hat{\sigma}, \quad \hat{\sigma} = \min\{s, \frac{\mathrm{IQR}}{1.34}\} \tag{11.12}$$

으로 정하는 방법을 실버만(Silverman, 1986)의 어림짐작 방법 (rule-of-thumb method) 이라고 부른다. 실버만의 어림짐작 방법은 계산이 빠르고 쉬워 가장 많이 쓰이지만, 역시 정규분포와 비슷한 밀도함수 f를 가정한 방법이다.

플러그인 추정. 이 방법은 밀도함수 f의 형태를 미리 가정하지 않고, 미지수인 모수 $A(f) \equiv \int (f''(x))^2 dx$를 직접 추정하는 방법이다. 쉬더와 존스(Sheather and Jones, 1991)는 또 다른 커널 밀도함수 추정량을 이용하여 $A(f)$를 직접 추정한 뒤 대입하는 방법을 제안하였다. 이 추정량을 $\hat{A}(f)$로 표기한다면[8] 쉬더-존스 플러그인 추정량은

$$h_n^{\mathrm{SJ}} = \left(\frac{1}{2\sqrt{\pi}\hat{A}(f)} \cdot \frac{1}{n}\right)^{\frac{1}{5}}$$

이다.

미지의 모수 $A(f)$의 추정과 대입을 이용한 방법 외에도 교차검증을 이용한 방법 등 여러 다양한 너비 선택 방법들이 있다. 실버만의 어림짐작 방법은 쉽게 이해할 수 있고, 그 계산이 빠르므로, 대부분의 경우 첫 번째 선택의 대상이 된다. 일반적으로는 쉬더-존스의 플러그인 추정량을 커널 밀도함수 추정의 너비 h로 선택하는 것이 권장된다. R에서는 정규분포-참조 너비값 $h_n^{\mathtt{nrd}}$을 함수 `bw.nrd()`, 어림직작 너비값 $h_n^{\mathtt{nrd0}}$를 `bw.nrd0()`, 플러그인 너비값 h_n^{SJ}를 `bw.SJ()`로 계산할 수 있다. 밀도함수의 추정량을 구하는 함수 `density()` 내에서 너비값을 지정해 줄 수도 있다. 다음 예제를 통해 세 가지 방법을 비교해 보자.

예 11.4

이달고 우표 데이터의 커널 밀도함수 추정을 위의 세 가지 너비값을 이용하여 구한다. 아래 코드에서와 같이 인자 `bw = "nrd0"`를 조정하여 지정해 주면 된다. 그림 11.6에 그 결과가 표시되어 있다. 이 데이터의 밀도함수는 여러 개의 봉우리가 있어, 정규분포 밀도함수의 형태와 매우 다르므로, 쉬더-존스의 플러그인 추정 너비값 $h_n^{\mathrm{SJ}} = 0.0012$가 가장 적절하다고 본다.

[8] 쉬더-존스의 추정량 $\hat{A}(f)$는 $r = 1, 2, 3, 4$에 대해 f의 r차 도함수 $f^{(r)}$의 (또다른) 커널 밀도함수 추정량의 적분값으로 표현된다. 밀도함수의 추정에 비해 밀도함수의 도함수의 추정은 더 어려운 문제이며, 그 추정량의 변동이 더 크다.

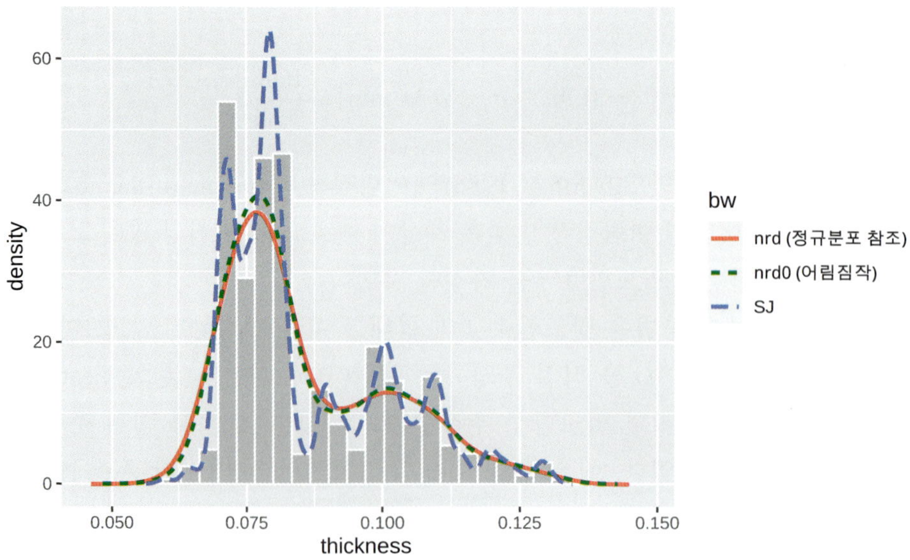

그림 11.6: 이달고 우표 데이터의 커널 밀도함수 추정량들.

```
> bw.SJ(thickness)
[1] 0.001205108
> kde.nrd = density(thickness, bw = "nrd")
> kde.nrd0 = density(thickness, bw = "nrd0") # default bw = "
   nrd0"
> kde.SJ = density(thickness, bw = "SJ")
```

11.3 다차원 밀도함수의 추정

다차원 밀도함수 또는 결합밀도함수 f 란 p 개의 연속형 확률변수들 $X_1, \ldots, X_p$ 의 결합분포를

$$P((X_1, \ldots, X_p) \in A) = \int_A f(x_1, \ldots, x_p) dx_1 \cdots dx_p$$

와 같은 형태로 표현할 수 있는 함수이다. 벡터인 관측값 $\mathbf{X}_1, \ldots, \mathbf{X}_n \sim_{i.i.d.} f$ 가 있을 때 (이때, $\mathbf{X}_i = (X_{i1}, \ldots, X_{ip})'$ 이다.) 이 관측값들로부터 결합밀도함수 f 를 추정하고자 한다. 일차원에서 정의된 커널 밀도함수 추정량을 직접 확장하는 방법으로

다차원 커널 밀도함수 추정량을 정의한다.

일차원에서와 마찬가지로 주어진 위치 $\mathbf{x} = (x_1, \ldots, x_p)'$ 에서의 $f(\mathbf{x})$의 추정을 위해서는 $\mathbf{x}$ 주변의 관측값을 이용해야 한다. 이 주변이 p차원 공간의 일부이므로, 일차원 커널을 확장하여 다차원 커널을 이용한다. 가장 대표적인 가우스 커널은 다변량표준정규분포의 밀도함수의 형태이다:

$$K(\mathbf{x}) = (2\pi)^{-\frac{p}{2}} \exp\left(-\tfrac{1}{2}\mathbf{x}'\mathbf{x}\right).$$

다차원 커널은 원점 $\mathbf{0}$에서 가장 높고, 원점을 기준으로 대칭형이며, 어떤 너비 행렬 (bandwidth matrix) H로 그 크기를 변환시킬 수 있다. 예를 들어, 다차원 가우스 커널 K로부터

$$K_H(\mathbf{x}) := |H|^{-1/2} K(H^{-1/2}\mathbf{x})$$

를 정의하면 $K_H(\mathbf{x})$가 곧 정규분포 $N_p(0, H)$의 결합밀도함수와 같다. 다차원 커널에서의 너비 행렬 H (가우스 커널을 쓰면 정규분포의 분산-공분산행렬과 같다)의 영향을 보기 위해 $p = 2$일 때, 가우스 커널에서 여러 H에 따라 다른 형태를 가지는 커널함수의 그래프들을 그림 11.7에서 살펴보자. 각 커널에 쓰인 너비 행렬은

$$H_a = \begin{pmatrix} 1 & 0 \\ 0 & 1 \end{pmatrix},\ H_b = \begin{pmatrix} 2 & 0 \\ 0 & 1 \end{pmatrix},\ H_c = \begin{pmatrix} 2 & 0 \\ 0 & 2 \end{pmatrix},\ H_d = \begin{pmatrix} 1 & -.8 \\ -.8 & 1 \end{pmatrix}$$

이다. 예를 들어, 커널 너비행렬 H_b를 쓴다면, 첫 번째 변수 x_1의 방향으로는 더 많은 평활을, 변수 x_2 방향으로는 적은 평활을 하게 된다.

가우스 커널 외에 다른 형태의 커널도 물론 쓸 수 있다. 예를 들어 균등커널은 상자 형태의 커널

$$K^{\text{Unif}}(\mathbf{x}) = K^{\text{Unif}}(x_1, \ldots, x_p) = \frac{1}{2} I(|x_1| \le 1) \times \cdots \times \frac{1}{2} I(|x_p| \le 1)$$

로 일반화되어 쓰일 수 있다.

커널함수 K와 너비 행렬 H가 정해지면, 표본 $\mathbf{X}_1, \ldots, \mathbf{X}_n$으로부터 구하는 다차원 커널 밀도함수 추정량은

$$\hat{f}(\mathbf{x}) = \frac{1}{n} \sum_{i=1}^{n} K_H(\mathbf{x} - \mathbf{X}_i) \tag{11.13}$$

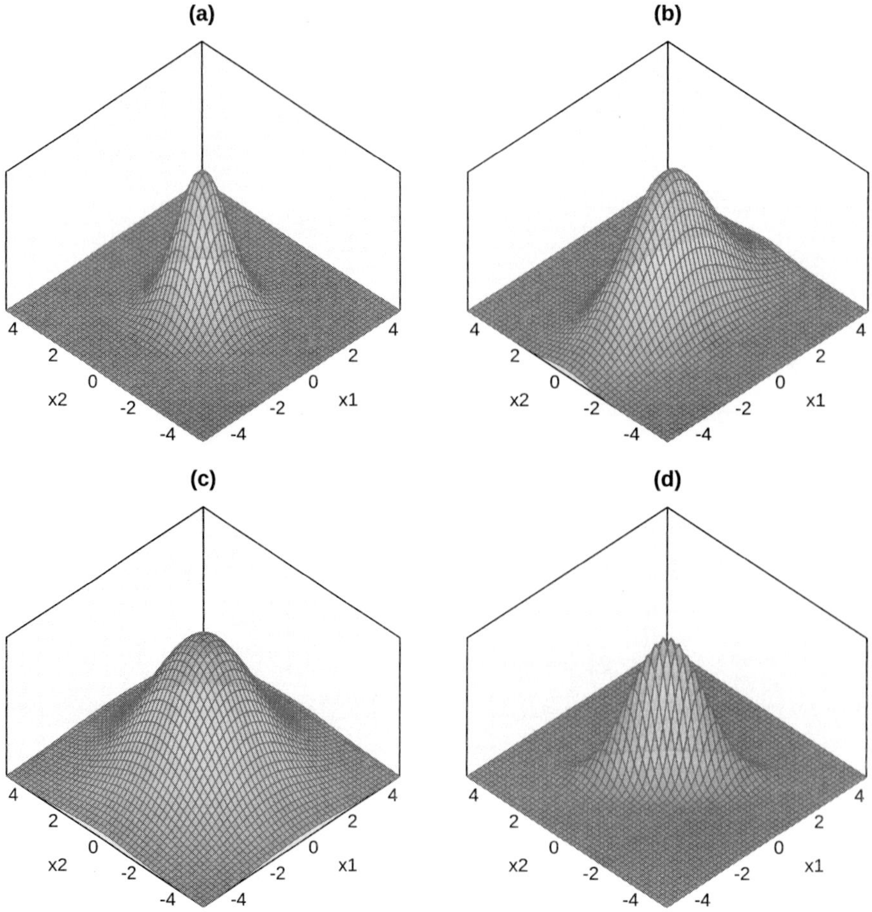

그림 11.7: 이차원 가우스 커널함수의 다양한 형태

이다.

11.3.1 R 패키지 ks를 이용한 다차원 밀도함수 추정

다차원 커널 밀도함수 추정량 (11.13)을 이용하여 다차원 밀도함수 추정을 할 때, 커널의 너비 행렬 H를 정해주어야 한다. 이 절에서는 다차원 밀도함수 추정에서의 최적 너비 행렬[9]의 플러그인 추정량을 계산하여 주고, 또 여러 보조적인 시각화도구를 제공하는 R 패키지 ks를 이용하여 커널 밀도함수 추정을 하는 예를 보도록 한다.

[9]이 책에서는 다차원 밀도함수 추정에서의 최적 너비 행렬을 도출하지 않았다. 정리 11.3의 평균제곱오차를 점근적으로 가장 작게 하는 너비행렬 H^*이 최적 너비 행렬이며, 11.2.3절에서와 비슷한 논리로 플러그인 추정량을 정할 수 있다 (Wand and Jones, 1994).

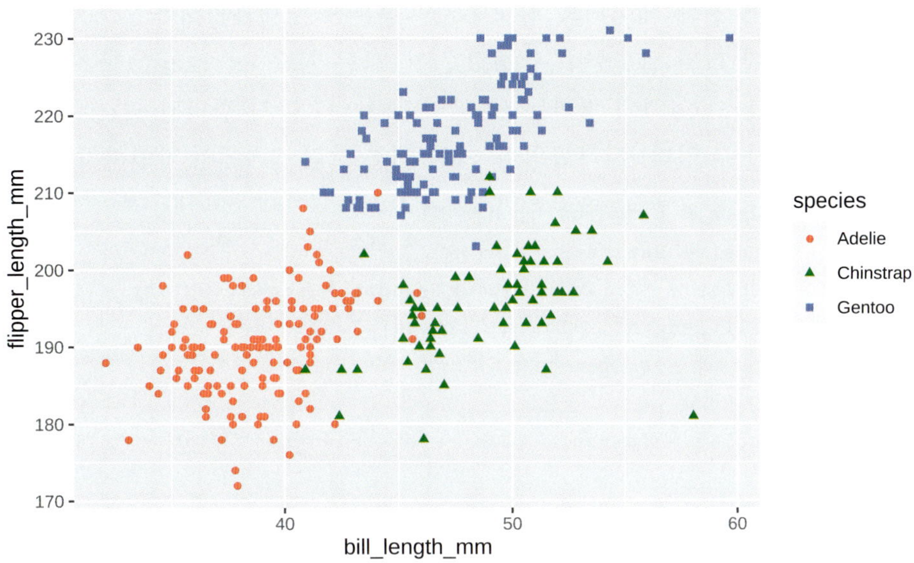

그림 11.8: 남극의 펭귄 데이터. 예 11.5 참조.

(물론 같은 패키지 `ks`를 이용하여 일변량 밀도함수도 추정할 수 있다.)

> **예 11.5**
>
> 남극 팔머 군도의 여러 종의 펭귄의 크기를 조사한 데이터 (`penguins.csv`)를 이용하여 펭귄의 부리 길이와 날개 길이, 두 변수의 밀도함수를 추정해보자. 두 변수의 산점도에 조사된 펭귄의 세 종 (Adelie, Chinstrap, Gentoo)을 색으로 표시한 그림이 그림 11.8에 표시되어 있다.

펭귄의 종에 대한 정보는 무시하고 전체 펭귄에 대한 부리, 날개 길이 변수의 밀도함수 추정을 진행한다.

먼저 `ks::Hpi()` 함수를 이용하여 너비 행렬의 플러그인 추정량 $\hat{H}$을 구한다.

```
> penguins = read.csv("data/penguins.csv")
> penguins.b = penguins %>%
+     select(bill_length_mm, flipper_length_mm)
> library(ks)
> H <- ks::Hpi(penguins.b)
> H
         [,1]      [,2]
[1,] 2.618165  3.454826
[2,] 3.454826 13.736760
```

너비 행렬 $\hat{H}$가 전체 데이터의 산포 (분산-공분산 행렬)와 대략 일치한다. 이 너비행렬을 이용한 커널 밀도함수 추정값 (11.13)은 함수 `ks::kde()`를 이용하여 계산한다. 함수 `ks::kde()`의 결과는 `ks` 패키지에서서 다시 정의된 `plot()`함수를 이용하여 시각화할 수 있다. 시각화의 두 가지 예를 그림 11.9에서 확인하자.

```
kde.p <- ks::kde(x = penguins.b, H = H)
# contour of density estimate.
plot(kde.p, display = "filled.contour", cont = seq(5, 95, by = 10),
     xlab = "bill length", ylab = "flipper length")
points(kde.p$x, pch = 1, cex = 0.5)
# 3D plot
plot(kde.p, display = "persp", xlab = "bill_length", ylab = "flipper
    length")
```

11.3.2 다차원 밀도함수 추정과 차원의 저주

평활법은 셀 수 없을 만큼 차원이 높은 모수공간의 모수 (여기서는 밀도함수)를 추정하는 매우 강력한 방법이며, 그 성공의 열쇠는 바로 매우 좁은 너비 $h \to 0$의 커널 K에 포함되는 관측값의 개수가 $nh \to \infty$로 줄지 않고 오히려 늘어나는 데에 있다. 이런 평활법을 다차원데이터에 적용할 때 수반되는 공통적인 문제는 바로 **차원의 저주**(curse of dimensionality)이다.

차원의 저주가 발생하는 이유를 간단한 예를 들어 설명하겠다. 먼저, 일차원 관측값들이 Uniform$(0, 1)$에서 관측된다고 가정해보자. 너비가 0.05인 균등커널에 속하는 관측값의 개수는 평균적으로 $0.1 \times n = n/10$이다. 차원을 하나 높여, 이차원 관측값들이 $(0, 1) \times (0, 1)$에서의 균등분포에서 관측된다면, 너비 행렬 $H = (0.05)^2 I$인 균등커널에 속하는 관측값의 평균 개수는 $(0.1)^2 n = n/100$이다. 만약 $p = 10$차원 관측값들이 $(0, 1)^p$에서의 균등분포에서 관측된다면, 너비 행렬 $H = (0.05)^2 I$인 균등커널에 속하는 관측값의 평균 개수는

$$(0.1)^p n = \frac{n}{1000000000}$$

으로 십억 개의 관측값이 있어야 10차원 커널 밀도함수 추정량 $\hat{f}(\mathbf{x})$ (11.13)의 계산에 겨우 평균 한 개의 관측값이 포함된다. 즉, 다차원 데이터의 비모수적 추정에는 매우 많은 관측값의 개수가 필요하다. 이를 통계적인 차원의 저주라고 부를 수 있다[10].

[10]차원의 저주는 다변량 통계 분석에서 다양한 형태로 나타난다. 필요한 표본의 개수가 차원에

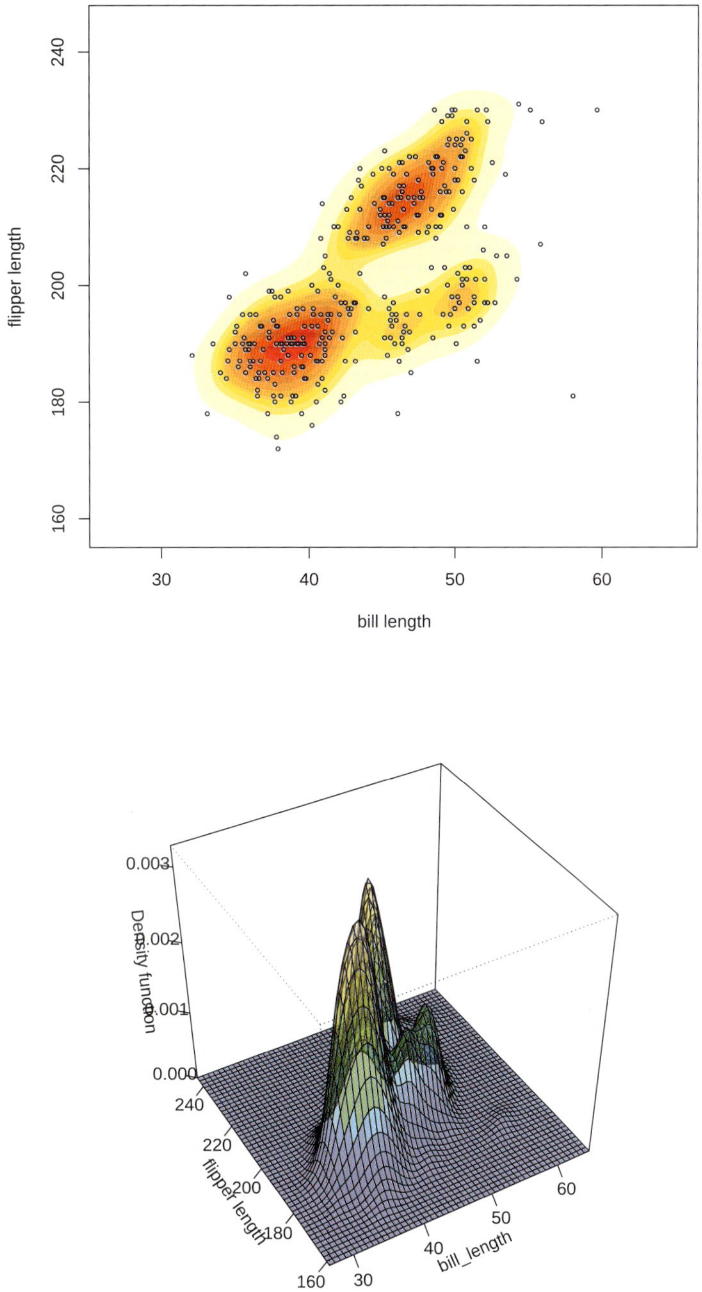

그림 11.9: 펭귄 데이터의 이차원 커널 밀도함수 추정값

차원의 저주가 다차원 밀도함수 추정에 어떤 영향을 미치는지 알아보자. 너비행렬 H의 각 i번째 대각원소의 값이 h_i^2이고, 그 외의 값들은 모두 0이라고 가정하자 (너비행렬에 주는 이런 식의 제약을 실제로 많이 이용한다). 즉,

$$H = \begin{pmatrix} h_1^2 & 0 & \cdots & 0 \\ 0 & h_2^2 & \cdots & 0 \\ \vdots & \vdots & & \vdots \\ 0 & 0 & \cdots & h_p^2 \end{pmatrix}$$

이며, 이때

$$K_H(\mathbf{x}) = \frac{1}{h_1}K(\tfrac{x_1}{h_1})\cdots\frac{1}{h_p}K(\tfrac{x_p}{h_p}) \tag{11.14}$$

이다. 식 (11.14)에서 오른쪽 항의 $K(x)$는 일차원에서 정의된 커널 또는 $p = 1$인 다차원 커널함수이다. 각 점 $\mathbf{x}$에서의 다차원 커널 밀도함수 추정량의 평균제곱오차에 차원 p가 미치는 영향을 다음 정리를 통해 알아본다.

정리 11.3 (García-Portugués (2021), 정리 3.2)

식 (11.14)를 만족하는 커널을 사용했을 때, $\hat{f}(\mathbf{x})$의 평균제곱오차는 다음과 같다.

$$\begin{aligned} MSE(\hat{f}(\mathbf{x})) = &\left[\frac{\sigma_K^2}{2}\sum_{j=1}^{p} h_j^2 A_j(f)\right]^2 + \frac{(\int K^2(u)du)^p}{nh_1\cdots h_p} \\ &+ o\left(\sum_j h_j^4\right) + o\left(\frac{1}{nh_1\cdots h_p}\right). \end{aligned} \tag{11.15}$$

여기서 $A_j(f) = \int(\frac{\partial^2}{\partial x_j \partial x_j} f(\mathbf{x}))^2 d\mathbf{x}$이며, $K(u)$는 (11.14)에서 정의된 1차원 커널이다.

논의를 간단히 하기 위해 너비값 h_i를 모두 동일하게 정했다고 ($h_1 = \cdots = h_p = h$) 가정하자. 차원 p가 고정되어 있을 때, $MSE(\hat{f}(\mathbf{x}))$를 가장 작게 하는 최적의 너비값은 $h^* = O(n^{-1/(4+p)})$임을 확인할 수 있다. 이 최적의 너비값을 (11.15)에 다시 대입하면

$$MSE(\hat{f}(\mathbf{x})) = O\left(n^{-\frac{4}{4+p}}\right)$$

비해 기하급수적으로 많아야 하는 상황, 또는 표본의 개수가 많은 것처럼 보이지만 차원이 높아 추정의 불확실성이 매우 높은 상황 등을 와서만 (Wasserman, 2006)은 "통계적인 차원의 저주"라고 이름지었다.

로서, 차원 p가 높을 때는 매우 느린 속도로 평균제곱오차가 0으로 줄어든다. 즉, 차원이 높을 때, 다차원 밀도함수 추정의 정확성을 담보하기 위한 표본의 개수는 매우 높아야 한다. 일차원 또는 이차원 관측값에 대한 밀도함수 추정은 자주 이용되지만, 삼차원 이상의 밀도함수 추정은 실용성이 많이 떨어진다.

11.4 밀도함수의 신뢰구간

지금까지 밀도함수 추정과 그의 점근적인 성질에 대해 알아보았다. 특히, 커널함수와 커널의 너비를 적절히 선택했을 때, 밀도함수 추정이 점근적으로 정확함을 보았다. 그렇다면, 표본의 크기가 무한히 많지 않은 상황에서, 추정된 밀도함수의 불확실성에 대해서는 어떤 통계적 추론을 할 수 있을까? 이 문제는 추정된 밀도함수의 신뢰구간을 제시함으로써 답할 수 있다. 여기서는 일차원 커널 밀도함수 추정량의 신뢰구간에 대해 알아본다.

밀도함수 f는 각 점 x에서 값 $f(x)$를 가진다. 신뢰수준 $1-\alpha$인 밀도함수값 $f(x)$의 신뢰구간은 데이터로부터 구할 수 있는 구간 $C_{1-\alpha}(x)$ 중 실제 밀도함수의 값 $f(x)$가 $C_{1-\alpha}(x)$에 포함될 확률이 $1-\alpha$ 이상인 구간을 말한다. 모수 f가 함수이고 무한히 많은 x에서 그 값이 있으므로, 다음과 같이 두 가지의 정의를 이용한다.

- 점별 신뢰구간(pointwise confidence interval): 주어진 위치 x에 대해 구간 $C_{1-\alpha}(x)$는 다음을 만족한다.

$$P(f(x) \in C_{1-\alpha}(x)) \geq 1-\alpha. \tag{11.16}$$

- 신뢰밴드(confidence band): 구간 $C_{1-\alpha}(x)$은 다음을 만족한다.

$$P(f(x) \in C_{1-\alpha}(x), \forall x) \geq 1-\alpha. \tag{11.17}$$

점별 신뢰구간은 국소적으로 주어진 위치 x에서의 신뢰성을 보장하고, 신뢰밴드는 광역적으로, 모든 x에 대해, 또는 함수 $f(\cdot)$ 전체에 대한 신뢰성을 보장한다. 밀도함수의 정확한 신뢰구간을 구하는 것은 f의 형태에 제약을 적게 두는 비모수적 모형에서는 거의 불가능하므로, 점근적으로 정확한 신뢰구간을 구한다. 또한 모든 커널 밀도함수 추정량 $\hat{f}(x)$에는 편향이 존재한다. 일차원 밀도함수의 추정을 예로 들면, 너비 h를 최적의 너비 $h^* = O(n^{-1/5})$로 선택하여도 편향의 크기는 $O(n^{-2/5})$,

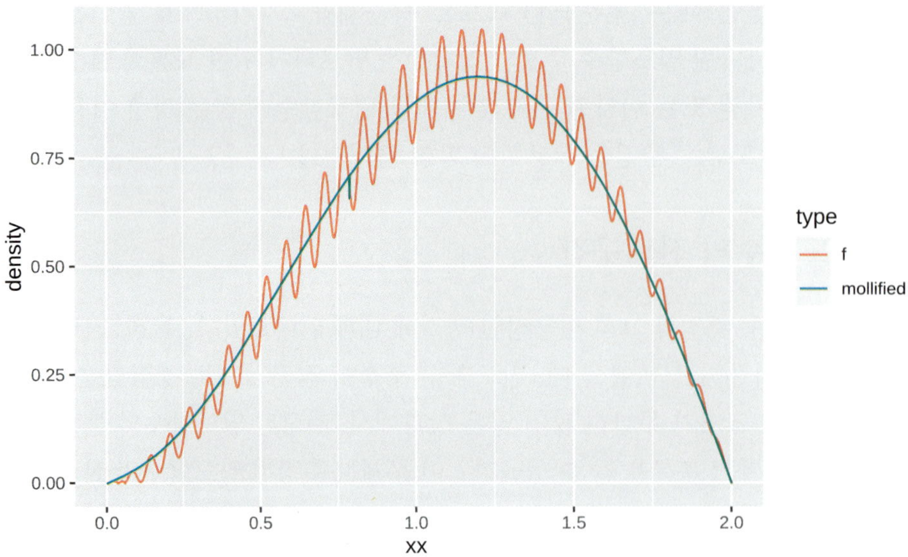

그림 11.10: 구불구불한 원 밀도함수 f와 연화된 (mollified) 밀도함수 f_h

추정량의 표준오차의 크기도 역시 $O(n^{-2/5})$가 되어 무시할 수 없는 크기가 된다. 이 편향을 감안한 (제거한) 신뢰구간을 구하는 방법은 개발되어 있으나[11], 이 책의 수준을 넘으므로, 여기서는 원래의 밀도함수 $f(x)$가 아닌 부드럽게 연화된(mollified) 밀도함수

$$f_h(x) = E\left(\hat{f}(x)\right)$$

를 추정하도록 한다. 여기서 h는 커널 밀도함수 추정량의 너비 h이다. 이 너비 h 또한 일반적으로 데이터기반으로 추정되지만, 일단 정한 뒤에 이미 주어진 값인 것처럼 간주한다.

연화된 밀도함수를 추정하는 것은 실제로 많이 사용하는 방법이다. 특히 밀도함수 f가 매우 꾸불꾸불한 모양인 경우, 연화된 밀도함수가 그 분포의 형태와 위상적 특성을 파악할 때 더욱 효과적이다. 그림 11.10의 예를 보자.

11.4.1 점별 신뢰구간

커널 밀도함수 추정량 $\hat{f}$은 커널 내에 포함되는 약 $2nh$개의 관측값들의 평균의 형태이다 (균등커널을 이용하면 정확히 평균이며, 가우스커널을 이용하면 가중평균의

[11] 편향을 제거한 신뢰구간은 Chen (2017)에 가장 쉽게 소개되어 있다.

형태이다.) 만약 $nh \to \infty$라면, 중심극한정리에 의해 다음이 성립한다.

$$\sqrt{nh}(\hat{f}(x) - f_h(x)) \dot{\sim} N(0, \sigma_f^2(x)). \tag{11.18}$$

여기서 $\sigma_f^2(x) = f(x)a_K$, $a_K = \int K^2(u)du$이다. 가우스커널을 이용하면 $a_K = 1/(2\sqrt{\pi})$, 균등커널을 이용하면 $a_K = 1/4$이다. 점 x에서 연화된 밀도함수값 $f_h(x)$의 대표본 신뢰구간은 (11.18)을 이용하여 구한다. 미지수인 $\sigma_f^2(x)$ 혹은 $f(x)$는 추정값으로 대신한다.

플러그인 대표본 신뢰구간. $f(x)$에 $\hat{f}(x)$로 대입하여,

$$f_h(x) \in \hat{f}(x) \pm z_{\alpha/2}\sqrt{\frac{\hat{f}(x)a_K}{nh}}$$

가 점근적으로 정확한 점별 신뢰구간이다.

예 11.6

이달고 우표 데이터에서 너비값 $h = h_n^{\text{SJ}} = 0.0012$의 커널 밀도함수 추정량 $\hat{f}(x)$을 이용하여 $f(x)$의 각 점 x에서의 점별 신뢰구간을 구한다. 아래 코드는 `ks::kde()`를 이용하여 추정값 `ks.out$estimate`을 구한 뒤, 플러그인 대표본 신뢰구간을 구한다. `ks.out$estimate`은 `ks.out$eval.points`에 정의된 점들 $x_1, \ldots, x_M$에서의 $\hat{f}(x_i)$들의 벡터이다. 따라서 아래 코드의 `ci.lower`와 `ci.upper` 역시 같은 길이의 벡터이다.

```
> h = bw.SJ(thickness)
> n = length(thickness)
> ks.out = ks::kde(thickness, h = h)
> f.hat = ks.out$estimate
> ci.lower = f.hat - qnorm(1-0.025) * sqrt( f.hat / (2*sqrt(pi))
    / (n*h))
> ci.upper = f.hat + qnorm(1-0.025) * sqrt( f.hat / (2*sqrt(pi))
    / (n*h))
> data.frame(x = ks.out$eval.points, ci.low = ci.lower, ci.up =
   ci.upper) %>% head()
           x      ci.low      ci.up
1 0.05554110 -0.03660399 0.03810936
2 0.05574090 -0.04897191 0.05170534
3 0.05594069 -0.06449555 0.06932493
```

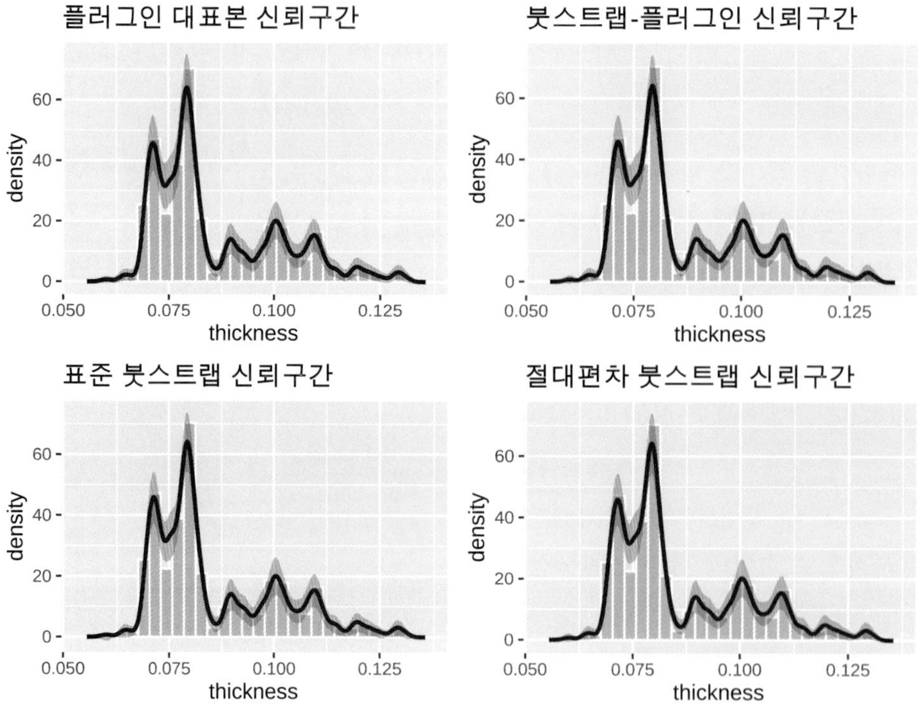

그림 11.11: 점별 신뢰구간들의 비교. 예 11.6, 11.7, 11.8 참조.

```
4 0.05614048  -0.08357777 0.09187994
5 0.05634028  -0.10651872 0.12040574
6 0.05654007  -0.13344939 0.15605133
```

이 커널 밀도함수 추정량과 점별 95% 신뢰구간이 그림 11.11에 표시되어 있다.

붓스트랩-플러그인 신뢰구간. $\hat{\sigma}_f^2(x)$를 붓스트랩으로 추정한다. (11.18)을 다시 표현하면,

$$\hat{f}(x) \mathrel{\dot\sim} N(f_h(x), \text{se}^2(\hat{f}(x)))$$

이므로 $\text{se}(\hat{f}(x))$의 비모수적 붓스트랩 추정량을 구한다. 관측값들이 포함되는 구간을 잘게 나눈 그리드 $\mathcal{X} = \{x_1, \ldots, x_M\}$가 있을 때, $x \in \mathcal{X}$에서의 통계량 $\hat{f}(x)$이 관측값 $X_1, \ldots, X_n$의 한 추정량일 뿐이므로, 모든 $x_i \in \mathcal{X}$에 대해 한번에 붓스트랩 재표집을 진행할 수 있다. 각 x_i에 대해 붓스트랩 복제값들

$$\hat{f}^{*1}(x_i), \ldots, \hat{f}^{*B}(x_i) \tag{11.19}$$

을 생성한 뒤 이들의 표본표준편차를 붓스트랩 추정된 표준오차

$$\hat{\mathrm{se}}^{\mathrm{Boot}}(\hat{f}(x)) = \left(\frac{\sum_{b=1}^{B}(\hat{f}^{*b}(x_i) - \overline{\hat{f}^{*\cdot}(x_i)})^2}{B-1}\right)^{1/2}$$

로 두면, 신뢰수준 $1-\alpha$의 붓스트랩-플러그인 신뢰구간은 다음과 같다.

$$f_h(x) \in \hat{f}(x) \pm z_{\alpha/2}\hat{\mathrm{se}}^{\mathrm{Boot}}(\hat{f}(x)).$$

예 11.7

위의 예 11.6의 데이터를 이용하여 붓스트랩-플러그인 신뢰구간을 다음과 같이 구한다.

```
x = ks.out$eval.points
kde0 = ks.out$estimate
n = length(thickness)

B = 1999
kde.boot = replicate(B,{
            ks::kde(sample(thickness,n, replace = TRUE),
       h = h,               # 같은 너비 h 사용
       eval.points = x # 같은 점들 x에서
       )$estimate           #  kde(x) 계산
})
se.fhat = apply(kde.boot,1,sd)
ci.lower = f.hat - qnorm(1-0.025) * se.fhat
ci.upper = f.hat + qnorm(1-0.025) * se.fhat
```

결과는 그림 11.11에 표시되어 있다.

제8장에서 제시된 다양한 붓스트랩 신뢰구간이 대부분 적용될 수 있으나, 조사해야 하는 점의 개수 ($M = \#\mathcal{X}$)가 많으므로, 계산량이 많아진다. 가장 간단한 표준 붓스트랩 신뢰구간이 자주 이용된다

표준 붓스트랩 신뢰구간. 각 점 x에서의 붓스트랩 복제값들 (11.19)의 $1-\frac{\alpha}{2}$와 $\frac{\alpha}{2}$-분위수 $Q_{\hat{f}^*}(1-\frac{\alpha}{2};x)$, $Q_{\hat{f}^*}(\frac{\alpha}{2};x)$를 구한 뒤 신뢰수준 $1-\alpha$의 표준 붓스트랩 신뢰구간을 구한다.

$$f_h(x) \in \left(2\hat{f}(x) - Q_{\hat{f}^*}(1-\tfrac{\alpha}{2};x), 2\hat{f}(x) - Q_{\hat{f}^*}(\tfrac{\alpha}{2};x)\right)$$

표준 붓스트랩 신뢰구간은 $\hat{f}(x) - f_h(x)$의 분포를 $\hat{f}^*(x) - \hat{f}(x)$로 붓스트랩 근사한 신뢰구간이다.

절대편차 붓스트랩 신뢰구간. 만약 편차 $\hat{f}(x) - f_h(x)$의 분포가 대칭임을 가정할 수 있다면 (점근근사적으로 사실이다), 절대편차 $|\hat{f}(x) - f_h(x)|$의 분포를 붓스트랩 근사할 수 있다. 이때의 붓스트랩 복제값들은

$$\Delta^{*1}(x) = |\hat{f}^{*1}(x) - \hat{f}(x)|, \ldots, \Delta^{*B}(x) = |\hat{f}^{*B}(x) - \hat{f}(x)|$$

이며 이들의 $1-\alpha$ 분위수 $Q_{\Delta^*}(1-\alpha; x)$를 이용한 신뢰수준 $1-\alpha$의 절대편차 붓스트랩 신뢰구간은 다음과 같다.

$$f_h(x) \in \left(\hat{f}(x) - Q_{\Delta^*}(1-\alpha; x), \hat{f}(x) + Q_{\Delta^*}(1-\alpha; x)\right).$$

(이때, $1 - \frac{\alpha}{2}$ 분위수가 아닌 $1-\alpha$ 분위수를 이용함에 유의하자.)

지금까지 소개한 신뢰구간들은 모두 점근적으로 정확한 신뢰구간들이다. 예를 들어 절대편차 붓스트랩 신뢰구간은 $n \to \infty, h \to 0, nh \to \infty, B \to \infty$일 때,

$$P\left[f_h(x) \in \left(\hat{f}(x) - Q_{\Delta^*}(1-\alpha; x), \hat{f}(x) + Q_{\Delta^*}(1-\alpha; x)\right)\right] = 1 - \alpha + o(1)$$

이다.

예 11.8

예 11.7에서 계산한 붓스트랩 복제값들 kde.boot을 이용하여 표준 붓스트랩 신뢰구간을 구한다.

```
kde.quantiles = apply(kde.boot, 1,
                  function(x){quantile(x,probs = c
                      (1-0.025,0.025))})
ci.lower = 2*f.hat - kde.quantiles[1,]
ci.upper = 2*f.hat - kde.quantiles[2,]
```

절대편차 붓스트랩 신뢰구간을 구하기 위해서 먼저 절대편차의 붓스트랩 복제값들을 모든 $x \in \mathcal{X}$에서 계산한다.

```
abs.dev.boot = apply(kde.boot, 2, function(x){ abs(x - f.hat) })
abs.dev.boot.quantiles = apply(abs.dev.boot, 1,
                        function(x){quantile(x,probs =
                            1-0.05)})
```

```
ci.lower = f.hat - abs.dev.boot.quantiles
ci.upper = f.hat + abs.dev.boot.quantiles
```

그림 11.11에 지금까지 계산한 네 개의 점별 신뢰구간이 표시되어 있다. 플러그인 대표본 신뢰구간의 길이가 조금 길지만, 대체로 유사하다.

그림 11.11의 신뢰구간들은 각 점 x에서는 (점근근사적으로) 정확하지만, 밀도 함수의 그래프 f가 같은 신뢰수준에서 신뢰구간에 포함된다고 단정할 수는 없다. 즉, (11.16)은 만족하지만, (11.17)은 만족하지 않을 수 있다. (11.17)을 만족하는 신뢰밴드를 다음 절에서 알아본다.

참조

추가적인 계산이 필요하지 않도록 표준오차의 추정을 간단하게 한

$$\frac{\hat{f}(x) - f_h(x)}{\hat{\text{se}}(\hat{f}(x))}, \quad \hat{\text{se}}(\hat{f}(x)) = \hat{\sigma}_f(x)/\sqrt{nh} = \sqrt{\frac{\hat{f}(x)a_K}{nh}}, \tag{11.20}$$

이 점근근사적으로 피벗이므로 표준 붓스트랩-t 신뢰구간을 이용할 수 있다. 피벗 (11.20)의 분포를 다음과 같이 붓스트랩 근사한다.

$$t^*(x) \equiv \frac{\hat{f}^*(x) - \hat{f}(x)}{\sqrt{\frac{\hat{f}^*(x)a_K}{nh}}} \dot{\sim} \frac{\hat{f}(x) - f_h(x)}{\hat{\text{se}}(\hat{f}(x))}$$

붓스트랩 복제된 $t^*(x)$의 분포의 p-분위수를 $Q_{t^*}(p;x)$로 표기하면 붓스트랩-t 신뢰구간은

$$f_h(x) \in \left(\hat{f}(x) - Q_{t^*}(1-\tfrac{\alpha}{2};x)\sqrt{\frac{\hat{f}(x)a_K}{nh}}, \hat{f}(x) - Q_{t^*}(\tfrac{\alpha}{2};x)\sqrt{\frac{\hat{f}(x)a_K}{nh}}\right)$$

이다. 다만 $\hat{f}^*(x) \approx 0$이면 $\hat{\text{se}}(\hat{f}^*(x)) \approx 0$이므로 종종 $t^* = (\hat{f}^*(x) - \hat{f}(x))/\hat{\text{se}}(\hat{f}^*(x)) \approx \pm\infty$이므로 구간의 길이가 너무 넓은 신뢰구간이 생성되기도 한다.

11.4.2 신뢰밴드

신뢰밴드는 모든 위치 x에서 $f(x)$의 값이 신뢰밴드에 포함될 확률을 신뢰수준으로 통제하므로, $\hat{f}(x) - f(x)$의 분포가 아닌 $\Delta = \sup_x |\hat{f}(x) - f(x)|$의 분포를 이용하여 통제한다.[12] Δ의 분포를 정확히 알기는 어려우며, 그 점근분포 역시 정규분포가 아니므로, 완전히 비모수적인 붓스트랩 신뢰구간만을 구한다.

Δ의 분포를 커널 밀도함수 추정량 $\hat{f}(x)$의 붓스트랩 복제값들 $\hat{f}^*(x)$로부터 다음과 같이 붓스트랩 근사한다. 이 함수값들은 일반적으로 관측값들이 포함되는 구간을 잘게 나눈 그리드 $\mathcal{X} = \{x_1, \ldots, x_M\}$에서만 계산하며, 따라서 Δ의 $\sup_x$을 $\max_{x \in \mathcal{X}}$로 근사한다. Δ의 붓스트랩 복제값들

$$\Delta^{*1} = \max_{x \in \mathcal{X}} |\hat{f}^{*1}(x) - \hat{f}(x)|, \ldots, \Delta^{*B} = \max_{x \in \mathcal{X}} |\hat{f}^{*B}(x) - \hat{f}(x)|$$

의 $1-\alpha$ 분위수 $Q_{\Delta^*}(1-\alpha)$를 이용한 붓스트랩 신뢰밴드는, 모든 x에 대해,

$$f_h(x) \in \Big(\hat{f}(x) - Q_{\Delta^*}(1-\alpha), \hat{f}(x) + Q_{\Delta^*}(1-\alpha)\Big)$$

이다. $n \to \infty, h \to 0, nh \to \infty, B \to \infty$일 때, 이 신뢰밴드는 점근적으로 정확한 신뢰밴드이다:

$$P\Big[f_h(x) \in \Big(\hat{f}(x) - Q_{\Delta^*}(1-\alpha), \hat{f}(x) + Q_{\Delta^*}(1-\alpha)\Big), \forall x\Big] = 1 - \alpha + o(1).$$

예 11.9

붓스트랩된 절대편차만을 이용하여 신뢰밴드를 구할 수 있다. 아래의 코드에서 `abs.dev.boot`는 예 11.8에서 절대편차 붓스트랩 신뢰구간을 구할 때 계산한 $M \times B$ 크기의 행렬이다.

```
Delta = apply(abs.dev.boot,2,max)
q.Delta = quantile(Delta, 1-0.05)
conf.band.lower = f.hat - q.Delta
conf.band.upper = f.hat + q.Delta
```

[12] 유한 개의 가설을 동시에 검정하는 다중검정에서 검정통계량의 최댓값의 분포를 이용하여, 전체 오류율을 통제하는 방법과 마찬가지로, 여기서는 무한개의 $x \in \mathbb{R}$에 대해 $|\hat{f}(x) - f(x)|$의 최댓값의 분포를 이용하여 신뢰밴드를 구성한다.

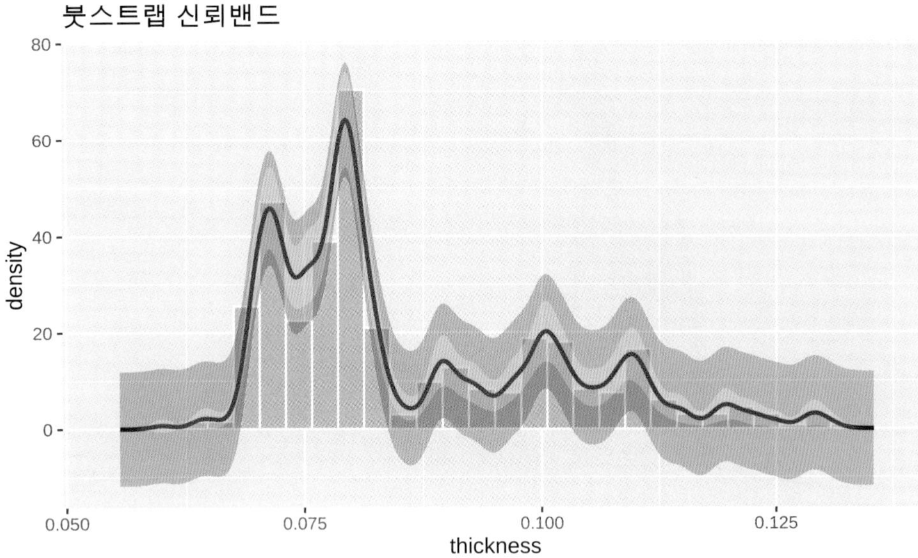

그림 11.12: 붓스트랩 신뢰밴드와 점별 신뢰구간

점별 신뢰구간에 비해 신뢰밴드는 대체로 훨씬 넓다. 그림 11.12는 붓스트랩 신뢰밴드 내부에 점별 신뢰구간인 절대편차 붓스트랩 신뢰구간을 동시에 표시하고 있다.

종종 신뢰밴드 또는 점별 신뢰구간의 하한이 음수값이 나올 수도 있다. 밀도함수의 값이 음수가 될 수는 없으니, 신뢰밴드 (또는 신뢰구간)의 하한 $l(x)$를 $\max\{0, l(x)\}$로 대체하여도 포함확률은 변하지 않는다. 예를 들어, 그림 11.12의 95% 신뢰밴드는 그림 11.13과 같이 조정될 수 있다.

참조

신뢰밴드의 각 x에서의 구간이 매우 크며, $\hat{f}(x)$가 0에 가까워 점별 신뢰구간의 너비가 작을 때에도 매우 넓은 신뢰밴드가 도출된다. 이를 방지하기 위해 $|\hat{f}^{*b}(x) - \hat{f}(x)|$의 최댓값이 아닌 스튜던트화된 $|\hat{f}^{*b}(x) - \hat{f}(x)|/\widehat{\text{se}}(\hat{f}^{*b}(x))$의 최댓값을 구하는 방법도 있으나, 붓스트랩 복제값의 분산이 매우 커서 ($\hat{f}(x) \approx 0$일 때를 생각해보자), 권장되지 않는다. 실제로는 모든 $x \in \mathcal{X}$에 대해 포함하는 "동시" 신뢰밴드보다 점별 신뢰구간을 더 자주 사용하는 경향이 있다. 저자에 따라 모든 $x \in \mathcal{X}$에서 구한 점별 신뢰구간을 "신뢰밴드"라고 부르기도 하니, 주의를 기울이자.

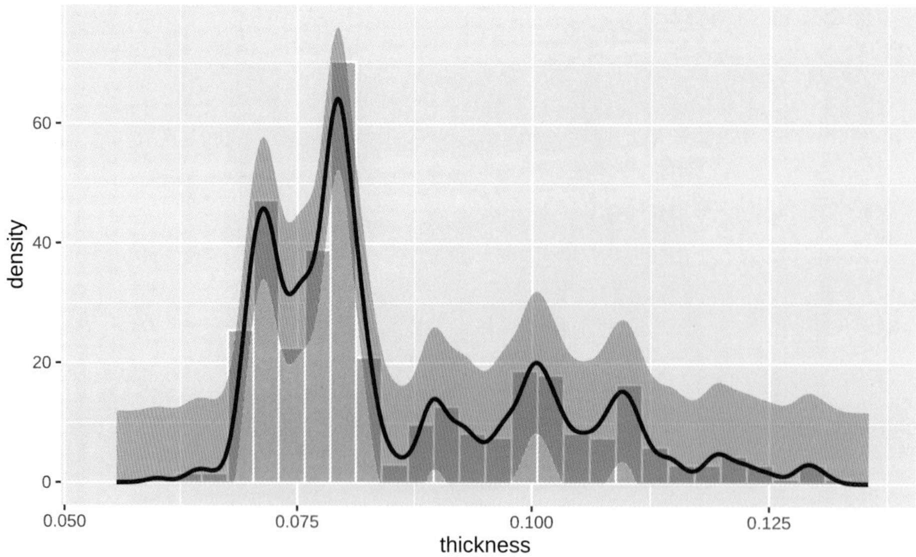

그림 11.13: 수정된 붓스트랩 신뢰밴드

11.5 연습문제

연습 11.1. 관측값 $\{X_1, \ldots, X_n\}$이 이산분포 $f(x)$, $x \in \mathcal{X} = \{1, 2, \ldots, 10\}$ 에서 표집되었다.

a) 질량함수 $p(x)$의 추정량 $\hat{p}(x)$ (11.1)이 편향되지 않았으며 그 분산이 $p(x)$와 n으로 표현됨을 보여라.

b) 표본의 크기가 커질 때, 즉 $n \to \infty$일 때, 평균제곱오차 MSE $= E(\hat{p}(x) - p(x))^2$가 0으로 수렴함을 보여라.

c) 표본의 크기가 커질 때, 즉 $n \to \infty$일 때, 평균제곱오차의 합 $\sum_{x=1}^{n} E(\hat{p}(x) - p(x))^2$가 0으로 수렴함을 보여라.

연습 11.2. 커널이 $K(x) \geq 0$, $\int K(x)dx = 1$일 때, 모든 $h > 0$에 대해 커널 밀도함수 추정량 $\hat{f}(\cdot)$ (11.3)이 밀도함수임을 보여라.

연습 11.3. 커널 K를 가우스 커널로 정했을 때, 커널 밀도함수 추정량의 표현 중 $x \mapsto \frac{1}{h}K\{(x - X_i)/h\}$는 정규분포 $N(X_i, h^2)$의 밀도함수와 같음을 확인하여라.

연습 11.4. 적절한 가정을 주었을 때, $MSE(\hat{\theta}) = E(\hat{\theta} - \theta)^2 = \{\text{bias}(\hat{\theta})\}^2 + \text{Var}(\hat{\theta})$ 임을 증명하여라.

연습 11.5. 커널 밀도함수 추정량 $\hat{f}$에서 너비 h를 점근최적너비 h^*로 선택하였을 때,

a) $MISE(\hat{f}) = O(n^{-4/5})$임을 보여라.

b) $f(x) > 0$인 x에 대해 $MSE(\hat{f}(x)) = O(n^{-4/5})$임을 보여라.

c) 관측값들의 표본평균을 $\bar{X}_n$으로 표기할 때, $MSE(\bar{X}_n) = O(n^{-1})$임을 보이고, n이 클 때, $MSE(\hat{f}(x))$와 $MSE(\bar{X}_n)$의 크기를 비교하여라.

연습 11.6. 밀도함수인 모수 $f(x)$의 추정량 $\hat{f}(x)$이 있을 때, 절대편차의 분포가 $|\hat{f}(x) - f(x)| \sim G$이고, 누적분포함수 G의 역함수가 존재한다고 가정하자.

a) $P(f(x) \in \hat{f}(x) \pm G^{-1}(1-\alpha)) = 1 - \alpha$임을 보여라.

b) 절대편차의 붓스트랩 분포를 $|\hat{f}^*(x) - \hat{f}(x)| \sim G^*$라고 표기한다. 만약 $G = G^*$이면 절대편차 붓스트랩 신뢰구간이 정확함을 보여라.

제 12 장

비모수적 회귀분석

비모수적 회귀분석은 선형회귀모형 $Y = \beta_0 + \beta_1 X + \epsilon$에서 "선형" 회귀직선을 자유로운 형태의 회귀곡선으로 확장한 형태이다. 비모수적 회귀분석의 모형은

$$Y = m(X) + \epsilon$$

으로 둘 수 있으며, 이때 회귀곡선 $m(x) = E(Y \mid X = x)$이 속하는 공간을 매끄러운 함수들의 집합인 $\mathcal{H}$으로 생각한다. 즉 비모수적 회귀분석에서는 매우 넓은 무한차원의 공간인 $\mathcal{H}$에 속하는 $m(\cdot)$을 추정하고 그 불확실성을 계량하는 것이 목표이다.

예 12.1

2009년부터 미국의 부통령이었던 조 바이든의 두 번째 임기에서의 선호도에 대한 여론조사 결과가 다음 그림에 나와 있다. 바이든의 선호율이 시간에 따라 어떻게 달라지는지의 흐름을 모형화할 때, 선형회귀모형은 복잡한 실제 선호율의 변화를 잘 잡아내지 못한다. 그림 12.1의 빨간 곡선이 더욱 정확하게 흐름을 잡았다고 볼 수 있다. 이 곡선이 곧 비모수적으로 추정된 회귀곡선이다.

예 12.1의 데이터를 그림 12.1에서 보면 $x = 2013$년 주변에서는 감소하는 추세가 있다가 2016년에서는 증가하는 추세가 있다. 시간의 범위를 더 좁혀서 보면 2013년과 2016년 사이에 선호도의 증감이 반복되는 것을 알 수 있다. 전체적으로 증가하는 추세가 있지만, 국소적으로는 증가와 감소가 반복된다. 이러한 국소적인 추세를 감지하기 위해 커널을 이용하는 방법이 비모수적 회귀분석의 가장 기본적인 도구이다. 이 책에서는 커널을 이용한 방법을 중심으로 회귀곡선의 추정을 설명한다. 이 외에도 스플라인 (spline)을 이용한 방법, 벌점(penalty)화한 추정, 여러 개의 설명변수가 있는

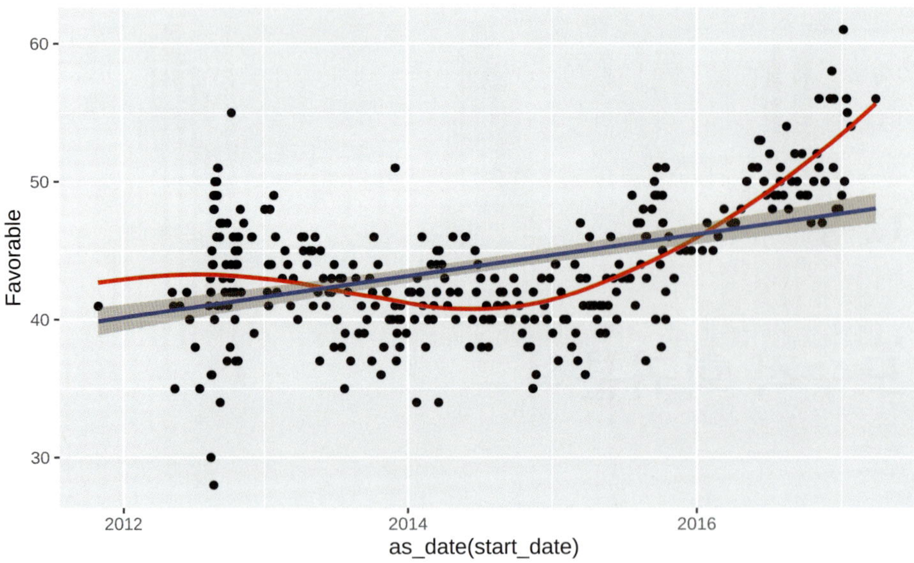

그림 12.1: 바이든 선호도 데이터에서의 선형회귀직선 (파란 직선)과 비모수적 회귀직선 (빨간 곡선)

비모수 회귀분석 등이 있지만, 다루지 않기로 한다.

12.1 커널 회귀 추정

데이터 $\{(x_1, y_1), \ldots, (x_n, y_n)\}$이 다음의 회귀모형을 따른다고 가정하자.

$$y_i = m(x_i) + \epsilon_i, \quad i = 1, \ldots, n.$$

오차 ϵ_i의 분포는 평균이 0이고 서로 독립이다. 회귀곡선 $m(\cdot)$은 연속이며 매끄러운 함수라고 가정한다. 회귀곡선의 형태를 특정하지 않은 비모수적인 모형이므로, "X" 변수의 영역 $\mathcal{X}$의 모든 $x \in \mathcal{X}$에서 $m(x)$를 추정하면 $m(\cdot)$의 추정량을 구할 수 있다. $m(x) = E(Y|X = x)$이므로 $x = x_i$일 때

$$m(x_i) = E(y_i)$$

임을 고려하면, $m(x_i)$의 가장 자연스러운 추정량은 y_i이지만, 관측값 하나로 이루어진 추정량은 변동이 너무 클 뿐더러, $x \neq x_i$일 때에는 그에 대응되는 y값이 없다. 커널 회귀곡선 추정량은 어떤 점 x에서, 그 x와 가까운 관측값들의 가중평균을

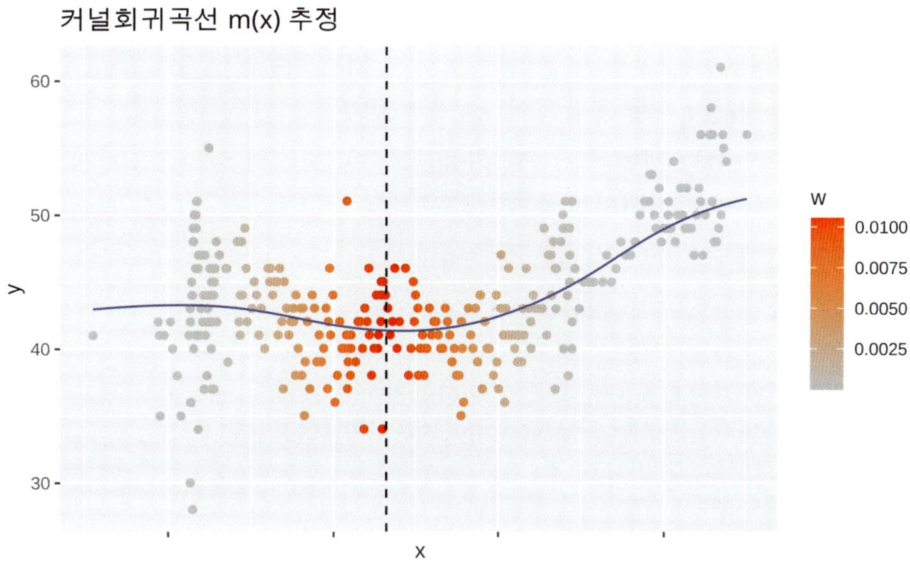

그림 12.2: 커널 회귀곡선 추정, x =2014년 4월 1일일 때의 $\hat{m}(x)$를 계산하기 위한 가중값 $w_i^0(x)$ $(i = 1, \ldots, n)$가 각 관측값에서의 색으로 표시되어 있다.

추정량으로 이용한다. 어떤 관측값이 얼마나 가까운지를 판단하기 위해 너비 h를 지정하고, 가까울수록 높은 가중값을, 멀수록 낮은 가중값을 주기 위해 커널 K의 형태를 정해주면,

$$\begin{aligned}\hat{m}(x) &= \sum_{i=1}^{n} \frac{K_h(x - x_i)}{\sum_{j=1}^{n} K_h(x - x_j)} y_i \\ &= \sum_{i=1}^{n} w_i^0(x)\, y_i\end{aligned} \tag{12.1}$$

이 $m(x)$의 커널 회귀곡선 추정량이다. 이때의 커널 $K_h(x) = \frac{1}{h}K(\frac{x}{h})$은 커널 밀도함수 추정량에서 쓰인 커널과 동일하다. 가우스 커널 K를 이용하는 것이 가장 일반적인 방법이다. 이 커널 회귀곡선 추정량은 나다라야-왓슨 (Nadaraya-Watson) 추정량 또는 "local constant" 추정량이라고도 불린다. 커널 $K_h(x - x_i)$가 x_i가 x 주변일 때 높은 값을 가지므로, 각 관측값 y_i의 가중값 $w_i^0(x)$은 관측된 데이터가 x 주변일 때에만 높은 값을 가진다.

그림 12.2는 점선으로 표시된 x에서 가중값 $w_i^0(x)$가 각 x_i의 위치에 따라 어떻게 달라지는 지를 색으로 표현한 것이다. 빨간색이 진할수록 높은 가중값을 갖는다. 파란색 곡선은 추정값 $\hat{m}(x)$의 그래프이다. 가우스 커널과 $h = 300$을 이용하였다.

커널 회귀곡선 추정에서도 커널 K의 선택보다 커널의 너비 h의 선택이 추정량에 더 큰 영향을 미친다. 예 12.1의 데이터를 이용하여, 커널 회귀곡선 추정량을 계산하고 h의 값에 따라 추정값이 어떻게 달라지는지 살펴보자.

다음의 R 코드에서는 데이터 x, y를 이용하고, "x"변수의 영역을 100개로 나눈 xgrid의 각 점에서 커널 회귀곡선 추정값을 구하는 함수 kernreg()를 정의하였다. 함수 Kh()는 커널 $K_h(x)$를 계산하는 함수이다.[1]

```
x = as.numeric(poll$start_date %>% as_date(), "days")
y = poll$Favorable
xgrid = round(seq(min(x),max(x), length.out = 100))
Kh = function(x,h){ exp( - x^2 /h^2)/ sqrt(2*pi)/h}
kernreg = function(xgrid, x, y, h){
  kx = sapply(x,function(xi){ Kh(xgrid-xi,h)})
  W <- kx / rowSums(kx)
  drop(W %*% y)
}
```

너비 $h = 100$(일)로 정하면 mhat = kernreg(xgrid,x,y,100)과 같이 $\hat{m}(x)$를 계산한다. 그림 12.3에 $h = 10, 100, 300$일 때의 회귀곡선 추정값이 표시되어 있다. 짧은 너비를 이용하면 매우 거친 곡선이, 넓은 너비를 이용하면 더 부드러운 곡선이 추정됨을 알 수 있다. 너비 h를 무한정 크게 $(h \to \infty)$ 하면 $\hat{m}(\cdot)$은 어떻게 될까?[2]

12.2 국소다항회귀 추정

커널 회귀곡선 추정량은 국소다항회귀 (local polynomial regression) 추정량의 특별한 경우로 볼 수 있다. 먼저 커널 회귀곡선 추정량이 "local constant" 추정량이라고 불리우는 이유를 알아보자. 선형회귀분석에서의 기본적인 추정량이 최소제곱법으로 주어진 것과 마찬가지로, 커널 회귀곡선 추정량 (12.1)을 다음과 같이 표현할 수 있다.

$$\hat{m}(x) = \arg\min_{\alpha} \sum_{i=1}^{n} (y_i - \alpha)^2 w_i^0(x) = \arg\min_{\alpha} \sum_{i=1}^{n} (y_i - \alpha)^2 K_h(x - x_i). \quad (12.2)$$

커널 회귀곡선의 x에서의 추정량 $\hat{m}(x)$는 그 주변의 관측값만을 이용하여 상수

---

[1] np_supp.R에는 kernreg()와 유사한 lcreg()가 정의되어 있다. lcreg() 이름의 유래는 다음 절을 참고하자.

[2] 너비 h가 무한히 크다면 커널 회귀곡선 추정값은 모든 x에 대해 상수이다. 즉 $\hat{m}(x) \equiv \bar{y}$이다.

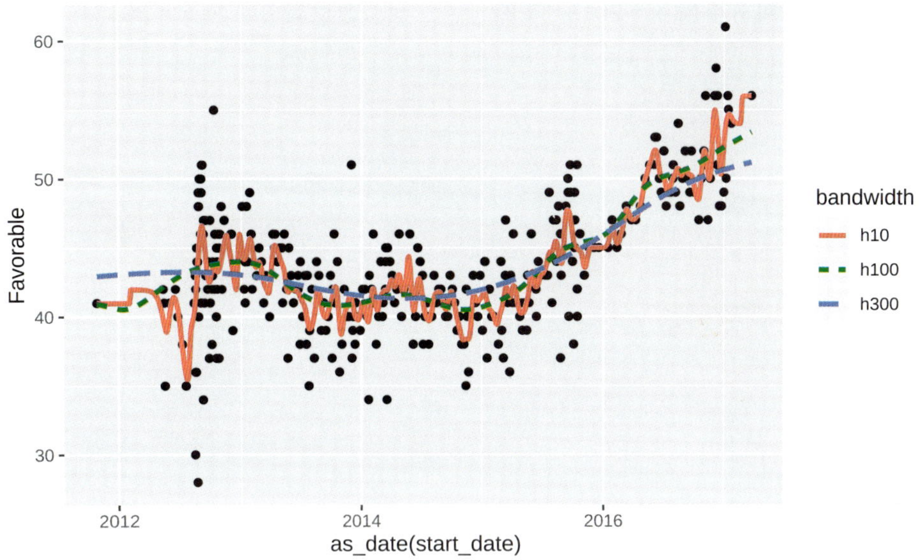

그림 12.3: 바이든 선호도 데이터에서 너비 h의 변화에 따른 커널 회귀곡선 추정값

모형 $y_i = \alpha + \epsilon_i$에서 α를 추정하는 형태이다. 때문에 국소적으로 상수인 (locally constant) 모형을 이용한 추정량이라고 부른다. 국소다항회귀는 (12.2)의 상수모형을 $y_i = \beta_0 + \beta_1 x_i + \beta_2 x_i^2 + \epsilon_i$와 같은 다항식의 모형으로 바꾼 것을 의미한다. 원칙적으로는 $p = 0, 1, 2, \ldots$의 어떤 p차 다항식이라도 이용할 수 있지만, 논의를 간단히 하기 위해 일차다항식을 이용해보자. (12.2)의 상수항인 α를 일차식 $\alpha + \beta x$로 바꾸면,

$$(\hat{\alpha}_x, \hat{\beta}_x) = \arg\min_{\alpha,\beta} \sum_{i=1}^{n} (y_i - \alpha - \beta x_i)^2 K_h(x - x_i) \tag{12.3}$$

이다. 즉, x "주변"에서 국소적으로 적합된 선형회귀직선은 $y = \hat{\alpha}_x + \hat{\beta}_x x$가 되며, 이 선형회귀모형에서의 x에서의 예측값이 곧 국소 다항회귀 추정량

$$\hat{m}_1(x) = \hat{\alpha}_x + \hat{\beta}_x x \tag{12.4}$$

이다. (아래첨자 "1"은 1차 다항식을 이용한다는 표시이다.) x의 위치가 변할 때 $(\hat{\alpha}_x, \hat{\beta}_x)$이 변하므로 $\hat{m}_1(\cdot)$은 커널 회귀곡선과 같이 자유로운 곡선의 형태가 된다. 국소다항회귀 추정량 $\hat{m}_1(\cdot)$ (12.4)은 국소선형회귀 (12.3)의 형태이므로 **국소 선형 회귀 추정량**(local linear regression estimator)라고 불리기도 한다.

그림 12.4은 두 다른 위치의 x에 대해 국소적으로 적합된 선형회귀직선의 그래프와

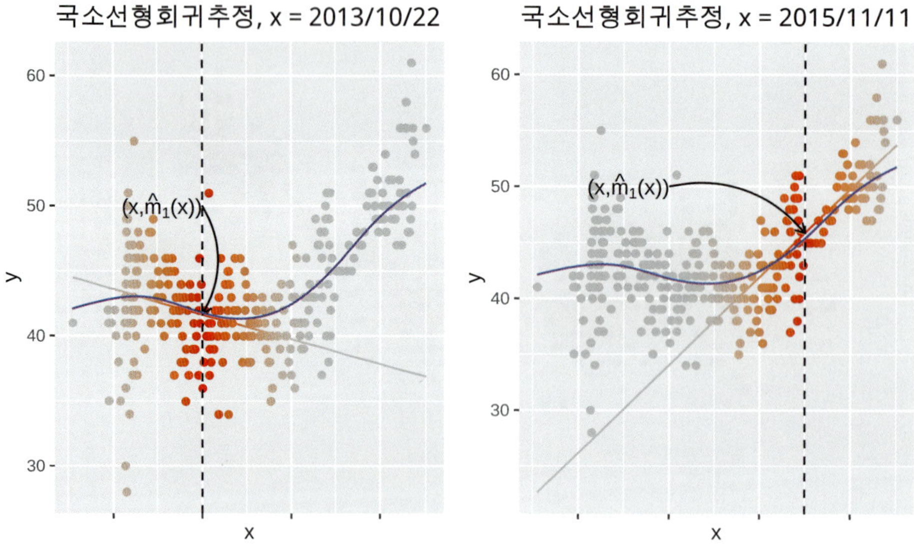

그림 12.4: 두 다른 위치에서의 국소선형회귀 추정값. 각 관측값의 색은 $K_h(x - x_i)$ 의 크기와 비례한다. 커널의 값이 클 때 더 진한 빨간색이다. 국소선형회귀함수 추정값의 그래프는 파란색 곡선으로 표시되어 있다.

$\hat{m}_1(x)$ 의 값을 나타낸 것이다. 국소 선형회귀 추정량 $\hat{m}_1$ 은 국소적으로 회귀직선을 적합한 결과들의 모임이다.

국소선형회귀를 포함한 국소 다항회귀 추정량의 계산은 가중치가 부가된 최소제곱법으로 구할 수 있다. 주어진 점 x 에서 (12.3) 의 일반적인 형태인

$$\arg\min_{\boldsymbol{\beta}} \sum_{i=1}^{n} (y_i - \beta_0 - \beta_1 x_i - \cdots - \beta_p x_i^p)^2 \, K_h(x - x_i) \tag{12.5}$$

를 행렬의 형태로 쓸 수 있다.

$$\mathbf{y} = \begin{pmatrix} y_1 \\ y_2 \\ \vdots \\ y_n \end{pmatrix}, \quad \mathbf{X} = \begin{pmatrix} 1 & x_1 & x_1^2 & \cdots & x_1^p \\ 1 & x_2 & x_2^2 & \cdots & x_2^p \\ \vdots & \vdots & \vdots & \ddots & \vdots \\ 1 & x_n & x_n^2 & \cdots & x_n^p \end{pmatrix}, \boldsymbol{\beta} = \begin{pmatrix} \beta_0 \\ \beta_1 \\ \beta_2 \\ \vdots \\ \beta_p \end{pmatrix},$$

그리고 $\mathbf{W}_x = \text{diag}\{K_h(x - x_1), \ldots, K_h(x - x_n)\}$, 즉 i 번째 대각원소가 $K_h(x - x_i)$

인 $n \times n$ 대각행렬로 두면, 식 (12.5)는 다음과 같이 표현된다.

$$\begin{aligned}\hat{\boldsymbol{\beta}}_x &= \arg\min_{\boldsymbol{\beta}} (\mathbf{y} - \mathbf{X}\boldsymbol{\beta})'\mathbf{W}_x(\mathbf{y} - \mathbf{X}\boldsymbol{\beta}) \\ &= (\mathbf{X}'\mathbf{W}_x\mathbf{X})^{-1}\mathbf{X}'\mathbf{W}_x\mathbf{y}. \end{aligned} \tag{12.6}$$

따라서 국소다항회귀곡선의 x에서의 추정값 $\hat{m}_p(x)$는

$$\mathbf{x}_x = (1, x, x^2, \ldots, x^p)'$$

에 대해

$$\begin{aligned}\hat{m}_p(x) &= \mathbf{x}_x'\hat{\boldsymbol{\beta}}_x = \begin{pmatrix}1 & x & \cdots x^p\end{pmatrix}' \hat{\boldsymbol{\beta}}_x \\ &= \mathbf{x}_x'(\mathbf{X}'\mathbf{W}_x\mathbf{X})^{-1}\mathbf{X}'\mathbf{W}_x\mathbf{y} \\ &= \sum_{i=1}^{n} w_i^p(x)\, y_i \end{aligned} \tag{12.7}$$

으로 표현된다. 여기서 p차국소다항회귀의 가중값 $w_i^p(x)$은 크기 $1 \times n$ 의 행벡터 $\mathbf{x}_x'(\mathbf{X}'\mathbf{W}_x\mathbf{X})^{-1}\mathbf{X}'\mathbf{W}_x$의 i번째 원소와 같다[3].

국소 다항회귀 추정량 $\hat{m}_p(x)$는 $p = 0$일 때는 나다라야-왓슨 추정량과 같다. $p = 1$일 때는 국소 선형회귀 추정량으로 불리고, $p \geq 2$부터는 일반적으로 p차 국소 다항회귀 추정량이라고 말한다. 국소 선형회귀 추정량의 가중값 $w_i^1(x)$는 다음과 같이 표현된다.

$$\begin{aligned} w_i^1(x) &= \frac{b_i(x)}{\sum_{j=1}^n b_j(x)}, \qquad (12.8) \\ b_i(x) &= \{S_2(x) + (x - x_i)S_1(x)\}K_h(x - x_i). \end{aligned}$$

이때 $q = 0, 1, 2, \ldots$에 대해 $S_q(x) = \sum_{j=1}^n K_h(x - x_j)(x_j - x)^q$이다.

[3]`np_supp.R`에 $p = 0, 1$에 대한 국소 다항회귀 추정을 할 수 있는 함수 `lcreg()` (local constant regression의 줄임말)와 `llreg()` (local linear regression의 줄임말)이 정의되어 있다. 이 함수들을 이용하여, 가중값 $w_i^p(x)$을 조사할 수 있다.

예 12.2

국소 다항회귀 추정값 $\hat{m}_p(x)$는 R 패키지 KernSmooth의 함수 locpoly()를 이용하여 계산할 수 있다. 바이든의 선호도 데이터를 대상으로 국소다항식의 차수 p를 degree, 커널의 너비 h를 bandwidth 인자의 값으로 정한다.

```
> p = 1
> h = 50
> ll = KernSmooth::locpoly(x,y,degree = p, bandwidth = h)
> head(as.data.frame(ll),3)
         x        y
1 15276.00 41.00002
2 15280.94 40.97017
3 15285.88 40.93969
```

함수 locpoly()의 출력값은 x의 그리드에 대한 $(x, \hat{m}_p(x))$의 쌍이다. np_supp.R에 정의된 llreg()으로도 국소 선형회귀 추정값을 계산할 수 있다.

```
> xgrid = ll$x
> llregout = llreg(xgrid, x, y, h)
> cbind(xgrid, llregout$mhat) %>% head(3)
        xgrid
[1,] 15276.00 41.00000
[2,] 15280.94 41.01326
[3,] 15285.88 41.02651
```

각 x에서 두 함수의 추정값이 조금 다른 이유는 다음과 같다. 함수 llreg()은 국소 선형회귀 추정값의 정의 (12.7)을 그대로 구현하여 정확하지만 계산이 느리다. 함수 kernSmooth::locpoly()는 빠른 계산을 위한 $\hat{m}_1(x)$의 근삿값을 준다.

국소 다항회귀 추정값은 국소다항식의 차수 p와 커널의 너비 h에 따라 결정된다. 그렇다면 어떤 차수와 어떤 너비를 선택해야 하는가? 다음 절에서 이에 대한 대답을 한다.

12.2.1 국소다항회귀 차수의 선택

국소다항식의 차수 $p = 0, 1, 2$와 커널의 너비 $h = 50, 300$의 각각의 경우에 대해 예 12.2과 같이 계산한 국소 다항회귀 추정값이 그림 12.5에 표시되어 있다. 그래프 가로축의 왼쪽, 오른쪽 끝을 살펴보면 세 추정값의 차이가 명확하게 드러난다. 커널의 너비를 고정할 때 차수가 높을수록 더 복잡한 형태의 회귀곡선이 추정된다. 가로축의

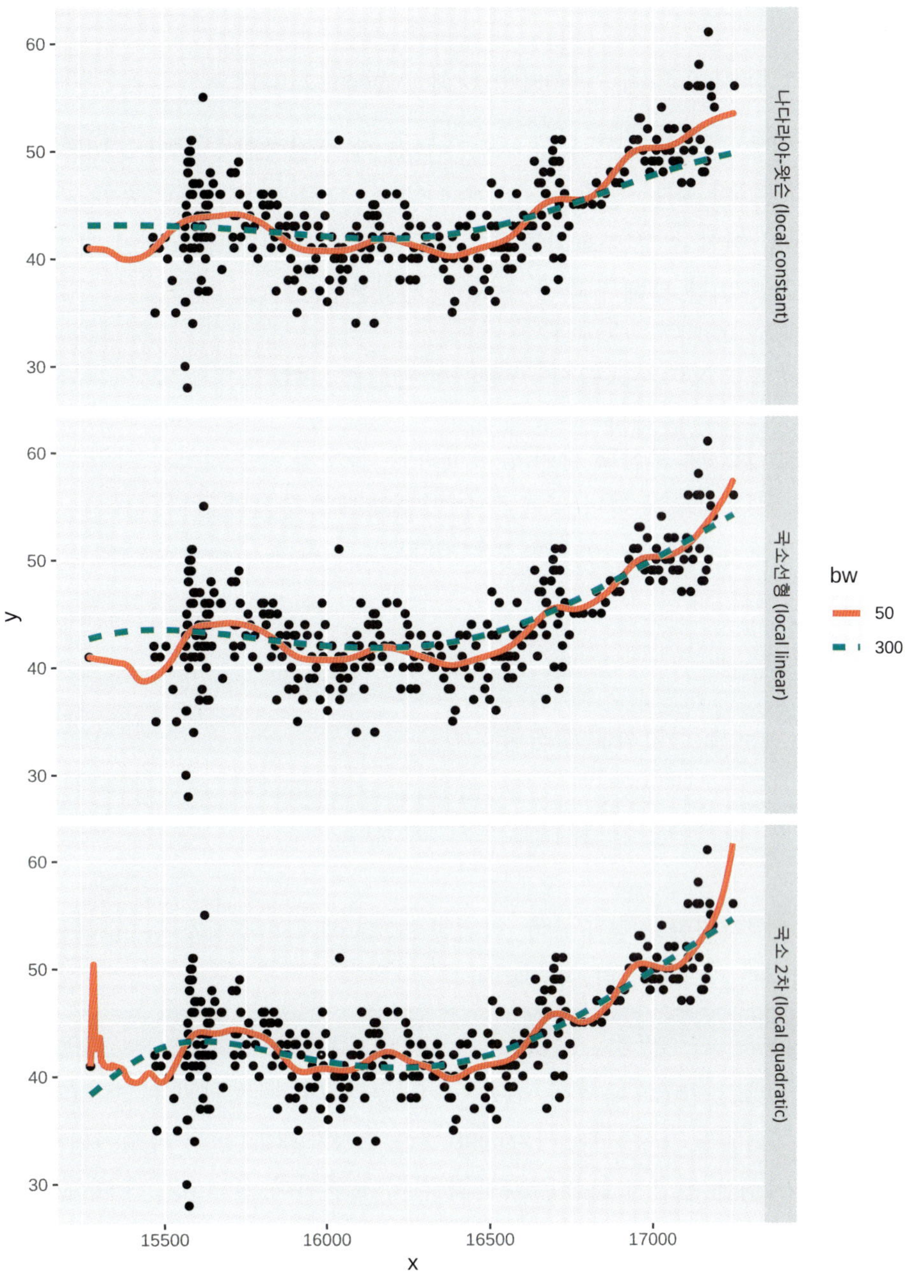

그림 12.5: 차수가 $p = 0, 1, 2$ 인 국소 다항회귀 추정값의 비교. 커널의 너비 $h = 50, 300$ 일 때를 각각 표시되어 있다.

오른쪽 끝을 보면 차수가 높을수록 산점도의 증가하는 패턴을 더 충실하게 따름을 알 수 있다. 즉, **다항식의 차수가 높을수록 추정값의 편향이 줄어든다**:

$$\text{bias}\{\hat{m}_0(x)\} > \text{bias}\{\hat{m}_1(x)\} > \text{bias}\{\hat{m}_2(x)\} > \cdots \tag{12.9}$$

편향-분산 상충에 따라, 다항식의 차수가 높을 때 추정량의 분산이 늘어날 것으로 예측할 수 있다. 다만, 이는 정확한 사실은 아니다. 그림 12.5의 가로축의 왼쪽 끝을 보면, $p = 0, 1$일 때의 추정된 회귀곡선의 변동은 비슷하지만, $p = 2$인 회귀곡선의 변동은 훨씬 크다. 이를 통해 유추할 수 있는 가설은

$$\text{Var}\{\hat{m}_0(x)\} = \text{Var}\{\hat{m}_1(x)\} < \text{Var}\{\hat{m}_2(x)\} = \text{Var}\{\hat{m}_3(x)\} < \cdots \tag{12.10}$$

이다. **차수가 높아질 때 분산도 같이 증가하지만**, 홀수인 차수에서의 다항회귀 추정량의 분산은 그보다 차수가 하나 낮은 짝수 차수에서의 분산과 같다.

더 자세하기 보기 위해 $p = 0, 1$인 경우만 다루도록 한다. $p = 0$일 때의 나다라야-왓슨 추정량

$$\hat{m}_0(x) = \sum_{i=1}^{n} w_i^0(x)\, y_i, \tag{12.11}$$

과 $p = 1$일 때의 국소 선형회귀 추정량

$$\hat{m}_1(x) = \sum_{i=1}^{n} w_i^1(x)\, y_i \tag{12.12}$$

은 모두 y_i들의 선형결합의 형태이며, 회귀함수의 x에서의 추정값 $\hat{m}_p(x)$의 편향과 분산은 가중값 $w_i^p(x)$와 밀접한 연관이 있다.

정리 12.1

모형 $Y_i = m(x_i) + \sigma(x_i)\epsilon_i$에서, $\sigma(x_i) > 0$, 그리고 ϵ_i는 평균과 분산이 0과 1이며 서로 독립임을 가정할 때, 나다라야-왓슨 추정량 (12.11)과 국소선형회귀 추정량 (12.12)의 편향과 분산은 다음과 같이 표현된다. $p = 0, 1$에 대해,

$$\text{bias}[\hat{m}_p(x)] = \sum_{i=1}^{n} w_i^p(x)\,\{m(x_i) - m(x)\}, \tag{12.13}$$

$$\text{Var}[\hat{m}_p(x)] = \sum_{i=1}^{n} \{w_i^p(x)\,\sigma(x_i)\}^2. \tag{12.14}$$

정리 12.1에서는 오차항의 분산이 다를 수도 있음을 가정하였다. 추정량의 편향과 분산을 점근적으로 더 간단하게 표현하기 위해서는 다음이 필요하다. 먼저, 편향을 이루는 항 $m(x_i) - m(x)$를 테일러 전개를 이용하여 간단하게 표현하기 위해서는 회귀곡선 $m(\cdot)$이 매끄러운 함수임을 가정해야 한다. 둘째, 회귀분석의 응답변수 Y_i 뿐만 아니라, 설명변수 X_i 역시 확률변수임을 가정하여, (12.13)과 (12.14)에서의 X_i가 포함된 가중평균을 기댓값의 형태로 근사해야 한다.

나다라야-왓슨 추정량과 국소선형회귀 추정량의 점근적인 편향과 분산을 나타내기 위해 다음을 가정하자. 설명변수 값의 어떤 구간 $\mathcal{X} = (a, b)$에 속하는 $x \in \mathcal{X}$에서 회귀곡선 $m(x)$를 추정한다.

가정 A. $\mathcal{X}$에서 $m(\cdot)$은 매끄러운 함수이다[4].

가정 B. X_i의 밀도함수 $f(\cdot)$가 매끄러운 함수이며 $x \in \mathcal{X}$에서 $f(x) > 0$ 이다.

모형

$$Y_i = m(X_i) + \sigma(X_i)\epsilon_i, \quad i = 1, \ldots, n$$

을 가정할 때, 관측된 설명변수의 값 $\mathbb{X}_n = (X_1, \ldots, X_n)$의 조건부로 $\hat{m}_0(x)$와 $\hat{m}_1(x)$의 편향과 분산은 다음 정리와 같이 표현된다.

정리 12.2 (García-Portugués (2021), 정리 4.1)

가우스 커널을 이용한 나다라야-왓슨 추정량과 국소선형회귀 추정량을 $\hat{m}_0(x)$와 $\hat{m}_1(x)$이라고 두자. $p = 0, 1$에 대해, 가정 A, B가 사실이고, $n \to \infty$,

[4] 더 정확하게는 이차도함수 $m''(\cdot)$가 존재하고 연속인 함수이다.

$h \to 0,\ nh \to \infty$ 일 때,

$$\text{bias}[\hat{m}_p(x) \mid \mathbb{X}_n] = B_p(x)h^2 + o_P(h^2), \tag{12.15}$$

$$\text{Var}[\hat{m}_p(x) \mid \mathbb{X}_n] = \frac{\sigma^2(x)}{2\sqrt{\pi}f(x)}\frac{1}{nh} + o_P((nh)^{-1}). \tag{12.16}$$

이때,

$$B_p(x) := \begin{cases} \frac{m''(x)}{2} + \frac{m'(x)f'(x)}{f(x)}, & p = 0 \text{ 일 때} \\ \frac{m''(x)}{2}, & p = 1 \text{ 일 때} \end{cases}$$

이다.

정리 12.2로부터 $p = 0, 1$ 일 때 국소 다항회귀 추정량에 대해 다음과 같은 해석을 할 수 있다.

1. 편향 (12.15)는 커널의 너비 h의 제곱에 비례하여 작아진다. 분산 (12.16)은 nh의 역수에 비례하여 작아진다. 이 두 사실은 $p = 0, 1$일 때 모두 성립하며, 커널 밀도함수 추정량의 점근적 성질과 같다. 표본의 크기 n이 고정되어 있을 때, 너비 h가 커지면 편향이 커지는 대신 분산이 작아지고, 너비 h가 작아지면 분산이 커지는 대신 편향이 작아지는 편향-분산 상충이 발생한다.

2. 나다라야-왓슨 추정량의 편향에 비해 국소선형회귀 추정량의 편향이 더 작다. 더 구체적으로는 $p = 0$일 때의 편향에 존재하는 항 $\frac{m'(x)f'(x)}{f(x)}$ 이 $p = 1$일 때에는 사라진다. 나다라야-왓슨 추정량의 편향에만 존재하는 $\frac{m'(x)f'(x)}{f(x)}$ 는 설명변수의 분포 $f(x)$와 연관있으므로 "디자인 편향(design bias)"이라고 불리기도 한다[5]. (이 사실로 $p = 0, 1$ 일 때 가설 (12.9)을 대략 확인한다.)

3. 편향의 첫 항 $m''(x)$ ($m(x)$의 2차 도함수값)는 회귀곡선 $m(x)$의 변화가 심할수록 그 값이 크다.

   - 만약 $m''(x) = 0$이면 회귀곡선 $m(\cdot)$의 기울기가 x에서 변하지 않는다 (즉, 국소적으로 선형이다). 이때 국소 선형회귀 추정량 $\hat{m}_1(x)$의 편향은 0이다.

[5]다중회귀분석에서 설명변수들의 행렬 $\mathbf{X}$를 디자인행렬이라고 불렀음을 기억하자.

- 만약 $m''(x) > 0$이면 회귀곡선 $m(\cdot)$이 x근방에서 "골짜기"를 이룬다. 이때 $E[\hat{m}_1(x)] > m(x)$로, 추정값 $\hat{m}_1(x)$이 골짜기 바닥보다 위에 있는 경향이 있다.
- 반면, $m''(x) < 0$이면 회귀곡선 $m(\cdot)$이 x근방에서 "봉우리" 모양이다. 이때 $E[\hat{m}_1(x)] < m(x)$로서 추정값 $\hat{m}_1(x)$이 봉우리 꼭대기보다 아래에 있는 경향이 있다.

4. 추정량의 분산 (12.16) 첫 항은 $p = 0$일 때와 $p = 1$일 때 모두 같다. (이 사실로 $p = 0, 1$일 때 가설 (12.10)을 대략 확인한다.)

$p = 0$일 때의 나다라야-왓슨 추정량에 비해 $p = 1$일 때의 국소선형회귀 추정량이 분산은 (점근적으로) 같으면서, 편향이 더 작다. 따라서, 일반적으로 국소선형회귀 추정량을 나다라야-왓슨 추정량보다 더 선호한다. 마찬가지로 국소 2차 회귀 추정량보다 국소 3차 회귀 추정량을 더 선호한다. 논의를 간단히 하기 위해, 이제부터는 국소 선형회귀 추정량만을 이용하기로 한다.

12.2.2 너비의 선택

회귀곡선 $m(\cdot)$의 국소선형회귀 추정을 할 때, 전체적인 회귀곡선 추정량 $\hat{m}_1$의 평균적분제곱오차(MISE)가 작은 추정량이 좋은 추정량이며, MISE는 커널의 너비 h와 밀접한 관련이 있다. 정리 12.2의 첫 두 항만을 적분하면, 다음과 같이 MISE의 근사식을 구할 수 있다.

$$MISE(\hat{m}_1(X) \mid \mathbb{X}_n) \approx h^4 \int \frac{(m''(x))^2}{4} f(x)dx + \frac{\int \sigma^2(x)dx}{2\sqrt{\pi}} \frac{1}{nh}. \tag{12.17}$$

식 (12.17)에서와 같이 근사된 MISE를 h의 함수로 보아 MISE를 가장 작게 하는 h의 값이 점근적으로 최적인 너비인 h^*이다:

$$h^* = \left(\frac{\int \sigma^2(x)dx}{2\sqrt{\pi} \int (m''(x))^2 f(x)dx} \cdot \frac{1}{n} \right)^{\frac{1}{5}}. \tag{12.18}$$

식 (12.18)의 분모에 나타나는 형태가 11.2.3절의 식 (11.10)과 매우 유사하다. 커널 밀도함수 추정에서의 최적의 너비와 마찬가지로 (12.18)은 실제로는 이용할 수 없다. 최적의 너비 h^*를 직접 추정하는 방법 중 다음의 플러그인 추정 방법이 대표적이다.

플러그인 방법 최적의 너비 h^* (12.18)의 표현에는 회귀곡선의 이차도함수 $m''(x)$, 설명변수의 주변분포 $f(x)$, 그리고 위치에 따라 그 값이 변할 수 있는 오차분산 $\sigma^2(x)$가 포함되어 있다. 루퍼트-쉬더-완드 (Ruppert et al., 1995)는 $\int (m''(x))^2 f(x)dx$와 $\int \sigma^2(x)dx$를 직접 추정할 것을 제안하였다. 플러그인 방법의 대략적인 과정은 다음과 같다.

설명변수의 범위 $\mathcal{X}$를 N개의 블록 $\mathcal{X}_1, \ldots, \mathcal{X}_N$으로 나누어 각각의 블록에 해당하는 데이터만을 이용하여 4차 다항식을 따르는 회귀곡선을 추정하여 $\tilde{m}(\cdot)$으로 둔다. 그 4차 다항식의 이차도함수를 $\tilde{m}''(\cdot)$으로 표현하면,

$$\int (m''(x))^2 f(x)dx = E[(m''(x))^2] \approx \frac{1}{n}\sum_{i=1}^{n}(\tilde{m}''(X_i))^2 =: \tilde{m}^2$$

로 근사할 수 있다. 또한 각 블록에서의 4차다항회귀의 잔차제곱합을 이용하여 오차분산의 추정량을 $\tilde{\sigma}_1^2, \ldots, \tilde{\sigma}_N^2$으로 구한 뒤, 그의 가중평균값으로 $\int \sigma^2(x)dx$를 근사한다. 즉,

$$\int \sigma^2(x)dx \approx \sum_{j=1}^{N} \tilde{\sigma}_j^2 |\mathcal{X}_j| =: \tilde{\sigma}^2$$

으로 근사할 수 있다. 블록의 개수 N을 모형선택방법인 AIC 또는 BIC를 이용하여 결정하는 것이 플러그인 방법으로 선택한 커널의 너비

$$h^{\text{DPI}} = \left(\frac{\tilde{\sigma}^2}{2\sqrt{\pi}\tilde{m}^2} \cdot \frac{1}{n}\right)^{\frac{1}{5}}$$

이다. 루퍼트-쉬더-완드의 "직접 플러그인" 방법은 R에서 `KernSmooth::dpill` (direct plug-in for local linear regression)에 구현되어 있다.

예 12.3

바이든의 선호도 데이터에서 플러그인 루퍼트-쉬더-완드의 직접 플러그인 방법으로 너비를 정하면 $h^{\text{DPI}} = 57.79$이다.

```
> (h.dpi = KernSmooth::dpill(x,y))
[1] 57.78665
```

교차검증 두 번째로 소개할 커널의 너비를 선택하는 방법은 교차검증 (cross-validation)이다. 교차검증은 회귀분석에서 예측 (prediction)의 성능을 조사할 때

종종 쓰인다. 데이터 $\mathbb{D} = \{(x_1, y_1), \ldots, (x_n, y_n)\}$ 로부터 추정한 $\hat{m}_1(\cdot)$가 있을 때, 만약 새로운 관측값 (X', Y')을 얻는다면 $\hat{m}_1(X')$과 Y'이 얼마나 가까울까?

이를 측정하기 위해서는 데이터 $\mathbb{D}$ (또는 그로부터 추정한 $\hat{m}_1$)와 독립적인 관측값 (X', Y')이 필요하다. 이 상황을 데이터로부터 생성하기 위해서 leave-one-out 교차검증을 이용할 수 있다. 즉, $i = 1, \ldots, n$의 각각의 i에 대해, i번째 관측값을 제외한 데이터

$$\mathbb{D}_{(-i)} = \{(x_1, y_1), \ldots, (x_n, y_n)\} \setminus \{(x_i, y_i)\}$$

로부터 국소 선형회귀 추정량 $\hat{m}_1^{(-i)}(\cdot)$을 구한 뒤, 따로 떼어놓은 (x_i, y_i)의 예측오차 $y_i - \hat{m}_1^{(-i)}(x_i)$를 구한다. 주어진 커널의 너비 h에 대해 평균예측오차

$$\mathrm{CV}(h) = \frac{1}{n} \sum_{i=1}^{n} \{y_i - \hat{m}_1^{(-i)}(x_i)\}^2 \tag{12.19}$$

가 정의되며, 이 평균예측오차를 가장 작게하는 너비 $h^{\mathsf{CV}} = \arg\min_{h>0} \mathrm{CV}(h)$가 곧 교차검증으로 구한 커널의 너비이다. 선형회귀분석에서의 leave-one-out 검증에서와 마찬가지로, (12.19)의 계산을 위해 n번의 국소선형회귀 추정량을 계산할 필요는 없다. 식 (12.12)와 같이 $\hat{m}_1(x) = \sum_{i=1}^{n} w_i^1(x)\, y_i$로 쓸 때,

$$\mathrm{CV}(h) = \frac{1}{n} \sum_{i=1}^{n} \left\{ \frac{y_i - \hat{m}_1(x_i)}{1 - w_i^1(x_i)} \right\}^2$$

임이 알려져 있다.

예 12.4

바이든의 선호도 데이터를 이용하여, $h \in \{40, 42, 44, \ldots, 120\}$의 너비 후보들에 대해 CV($h$)를 다음과 같이 계산한다.

```
> h.range = seq(40, 120, by = 2)
> K = length(h.range)
> cv = vector(length = K)
> for (k in 1:K){
+   h = h.range[k]
+   llreg.out = llreg(x,x,y,h)
+   cv[k] = mean( ( (y - llreg.out$mhat) /
+                   (1- diag(llreg.out$weight)) )^2 )
+ }
```

```
> (h.cv = h.range[which.min(cv)])
[1] 70
```

$h = 70$에서 $CV(\cdot)$이 가장 작은 값을 가짐을 다음 그림에서 확인할 수 있다.

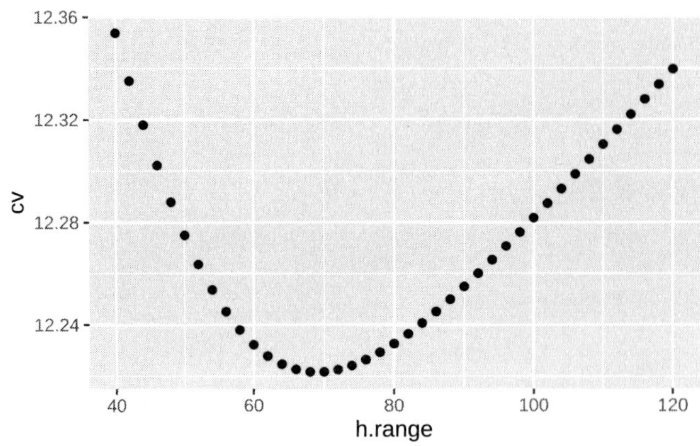

교차검증으로 구한 너비를 $h^{\text{CV}} = 70$으로 표기하고, 이때의 국소 선형회귀 추정값과 예 12.3에서 구한 $h^{\text{DPI}} = 57.79$를 이용한 국소 선형회귀 추정값과 비교하면 그림 12.6과 같다.

12.3 회귀곡선의 신뢰구간

그 형태가 매우 자유로운 비모수적 모형에서 회귀곡선의 정확한 신뢰구간을 구하는 것은 매우 어렵다. 그 이유는 밀도함수 추정과 마찬가지로, 최적의 커널 너비 h^*를 이용했을 때, 국소선형회귀 추정량의 표준오차와 편향이 같은 크기[6]이므로, 추정량에 존재하는 편향을 제거하기가 어렵다. 밀도함수 추정에서와 마찬가지로, 실제의 회귀함수 $m(x)$가 아닌 연화된 회귀곡선

$$m_h(x) = E(\hat{m}_1(x))$$

에 대한 신뢰구간을 주도록 한다. 여기서 h는 $\hat{m}_1(x)$의 커널의 너비이다.

설명변수의 구간 $x \in \mathbf{X} = (a, b)$에 대해 $m_h(x)$에 대한 점별 신뢰구간을 점근근사

[6] $h^* \asymp n^{-1/5}$일 때, 표준오차와 편향 모두 $n^{-2/5}$의 크기이다. (이와 비교하여 단순선형회귀분석에서 최소제곱추정량의 표준오차는 $n^{-1/2}$, 편향은 0이다.)

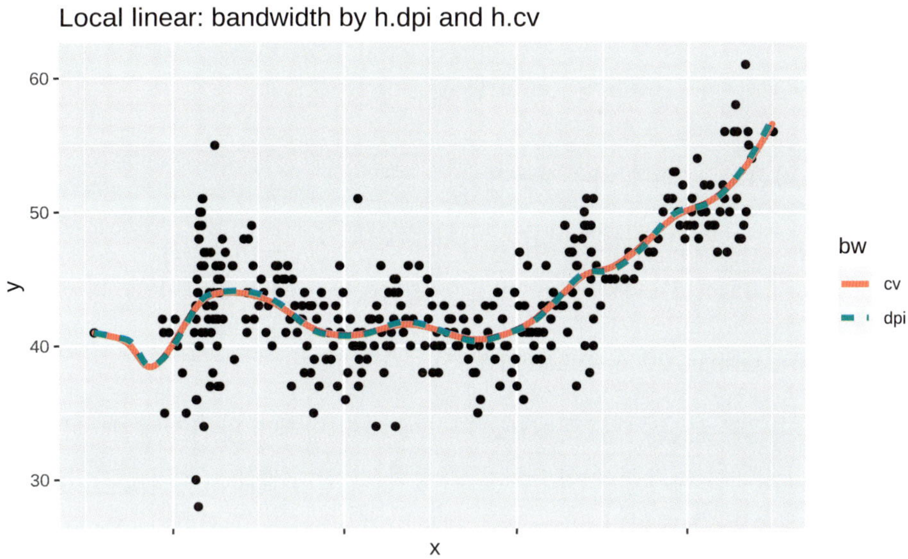

그림 12.6: 바이든 선호도 데이터에서 플러그인 방법 (dpi)과 교차검증 (cv) 방법으로 추정한 최적의 너비를 사용한 국소선형회귀함수 추정값. (두 너비가 거의 같으므로 추정값도 대략 일치한다.)

적으로, 그리고 붓스트랩을 이용하여 구한다. 동시 신뢰밴드는 실제로는 잘 사용되지 않으므로 (Hall and Horowitz, 2013) 설명하지 않는다.

12.3.1 이론적인 점별 신뢰구간

국소선형회귀 추정량 $\hat{m}_1(x)$은 (12.12)와 같이 반응변수 y_i의 가중평균의 형태이므로, 중심극한정리에 의해 다음과 같이 점근근사될 수 있다. 정리 12.1의 표현을 이용하면,

$$\frac{\hat{m}_1(x) - m_h(x)}{\text{se}(\hat{m}_1(x))} \overset{.}{\sim} N(0, 1). \tag{12.20}$$

이때, $\text{se}^2(\hat{m}_1(x)) = \text{Var}(\hat{m}_1(x)) = \sum_{i=1}^{n} \{w_i^1(x)\ \sigma(x)\}^2$이며, 오차분산 $\sigma^2(x)$가 미지수이므로 추정이 필요하다.

- (동일분산 가정) $\sigma^2(x) = \sigma^2$인 경우, 선형회귀모형에서와 마찬가지로 잔차제곱합을 그 "자유도"로 나누어 σ^2을 추정한다. 선형회귀에서처럼 반응변수 관측값들의 벡터를 $\mathbf{y} = (y_1, \ldots, y_n)'$으로 두고, 그의 추정값을 계산할 수 있는 "햇 행렬"을 $n \times n$ 행렬 $W = (w_{ij})_{i,j=1,\ldots,n}$, $w_{ij} = w_j^1(x_i)$로 정의한다. 즉, $\hat{\mathbf{y}} = W\mathbf{y}$가 된다. ((12.12)와 같이 $\hat{y}_i := \hat{m}_1(x_i) = \sum_{j=1}^{n} w_j^1(x_i)\ y_i$임을 확인

하자.) 국소선형회귀의 잔차 벡터는

$$\mathbf{r} = \hat{\mathbf{y}} - W\mathbf{y} = (I - W)\mathbf{y}$$

이며, 오차분산 σ^2의 일치추정량은

$$\hat{\sigma}^2 = \frac{\mathbf{y}'(I-W)'(I-W)\mathbf{y}}{\text{trace}((I-W)'(I-W))} = \frac{\sum_{i=1}^{n}(y_i - \hat{m}_1(x_i))^2}{\text{trace}((I-W)'(I-W))} \tag{12.21}$$

이다[7] (Wasserman, 2006, Theorem 5.85).

- (동일하지 않은 분산 가정) 즉 $\sigma^2(x)$가 x에 따라 달라짐을 가정하자. 이때 분산의 함수 $\sigma^2(\cdot)$이 매끄러운 함수임을 가정하고, 잔차제곱 $r_i^2 = (y_i - \hat{m}_1(x_i))^2$가 포함된 이변량 데이터 (x_i, r_i^2)를 평활하여 $\sigma^2(\cdot)$을 추정한다. Yu and Jones (2004)의 방법을 이용하면, 추정된 분산함수의 값이 항상 양수가 되도록 강제할 수 있다. $Z_i = \log r_i^2$를 반응변수로, x_i를 설명변수로 두고 비모수적 회귀분석을 진행하여 회귀곡선의 추정량 $\hat{q}(x)$를 구했다면,

$$\hat{\sigma}^2(x) = \exp(\hat{q}(x))$$

이다.

오차분산이 추정이 되었으면

$$\hat{\text{se}}(\hat{m}_1(x)) = \left(\sum_{i=1}^{n}\{w_i^1(x)\hat{\sigma}(x)\}^2\right)^{1/2} \tag{12.22}$$

를 (12.20)에 대입하여, 다음과 같이 $m_h(x)$의 (점근적) 신뢰수준 $1-\alpha$ 신뢰구간을 구한다:

$$m_h(x) \in \hat{m}_1(x) \pm z_{1-\alpha/2}\hat{\text{se}}(\hat{m}_1(x)).$$

이 신뢰구간은 밀도함수 추정에서의 플러그인 대표본 신뢰구간에 대응되지만, 표준오차의 추정에서 점근적 표현의 "플러그인"을 이용하지 않고 직접 표준오차를 추정한 점이 다르다.

---

[7] 어떤 $n \times n$ 행렬 $A = (a_{ij})$에 대해 $\text{trace}(A) = \sum_{i=1}^{n} a_{ii}$는 A의 대각원소들의 합이다.

예 12.5

예 12.4에서와 같이 커널의 너비를 $h^{\text{CV}} = 70$로 정한 국소 선형회귀 추정값의 신뢰구간을 구한다. 오차의 분산이 동일함을 가정하면 (12.21)로 $\hat{\sigma}^2$을 계산할 수 있다.

```
> n = length(x)
> llreg.x = llreg(x, x, y, h = h.cv)
> residuals = y - llreg.x$mhat
> tr = sum( diag( t(diag(n) - llreg.x$weight) %*% (diag(n) -
    llreg.x$weight)))
> (hat.sigma2 = sum(residuals^2) / tr)
[1] 12.09957
```

신뢰구간을 구하고자 하는 "x" 변수의 그리드에서 각 점 x에서의 회귀곡선 추정값 $\hat{m}_1(x)$와 그의 표준오차 (12.22)를 계산한 뒤, 이론적인 신뢰구간을 구한다.

```
> xgrid = seq(min(x), max(x), length.out = 100)
> llreg.out = llreg(xgrid, x, y, h = h.cv)
> mhat = llreg.out$mhat
> se = sqrt( rowSums(llreg.out$weight^2) * hat.sigma2 )
> ci.theory = data.frame(x = xgrid,
+                         ci.low = mhat - qnorm(1-0.025)*se,
+                         mhat = mhat,
+                         ci.up = mhat + qnorm(1-0.025)*se)
```

그림 12.7 (첫 번째 패널)에 이 신뢰구간이 표시되어 있다.

12.3.2 붓스트랩 점별 신뢰구간

비모수적 회귀분석 역시 회귀분석이므로, 두 가지 방법의 붓스트랩 재표집이 가능하다: 관측값 붓스트랩과 잔차 붓스트랩. 커널의 너비를 h로 고정한 국소 선형회귀 추정량 $\hat{m}_1(\cdot)$의 붓스트랩 복제값은 같은 커널의 너비를 이용하여 붓스트랩 표본으로 계산한 $\hat{m}_1^*(\cdot)$이며, 관측값 붓스트랩 재표집으로 쉽게 구할 수 있다. 비모수적 회귀분석에서는 추정량에 항상 편향이 있으므로, 잔차에도 그 편향이 반영되어 있다. 이 편향의 효과를 제거하는 잔차 붓스트랩 재표집을 하는 방법도 개발되어 있으나, 이 책의 수준을 넘으므로 관측값 붓스트랩만을 이용하기로 한다.

국소 선형회귀 추정량의 비모수적 붓스트랩 재표집은 다음과 같이 실행한다.

1. 원래의 이변량 데이터 $\mathbb{D} = \{(x_i, y_i) : i = 1, \ldots, n\}$로부터 커널의 너비 h^*를

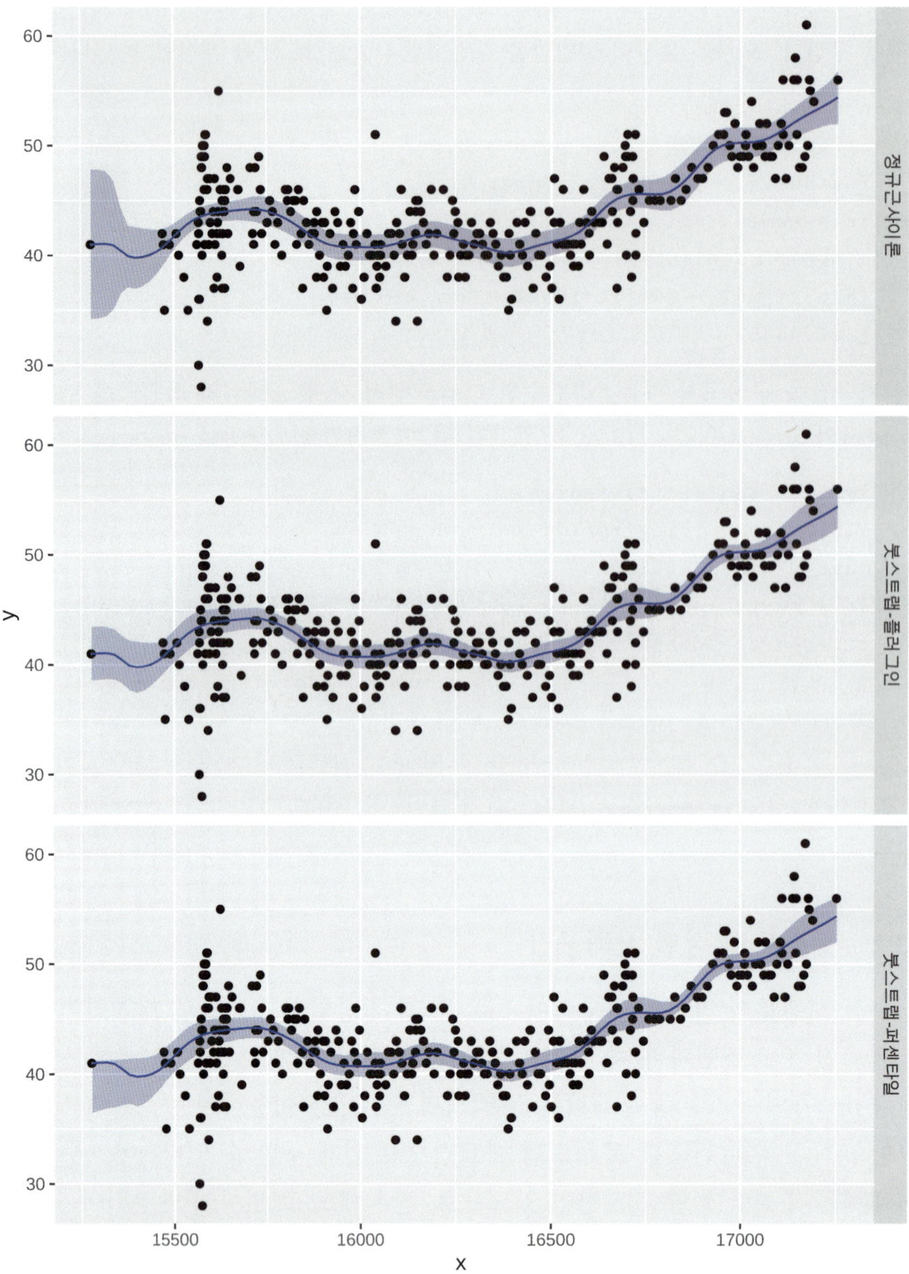

그림 12.7: 바이든 선호도 데이터에서 구한 회귀곡선의 세 가지 신뢰구간. 예 12.5와 12.6을 참조.

추정하고, h^*를 이용하여 국소 선형회귀 추정량 $\hat{m}_1(\cdot)$을 구한다.

2. 이변량 데이터 $\mathbb{D} = \{(x_i, y_i) : i = 1, \ldots, n\}$로부터 n개의 관측값 (x_i, y_i)을 복원추출하여 $\mathbb{D}^* = \{(x_i^*, y_i^*) : i = 1, \ldots, n\}$로 둔다.

3. 붓스트랩 표본 $\mathbb{D}^*$로부터 커널 너비 h^*의 국소 선형회귀 추정량 $\hat{m}_1^*(\cdot)$을 구한다.

4. 2-3번 과정을 B번 반복하여 붓스트랩 복제된 추정량 $\hat{m}_1^{*b}(\cdot)$, $b = 1, \ldots, B$를 구한다.

이 붓스트랩 복제값들을 이용하여, 표준오차를 직접 추정하고 (12.20)에 대입하는 붓스트랩-플러그인 대표본 신뢰구간과 퍼센타일 붓스트랩 신뢰구간을 제시한다.

붓스트랩-플러그인 신뢰구간 각 $x \in \mathcal{X}$에서 붓스트랩 추정된 표준오차를

$$\hat{\text{se}}^{\text{Boot}}(\hat{m}_1(x)) = \left(\frac{1}{B-1} \sum_{b=1}^{B} (\hat{m}_1^{*b}(x) - \overline{\hat{m}_1^{*\cdot}(x)}) \right)^{1/2}$$

로 두면 신뢰수준 $1-\alpha$의 붓스트랩-플러그인 신뢰구간은 다음과 같다.

$$m_h(x) \in \hat{m}_1(x) \pm z_{1-\alpha/2} \hat{\text{se}}^{\text{Boot}}(\hat{m}_1(x)).$$

퍼센타일 신뢰구간 각 $x \in \mathcal{X}$에서의 붓스트랩 복제값들

$$\hat{m}_1^{*1}(x), \ldots, \hat{m}_1^{*B}(x)$$

의 $\alpha/2$-분위수를 $m^*(x; \alpha/2)$, $(1-\alpha/2)$-분위수를 $m^*(x; 1-\alpha/2)$로 두면, $m_h(x)$의 신뢰수준 $1-\alpha$ 붓스트랩 퍼센타일 신뢰구간은

$$m_h(x) \in (m^*(x; \alpha/2), m^*(x; 1-\alpha/2))$$

이다.

예 12.6

붓스트랩-플러그인 신뢰구간과 퍼센타일 신뢰구간을 구하기 위해서는 붓스트랩 복제된 $\hat{m}_1(x)$들만이 필요하다. 다음 **R** 코드는 이 붓스트랩 복제값들을 $B = 1999$개

생성한다.

```
xgrid = seq(min(x), max(x), length.out = 100)
mhat = llreg(xgrid, x, y, h = h.cv)$mhat
set.seed(1)
B = 1999
m.boot = replicate(B,{
boot.id = sample(1:n,n,replace = TRUE)
x.boot = x[boot.id]
y.boot = y[boot.id]
llreg(xgrid, x.boot, y.boot, h = h.cv)$mhat
}) %>% t()
```

x의 그리드 $(x_{(1)}, \ldots, x_{(N)})$의 길이가 N (여기서는 $N = 100$)일 때, 결과를 저장한 `m.boot`는 크기 $B \times N$의 행렬로서 (b, j)번째 값이 $\hat{m}_1^{*b}(x_{(j)})$이다.
신뢰수준 95%의 붓스트랩-플러그인 신뢰구간을 구하기 위해 다음과 같이 $\hat{m}_1(x)$의 붓스트랩 표준오차 추정값을 계산한다.

```
se.boot = apply(m.boot,2,sd)
ci.pi = data.frame(x = xgrid,
                ci.low = mhat - qnorm(1-0.025)*se.boot,
                mhat = mhat,
                ci.up = mhat + qnorm(1-0.025)*se.boot)
```

신뢰수준 95%의 퍼센타일 신뢰구간은 `m.boot` 각 열에서 2.5%와 97.5% 분위수로 주어진다.

```
q1 = apply(m.boot,2,function (x) {quantile(x,0.025)})
q2 = apply(m.boot,2,function (x) {quantile(x,1-0.025)})
ci.perc = data.frame(x = xgrid,
                 ci.low =q1,
                 mhat = mhat,
                 ci.up = q2)
```

그림 12.7 (두 번째, 세 번째 패널)에 붓스트랩 신뢰구간들이 표시되어 있다.

12.4 연습문제

연습 12.1. 회귀곡선의 나다라야-왓슨 추정량 (12.1) $\hat{m}(x)$에서 커널의 너비를 무한히 키우면 $\lim_{h\to\infty} \hat{m}(x) = \bar{y}$임을 보여라. 즉, 단순선형회귀직선은 나다라야-왓슨 추정량의 특별한 경우가 아니다.

연습 12.2. (12.6)을 증명하여라.

연습 12.3. p차 국소다항회귀의 가중값 $w_i^p(x)$ (12.7)은 크기 $1 \times n$ 의 행벡터 $\mathbf{x}_x'(\mathbf{X}'\mathbf{W}_x\mathbf{X})^{-1}\mathbf{X}'\mathbf{W}_x$ 의 i번째 원소와 같다.

a) $p = 0$일 때의 $w_i^0(x)$가 (12.1)의 가중값

$$\frac{K_h(x - x_j)}{\sum_{j=1}^n K_h(x - x_j)}$$

과 같음을 확인하여라.

b) $p = 1$일 때의 $w_i^1(x)$가 (12.8)과 같음을 확인하여라.

연습 12.4. $p = 1$일 때, 국소선형회귀의 각 x에서의 추정값 (12.6)을 $\hat{\beta}_x = (\hat{\beta}_0(x), \hat{\beta}_1(x))'$ 이라고 둔다.

a) 기울기 추정값 $\hat{\beta}_1(x)$이 다음과 같이 주어짐을 확인하여라.

$$\hat{\beta}_1(x) = \frac{s_x^{(0)} s_{xy} - s_x^{(1)} s_y}{s_x^{(2)} s_x^{(0)} - (s_x^{(1)})^2}.$$

이때, $s_x^{(r)} = \sum_{i=1}^n x_i^r K_h(x - x_i)$, $s_y = \sum_{i=1}^n K_h(x - x_i) y_i$, $s_{xy} = \sum_{i=1}^n x_i K_h(x - x_i) y_i$ 이다.

b) 커널의 너비 $h \to \infty$이면 모든 x에 대해 $\hat{\beta}_1(x) = \frac{S_{xy}}{S_{xx}}$ 임을 보여라.

연습 12.5. 만약 (Y, X)가 $Y = \alpha + \beta X + \epsilon$의 선형관계에 있다면, 정리 4의 $B_1(x) = 0$ 임을 보여라. [이 사실은 bias$[\hat{m}_p(x) \mid \mathbb{X}_n] = o_P(h^2)$을 보이지만, 실제로는 이때 편향이 0이다.]

책을 마치면서 드리는 말씀

이 책은 비모수통계학의 과거와 현재를 모두 조명하기 위해 쓰여졌다. 다만, 지금까지의 비모수통계학의 모든 분야를 아우른다고 주장할 수는 없다. 이 책은 가장 기본적인 통계 추론의 상황인 일표본 비교, 이표본 비교, 분산분석에서의 여러 표본의 비교, 상관분석과 회귀분석에서의 비모수적 방법론을 다루었다.

제I부에서 다룬 전통적인 (순위와 부호에 기반한) 통계적 방법론들은 현재 활발한 연구가 되지는 않지만, 데이터 형태의 다변화, 고차원 데이터의 출현 등으로 그 아이디어를 재활용하여 새로운 통계 방법론을 개발할 여지가 많이 남아 있다. 제II부에서 다룬 붓스트랩은 불확실성의 계량화를 하기 위해 범용적으로 쓰일 수 있다.

이 책을 준비하면서 참고한 도서들을 밝힌다. 이 책만으로 만족할 수 없는 독자들은 찾아보길 바란다. 제I부의 전통적인 방법들은 Hollander et al. (2013)에 집대성되어 있다. 이 책은 마치 백과사전과 같다. 한국어로 된 전통적인 비모수통계학 참고도서로는 송문섭 et al. (2015)이 있다. 순열검정으로 전통적인 방법들을 설명하는 책으로는 Higgins (2004)을 추천한다. 출판된 지 시일이 좀 지나 지금은 자주 사용하지 않는 소프트웨어를 이용하지만, 내용은 매우 충실하다. 순열검정을 개념적으로 설명하는 부분은 Ernst (2004)의 영향을 많이 받았다. 따로 찾아볼 수는 없겠지만, Christof Seiler (Maastricht University), Nathaniel Helwig (UMN), Wenbin Lu (NCSU), 그리고 김용대 (서울대학교) 교수님의 비모수통계학 강의록도 좋은 참고가 되었다.

제II부의 붓스트랩 방법들은 Davison and Hinkley (1997)와 Efron and Tibshirani (1994)이 가장 좋은 참고도서이다. Wasserman (2006)의 설명도 참고가 되었다. 선형회귀분석에서의 재표집을 이용한 추론은 Anderson (Anderson and Robinson, 2001; Anderson and Legendre, 1999)의 논문들이 주 참고문헌이며, 로버스트 선형회귀분석은 Hollander et al. (2013), Staudte and Sheather (2011) 등을 참고하였다. 마지막으로 이 책에서 다룬 비모수적 함수추정은 빙산의 일각이라는 점을 강조한다. 주요 참고도서는 Wasserman (2006), Fan and Gijbels (2018) 그리고 García-Portugués (2021)이다.

이 책에서 다루지 않은 비모수통계의 소분야들도 매우 많다. 예를 들면, 비모수통계학의 정수가 녹아있는 통계학의 세 분야인 **생존분석**, 벡터 형태의 데이터와 모수에 대한 추론을 하는 **다변량분석**에서의 비모수적 추론, Dirichlet 분포를 이용하는 **베이즈 비모수통계학**, 그리고 wavelet 등을 이용한 다양하고 일반화된 **비모수적 함수추정** 방법론, 마지막으로 통계추론의 중요한 한 분야인 비모수적 **예측** (prediction) 등을 포함한다. 이 분야들에 대한 간단한 소개는 Hollander et al. (2013), Davison and Hinkley (1997), Wasserman (2006) 등을 참고하자.

비모수통계학은 그 자체로 생산성있는 연구분야이면서, 통계학에서 다루는 거의 모든 데이터 상황으로 확장될 수 있는 유용한 방법론을 제시한다. 이 책을 읽은 독자가 연구, 응용, 데이터 분석, 컨설팅 등 어떤 분야로 나아가든, 조금의 도움이 되었기를 바란다.

부록 A

기초적인 R 사용법

이 책은 기초적인 R 사용에 익숙한 독자를 가정하고 쓰였다. R을 처음 접하는 독자는 R의 기본적인 사용법을 배우기 위한 가장 표준화된 참고도서인 Venables et al. (2021)[1]를 참고하도록 하자. 이 절에서는 이 책에서 다루는 통계량의 계산, 재표집, 그리고 시각화를 위한 R 사용법을 설명한다.

A.1 데이터 형태와 연산

R에 데이터를 입력하는 가장 간단한 방법은 벡터를 이용하는 방법이다. 예를 들어 제3장 예 3.1의 회복기간 19, 22, 24,26의 데이터는 간단히 c(19,22,24,26)과 같이 입력할 수 있다. 이때, c()는 함수로서 입력값들 (여기서는 19,22,24,26)을 결합 ("combine")하여 벡터의 형태로 만들어준다. 이렇게 생성된 벡터를 x라는 이름의 객체로 저장한다.

```
x = c(19,22,24,26)
x
```

```
## [1] 19 22 24 26
```

행렬 형태의 데이터를 직접 생성하기 위해서는 matrix()함수를 이용한다. 24개의 값이 담겨있는 벡터 x를 이용하여 크기 4×6의 행렬을 matrix()를 이용하여

[1] Venables et al. (2021)은 https://cran.r-project.org/doc/manuals/r-release/R-intro.pdf에서 무료로 볼 수 있다. 인터넷에서 다른 참고자료도 많이 찾을 수 있으며, 한국어로 된 R 기초서도 여럿 있지만, 저자가 직접 살펴보지 않아 따로 추천하지 않는다.

생성한다.

```
x = c(128, 128, 160, 142, 157, 179,
      122, 137, 177, 177, 160, 138,
      207, 188, 181, 164, 155, 175,
      120, 208, 199, 194, 177, 195)
matrix(x, byrow = TRUE, ncol=6)
```

```
##      [,1] [,2] [,3] [,4] [,5] [,6]
## [1,]  128  128  160  142  157  179
## [2,]  122  137  177  177  160  138
## [3,]  207  188  181  164  155  175
## [4,]  120  208  199  194  177  195
```

함수 `matrix()`의 인자 `byrow = TRUE`를 지정하여, 벡터 `x`의 값들이 행별로 (즉 가로로 먼저) 채워지게 하였다. 인자 `byrow = FALSE`가 기본값이므로, `byrow` 지정을 생략하면 벡터의 값들이 열별로 (세로로 먼저) 채워진다.

```
X = matrix(x, nrow = 4)
X
```

```
##      [,1] [,2] [,3] [,4] [,5] [,6]
## [1,]  128  157  177  207  155  199
## [2,]  128  179  177  188  175  194
## [3,]  160  122  160  181  120  177
## [4,]  142  137  138  164  208  195
```

통계분석을 위한 자료로서의 데이터는 데이터프레임의 형태로 저장된다. 예를 들어 `worldbank.csv`의 파일에 저장된 데이터를 읽으면 데이터프레임의 형태이다.

```
wbdata = read.csv("data/worldbank2020.csv")
str(wbdata)
```

```
## 'data.frame':    153 obs. of  9 variables:
##  $ Overall.rank                : int  1 2 3 4 5 6 7 8 9 10 ...
##  $ Country.or.region           : chr  "?Finland" "?Denmark" " Switzerland" "?Iceland" ...
##  $ Score                       : num  7.81 7.65 7.56 7.5 7.49 ...
##  $ GDP.per.capita              : num  1.28 1.33 1.39 1.33 1.42 ...
##  $ Social.support              : num  1.5 1.5 1.47 1.55 1.5 ...
##  $ Healthy.life.expectancy     : num  0.961 0.979 1.041 1.001 1.008 ...
##  $ Freedom.to.make.life.choices: num  0.662 0.665 0.629 0.662 0.67 0.614 0.65 0.647 0.603 0.61 ...
##  $ Generosity                  : num  0.16 0.243 0.269 0.362 0.288 0.336 0.273 0.326 0.256 0.196 ...
##  $ Perceptions.of.corruption   : num  0.478 0.495 0.408 0.145 0.434 0.369 0.442 0.461 0.281 0.367 ...
```

wbdata에는 9개의 길이가 같은 벡터가 행렬로 저장되어 있으며, 각 벡터가 한 변수의 관측값들을 담고 있다. 데이터프레임 wbdata의 세 번째 변수 Score만을 추출하려면 wbdata$Score 또는 wbdata[,3] 등을 이용한다. with()를 이용하여 데이터프레임 내의 변수명을 직접 호출할 수 있다.

```
with(wbdata, lm(Score ~ GDP.per.capita))
```

```
##
## Call:
## lm(formula = Score ~ GDP.per.capita)
##
## Coefficients:
##    (Intercept)  GDP.per.capita
##          3.462           2.316
```

R의 연산은 기본적으로 원소별로 실행된다. 예를 들어 두 벡터의 합과 곱은 원소별 합과 곱이다.

```
x = c(1,2,3,4)
y = c(5,6,7,8)
x + y
```

```
## [1]  6  8 10 12
```

```
x * y
```

```
## [1]  5 12 21 32
```

두 행렬의 곱(*) 역시 원소별 곱이다.

```
(X = matrix(1:6,nrow =3, ncol = 2))
```

```
##      [,1] [,2]
## [1,]    1    4
## [2,]    2    5
## [3,]    3    6
```

```
X * X
```

```
##      [,1] [,2]
## [1,]    1   16
## [2,]    4   25
## [3,]    9   36
```

두 행렬의 합 또는 차도 마찬가지로 원소별 합 또는 차로 계산한다. `X + X`와 `X - X`의 결과를 쉽게 상상할 수 있을 것이다. 행렬 곱을 하기 위해서는 `%*%`을 이용한다.

```
(Y = matrix(1:6, nrow = 2, ncol = 3))
```

```
##      [,1] [,2] [,3]
## [1,]    1    3    5
## [2,]    2    4    6
```

```
X %*% Y
```

```
##      [,1] [,2] [,3]
## [1,]    9   19   29
## [2,]   12   26   40
## [3,]   15   33   51
```

행렬의 행과 열을 바꾸는 transpose는 함수 `t()`를 이용한다. 즉, X'는 `t(X)`로 구한다. 역행렬을 구하기 위해서는 함수 `solve()`를 이용하여, 만약 행렬 X의 역행렬이 존재한다면, X^{-1}는 `solve(X)`로 구한다. 이를 이용하여, 예를 들면 회귀분석에서의 햇 행렬 $X(X'X)^{-1}X'$를 계산할 수 있다.

```
(H = X %*% solve(t(X) %*% X) %*% t(X))
```

```
##            [,1]      [,2]       [,3]
## [1,]  0.8333333 0.3333333 -0.1666667
## [2,]  0.3333333 0.3333333  0.3333333
## [3,] -0.1666667 0.3333333  0.8333333
```

길이가 3인 벡터 y를 크기가 3×3인 행렬 H와 곱한다면 어떻게 될까? 벡터 y를 크기가 1×3인 행렬 (열벡터)로 보면 행렬곱 yH가 정의되고, 벡터 y를 크기가 3×1인 행렬 (행벡터)로 보면 행렬곱 Hy가 정의된다. R에서는 행렬곱이 정의가 되도록 벡터 y를 행벡터 또는 열벡터로 자동으로 바꾸어준다.

```
y = c(0,1,2)
H %*% y # H times y
```

```
##              [,1]
## [1,] 4.440892e-16
## [2,] 1.000000e+00
## [3,] 2.000000e+00
```

```
y %*% H # y times H
```

```
##               [,1] [,2] [,3]
## [1,] -4.440892e-16    1    2
```

A.2 패키지와 함수

R의 패키지는 함수와 데이터셋 등의 객체를 모아 놓은 묶음이다. 앞에서 소개한 `matrix()`, `t()`, `solve()` 등은 R의 `base` 패키지에 포함된 함수이다. 다른 함수 `read.csv()`는 R의 `utils` 패키지에 포함된 함수이다. 이 두 패키지는 `graphics`, `datasets` 등의 패키지와 함께 R 세션에 자동으로 포함된다. 만약 R에 포함되지 않은 패키지 내의 함수와 데이터셋을 이용하려면 `library(패키지 이름)`을 실행한다. 예를 들어 `tidyverse` 패키지 내의 함수를 이용하려면, 다음을 실행하여 `tidyverse` 패키지를 R 세션에 "로드"한다.

```
library(tidyverse)
```

이 패키지를 처음 사용한다면, `install.packages("tidyverse")`와 같이 설치해 줄 수 있다. (설치는 한 번만 하면 되지만, 패키지 로드는 R 세션을 시작할 때마다 해 주어야 한다.) `tidyverse` 패키지는 사실 여러 패키지를 모아 놓은 패키지이다. 예를 들어 `ggplot2`, `dplyr` 패키지가 `tidyverse` 패키지에 포함되어 있다.

여러 패키지를 사용하다 보면 같은 이름의 함수 또는 데이터셋이 두 패키지에 모두 정의되어 있는 경우가 있다. 이때, `패키지이름::함수이름()` 또는 `패키지이름::데이터셋이름`과 같이 어떤 패키지의 어떤 객체를 의미하는지를 확실하게 지정해 줄 수 있다. (이때 패키지가 설치되어 있다면 `library()`로 로드하는 과정을 생략하고 직접 그 패키지 내의 객체를 불러올 수 있다.)

아래의 첫 번째 함수 select는 패키지 dplyr (패키지 dplyr은 library(tidyverse)로 이미 R 환경에 로드되어 있다) 내의 함수이다.

```
head( select(wbdata, Score) )
```

```
##   Score
## 1 7.809
## 2 7.646
## 3 7.560
## 4 7.504
## 5 7.488
## 6 7.449
```

select(wbdata, Score)로 데이터셋 wbdata 내의 변수 Score만을 선택한다. 만약 MASS 패키지 내의 select 함수를 이용하려면 MASS::select()를 사용한다. 우리는 아직 MASS 패키지를 로드하지 않았지만, 다음과 같이 ::를 통해 그 패키지 내의 함수를 이용할 수 있다.

```
MASS::select(MASS::lm.ridge(Score ~ Generosity + Social.support,
                            data = wbdata, lambda = seq(0,1,0.001)))
```

```
## modified HKB estimator is 0
## modified L-W estimator is 0
## smallest value of GCV  at 1
```

A.2.1 파이프 오퍼레이터

패키지 dplyr을 로드하면 특별한 오퍼레이터 %>%를 사용할 수 있다. 파이프 오퍼레이터 %>%를 이용하여 R 코드를 읽기 편하게 바꾸어 준다. 예를 들어, 관측값 벡터 x에서 평균 (mean())을 구하려면,

```
mean(x)
```

```
## [1] 2.5
```

를 통상적으로 이용하지만, 읽는 순서 그대로

```
x %>% mean
```

```
## [1] 2.5
```

로 사용할 수 있다. 파이프 %>% 전의 값(벡터, 행렬, 데이터프레임)이 파이프 %>% 후의 함수 mean()의 첫 번째 입력값이 되는 구조이다. 파이프 오퍼레이터를 이용하여 head(select(wbdata, Score))를 다시 쓰면 다음과 같다.

```
wbdata %>% select(Score) %>% head()
```

```
##   Score
## 1 7.809
## 2 7.646
## 3 7.560
## 4 7.504
## 5 7.488
## 6 7.449
```

마지막 함수의 다른 입력값이 없다면, 괄호를 생략해도 된다.

A.2.2 내가 만들어 쓰는 함수

같은 작업을 반복적으로 하기 위해 사용자가 함수를 정의해서 사용할 필요가 종종 있다. 예를 들어 관측값 x의 블록 block별로 순위변환을 한다면 다음과 같은 과정을 거쳐 계산할 수 있다.

```
x = (1:6)^2;block = rep(c("a","b"), each = 3)
(temp.data = data.frame(x,block))
```

```
##    x block
## 1  1     a
## 2  4     a
## 3  9     a
## 4 16     b
## 5 25     b
## 6 36     b
```

```
out = temp.data %>% dplyr::group_by(block) %>% dplyr::mutate(ranks = rank(x))
out$ranks
```

```
## [1] 1 2 3 1 2 3
```

블록별 순위변환을 위해, dplyr의 두 함수 group_by()와 mutate()를 이용했다. 순서대로 설명하자면, temp.data의 관측값들을 block별로 그룹(group_by())을 짓고, ranks라는 새로운 변수의 값을 각 그룹별로 기존의 변수 x를 변환(mutate())하여 만들었다. 이 과정을 여러 데이터에 대한 반복하기 위해 다음과 같이 rankinblock의 이름을 가진 함수를 정의한다.[2]

```
rankinblock = function(x,block){
  require(dplyr)
  out = data.frame(x,block) %>% group_by(block) %>% mutate(ranks = rank(x))
  return(out$ranks)
}
```

require(패키지이름)은 library(패키지이름)과 같은 역할을 하지만 함수 내부에서 쓰이도록 디자인되었다. ?require로 볼 수 있는 상세한 설명을 참조하자.

이미 정의가 된 함수는 다음과 같이 사용한다.

```
rankinblock(x,block)
```

```
## [1] 1 2 3 1 2 3
```

A.3 비모수통계에서 자주 쓰이는 표현과 함수

A.3.1 순열과 조합

길이가 n인 수열 1:n 또는 벡터 v의 모든 개체들을 다른 순서로 뒤섞는 연산을 순열(permutation)이라고 한다. 이 책에서는 "순열" 대신 "뒤섞기"라는 용어를 사용했다. n개의 개체들을 뒤섞는 모든 순열의 수는

$$n! = n(n-1)\cdots 2\cdot 1$$

[2] 이 함수는 np_supp.R에 담겨있다.

이며 R에서는

```
n = 10
factorial(n)
```

```
## [1] 3628800
```

과 같이 계산할 수 있다. 길이가 n인 벡터 v의 원소 중에서 r개의 개체를 골라 배열하는 것 역시 순열의 일부로 볼 수 있으며, 이러한 뒤섞기의 개수는 $P(n,r) = n!/(n-r)! = n(n-1)\cdots(n-r+1)$이다. gtools 패키지의 permutations()를 이용하여 모든 뒤섞기를 생성할 수 있다. (gtools가 설치되어 있지 않다면, install.packages("gtools")로 먼저 설치를 한다.)

다음 코드에서는 길이 $n = 4$인 벡터 v = 1:4에서 $r = 2$개의 개체를 골라 순서대로 배열하는 모든 뒤섞기를 생성한다.

```
gtools::permutations(n = 4, r = 2, v = 1:4)
```

```
##       [,1] [,2]
##  [1,]    1    2
##  [2,]    1    3
##  [3,]    1    4
##  [4,]    2    1
##  [5,]    2    3
##  [6,]    2    4
##  [7,]    3    1
##  [8,]    3    2
##  [9,]    3    4
## [10,]    4    1
## [11,]    4    2
## [12,]    4    3
```

제 I부에서 주로 다루는 정확한 순열검정에서는 사실 순열이 아닌 조합을 주로 이용한다. 길이가 n인 벡터 v에서 순서에 상관없이 r개의 개체를 선택하는 것이 곧 조합이다. 그 경우의 수는

$$\binom{n}{r} = \frac{n!}{n!(n-r)!}$$

이다. ($\binom{n}{r}$는 "n choose r"이라고 읽는다.) R에서는 다음과 같이 계산할 수 있다.

```
choose(4,2)
```

```
## [1] 6
```

다음 코드에서는 길이 $n = 4$인 벡터 `v = 1:4`에서 $r = 2$개의 개체를 순서에 상관없이 고르는 모든 뒤섞기를 생성한다.

```
gtools::combinations(n = 4, r = 2, v = 1:4)
```

```
##      [,1] [,2]
## [1,]    1    2
## [2,]    1    3
## [3,]    1    4
## [4,]    2    3
## [5,]    2    4
## [6,]    3    4
```

두 모집단을 비교할 때, 첫 번째 모집단에서 n_1개의 표본 `x1`을, 두 번째 모집단에서 n_2개의 표본 `x2`를 얻었다고 가정하자. 만약 두 모집단이 사실은 하나의 모집단이었다면, 혼합표본 `c(x1,x2)`에서 n_1개의 표본을 임의로 고른 `x1*`가 첫 번째 모집단에서의 표본이었을 수도 있다 (제 3장을 참조하자). 이러한 경우의 수를 모두 고려하려면 순열(permutation)이 아닌 조합(combination)의 경우의 수를 따져야 한다. 조합의 경우에도 혼합표본을 뒤섞는 것으로 그 경우를 따져 볼 수 있으므로, "뒤섞기"라는 용어를 사용한다.

```
set.seed(1)
x1 = rpois(n = 3, lambda = 5) # n1 = 3
x2 = rpois(n = 2, lambda = 5) # n2 = 2
(x.combined = c(x1,x2))       # n = 5
```

```
## [1] 4 4 5 8 3
```

다음 코드는 길이 $n = 5$인 벡터 `x.combined`에서 $r = 3$개의 개체를 순서에 상관없이 고르는 모든 뒤섞기를 생성한다.

```
gtools::combinations(n = 5, r = 3, v = x.combined, set = F)
```

```
##       [,1] [,2] [,3]
##  [1,]    4    4    5
##  [2,]    4    4    8
##  [3,]    4    4    3
##  [4,]    4    5    8
##  [5,]    4    5    3
##  [6,]    4    8    3
##  [7,]    4    5    8
##  [8,]    4    5    3
##  [9,]    4    8    3
## [10,]    5    8    3
```

벡터 `x.combined`에 같은 값 4가 두 개 포함되어 있다. `gtools::combinations()`의 인자 `set = F`는 입력된 `x.combined`에서 같은 값을 지우지 못하게 강제하는 역할을 한다.

참고로, `set.seed(1)`을 사용하여 포아송분포에서의 랜 표집 (`rpois()`)의 결과가 항상 같게 나오도록 강제하였다. 분석의 재현을 위해 랜덤표집 전 항상 `set.seed(숫자)`를 이용하는 것이 좋다.

A.3.2 랜덤뒤섞기와 붓스트랩 재표집

모든 뒤섞기를 고려하는 것은 표본의 수 n이 작을 때에만 가능하다. 크다고 볼 수 없는 표본의 수 $n = 30$에서 $n_1 = 15$개를 고르는 모든 뒤섞기의 개수는 $\binom{30}{15} = 155117520$ (1억 오천만 개)이다. 따라서, 미리 정해놓은 $M = 1999$ 또는 $M = 9999$에 대해, $\binom{n}{n_1}$개의 가능한 뒤섞기 중 M개만을 랜덤하게 표집하여 모든 가능한 뒤섞기를 "근사"하는 것이 일반적인 방법이다. 랜덤표집을 위해 `sample` 함수를 이용한다.

다음 코드은 벡터 `x.combined`에서 3개의 원소를 단순비복원추출한다.

```
set.seed(1)
sample(x.combined, size = 3)
```

```
## [1] 4 8 5
```

```
sample(x.combined, size = 3)
```

```
## [1] 4 4 3
```

랜덤표집이므로 매 시행 시마다 그 결과가 다르다. 다음 코드에서는, 복원추출이 아닌 비복원추출임을 강조하기 위해 인자 `replace = FALSE`를 추가했다. `sample()` 함수의 `replace` 인자의 기본값이 `FALSE`이므로, 결과는 인자값을 정해주지 않았을 때와 같다.

```
set.seed(1)
sample(x.combined, size = 3, replace = FALSE)
```

```
## [1] 4 8 5
```

다음 코드는 길이가 5인 `x.combined`에서 5개의 원소를 단순비복원추출한다. 5개의 관측값을 랜덤하게 뒤섞어 주는 것과 같다.

```
sample(x.combined, size = 5)
```

```
## [1] 5 4 8 4 3
```

제II부에서 다루는 붓스트랩 재표집에서는 길이가 n인 표본 `x.combined`에서 n개의 개체를 단순복원추출하는 표집을 사용한다. 다음과 같이 인자값 `replace = TRUE`를 지정한다.

```
sample(x.combined, size = 5, replace = TRUE)
```

```
## [1] 4 4 3 5 4
```

A.3.3 반복

랜덤순열검정과 붓스트랩 재표집시에는 단순비복원추출 또는 단순복원추출을 여러 번 반복한다. 반복을 실행하는 가장 기본적인 방법은 제어문 `for`를 이용하는 것이다.

다음 코드에서는 데이터 프레임 `wbdata`의 변수 `Score`에서 50개의 개체를 단순비복원추출하여 평균을 구하는 과정을 $M = 1999$번 반복한다.

```
M = 1999
set.seed(2)
rand.mean = vector(length = M)
for(i in 1:M){
  rand.mean[i] = sample(wbdata$Score, size = 50) %>% mean
}
head(rand.mean)
```

```
## [1] 5.45034 5.42934 5.59312 5.60280 5.62102 5.53988
```

함수 `replicate()`을 이용하여 더 직관적이면서도 짧게 표현할 수 있다.

```
set.seed(2)
rand.mean = replicate(M, sample(wbdata$Score, size = 50) %>% mean)
head(rand.mean)
```

```
## [1] 5.45034 5.42934 5.59312 5.60280 5.62102 5.53988
```

`replicate()`은 대체로 랜덤표집을 반복할 때 이용한다.

행렬의 각 행벡터의 값에 대한 (또는 각 열벡터의 값에 대한) 계산을 반복할 필요도 있다. 예를 들기 위해, 크기 10×3 행렬인 `allperms`를 이용한다.

```
allperms = gtools::combinations(n = 5, r = 3, v = x.combined, set = F)
```

행렬 allperms의 각 행벡터 (가로벡터)의 값들의 표준편차를 계산하고자 한다. 제어문`for`를 이용하는 것이 가장 기본적이다.

```
sd.allperms = vector(length = choose(5,3))
for(i in 1:choose(5,3)){
  sd.allperms[i] = allperms[i,] %>% sd()
}
round(sd.allperms,2)
```

```
##  [1] 0.58 2.31 0.58 2.08 1.00 2.65 2.08 1.00 2.65 2.52
```

덜 직관적이지만 apply()함수를 이용하여 for 제어문보다 빠른 계산을 할 수 있다. 다음 코드를 읽어보면, allperms 행렬의 각 행(1이 행, 2가 열에 해당한다)에 대해 표준편차 sd()를 계산한 뒤, 소수점 두 자리로 정리한다.

```
apply(allperms, 1, sd) %>% round(2)
```

```
##  [1] 0.58 2.31 0.58 2.08 1.00 2.65 2.08 1.00 2.65 2.52
```

행렬 allperms의 각 열벡터(세로벡터)에 대해 변동계수 (표준편차 / 평균)을 계산해 보자. 변동계수를 계산한 뒤 소수점 두 자리로 정리하는 함수를 apply()의 세 번째 인자로 직접 지정해준다.

```
apply(allperms, 2,
      function(x){
        cv = sd(x)/mean(x)
        round(cv,2)
      })
```

```
## [1] 0.08 0.31 0.50
```

A.4 데이터 시각화

데이터와 그 분포를 이해하는 가장 좋은 방법은 적절한 데이터 시각화이다. 이 책의 대부분의 그림은 tidyverse 패키지에 포함되어 있는 ggplot2 패키지의 ggplot()를 이용하여 생성하였다. 여기서 몇 가지 예를 보여준다. 더 배우고 싶다면 Wickham and Grolemund (2016)[3]를 참조하자.

일변량 데이터의 시각화 한 변수의 여러 관측값으로부터 그 분포를 시각화하는 가장 대표적인 방법은 히스토그램이다.

```
x = rnorm(100, mean = 1, sd = 1)
data.frame(x = x) %>%
  ggplot(aes(x = x)) +
  geom_histogram(aes(y = ..density..), binwidth = .5,
```

[3] https://r4ds.had.co.nz/

```
                fill = "grey", color = "white") +
  geom_rug()
```

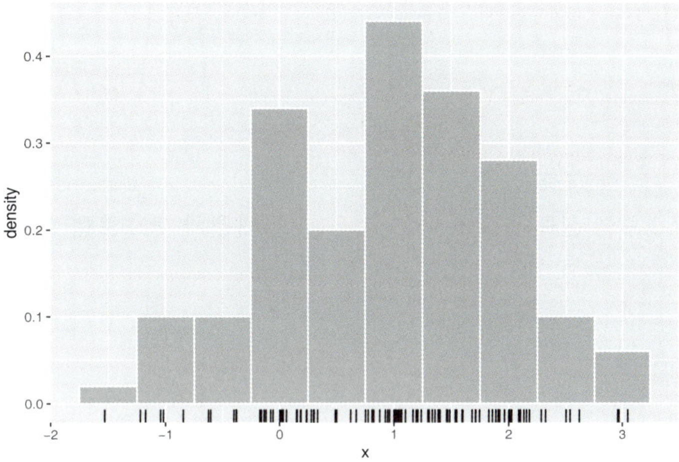

그림 D.1: 히스토그램

데이터 x의 분포가 모수분포인 $N(1,1)$를 따르는지를 살펴보려면, 히스토그램에 $N(1,1)$의 밀도함수를 겹쳐 그리거나 분위수그림 (qqplot)을 생성한다. 분위수그림에 신뢰구간을 더한 QQ envelope plot을 `car::qqPlot()`으로 생성하는 것을 추천한다.

```
data.frame(x = x) %>%
  ggplot(aes(x = x)) +
  geom_histogram(aes(y = ..density..), binwidth = .5,
                 fill = "grey", color = "white") +
  geom_function(fun = dnorm, args = list(mean = 1, sd = 1))
```

```
car::qqPlot(x, dist = "norm", mean = 1, sd = 1)
```

그룹이 있는 일변량 데이터의 그룹별 분포를 비교할 때는 상자그림을 이용한다.

```
farm = read.csv("data/smartfarm.csv")
farm %>% ggplot(aes(x = block, y = x, color = treatment)) +
  geom_boxplot()
```

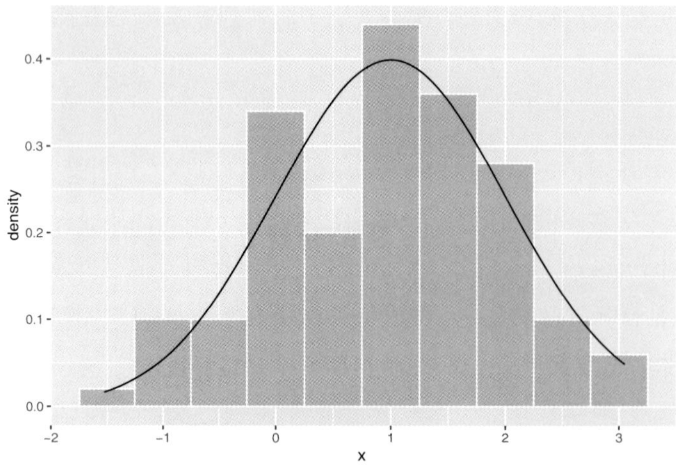

그림 **D.2:** 히스토그램과 밀도함수

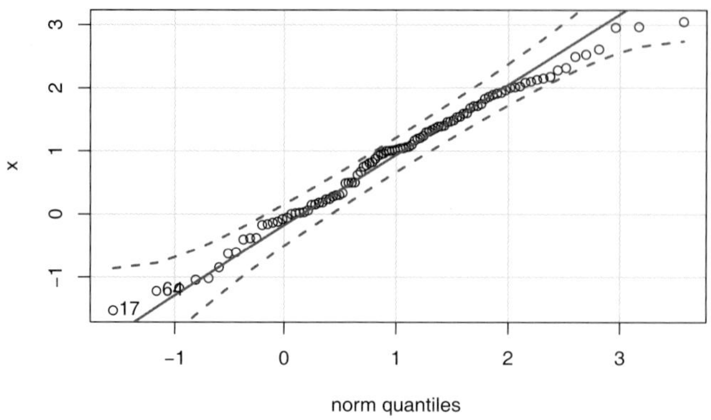

그림 **D.3:** QQ envelope plot

이변량 데이터의 시각화 이변량 데이터의 시각화를 위해 산점도를 이용한다.

```
wbdata %>% ggplot(aes(x = GDP.per.capita, y = Score)) +
  geom_point()
```

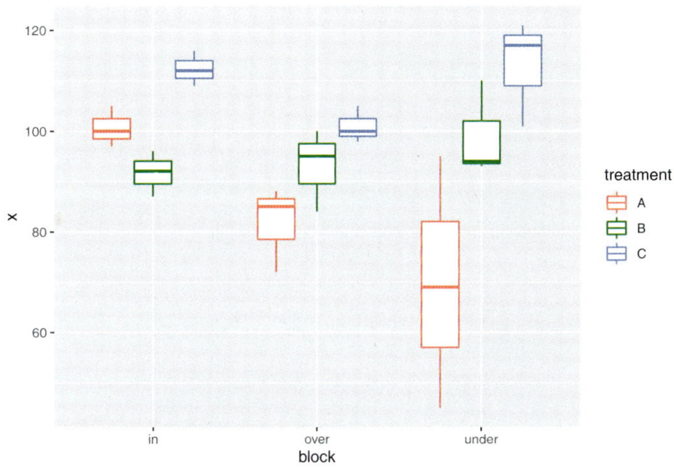

그림 **D.4:** 그룹별 상자 그림

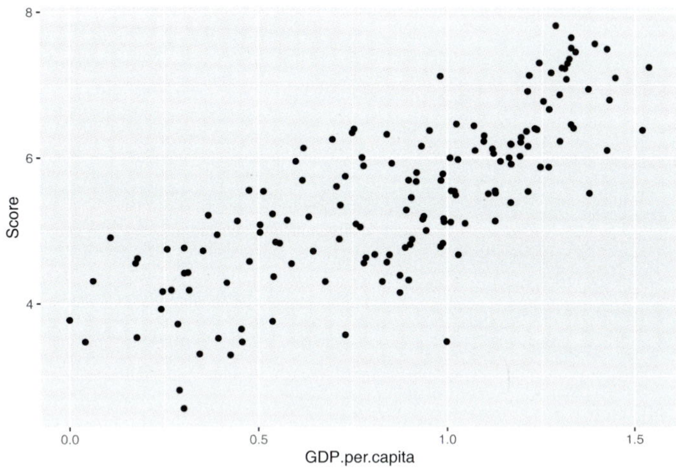

그림 **D.5:** 산점도

A.5 이 책의 R코드

이 책의 모든 연산과 시각화를 위한 코드는 `https://github.com/sungkyujung/npbook`에서 찾아볼 수 있다. 논의를 간단히 하기 위해 정의된 함수들이 `np_supp.R`에 담겨있다. 이 함수들을 사용하기 위해 다음을 실행한다.

```
source("np_supp.R")
```

참고 문헌

Analytical Methods Committee (1989), "Robust statistics–how not to reject outliers. Part 1. Basic concepts," *Analyst*, 114, 1693–1697.

Anderson, M. J. and Legendre, P. (1999), "An empirical comparison of permutation methods for tests of partial regression coefficients in a linear model," *Journal of statistical computation and simulation*, 62, 271–303.

Anderson, M. J. and Robinson, J. (2001), "Permutation tests for linear models," *Australian & New Zealand Journal of Statistics*, 43, 75–88.

Carpenter, J. and Bithell, J. (2000), "Bootstrap confidence intervals: when, which, what? A practical guide for medical statisticians," *Statistics in medicine*, 19, 1141–1164.

Chen, Y.-C. (2017), "A tutorial on kernel density estimation and recent advances," *Biostatistics & Epidemiology*, 1, 161–187.

Chung, E. and Romano, J. P. (2016), "Multivariate and multiple permutation tests," *Journal of econometrics*, 193, 76–91.

Davison, A. C. and Hinkley, D. V. (1997), *Bootstrap methods and their application*, Cambridge university press.

Efron, B. and Tibshirani, R. J. (1994), *An introduction to the bootstrap*, CRC press.

Ernst, M. D. (2004), "Permutation methods: a basis for exact inference," *Statistical Science*, 19, 676–685.

Fan, J. and Gijbels, I. (2018), *Local polynomial modelling and its applications*, Routledge.

Fligner, M. A. and Policello, G. E. (1981), "Robust rank procedures for the Behrens-Fisher problem," *Journal of the American Statistical Association*, 76, 162–168.

Freedman, D. and Lane, D. (1983), "A nonstochastic interpretation of reported significance levels," *Journal of Business & Economic Statistics*, 1, 292–298.

Friedman, M. (1937), "The use of ranks to avoid the assumption of normality implicit in the analysis of variance," *Journal of the american statistical association*, 32, 675–701.

García-Portugués, E. (2021), *Notes for Nonparametric Statistics*, version 6.4.3. ISBN 978-84-09-29537-1.

Golub, T. R., Slonim, D. K., Tamayo, P., Huard, C., Gaasenbeek, M., Mesirov, J. P., Coller, H., Loh, M. L., Downing, J. R., Caligiuri, M. A., et al. (1999), "Molecular classification of cancer: class discovery and class prediction by gene expression monitoring," *Science*, 286, 531–537.

Hájek, J. (1960), "Limiting distributions in simple random sampling from a finite population," *Publications of the Mathematical Institute of the Hungarian Academy of Sciences*, 5, 361–374.

Hall, P. (2013), *The bootstrap and Edgeworth expansion*, Springer Science & Business Media.

Hall, P. and Horowitz, J. (2013), "A simple bootstrap method for constructing nonparametric confidence bands for functions," *Annals of Statistics*, 41, 1892–1921.

Hall, P. and Wilson, S. R. (1991), "Two guidelines for bootstrap hypothesis testing," *Biometrics*, 757–762.

Helwig, N. E. (2019), "Statistical nonparametric mapping: Multivariate permutation tests for location, correlation, and regression problems in neuroimaging," *Wiley Interdisciplinary Reviews: Computational Statistics*, 11, e1457.

Hendricks, W. A. and Robey, K. W. (1936), "The sampling distribution of the coefficient of variation," *The Annals of Mathematical Statistics*, 7, 129–132.

Higgins, J. J. (2004), *An introduction to modern nonparametric statistics*, Brooks/Cole Pacific Grove, CA.

Hodges, J. L. and Lehmann, E. L. (1963), "Estimates of location based on rank tests," *The Annals of Mathematical Statistics*, 598–611.

Hollander, M., Wolfe, D. A., and Chicken, E. (2013), *Nonparametric statistical methods*, vol. 751, John Wiley & Sons.

Jonckheere, A. R. (1954), "A distribution-free k-sample test against ordered alternatives," *Biometrika*, 41, 133–145.

Keller-Mcnulty, A. and Higgins, J. J. (1987), "Effect of tail weight and outliers on power and type-i error of robust permutation tests for location: Effect of tail weight and outliers on power and type-i error," *Communications in Statistics-Simulation and Computation*, 16, 17–35.

Kendall, M. G. (1945), "The treatment of ties in ranking problems," *Biometrika*, 33, 239–251.

Kruskal, W. H. and Wallis, W. A. (1952), "Use of ranks in one-criterion variance analysis," *Journal of the American statistical Association*, 47, 583–621.

Lehmann, E. L. (1975), *Nonparametrics: statistical methods based on ranks.*, Holden-day.

Li, X. and Ding, P. (2017), "General forms of finite population central limit theorems with applications to causal inference," *Journal of the American Statistical Association*, 112, 1759–1769.

Manly, B. F. (2006), *Randomization, bootstrap and Monte Carlo methods in biology*, vol. 70, CRC press.

Mann, H. B. and Whitney, D. R. (1947), "On a test of whether one of two random variables is stochastically larger than the other," *The annals of mathematical statistics*, 50–60.

Page, E. B. (1963), "Ordered hypotheses for multiple treatments: a significance test for linear ranks," *Journal of the American Statistical Association*, 58, 216–230.

Peng, H., Wang, S., and Wang, X. (2008), "Consistency and asymptotic distribution of the Theil–Sen estimator," *Journal of Statistical Planning and Inference*, 138, 1836–1850.

Quenouille, M. H. (1949), "Problems in plane sampling," *Annals of Mathematical Statistics*, 20, 355–375.

Ruppert, D., Sheather, S. J., and Wand, M. P. (1995), "An effective bandwidth selector for local least squares regression," *Journal of the American Statistical Association*, 90, 1257–1270.

Scott, D. W. (2015), *Multivariate density estimation: theory, practice, and visualization*, John Wiley & Sons.

Sen, P. K. (1963), "On the estimation of relative potency in dilution (-direct) assays by distribution-free methods," *Biometrics*, 532–552.

Sen, P. K. (1968), "Estimates of the regression coefficient based on Kendall's tau," *Journal of the American statistical association*, 63, 1379–1389.

Sheather, S. J. and Jones, M. C. (1991), "A reliable data-based bandwidth selection method for kernel density estimation," *Journal of the Royal Statistical Society: Series B (Methodological)*, 53, 683–690.

Silverman, B. (1986), *Density Estimation Silverman*, Chapman & Hall/CRC.

Skillings, J. H. and Mack, G. A. (1981), "On the use of a Friedman-type statistic in balanced and unbalanced block designs," *Technometrics*, 23, 171–177.

Staudte, R. G. and Sheather, S. J. (2011), *Robust estimation and testing*, vol. 918, John Wiley & Sons.

Ter Braak, C. J. (1992), "Permutation versus bootstrap significance tests in multiple regression and ANOVA," in *Bootstrapping and related techniques*, Springer, pp. 79–85.

Terpstra, T. J. (1952), "The asymptotic normality and consistency of Kendall's test against trend, when ties are present in one ranking," *Indagationes Mathematicae*, 14, 327–333.

Theil, H. (1950), "A rank-invariant method of linear and polynomial regression analysis," *Indagationes Mathematicae*, 12, 173.

Tukey, J. (1958), "Bias and confidence in not quite large samples," *Ann. Math. Statist.*, 29, 614.

Venables, W. N., Smith, D. M., and R Development Core Team (2021), "An introduction to R," .

Wand, M. P. and Jones, M. C. (1994), "Multivariate plug-in bandwidth selection," *Computational Statistics*, 9, 97–116.

Wasserman, L. (2006), *All of nonparametric statistics*, Springer Science & Business Media.

Wickham, H. and Grolemund, G. (2016), *R for data science: import, tidy, transform, visualize, and model data,* " O'Reilly Media, Inc.".

Wilcox, R. R. (2011), *Introduction to robust estimation and hypothesis testing*, Academic press.

Wilcoxon, F. (1945), "Individual comparisons by ranking methods," *Biometrics Bulletin*, 1, 80–83, reprint in:*Breakthroughs in statistics*. Springer, New York, NY, 1992.196-202.

Yohai, V. J. (1987), "High breakdown-point and high efficiency robust estimates for regression," *The Annals of Statistics*, 642–656.

Yu, C. and Yao, W. (2017), "Robust linear regression: A review and comparison," *Communications in Statistics-Simulation and Computation*, 46, 6261–6282.

Yu, K. and Jones, M. (2004), "Likelihood-based local linear estimation of the conditional variance function," *Journal of the American Statistical Association*, 99, 139–144.

Yuen, K. K. (1974), "The two-sample trimmed t for unequal population variances," *Biometrika*, 61, 165–170.

송문섭, 박창순, 김홍기 (2015), 비모수통계학 : *R*과 함께, 자유아카데미.

유기표, 김영문 (2012), "와이블데이터를 이용한 소형풍력발전기 출력에 대한 평가," 한국태양에너지학회논문집, 32, 95–104.

찾아보기

저자 소개

정성규
서울대학교 통계학과 졸업
University of North Carolina at Chapel Hill 통계학 박사
University of Pittsburgh 통계학과 조교수, 부교수
현) 서울대학교 통계학과 교수
홈페이지: https://jung.snu.ac.kr

비모수통계학 with R

저 자 정성규
발행인 김지영
발행처 자유아카데미
주 소 경기도 파주시 회동길 37-42
파주출판도시
전 화 031-955-1321
팩 스 031-955-1322
홈페이지 www.freeaca.com
전자우편 main@freeaca.com (대표)
editor@freeaca.com (편집)
crm@freeaca.com (영업)
등 록 제406-2003-017호, 1980. 7. 12
제1판1쇄 2022년 1월 20일 발행
제1판2쇄 2022년 10월 20일 발행

저자와의 협의하에 인지생략

ISBN 979-11-5808-344-1 93310